彩图 1 阿尔弗雷德·伯纳德·诺贝尔（瑞典）
及诺贝尔奖章

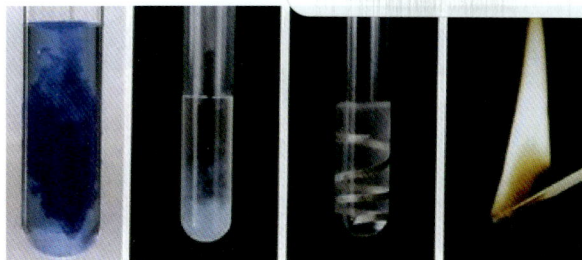

彩图 3 化学反应中伴随发生的一些现象

彩图 2 胆矾

核外电子

质子 } 原子核
中子

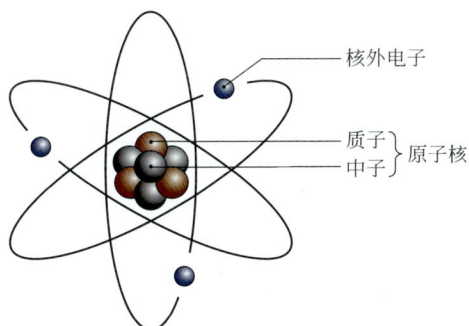

彩图 4 原子的构成示意

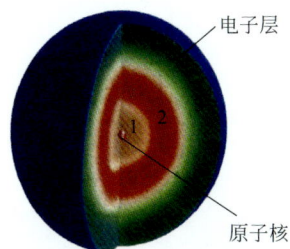

电子层

原子核

彩图 5 核外电子分层排布示意

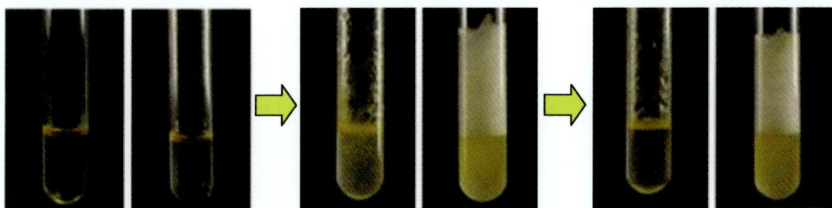

彩图 6 乳浊液的形成与乳化现象

彩图 7 冷却热饱和溶液，
硝酸钾从溶液中析出

彩图 8 白糖晶体的生成

彩图 9 秦铜车马

彩图 10　东汉时期马踏飞燕

彩图 11　铁丝（左）、硫（右）在氧气中燃烧

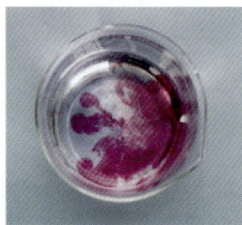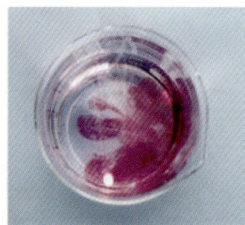

彩图 12　金属钠及钠与水的反应

彩图 13　桂林溶洞中的钟乳石、石笋和石柱

彩图 14　含有 Al_2O_3 的宝石

彩图 15　水晶（左）和玛瑙（右）

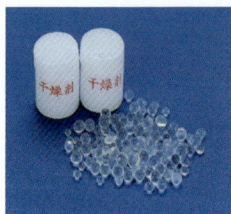

彩图 16　硅胶

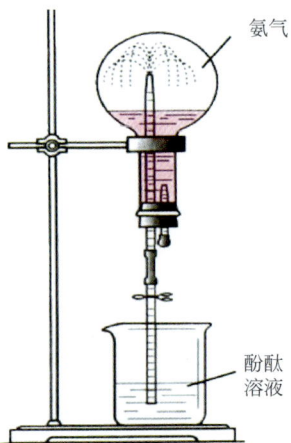

氨气

酚酞溶液

彩图 17　氨气的喷泉实验

彩图 18　氯气

彩图 19　液溴

彩图 20　单质碘

高等职业教育教材

无机化学

王　萍　赵志才　张志艳　主编

第二版

化学工业出版社

·北京·

内容简介

本教材贯彻党的二十大精神与《关于深化现代职业教育体系建设改革的意见》，创新内容与形式，融入课程思政案例，增加微课、视频资源（采用二维码形式），使教材更加实用。

全书共有十四章，主要内容有物质结构基础知识、化学方程式、溶液、化学平衡及无机化学实验等内容。

本书含理论、实验与习题，注重深入浅出讲解知识点，特色鲜明，可读性强。

本教材主要读者为高职高专院校化工类、制药类专业的学生，也可供相关专业的中职教学、成人教育、职业培训使用。

图书在版编目（CIP）数据

无机化学 / 王萍，赵志才，张志艳主编. -- 2 版.
北京：化学工业出版社，2024. 8. -- ISBN 978-7-122
-24433-8

Ⅰ. O61

中国国家版本馆 CIP 数据核字第 2024EH7805 号

责任编辑：刘心怡　张双进　　　文字编辑：崔婷婷
责任校对：杜杏然　　　　　　　装帧设计：关　飞

出版发行：化学工业出版社
　　　　　(北京市东城区青年湖南街 13 号　邮政编码 100011)
印　　装：中煤（北京）印务有限公司
787mm×1092mm　1/16　印张 22¼　彩插 2　字数 509 千字
2025 年 8 月北京第 2 版第 1 次印刷

购书咨询：010-64518888　　　售后服务：010-64518899
网　　址：http://www.cip.com.cn
凡购买本书，如有缺损质量问题，本社销售中心负责调换。

定　　价：49.80 元　　　　　　　　版权所有　违者必究

前言

《无机化学》教材自出版以来，得到了高职高专院校广大师生的肯定与鼓励，此次修订在延续第一版严谨实用、通俗易懂的基础上，进一步贯彻党的二十大精神及党的教育方针，落实《关于推动现代职业教育高质量发展的意见》及《"十四五"职业教育规划教材建设实施方案》，充分发挥教材在提高人才培养质量中的基础性作用。本教材遵循教育部颁布的《高等职业学校专业教学标准》，以增强对高职高专化工类、制药类专业的实用性。

本次修订特色如下：

1. 创新内容与形式，不断与时俱进

内容与时俱进，本次修订教材将部分旧案例更换为紧密联系当今生产与生活的新案例；修订各章学习目标，引入近年全国教学能力大赛提出的布鲁姆分类要求，使教学目标可评可测；新增"学习导航""思考交流""学海拾贝"以及"思维导图"，注重引入新标准、新材料、新科技，通过介绍前沿知识，培养学生知识迁移能力和创新意识，力争实现教材内容与新时代社会经济发展的同频共振。

形式大胆创新，将"课后习题及实验报告"设计为活页手册，方便教师实施翻转课堂及实验教学，也为学生课前预习、课后巩固以及实验报告撰写提供便利的素材。

2. 融入课程思政，落实立德树人

精心锤炼与挖掘无机化学思政元素，为每章编写了丰富的"思政案例"。通过科学家的故事、历史或现代的事件、生活中的现象、传承和发展中国文化等案例，实现思政入课、党的二十大精神进教材，将思想引领和知识提升有机融合。

3. 增加视频资源，打造新型教材

根据课程内容，将近60个视频、微课、动画等资源转化成二维码的形式融入纸制教材，使枯燥的理论生动形象，使有趣的实验现象及操作直观明了，教材更加立体化、动态化、情景化。

4. 修订无机实验，引入大赛内容

增加了教师实验示范视频及实验报告单，为实现理实一体化教学提供示范性模板。引入了高职技能大赛化学实验技术赛项中的无机制备模块，结合现代职业教育理念，体现"知识够用，理实一体，职业素养"的思想，融入"健康、安全、环保"（即HSE）的职业理念，旨在引领化学实验教学，推动"以赛促教，以赛促学，学赛结合"的教学模式与课堂改革。

本书由王萍、赵志才、张志艳主编，王萍统稿。第一、四、五、六（第一、二节）章及相应章后习题由河北化工医药职业技术学院王萍修订，第六章第三节由华北制药股份有限公司倍达分厂师书迪修订，第二、三、七~十章及章后习题由河北化工医药职业技术学院赵志才修订，第十一~十四章及章后习题由河北化工医药职业技术学院张志艳修订，河北化工医药职业技术学院伊赞荃担任主审。

本书在编写过程中得到学校的大力支持，本书的微课、视频、动画由河北化工医药职业技术学院的伊赞荃、赵志才、袁金磊老师制作及化学工业出版社提供，在此谨对他们致以诚挚的感谢。

本书在编写时参考了大量的相关专著与文献资料，在此向作者一并表示衷心感谢。

由于编者水平有限，书中难免有不妥之处，恳请广大师生与读者批评指正。

编者
2024 年 6 月

第一版前言

化学究竟是什么？

化学是绚丽夺目的焰火，是流光溢彩像鸡尾酒一样的液体，还是摄人心魄的炸雷？我们希望文科生眼中的化学不再是教科书中冰冷的文字、苍白的试卷、不堪回首的成绩。倘若基础化学的教学单纯依靠照本宣科，即便学生有心向往之的愿望，化学知识也难以跃然纸上生动地呈现在他们面前，化学本身的魅力也势必大打折扣。知识本身是否实用、内容是否难易适中、传递方式是否通俗易懂以及直观明了往往决定着知识的传授效果。

为此，本教材在贯彻《国家中长期教育改革和发展规划纲要（2010—2020年）》基本精神和国家职业标准的基本要求的基础上，首次大胆采用类似科普文章的形式，融初、高中及大学化学知识为一体，辅以相关实验，以增强本教材对高职高专录取的文科生的针对性与实用性。

本教材在编写中力图体现以下特色。

趣味性：增加通俗化、趣味性解释，引入化学史，穿插科学家经历等内容，力求做到深入浅出、通俗易懂。以科普化、故事化及形象化为指导，引领文科生感受化学的乐趣。

严谨性：严格采用国家标准规定的量、单位和符号，规范使用化学基础知识涉及的化学用语。

实用性：充分考虑文科生对本课程知识、技能的实际需要，重视基础知识与基本技能的训练，尽可能采用典型性、显效性的方法，注重培养学生的自我提升能力。

本书由王萍、赵志才任主编，各章的编写分工如下：河北化工医药职业技术学院的王萍（第一、三、五、十一章，第六章的第一、二节），赵志才（第二、四、七、八章，第六章的第三节），袁金磊（第九、十章），杨学林（第十二、十三章），高雅男（第十四章）。全书由王萍统一修改定稿。

河北化工医药职业技术学院的伊赞荃副教授担任本书的主审，认真细致地审阅了全书，对书稿提出了专业性的宝贵意见；河北化工医药职业技术学院化学与环境工程系系主任郝宏强对本书的编写宗旨提出了创造性的建议与主张；化工系各专业教研室主任及化学教研室主任刘军与我们一起制定了编写提纲，刘军还审阅部分书稿并对书稿提出了宝贵意见。编者在此谨对他们致以诚挚的感谢。

本书在编写时参考了大量的相关专著与文献资料，在此向作者一并表示衷心感谢。

限于编者水平，书中难免有不妥之处，恳请广大师生与读者批评指正。

编者
2016年5月

目录

附录 /241

参考文献 /247

元素周期表

第一章

走进化学世界

学习目标

知识目标：

1. 能识别物质的物理变化、化学变化现象，记住物理性质、化学性质的定义。

2. 能举例说明化学与人类、社会的关系。

3. 能描述化学的历史及绿色化学的发展历程。

能力目标：

1. 能比较物质的物理变化、化学变化现象，区分物理性质、化学性质。

2. 能阐述化学的历史、现状及前景。

素质目标：

1. 通过对化学历史的学习，培养科学精神。

2. 通过对科学家故事的学习，培养家国情怀与责任担当。

3. 通过了解无机化学对生活和企业生产的重要性，培养基本化学素养。

第一节　化学的含义

化学是什么

学习导航

　　翻开这本还带着墨香的书时，你最想知道的恐怕是"什么是化学"这个问题了。

　　在你眼中，**化学**可能是一群头戴眼镜、身穿白大褂的人手中那五颜六色的瓶瓶罐罐，可能就是这本书，你还可能想到了期末那"可怕"的试卷。其实，化学远不止这些，它要比你想象的丰富得多、神奇得多、有趣得多。

一排溶液宛若彩虹，一块晶体晶莹剔透，一串灯泡瞬间点亮，一股细流神奇攀升，一束喷泉溢彩流光，火焰上的纸杯竟不燃烧，奇怪的石头在瓶中往复升降，烧杯里也能再现桂林山水，空白的画幅瞬间丹青飞扬……它们的背后，正是我们身处的**化学世界**。

诺贝尔奖是著名科学奖项，诺贝尔本人就是个化学家（见彩图 1）。化学家研究什么？化学研究什么？从身边的"空气"说起，空气的成分是什么？是一种物质还是多种物质？再说"水"，水是生命之源，每天喝的水是由什么组成的呢？——化学要研究物质的组成。

在医院里对危重病人一般要立即进行输氧，为什么医生不给病人输煤气？因为氧气才能供给呼吸，而煤气有毒，会使人中毒死亡。——化学要研究物质的性质。

钻戒其实和铅笔芯的组成是一样的，既然钻戒和铅笔芯的组成一样，为什么它们的价值差别如此巨大呢？是因为它们的结构不相同。——化学要研究物质的结构。

生活中最常见的金属之一是铁，它是怎样从铁矿石中冶炼出来的？在使用过程中会发觉它很容易生锈。——化学还要研究物质的制备和变化。

总之，化学是研究**物质**的组成、结构、性质、制备及其变化的一门科学。

注意：化学研究的是"物质"而不是"物体"。简单地说，在化学这门学科中常说"物质"，物理中常用"物体"。往深里讲，物体是一个实物概念，包括汽车、桌子、树等可以通过各种方式看得见、摸得着的东西。物质则是一个范围很大的概念，比如铁块是物体，而铁就是物质。物质分为宏观物质和微观物质，分子、原子、离子、电子、基本粒子等都是物质。

无机化学就是研究**无机物**的组成、结构、性质、制备及其变化的一门科学。

纸上得来终觉浅，绝知此事要躬行。诺贝尔在哪里实现他的伟大发明呢？在实验室。所以，化学也是一门以实验为基础的科学。可以由实验感受化学的魅力。

第二节 化学与生活

化学与生活

学习导航

为什么要学化学呢？化学有多重要呢？拿出一张事先用无色酚酞试液写过字（比如写"爱化学"）的白纸，然后在白纸上喷上无色的氢氧化钠溶液，"爱化学"三个鲜红的大字，跃然纸上。化学可以解答生活中的问题。

化学对人类生活产生着巨大的影响：

（1）化学帮助人们解决了吃饭的问题 如果不是在 20 世纪初发明了工业合成氨的方法，人类的繁衍生息就遇到麻烦了。没有足够的肥料，就不能生产足够的粮食供养这么多人口。从 19 世纪初开始，一直到 1905 年，经历了将近 100 年，终于，德国化学家 Haber（哈伯，图 1-1）找到了在很高的压力（$100 \sim 300 atm$，$1 atm = 101325 Pa$）下用氮气和氢气直接合成氨的途径。氨再经过一些简单反应就能制成碳铵、尿素等化肥。哈伯联系了一家公司希望把他的发明工业化（图 1-2）。百年以后这家公司成为世界最大的化学工业公司——巴斯夫

（BASF）。从此，源源不断的氮肥从工厂走向田间。在 1980～1990 年间，人类从整体上脱离了饥饿的威胁。

图 1-1 弗里茨·哈伯（德国）

图 1-2 合成氨工厂

（2）化学帮助人们对抗疾病 20 世纪初在欧洲爆发的西班牙流感，夺去了上千万人的生命。百年之后的今天，世界各地又陆续爆发了禽流感，却没有造成巨大的人员伤亡。因为有了抗病毒的药！就在几十年前，肺结核还是不治之症。现在，有了链霉素，结核病得到了根治。青霉素的发现正值第二次世界大战，当时就拯救了很多伤员的生命，直到今天仍然发挥着巨大作用。这就是化学的巨大成就。

（3）化学改变着人们的出行方式 历史上秦始皇出巡，前呼后拥很是威风，可即使乘再快的马车，从咸阳到泰山也得一年半载；拿破仑征战欧洲也是基本靠马车，士兵行军基本靠走，很是艰辛。现如今，化学让石油、煤变成了汽油、柴油、喷气燃料，加上开采的天然气，人们可以坐着汽车、火车和飞机满世界跑。人类的出行方式发生了巨变，环绕地球只要几天就能实现。

（4）化学的未来是绿色的 进入 21 世纪后，绿色、环境友好成了新时尚，空气污染、食品安全和环境污染等问题进入了人们的视野。而掌握了化学知识的化学家们和从事着化学生产的工业界在引导人们认识这一问题的严重性方面责无旁贷。未来的化学，不仅仅是生产高品质的产品，更要追求高环保、低能耗的生产方式。化学界为此提出了绿色化学的新目标。

📖 学海拾贝

德国化学家 Haber（哈伯）的故事

早在 1913 年，人们预见德国会发动世界大战，便限制德国进口硝石（化学成分：硝酸钾，生产炸药原料之一）。即便如此，1914 年德国还是发动了第一次世界大战，人们估计战争打不了多久，因为德国硝石不足啊，但是战争打了四年多。德国为什么能坚持这么久呢？不是原料不够吗？1905 年，哈伯就合成氨了，德国垄断了合成氨技术，能快速生产氨和硝酸，使粮食和炸药的供应有了保障，这也促成了德皇威廉二世开战的决心，给世界人民带来了极大的灾难。这就揭开了第一次世界大战的一个谜。

可见，化学是把双刃剑。人类只有正确使用它，才能有益于社会。比如，人们可以用炸药移走"太行、王屋二山"，开山修路，造福人类。必要时，还可用它来保家卫国。

思政案例

我国近代化工奠基人——侯德榜

侯德榜（1890—1974），著名科学家，杰出的化工专家，我国化学工业的开拓者，侯氏制碱法的创始人（图1-3）。纯碱的用途非常广泛，见图1-4。

图1-3　侯德榜

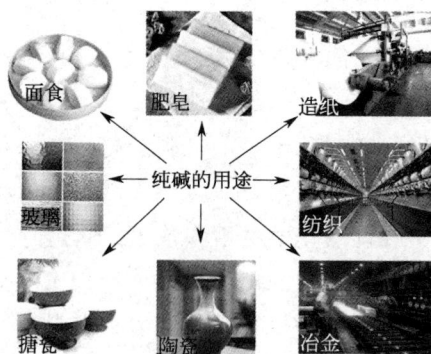

图1-4　纯碱的用途

侯德榜出生于福建省闽县南台坡尾村的农民家庭，自幼半耕半读，勤奋好学，1913年毕业于北京清华留美预备学堂，以十门功课1000分的成绩被保送入美国麻省理工学院化工科学习，后在哥伦比亚大学先后读完硕士和博士。1921年侯德榜接受永利碱业公司的聘请，回国发展我国的化学工业。

为了实现中国人自己制碱的梦想，揭开索尔维法生产的秘密，打破洋人的封锁，侯德榜把全部身心都投入研究和改进制碱工艺上，经过5年艰苦的摸索，终于在1926年生产出合格的纯碱。

侯德榜深感于"在洋人垄断下技术创新的艰难"，为了"发扬炎黄子孙兼善天下的风格"，他撰写了一本专业书籍——《纯碱制造》，将十年苦战所得的制碱经验公布于世。这本出版于1933年的英文著作，一经问世即被美国《科学》等权威杂志报道。直到2004年，书中的观点还被美国科学引文索引（SCI）的论文所收录。

第三节　化学的起源

化学发展简史

学习导航

从远古到近代再到现代，在人类社会脱离贫困和疾病的困扰、逐步走向富足和安康的历史过程中，化学发挥了不可替代的作用。"化学"这门学科是从哪来的？

我国著名化学家傅鹰说过："科学给人知识，历史给人智慧。"

人类对于化学的认识并使之成为一门独立的学科，经历了一个漫长的过程。

化学的历史渊源非常古老，可以说从人类学会使用火，就开始了最早的化学实践活动。想象一下，在数万年前的某一天，天上的雷火点燃了枯木，原始人发现熊熊火焰释放出的温暖，烧熟的食物很美味……文明的火种就此传播。

人类开始吃熟食、寒夜取暖、驱赶猛兽，充分利用燃烧时的发光发热现象。恩格斯说："火，第一次支配了一种自然力，从而把人从动物界分离开来！"火的发现和利用改善了人类的生存条件，加快了人类历史的发展进程（图1-5、图1-6）。当时的人们当然不知道这一现象源于树木与氧气发生剧烈的燃烧反应。

图 1-5　古人钻木取火（摩擦木头取火）

图 1-6　现代生活中摩擦生热

提到人类有意识地利用化学方法进行规模化的生产活动，就要说到公元前的**青铜器时代**了。人类的祖先先将树木制成木炭，然后用木炭与矿石炼制高纯度的金属。制炭的过程叫**干馏**，木炭炼制金属的过程叫**还原**。

人类的祖先，不管他们是居住在古埃及、古希腊还是我国的华夏地区，很早就掌握了近乎完美的炼制技术，先是炼铜，后来炼锡，再后来，过了很久，炼金。炼铜炼锡是为了做农具、造兵器、制铠甲，炼金则是为了财富。欧洲的炼金一度十分火热（图1-7）。我国也有自己的特色"学科"——炼丹术（图1-8）。中国的炼丹术火热了千百年，目的是使人长生不老。古人很早就认识到不同物质的特性，他们看到生物总会腐烂，而金属则永葆璀璨，因此向往通过服用含金属的"神丹妙药"把血肉之躯改造成金刚不坏之身。虽然炼丹家、炼金术士们都以失败而告终，但他们在炼制"长生不老药"的过程中，在探索"点石成金"的方法中实现了物质间的相互转变，积累了许多物质发生化学变化的条件和现象，为化学的发展积累了丰富的实践经验。

图 1-7　水银硫黄哲人炼金术

图 1-8　古代炼丹图

我国古代在化学实用技术方面的成就主要有冶金、火药、造纸、陶瓷、酿造等。在药学巨著《本草纲目》中，记载了许多化学鉴定的试验方法。

十七世纪后期，近代意义上的化学在欧洲发展起来了。

1661 年，英国化学家罗伯特·波义耳（Robert Boyle，1627—1691）**提出化学元素的概念，标志着近代化学的诞生。** 因为这一年他有一本对化学发展产生重大影响的著作出版问世——*The Sceptical Chemist*（《怀疑派化学家》）。

图 1-9　波义耳 62 岁时的画像

波义耳（图 1-9）生活在英国资产阶级革命时期，这是一个巨人辈出的时代。波义耳在 1627 年 1 月 25 日生于爱尔兰的贵族家庭。就在他出生的前一年，提出"知识就是力量"著名论断的近代科学思想家弗朗西斯·培根刚去世。伟大的物理学家牛顿比波义耳小 16 岁。近代科学伟人，意大利的伽利略、德国的开普勒、法国的笛卡尔都生活在这一时期。

童年时的波义耳并不特别聪明，说话还有点口吃，不大喜欢热闹的游戏，但却十分好学，喜欢静静地读书思考。他从小受到良好的教育，1639～1644 年，曾游学欧洲。在这期间，他阅读了许多自然科学书籍，包括天文学家和物理学家伽利略的名著《两大世界体系的对话》。这本书给他留下了深刻的印象。他后来的名著《怀疑派化学家》就是模仿这本书写的。由于学习中接触了很多化学知识和化学实验，波义耳很快成为一位训练有素的化学实验家，同时也成为一位有创造能力的理论家。

他同许多学者一起组织了一个科学学会，波义耳称这个组织为"无形大学"。这个学会就是著名的以促进自然科学发展为宗旨的"皇家学会"的前身。他在牛津建立了设备齐全的实验室，并聘用了一些很有才华的学者作为助手，领导他们进行各种科学研究。他的许多科研成果是在这里取得的。

1774 年，法国化学家拉瓦锡（图 1-10）确立新的燃烧理论、单质理论等，使近代化学取得了革命性的进展。

安东·罗兰·拉瓦锡（法语：Antoine-Laurent Lavoisier，1743—1794），法国贵族，著名化学家、生物学家，被尊称为"近代化学之父"。

欧洲当时最流行的一种理论叫作燃素说，即能够燃烧是因为被烧的东西里面含有燃素，这个燃素被激发了、被活化了，它就烧起来了。

拉瓦锡反驳了这套理论。

他注意到是氧气真正使得物质燃烧，不是这个物质本身的燃素，没有空气就没有氧气，物质就不会燃烧了。

图 1-10 拉瓦锡 45 岁时与妻子在一起的画像

这是他的一个重大发现。此后他将一个很重要的理论假设条理化，就是质量不变定律，即物质在化学反应前的质量和反应后的质量是相等的。

当时很多学者习惯用推理的方法做科学研究，但是拉瓦锡主张实验是最重要的。所以拉瓦锡虽然没有发明什么元素，对氧气的发现也不是他第一个做到的，但他专注于实验，然后建立了一整套体系，使得近代的化学正式成为科学，跟炼金术区分开来。

除此，1787 年由拉瓦锡、贝特来、孚克劳、莫沃四位化学家出版了合著《化学命名法》，成为现代化学术语的基础。过去称为金属灰的物质，根据它的组成改称为金属氧化物。例如，金属灰的一种锌白改为氧化锌、原来被称为矾油或矾酸的改为硫酸等。现在我们所用的化学术语，大部分是根据拉瓦锡命名法而来的。

拉瓦锡生前用过的大部分实验仪器及设备，现陈列在巴黎国立技术博物馆中。

1808 年，英国化学家、物理学家道尔顿提出原子学说，为近代化学奠定了坚实的基础（图 1-11）。恩格斯赞誉"化学中的新时代是随着原子论开始的"。

约翰·道尔顿（John Dalton，1766—1844），英国化学家、物理学家，出生于贫困的织布工人家庭，仅仅完成初等教育就因家境窘迫而辍学。道尔顿 12 岁时自己当老师给村里的孩子上课，两年后停办，停办后帮父亲干了一年农活；15 岁去一所寄宿学校当助教；27 岁到曼彻斯特学院担任数学与物理老师；30 岁时听了化学家格奈特的一次讲授，才对化学产生兴趣，可见作为化学家他是大器晚成；33 岁辞职，专心致志从事科学研究，相继发表了多篇论文；35 岁口述发表著名的"道尔顿分压定律"；42 岁创立原子学说。

对道尔顿的原子论起了重大作用的恰恰是拉瓦锡的单质理论。

道尔顿一生保持独身，他过着朴实低调的隐居式生活，终生做了一名生活于普通市民中的庶民科学家。

晚年他常说："如果说我比其他人获得了较大成功的话，完全是靠不断勤奋地学习钻研而来。"

1844 年道尔顿逝世时，4 万多名曼彻斯特市民络绎不绝地前去市政厅（遗体安放处）致哀。1962 年，曼彻斯特市教

图 1-11 道尔顿 60 岁时的画像

育委员会通过了一项决议，将市立大学工学院命名为约翰·道尔顿工学院，并将原来在市中心有 100 多年历史的道尔顿铜像，迁移到这所学院的主楼前。

1811 年，意大利科学家阿伏伽德罗提出了分子论，对道尔顿原子论的补充与完善起了决定性作用。

1869 年，俄国化学家门捷列夫发现元素周期律（详见第二章），把化学元素及其化合物纳入一个统一的理论体系，让化学有规律可循，为现代化学的发展奠定了理论基础。

1906 年，欧内斯特·卢瑟福（Ernest Rutherford，1871—1937），英籍新西兰著名物理学家，提出"原子核结构模型"（图 1-12），他被誉为"原子物理学之父"。

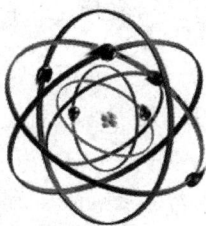

图 1-12　卢瑟福及其原子结构模型

1897 年，英国物理学家汤姆生通过研究阴极射线确定电子存在。

自从电子被发现以后，1906 年科学家卢瑟福做了著名的 α 粒子散射实验。

卢瑟福提出：原子内部存在着一个质量大、体积小、带正电荷的部分——原子核，创建了卢瑟福模型（行星模型），并提出电子在原子核外绕核做轨道运动。原子核带正电，电子带负电。由于卢瑟福的这一重要成果，他于 1908 年获得了诺贝尔化学奖。在探索原子结构奥秘的进程中，人们赞誉卢瑟福是第一人。

1919 年，卢瑟福又在实验里发现了质子。第 104 号元素为纪念他而命名为"铲"。

卢瑟福从小家境贫寒，通过自己的刻苦努力，这个穷孩子完成了自己的学业。这段艰苦求学的经历培养了卢瑟福一种认准了目标就百折不回、勇往直前的精神。后来学生为他起了一个外号——"鳄鱼"，并把鳄鱼徽章装饰在他的实验室门口。因为鳄鱼从不回头，它张开吞噬一切的大口，不断前进。

19 世纪后半叶的波谱分析法、20 世纪 X 射线分析法等新手段，对元素的发现起了重大作用。科学家们通过对矿物质的分析，发现了许多新元素，加上对原子、分子学说的实验论证，无机化学和分析化学的理论体系逐渐完善。

1828 年德国化学家韦勒人工合成了尿素，有机化学开始萌芽。1852 年英国弗兰科兰初步提出原子价概念，1865 年德国凯库勒提出苯的环状结构，1874 年荷兰范霍夫、法国勒贝尔提出碳四面体构型说。这些理论，使人们对分子本质的认识更加深入，并奠定了有机化学的基础。

20 世纪初，物理学的长足发展，各种物理测试手段的涌现，促进了溶液理论、物质结构、催化剂等领域的研究，现代化学得以发展。尤其是量子理论的发展，使化学和物理学有了更多共同的语言，解决了化学上许多未决的问题。人们不仅能利用化学反应，还能控制化学反应，甚至能操纵原子。

作为科学，化学的诞生是以明确提出元素、分子、有机化学和无机化学等概念为标志的。

自从化学成为一门独立的学科后，化学家们已创造出许多自然界天然不存在的新物质。到了 21 世纪初，人类发现和合成的物质已超过 3000 万种，使人类得以享用更先进的科学成果，极大地丰富了人类的物质生活。

也许早期的某些化学家纯粹是因为个人爱好来研究化学，但是从化学的发展历史上看，推动它不断前进的驱动力是人类的需求：洗衣、酿酒、火炮、制药……为了满足日益增长的物质和文化需求，人们认识到必须破解化学物质和化学反应中的奥秘，与此同时，人们也享受着其中的魅力与财富。

第四节 物质的变化与性质

物质的变化与性质

学习导航

水温降到 0℃ 时会结成冰，水蒸发时吸收热量变成水蒸气，钢铁制品在潮湿的地方会生锈，煤、汽油、木材在空气中会燃烧而发光放热，等等。从化学的角度看，物质的这些变化有什么不同呢？

【实验 1-1】 把水加热到沸腾，可以观察到加热前为液态的水；加热后部分液态水变成水蒸气；这些水蒸气再冷却，一部分变回液态的水。

【实验 1-2】 胆矾（化学式 $CuSO_4 \cdot 5H_2O$）（见彩图 2），是很漂亮的一种蓝色晶体，也叫蓝矾。

把少量的胆矾晶体放入研钵内，用研杵把胆矾研碎。——发生什么变化呢？原来是块状，现在变成粉末了。

【实验 1-3】 胆矾用水溶解，然后加氢氧化钠溶液。

加氢氧化钠之前是蓝色澄清溶液；加氢氧化钠之后不是溶液了，不澄清了，变成了一种新的东西——沉淀。

【实验 1-4】 在图 1-13 中，左边的大试管中，盛放的是石灰石（石头、鸡蛋壳或者蜗牛壳都可以，化学成分都是碳酸钙，$CaCO_3$）和稀盐酸（HCl），然后如图连接导管，导管的右端插入盛有澄清石灰水 $[Ca(OH)_2]$ 的容器。你会看到，左边试管中颗粒状的石灰石变少直至消失，右边容器中的石灰水周围出现气泡，并且原本是澄清的石灰水，变得不再澄清，而是浑浊的了。

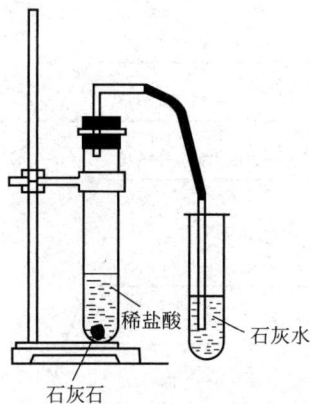

稀盐酸
石灰水
石灰石

图 1-13 石灰石和稀盐酸反应

在实验 1-1、实验 1-2 中，虽然水和胆矾发生了形态的变化，但没有生成其他物质。我们把这种没有生成其他物质的变化叫作**物理变化**。像汽油的挥发、木材制成桌椅、铁铸成锅、蜡烛受热熔化等都是物理变化。

在实验 1-3、实验 1-4 中，胆矾和石灰石在变化中都生成了其他物质。这种生成其他物质的变化叫作**化学变化**，又叫作**化学反应**。食物腐烂、火柴燃烧、铁生锈、铁矿石变成铁、炸药爆炸等都是化学变化。

化学变化的特征是生成了新物质。在化学变化过程中，常伴随着发生一些现象，如放热、发光、变色、放出气体、生成沉淀等（见彩图3）。这些现象常常可以帮助我们判断有没有化学变化发生，但不是充分条件。充分条件是新物质生成。

在化学变化过程里，会同时发生物理变化。例如，点燃蜡烛时，蜡烛受热熔化是物理变化，蜡烛燃烧生成水和二氧化碳，是化学变化。二者常常同时发生，在化学变化中一定有物理变化，而物理变化中不一定有化学变化。

物质在化学变化中表现出来的性质叫作**化学性质**。例如，可燃性、助燃性、氧化性、还原性、毒性、金属活动性、酸碱性、受热易分解等。像铁能生锈，木材可以点燃，氧气可以帮助燃烧，石头经过煅烧能生成生石灰（氧化钙，CaO）和二氧化碳，等等。

物质不需要发生化学变化就表现出来的性质，如颜色、状态、气味、沸点、熔点、硬度、密度、挥发性、溶解性、导电性、导热性、延展性、吸附性、铁磁性等，叫作**物理性质**。如通常状态下，氧气是一种无色、无味的气体，水是一种无色透明的液体，胆矾是一种蓝色的固体。了解物质的物理性质，对于研究它们的组成、结构和变化也很有帮助。

当外界条件改变时，物质的性质也会随之改变。因此，描述物质性质时往往需要注明条件，比如温度、压强等。实验证明，液体的沸点会随着大气压强的改变而改变，如大气稀薄的地方，大气压强小，水的沸点就会降低。大气压强不是固定不变的，人们把 $101kPa$ 规定为标准大气压强。

本章小结

思维导图

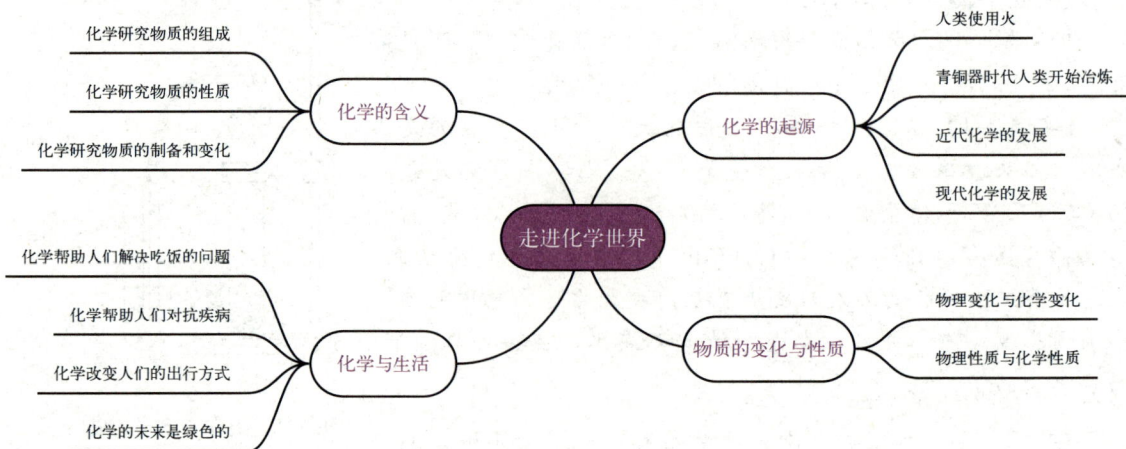

第二章

物质结构 ■■■■

学习目标

知识目标：

1. 能描述原子核外电子运动的特征。

2. 能概括核外电子排布的规律。

3. 能应用元素周期表，解释元素周期表中元素性质的递变规律。

4. 能判断元素在化合物中的化合价。

能力目标：

1. 能正确写出 1～36 号元素及其他常见金属和非金属元素的名称和元素符号，能正确写出 1～20 号元素原子的电子排布式和价电子构型。

2. 能根据元素的原子结构，判断其在元素周期表中的位置和性质。

3. 能识别并能写出常见物质的化学式。

4. 能区分离子化合物和共价化合物；能区分极性分子和非极性分子。

素质目标：

1. 通过对原子结构、元素、化学式及化学键的学习，培养逻辑思维能力。

2. 通过科学家的故事，培养科学探索精神。

第一节　物质构成的奥秘

学习导航

　　微观世界如同神秘的潘多拉魔盒，珍藏着形形色色的微观粒子，并成为这个世界不可或缺的重要部分。伴随着一种又一种神秘粒子的发现——分子、原子、原子核、质子、中子、电子、夸克……每一种微观粒子的发现都是人类向微观世界迈出的一大步，让人们更加见识了世界的奇妙，微观粒子的发现史是科学家们的辉煌奋斗史，给我们的文明带来了重大变革。

你想揭秘这些微观粒子的结构吗？请学习——物质构成的奥秘。

思考交流 2-1

为什么要学习这看不见、摸不着的神秘的物质结构？

化学是研究物质变化的，也就是新物质的生成才是化学研究的重点，新物质之所以生成是因为它内部结构发生了变化。因为结构决定性质，性质反映结构。

高锰酸钾溶于水如图 2-1 所示。蔗糖溶于水如图 2-2 所示。

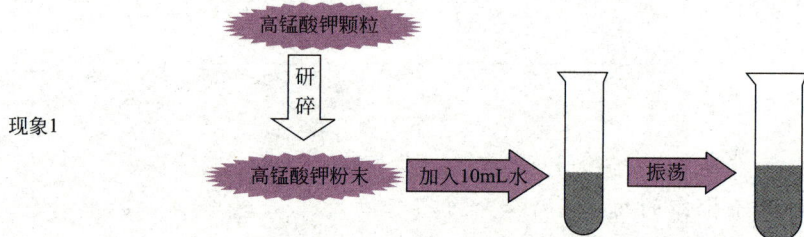

图 2-1　高锰酸钾溶于水

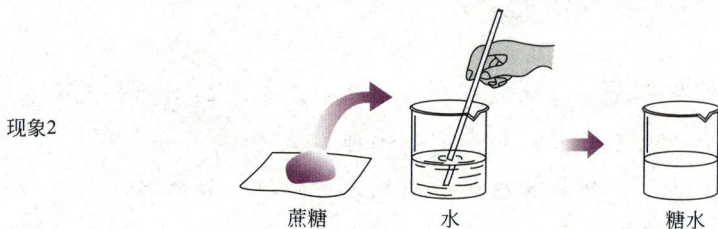

图 2-2　蔗糖溶于水

仔细观察物质从可见变为不可见时，往往还能感觉到它们的存在。这些事实充分说明物质是由无数不可见的粒子所构成的。

科学研究发现，世界上的物质是由人们肉眼看不见的微粒构成的（图 2-3）。如金属、碳、硅等是由原子构成的；像水、氧气、氢气等是由分子构成的；而氯化钠、硫化钾等是由离子构成的。分子、原子、离子都是构成物质的基本粒子。

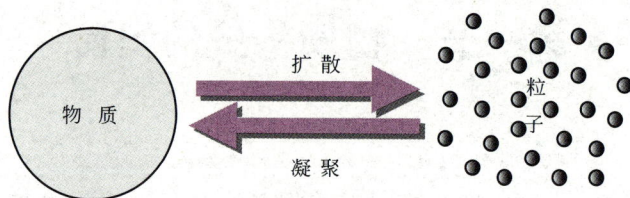

图 2-3　物质与微观粒子的关系

分子是能够独立存在并保持物质化学性质的最小粒子。

例如，冰、水和水蒸气都是由水分子构成的，所以它们的化学性质是相同的，但物理性质不同。从微观角度看分子是由原子构成，如 H_2O 分子是由 O 原子和 H 原子构成，如果在化学变化中这种组合变了，变成了 H_2、O_2，那么水分子就不存在了。

思考交流 2-2

为什么湿衣服在阳光下比在阴凉处容易晾干？为什么糖放到水中很快就不见了？为什么能闻到花的香味？这些现象又说明了什么呢？

人们能看到一滴水，但想用肉眼看到一个水分子，那是不可能的。因为分子的质量和体积都很小。说到小，常说"渺若灰尘"，微尘的直径约为 0.03mm，可是一万个水分子的长度，还没有 0.03mm。分子的质量数量级又是多少呢？约为 10^{-26} kg。例如，1 个水分子的质量约是 3×10^{-26} kg，一滴水（以 20 滴水为 1mL 计）中大约有 1.67×10^{21} 个水分子。

分子小，但它跑得快。

湿衣服在阳光下比在阴凉处容易晾干、糖放到水中很快就不见了、花的香味以及氨在空气中的扩散等都是分子运动的结果。在受热情况下，分子能量增大，运动速度加快，如图 2-4 所示，这就是水受热蒸发加快的原因。

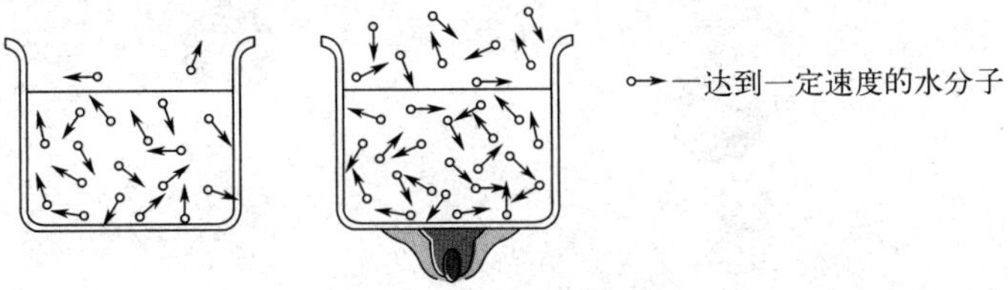

——→ 达到一定速度的水分子

图 2-4　不同温度下水分子的运动速度不同

思考交流 2-3

100mL 酒精与 100mL 水混合后，总体积是否等于 200mL？

答案是否定的。因为酒精（乙醇）分子与水分子不停地运动，分子之间是有间隔的。相同质量的同一种物质（例如水）在固态、液态、气态时所占的体积不同，就是因为它们分子间隔不同。物质的热胀冷缩现象，就是物质分子间的间隔受热时增大、遇冷时缩小的缘故，这是一种物理变化。

在通常情况下：气体分子间的间隔＞液体分子间的间隔＞固体分子间的间隔。

思考交流 2-4

分子已经很小了，它还可以再分吗？

实验证实，1 个氢气分子由 2 个氢原子构成；1 个氯气分子由 2 个氯原子构成；1 个氯化氢分子由 1 个氢原子和 1 个氯原子构成，如图 2-5 所示。

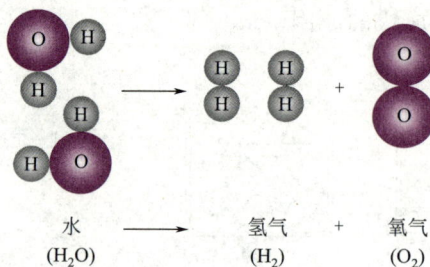

氢气　　　氯气　　　氯化氢
(H₂)　　　(Cl₂)　　　(HCl)

图 2-5　氢气、氯气和氯化氢分子的模型

思考交流 2-5

如何理解原子是化学变化中的最小粒子？

水分解时，水分子变成了氢气分子和氧气分子，不再保持水的化学性质（图 2-6）。在此反应过程中，水分子分解成氢原子和氧原子，每 2 个氢原子结合成 1 个氢气分子，每 2 个氧原子结合成 1 个氧气分子。可见，化学变化的实质是分子分解成原子、原子重新组合生成新的分子。因此，原子是化学变化中的最小粒子。

水　　　　　　　　氢气　　＋　　氧气
(H₂O)　　　　　　　(H₂)　　　　　(O₂)

图 2-6　水分子分解示意

思考交流 2-6

原子的内部都有什么？

原子很小，一个原子跟一个乒乓球体积之比，相当于乒乓球跟地球体积之比。

原子内部结构

原子都含有一个很小的、密实的**原子核**，核内有质子和中子，原子核外有电子，见彩图 4。

质子带一个单位正电荷，**中子**不带电，所以整个原子核带有的正电荷数就等于它含有的质子的数目，这个电荷数就称为核电荷数。

环绕着原子核的是一定数目的**电子**，它们带有负电荷。因为负电荷会被原子核所带的正电荷吸引，所以电子被束缚在原子核附近，如果要将它们带离原子则需要能量。

原子中电子所带的负电荷数精确地等于质子所带的正电荷数，两种电荷符号相反。原子带有数量相等的质子数与电子数，总的电荷数就是零，所以原子不显电性，是电中性的。

原子核中的质子数目叫作**原子序数**，它确定了这个原子的身份。比如，有一个核内有 6 个质子的原子，它是碳原子，可以用它来制造石墨或者钻石。如果得到一个原子，核内有

11 个质子，它就是钠原子，可以让它和氯原子结合形成氯化钠，或者把它扔到湖里，让它与水激烈反应甚至爆炸。

不同种类的原子，核内质子数不同，核外电子数也不同，见表 2-1。

表 2-1　几种原子的构成

原子种类	质子数	中子数	核外电子数
氢	1	0	1
碳	6	6	6
氧	8	8	8
钠	11	12	11
氯	17	18	17

总结：质子数＝核电荷数＝原子序数＝核外电子数

因为电子太小，原子的质量集中在原子核上，所以：

$$质量数(A)＝质子数(Z)＋中子数(N)$$

如果用 $_Z^A X$ 的形式表示一个质量数为 A、质子数为 Z 的原子，那么组成原子的粒子间的关系可以表达为：

$$原子_Z^A X \begin{cases} 原子核 \begin{cases} 质子 & Z\ 个 \\ 中子 & (A-Z)\ 个 \end{cases} \\ 核外电子 & Z\ 个 \end{cases}$$

思考交流 2-7

如何计算氧原子的相对原子质量？

不同的原子质量不同。如 1 个氧原子质量为 $2.657×10^{-26}kg$，1 个铁原子质量为 $9.288×10^{-26}kg$。由于原子质量数值太小，书写和使用都不方便，所以采用相对质量。以一种碳原子[●]质量（$1.9927×10^{-27}kg$）的 1/12 为标准，其他原子的质量跟它相比较所得的比值作为该原子的相对原子质量（符号为 A_r）。

【例题 2-1】计算氧原子的相对原子质量。

解　一个碳原子的质量 $≈1.9927×10^{-27}kg$

$$标准＝\frac{1}{12}×1.9927×10^{-26}kg≈1.66×10^{-27}kg$$

$$氧原子的相对原子质量＝\frac{2.657×10^{-26}kg}{1.66×10^{-27}kg}＝16$$

根据这个标准，氢的相对原子质量约为 1，氮的相对原子质量约为 14。元素周期表中元素符号下面那个数字，就是原子的相对原子质量，它就是这样计算出来的。

电子质量很小，约为质子质量的 1/1836，所以原子的质量主要集中在原子核上。就有了：相对原子质量 ≈ 质子数 ＋ 中子数。

[●] 这种碳原子叫作碳 12，是含有 6 个质子和 6 个中子的碳原子，它的质量的 1/12 等于 $1.67×10^{-27}kg$。

📖 学海拾贝

　　大约在公元前 4 世纪，古希腊哲学家德谟克列特提出"原子"这个词语，意思是不可切割，并把它当作物质的最小单元。

　　在近代原子论的建立中，英国被誉为科学原子论之父的科学家道尔顿做出了不可估量的贡献。他提出，有多少种不同的化学元素，就有多少种不同的原子；同一种元素的原子在质量、形态等方面完全相同。他还强调查清原子的相对质量以及组成一个化合物"原子"的基本原子的数目极为重要。

　　道尔顿的原子论揭示出了一切化学现象的本质都是原子运动，明确了化学的研究对象，对化学真正成为一门学科具有重要意义。此后，化学及其相关学科得到了蓬勃发展。

　　意大利科学家阿伏伽德罗（详见第四章）从盖-吕萨克定律得到启发，于1811年提出了一个对近代科学有深远影响的分子假说：在相同的温度和相同压强条件下，相同体积中的任何气体总具有相同的分子个数，后称为阿伏伽德罗定律。现代原子-分子论终于形成。

第二节 原子核外电子的排布

电子运动轨迹

📚 学习导航

　　如果说一个原子的原子核决定了它的身份，那么在原子核外环绕着的电子则决定着它的性质。化学实际上是研究电子的各种行为。神奇的电子到底是如何运动的？

　　核外电子的运动有其特点，它的速度极快，不像行星绕太阳旋转有固定的轨道，而是以一定概率出现在原子核周围不同位置，速度接近光速。在多电子原子中，电子的能量是不同的，能量低的电子通常在离核近的区域内运动，能量高的电子在离核较远的区域内运动。电子的能量由低到高，运动的区域离核由近及远，科学家把这些离核距离不等的电子运动区域称为电子层，用 n 表示，$n=1$、2、3…正整数。相应的也用 K、L、M、N、O、P、Q 等符号表示。n 值越大，表示电子所在的电子层离核越远，能量越高。人们把核外电子在不同的电子层内运动的现象叫作核外电子的分层排布，见彩图5。

　　在多电子原子中，核外电子排布具有一定的规律性。

1. 电子在核外是分层排布的

电子在核外是按照能量由低→高、由近→远分层排布的。

2. 各层电子数

各层最多能容纳的电子数为 $2n^2$ 个，即第一层最多容纳 2 个电子，第二层最多容纳 8 个电

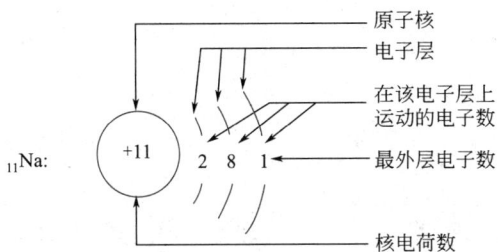

$_{11}$Na:

- 原子核
- 电子层
- 在该电子层上运动的电子数
- 最外层电子数
- 核电荷数

图 2-7 钠原子结构示意

子，最外层电子数最多不超过 8 个，次外层不超过 18 个，倒数第三层最多容纳 32 个电子。

原子结构可以用原子结构示意来表示，如图 2-7 所示。

用小圆圈表示原子核，圈内数字表示质子数，弧线表示电子层，弧线上面的数字表示该层的电子数。表 2-2 列举了几种原子的结构示意。

表 2-2　几种原子的结构

原子	氢原子	氧原子	氖原子	钠原子	镁原子	氯原子
质子数	1	8	10	11	12	17
原子结构示意	(+1) 1 氢	(+8) 2 6 氧	(+10) 2 8 氖	(+11) 2 8 1 钠	(+12) 2 8 2 镁	(+17) 2 8 7 氯

第三节　门捷列夫和元素周期表

学习导航

什么是元素？相同或不同元素组合在一起会形成什么？分子、原子、元素、物质之间有什么联系？

元素就是具有相同核电荷数（即质子数）的同一类原子的总称。所有核电荷数为 1 的氢原子统称为氢元素，如氕、氘、氚；核电荷数为 6 的所有碳原子统称为碳元素，如 ^{12}C、^{13}C、^{14}C；核电荷数为 8 的所有氧原子统称为氧元素。

元素是同一类原子的"总称"，是一个宏观概念，因此元素只讲种类，不讲个数。因此，不能说水是由 2 个氢元素、1 个氧元素组成，应该说，水是由氢元素和氧元素两种元素组成的。或者说，一个水分子是由 2 个氢原子和 1 个氧原子构成的。

分子、原子、元素、物质之间的联系如图 2-8 所示。

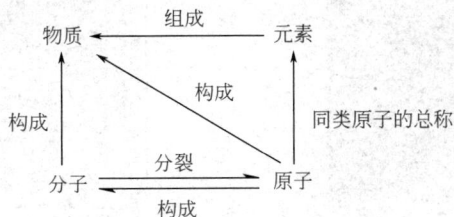

图 2-8　分子、原子、元素、物质之间的联系

思考交流 2-8

自然界有多少种元素？它们有规律吗？

19 世纪 60 年代，化学家已经发现了 60 多种元素，并积累了这些元素的原子量数据，为寻找元素间的内在联系创造了必要的条件。

元素周期律（periodic law），指元素的性质随着元素的原子序数（即原子核外电子数或核电荷数）的增加呈周期性变化的规律。周期律产生的基础是随着核电荷数的递加，原子核外电子排布呈周期性变化。表 2-3 列出了核电荷数为 1～20 的元素原子的核外电子排布。

📖 思政案例

门捷列夫和元素周期表

德米特里·伊万诺维奇·门捷列夫（1834—1907），俄国化学家。门捷列夫对化学学科发展作出的最大贡献是发现了化学元素周期律。

门捷列夫（图 2-9）根据原子量的大小，将当时已经发现的 63 种元素进行分类排队。并进行了反复研究，他企图在元素全部的复杂的特性里，捕捉元素之间的规律性，但他的研究一次又一次地失败了，可他不屈服、不放弃，经过坚持不懈的努力，终于在 1869 年发现元素性质随原子量的递增呈明显的周期变化的规律，提出了世界上第一张元素周期表，根据周期律修正了铟、铀、钍、铯等 9 种元素的原子量。他还预言了钪、镓、锗三种新元素，后人发现这些新元素的原子量、密度和物理化学性质都与他的预言惊人地相符，周期律的正确性得到了举世公认。

门捷列夫编制的第一张元素周期表（图 2-10）并不完整，如其中没有稀有气体元素。后来化学家们不断地探索和发现终于使门捷列夫的周期表变得完整，但是门捷列夫对元素周期律的发现是继原子-分子论之后，近代化学史上的又一座光彩夺目的里程碑。它所蕴藏的丰富和深刻的内涵，对以后整个化学和自然科学的发展都具有普遍的指导意义。

图 2-9　门捷列夫

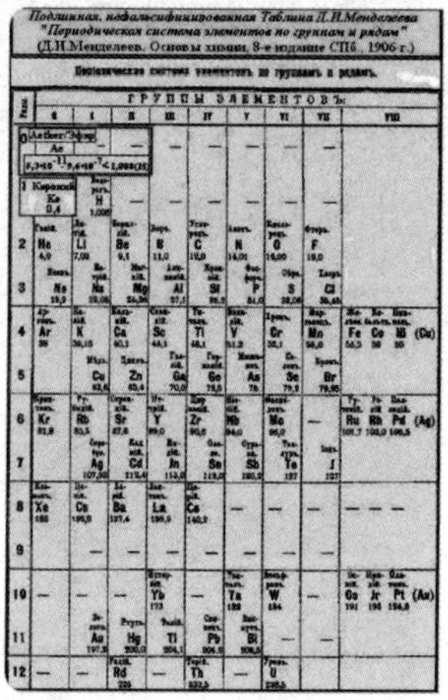

图 2-10　门捷列夫编制的第一张元素周期表

表 2-3　核电荷数为 1～20 的元素原子的核外电子排布

核电荷数	元素符号	电 子 层			
		K	L	M	N
1	H	1			
2	He	2			
3	Li	2	1		
4	Be	2	2		
5	B	2	3		
6	C	2	4		
7	N	2	5		
8	O	2	6		
9	F	2	7		
10	Ne	2	8		
11	Na	2	8	1	
12	Mg	2	8	2	
13	Al	2	8	3	
14	Si	2	8	4	
15	P	2	8	5	
16	S	2	8	6	
17	Cl	2	8	7	
18	Ar	2	8	8	
19	K	2	8	8	1
20	Ca	2	8	8	2

思考交流 2-9

元素周期表中元素的"排兵布阵"有何规律？横行和列分别代表什么意思，与原子结构有什么千丝万缕的联系？

在周期表中，元素是以元素的原子序数排列，最小的排行最先。表中一横行称为一个周期、一列称为一个族。

1. 原子电子层结构与周期的关系

具有相同电子层，且按原子序数递增顺序排列的一系列元素，叫作一个周期。周期表共有 7 个横行，分别对应 7 个周期：1 个特短周期（2 种元素），2 个短周期（8 种元素），2 个长周期（18 种元素），2 个特长周期（32 种元素）。各周期元素的数目与原子结构的关系见表 2-4。

表 2-4　各周期元素的数目与原子结构的关系

周期	元素数目	每周期最多容纳的电子数目	周期	元素数目	每周期最多容纳的电子数目
2	8	8	5	18	18
3	8	8	6	32	32
4	18	18	7	32	32

元素在周期表中所处的位置与原子结构的关系为：

$$周期序数=电子层层数$$

因此，每增加一个电子层，就开始一个新的周期。

2. 原子电子层结构与族的关系

元素周期表的列，称为族。元素周期表有 18 个列，共 16 个族。其中 I A～Ⅷ A 为主族（包括 1、2、13、14、15、16、17 列），I B～Ⅷ B 为副族（包括 11、12、3、4、5、6、7 列），第Ⅷ B 族（或Ⅷ族）包括 3 个列（8、9、10 列），第 18 列为零族（或第Ⅷ A 族）。

元素的族序数与其原子的外层电子构型关系密切。

（1）主族元素　主族元素的族序数=元素的最外层电子数

例如 Mg 的最外层有 2 个电子，所以属于 Ⅱ A 族。

（2）副族元素　I B 和 Ⅱ B 族元素的族序数=元素的最外层电子数

Ⅲ B～Ⅷ B 族元素的族序数不仅与最外层电子数有关，还和次外层电子数有关系。

Ⅷ族包括左数第 8、9、10 三列，其 $ns+(n-1)d$ 电子数分别为 8、9、10。

（3）零族元素　零族元素为惰性气体元素，其最外层电子数为 2 或 8。

思考交流 2-10

元素的周期性是如何体现的？如何推断 KOH 的碱性强于 NaOH 呢？

元素原子的电子结构呈周期性变化，导致了元素基本性质——包括原子半径、金属性和非金属性、电负性等随着核电荷数的递增呈周期性变化。

1. 原子半径的周期性变化

同一周期（稀有气体除外），从左向右随着原子序数的增加，核电荷数增加，原子核对核外电子的吸引力增强，致使原子半径逐渐减小；同一主族自上而下，随着原子序数的增加，电子层增多，核对外层电子吸引力减弱，致使原子半径逐渐增大。尽管随着原子序数的增加，核电荷数也增大，会使原子半径缩小，但这两种作用相比，电子层数的增加使半径增大的作用较强，所以总的效果是原子半径自上而下逐渐增大。

副族元素，即过渡金属元素的原子半径这里不作详细介绍。

2. 金属性与非金属性的周期性变化

元素的金属性指的是元素的原子失电子的能力，非金属性是指元素的原子得电子的能力。

同一周期从左至右，主族元素的金属性逐渐减弱，非金属性逐渐增强。同主族元素自上而下，元素的金属性逐渐增强，非金属性逐渐减弱。

3. 电负性的周期性变化

元素的电负性是指分子中元素的原子吸引成键电子的能力。电负性概念是 1932 年由鲍林（L. Pauling）首先提出来的，他指定最活泼的非金属元素氟的电负性为 4.0，然后通过计算得出其他元素电负性的相对值，如表 2-5 所示。

从表 2-5 可以看出，同一周期从左至右，主族元素的电负性依次递增，这也是由于原子的核电荷数逐渐增大、半径依次减小，使原子在分子中吸引成键电子的能力增加。同一主族自上而下，元素的电负性趋于减小，说明原子在分子中吸引成键电子的能力趋于减弱。过渡元素电负性的变化没有明显的规律。

表 2-5 元素原子的电负性

H 2.1																
Li 1.0	Be 1.5											B 2.0	C 2.5	N 3.0	O 3.5	F 4.0
Na 0.9	Mg 1.2											Al 1.5	Si 1.8	P 2.1	S 2.5	Cl 3.0
K 0.8	Ca 1.0	Sc 1.3	Ti 1.5	V 1.6	Cr 1.6	Mn 1.5	Fe 1.8	Co 1.9	Ni 1.9	Cu 1.9	Zn 1.6	Ga 1.6	Ge 1.8	As 2.0	Se 2.4	Br 2.8
Rb 0.8	Sr 1.0	Y 1.2	Zr 1.4	Nb 1.6	Mo 1.8	Tc 1.9	Ru 2.2	Rh 2.2	Pd 2.2	Ag 1.9	Cd 1.7	In 1.7	Sn 1.8	Sb 1.9	Te 2.1	I 2.5
Cs 0.7	Ba 0.9	La~Lu 1.0~1.2	Hf 1.3	Ta 1.5	W 1.7	Re 1.9	Os 2.2	Ir 2.2	Pt 2.2	Au 2.4	Hg 1.9	Tl 1.8	Pb 1.8	Bi 1.9	Po 2.0	At 2.2
Fr 0.7	Ra 0.9	Ac 1.1	Th 1.3	Pa 1.4	U 1.4	Np~No 1.4~1.3										

元素的电负性综合反映了原子得失电子的能力，故可作为元素金属性和非金属性统一衡量的依据。一般来说，金属的电负性小于 2.0，非金属的电负性大于 2.0。电负性越大，表明该元素的原子在分子中吸引电子的能力越强，则该元素的非金属性越强，金属性越弱。反之，电负性越小，表明该元素的非金属性越弱，金属性越强。

同一周期从左至右，主族元素的原子半径逐渐减小，最外层电子数逐渐增多，电负性逐渐增强，金属性逐渐减弱，非金属性逐渐增强。同主族元素自上而下，电子层数逐渐增多，原子半径逐渐增大，电负性逐渐减小，原子失电子能力逐渐增强，得电子能力逐渐减弱，元素的金属性逐渐增强，非金属性逐渐减弱。

第四节 化学世界中的阳离子与阴离子

📖 学习导航

就像人们平时会丢东西一样，原子会丢失自己的电子吗？

实验证明，稀有气体元素，如氖、氩等，它们的最外层电子都是 8 个（氦为 2 个），均不易与其他物质发生化学反应，呈现"化学惰性"，因此也将它们称为惰性气体。

经研究发现最外层具有 8 个电子（只有一个电子层的具有 2 个电子）的结构，属于相对稳定结构。

有些外层非 8 电子稳定结构的原子，则通过得到或失去电子的方式变稳定。当原子得失电子后就带一定的电荷，这种带电荷的原子叫作离子（图 2-11）。

活泼金属，如钠、镁等，最外层电子一般少于 4 个，在化学反应中易失去最外层电子，

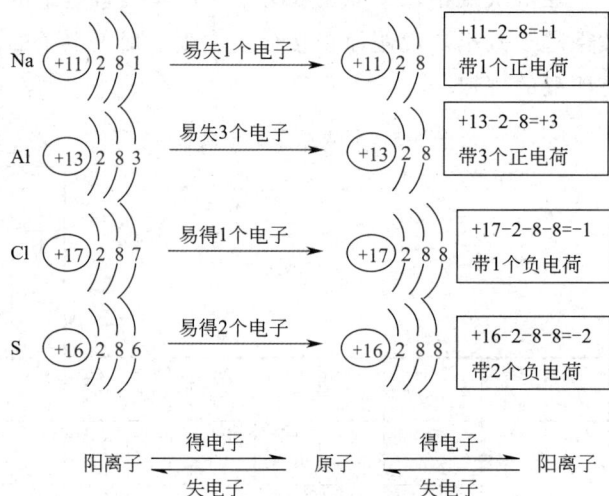

图 2-11　原子与离子的转变

趋向达到相对稳定结构，这样金属元素的原子就会带正电荷，带正电荷的原子叫阳离子，如 Na^+、Mg^{2+} 等。

活泼非金属，如氧、氯、硫等，最外层电子一般多于 4 个，在化学反应中易得电子，趋向达到相对稳定结构，这样非金属元素的原子就会带负电荷，带负电荷的原子叫阴离子，如 Cl^-、O^{2-} 等。

除此之外，有一些物质含有一些原子基团，比如 NH_4^+（铵根离子）、OH^-（氢氧根离子）、CO_3^{2-}（碳酸根离子）、SO_4^{2-}（硫酸根离子）等，常常作为一个整体，这样的原子基团叫作原子团，又称为根或者基团，原子团带有电荷。原子团并不是在任何化学反应中保持不变，在某些化学反应中，原子团是会发生变化的。

注意：在书写离子时要在元素符号的右上角标出离子所带的电量及电性。先写数字后标性质，当离子所带电荷数为 1 时，1 省略不写。例如 Mg^{2+}、Cl^-。

第五节　化　学　式

学习导航

为什么水要写成氢二氧一（H_2O）？地壳中哪种元素含量比较高？为什么元素目前只有 118 种而物质种类却很繁多？

地壳中氧、硅、铝、铁的含量比较高，与生物关系密切的氢含量为 0.76%，碳含量为 0.087%，氮含量仅为 0.03%。

世界上的物质种类繁多，已知的就有 2000 多万种，但截至 2006 年 10 月 17 日美国与俄罗斯的科学家共同发现第 118 号超重元素，人们知道的元素就这些了。这些元素就像搭积木一样，组成了成千上万种形形色色的物质。

由同种元素组成的纯净物是**单质**。金属单质主要有 K、Ca、Na 等。非金属单质主要有 C、S、Ar 等。

由不同种元素组成的纯净物则是**化合物**。例如 H_2O、NO、CO 等。

单一组分的化学物质为**纯净物**。比如 H_2O、O_2、NaCl 等。

两种或多种物质混合而成的物质叫**混合物**。组成混合物的各种成分之间不发生化学反应，保持着各自的性质。如空气、石油（原油）、海水等。

化学式就是"元素符号＋数字"。例如 O_2、H_2O、HCl、NaCl 等化学符号都是化学式，它们分别表示了氧气、水、氯化氢、氯化钠等物质的组成。规范定义为：用元素符号和数字的组合表示物质组成的式子。纯净物都有一定的组成，都可用一个相应的化学式来表示其组成。混合物没有化学式。表示物质的分子构成的化学式也叫**分子式**。

化学式中各原子的相对原子质量的总和，叫作化学式的**式量**。（由分子组成的物质也叫**分子量**——相对分子质量。）

元素在相互化合时，反应物原子的个数比并不是一定的，而是根据原子的最外层电子数决定的。比如，一个钠离子（失去一个电子）一定是和一个氯离子（得到一个电子）结合。而一个镁离子（化合价为＋2，失去两个电子）一定是和两个氯离子结合。

因此，我们把一种元素一定数目的原子跟其他元素一定数目的原子化合的性质，叫作这种元素的**化合价**。化合价有正价和负价（表 2-6）。

表 2-6　一些常见元素和根的化合价

元素和根的名称	元素和根的符号	常见的化合价	元素和根的名称	元素和根的符号	常见的化合价
钾	K	＋1	氯	Cl	－1、＋1、＋5、＋7
钠	Na	＋1	溴	Br	－1
银	Ag	＋1	氧	O	－2
钙	Ca	＋2	硫	S	－2、＋4、＋6
镁	Mg	＋2	碳	C	＋2、＋4
钡	Ba	＋2	硅	Si	＋4
铜	Cu	＋1、＋2	氮	N	－3、＋2、＋3、＋4、＋5
铁	Fe	＋2、＋3	磷	P	－3、＋3、＋5
铝	Al	＋3	氢氧根	OH^-	－1
锰	Mn	＋2、＋4、＋6、＋7	硝酸根	NO_3^-	－1
锌	Zn	＋2	硫酸根	SO_4^{2-}	－2
氢	H	＋1	碳酸根	CO_3^{2-}	－2
氟	F	－1	铵根	NH_4^+	＋1

原子团也有化合价，如 OH^- 为 －1 价。

表示化合价的方法，如＋3 价的铁元素：$\overset{+3}{Fe}$，－2 价的氧元素：$\overset{-2}{O}$。

一些常见元素化合价口诀：

一价钾钠氯氢银　　二价氧钙钡镁锌

三铝四硅五价磷　　二三铁，二四碳

二四六硫都齐全　　铜汞二价最常见

条件不同价不同　　单质为零记心间

一些常见原子团的化合价口诀：

负一硝酸氢氧根　　负二硫酸碳酸根

负三记住磷酸根　　正一价的是铵根

注意：化合价有正价和负价；氧元素通常显－2价，氢元素通常显＋1价；金属元素跟非金属元素化合时，金属元素显正价，非金属元素显负价；在化合物里正负化合价的代数和为0，一些元素在同种或不同物质中可显不同的化合价；在单质分子里元素的化合价为0。

【例题 2-2】 确定化合物 $KMnO_4$ 中 Mn 元素的化合价。

解　设化合物中 Mn 元素化合价为 x，则

$$(+1)+1\times x+4\times(-2)=0$$
$$x=+7$$

答：$KMnO_4$ 中 Mn 元素化合价为＋7价。

【例题 2-3】 根据元素的化合价写出氧化铁的化学式。

十字交叉法：

$$\overset{+3\quad -2}{\underset{Fe_2O_3}{\diagdown\!\!\!\!\diagup}}$$

验证：$(+3)\times 2+(-2)\times 3=0$

注意：如果要标明原子团的个数，应在原子团的括号外面标明数字，如 $Al_2(SO_4)_3$，若原子团个数为1，括号和"1"均不需要标，如 $NaOH$。

【例题 2-4】 计算 O_2、H_2O、$(NH_4)_2CO_3$ 的相对分子质量。

相对分子质量：化学式中各原子的相对原子质量的总和，就是相对分子质量（符号为 M_r）。

解　O_2 的相对分子质量＝$16\times 2=32$

H_2O 的相对分子质量＝$1\times 2+16=18$

$(NH_4)_2CO_3$ 的相对分子质量＝$(14+1\times 4)\times 2+12+16\times 3$
$$=96$$

【例题 2-5】 计算硝酸铵中各元素的质量比。

$$元素质量比＝（相对原子质量\times 原子个数）之比$$

解　在 NH_4NO_3 中

$m(N)：m(H)：m(O)=14\times 2：1\times 4：16\times 3$
$$=28：4：48$$
$$=7：1：12$$

【例题 2-6】 计算化肥硝酸铵（NH_4NO_3）中氮元素的质量分数。

$$元素的质量分数 = \frac{该元素的相对原子质量 \times 该元素的原子个数}{物质的相对分子质量} \times 100\%$$

物质中某元素的质量分数，就是该元素的质量与物质组成的元素总质量之比。

解 先根据化学式计算出 NH_4NO_3 的相对分子质量：

NH_4NO_3 的相对分子质量 $= 14 + 1 \times 4 + 14 + 16 \times 3 = 80$

再计算氮元素的质量分数：

$$\frac{N 的相对原子质量 \times N 的原子数}{NH_4NO_3 的相对分子质量} \times 100\% = \frac{14 \times 2}{80} \times 100\% = 35\%$$

答：硝酸铵中氮元素的质量分数为 35%。

（意义：每 $100g$ 硝酸铵中氮元素的质量为 $35g$。）

第六节 离 子 键

离子键的
形成过程

学习导航

苹果为什么落地？是因为有地心引力。那么微观粒子之间的强烈的相互引力会形成什么呢？

除稀有气体外，其他元素的原子都未达到稳定结构，因此都不能以原子的形式孤立存在，而必须结合形成化合物分子，使各自达到稳定构型。分子是保持物质化学性质的最小微粒，是参与化学反应的基本单元。物质的性质主要取决于分子的性质，而分子的性质又是由分子的内部结构所决定的。因此，研究分子的内部结构，对于了解物质的性质和化学反应规律有极其重要的作用。

物质的分子是由原子结合而成的，说明原子之间存在着强烈的相互作用力。分子（或晶体）中相邻原子（或离子）之间主要的、强烈的相互作用称为**化学键**。根据化学键的特点，一般把化学键分为离子键、共价键、金属键三种基本类型。

通俗地讲，离子键，阴阳离子结合成键。规范的解释如下：

离子键的概念是德国化学家柯塞尔（W. Kossel）在 1916 年提出的。他认为原子间相互化合时，原子失去或得到电子以达到稀有气体的稳定结构。这种靠原子得失电子形成阴、阳离子，由阴、阳离子间靠静电作用形成的化学键叫**离子键**。

如金属钠与氯气反应生成氯化钠（图 2-12）：钠原子属于活泼的金属原子，最外层有 1 个电子，容易失去；氯原子属于活泼的非金属原子，最外层有 7 个电子，容易得到 1 个电子，从而使最外层都达到 8 个电子，形成稳定结构。当钠原子与氯原子接触时，钠原子最外层的 1 个电子就转移到氯原子的最外层上，形成带正电的钠离子（Na^+）和带负电的氯离子（Cl^-），阴阳离子间存在的异性电荷间的静电吸引力，使两种离子相互靠近，达到一定距离时，引力和电子与电子、原子核与原子核之间同性电荷间的排斥力达到平衡，于是 Na^+ 与

Cl⁻ 间就形成了稳定的化学键——离子键。

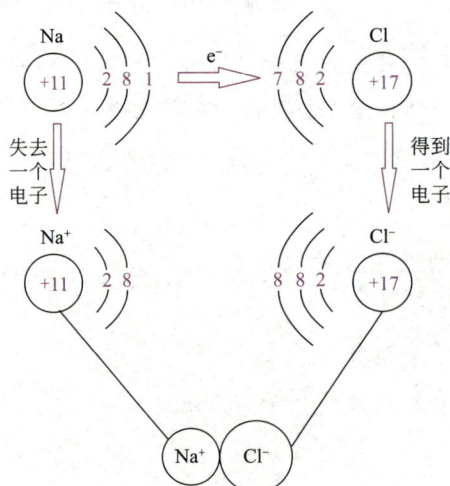

图 2-12 氯化钠的形成过程

活泼的金属原子（主要指 ⅠA 族和 ⅡA 族）和活泼的非金属原子（主要指 ⅦA 族的 F、Cl 和 ⅥA 族的 O、S 等原子）化合时，都能形成离子键。

含有离子键的化合物就是**离子化合物**。

第七节 共 价 键

共价键

学习导航

H_2O 中的化学键是离子键吗？H 与 O 靠什么引力成键？

1916 年，美国化学家路易斯（Lewis）首先提出共价键的概念，他认为原子结合成分子时，原子间可以共用一对或几对电子，以形成类似稀有气体的稳定结构。如 Cl_2、N_2、O_2 等分子的形成，像这样原子与原子间通过共用电子对所形成的化学键，叫作**共价键**。

分子中每个原子应该具有稳定的稀有气体原子的电子层结构（8 电子结构），该结构可以通过原子间共用电子对（一对或若干对）的方式来实现。

如氢气在氯气中燃烧生成氯化氢分子。

H₂气体分子　　　Cl₂气体分子

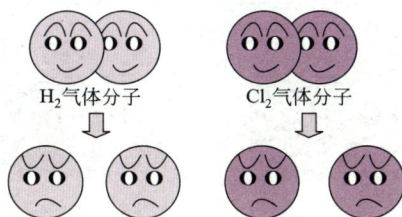

分开后，"她们"为什么不高兴？让我们听听"她们"说些什么。

我只有一个电子，太少了

我也少一个电子

H原子　　　　Cl原子

这时候，美国化学家路易斯想出了一个好办法：

好啊谢谢

二位好！我有一个好办法。你们每人拿出一个电子共用，就像共同分享快乐一样共同拥有，行吗？

好啊谢谢

H原子　　　　　　Cl原子

"二人"爽快地答应了：

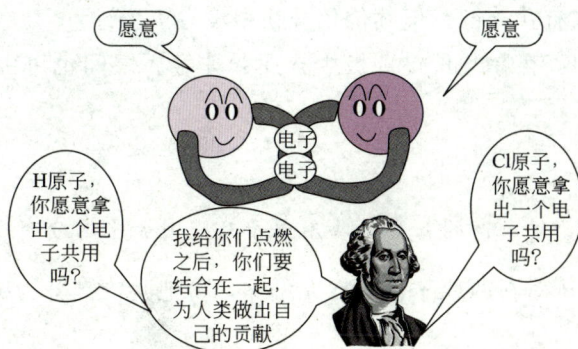

愿意

愿意

电子
电子

H原子，你愿意拿出一个电子共用吗？

我给你们点燃之后，你们要结合在一起，为人类做出自己的贡献

Cl原子，你愿意拿出一个电子共用吗？

这样，氯原子和氢原子对对方的电子也不用你争我夺了，"她们"皆大欢喜。

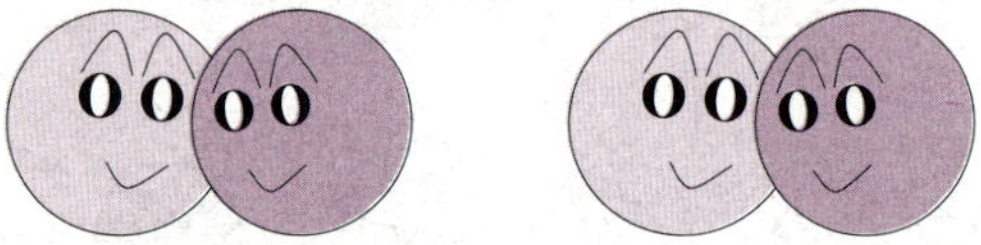

就这样，氯化氢分子就形成了，如图 2-13 所示。

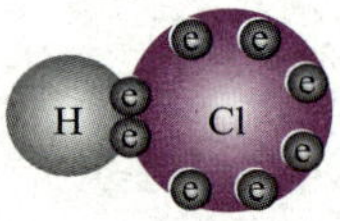

图 2-13　氯化氢分子的形成过程

除同种非金属原子形成共价键分子外，性质比较相近的不同种非金属元素的原子也能相互结合而生成共价化合物分子，如 HCl、H_2O。化学上，常用 "—" 表示一对共用电子对，用 "═" 表示两对共用电子对，用 " ≡ " 表示三对共用电子对等。因此 Cl_2、HCl、H_2O、N_2、CO_2 可以分别表示为：

Cl—Cl　　　　　H—Cl　　　　H—O—H　　　　N≡N　　　O═C═O

思考交流 2-11

含有共价键的分子一定是共价化合物吗？

只含有共价键的化合物称为**共价化合物**。非金属元素的原子结合形成的化合物（如 H_2、O_2、Cl_2、CO_2、SO_2、H_2O、HCl 等）和大多数有机化合物，都属于共价化合物。

说明如下。

① 非金属元素原子之间能形成共价键（但 NH_4^+ 与其他酸根结合为离子键）。共价键又存在于共价化合物以及多原子单质分子中。

② 全部由共价键构成的化合物为共价化合物。

③ 离子化合物可以有共价键，但共价化合物中没有离子键。

④ 稀有气体单质中不存在共价键。极少金属和非金属之间也可由共价键形成共价化合物（如 $AlCl_3$、$BeCl_2$）。

思考交流 2-12

共价键是靠共用电子对成键的，那么共用电子对一定会平均分布在两个原子中间吗？

根据成键的共用电子对在两原子核间有无偏移，可把共价键分为极性共价键和非极性共价键。

两个电负性相同的原子吸引电子的能力相同，由它们形成的共价键，共用电子对位于两个原子核中间。这种成键电子对没有偏向任一原子的共价键叫作非极性共价键，简称**非极性键**。由同种原子形成的共价键，如单质 H_2、Cl_2、N_2 等分子中的共价键就是非极性共价键。

由两种不同元素的原子形成的共价键，由于电负性不同，对共用电子对的吸引力不同，共用电子对将偏向电负性较大的原子一方，两原子间电荷分布不均匀。电负性较小的原子一端带部分正电荷为正极，电负性较大的原子一端带部分负电荷为负极。这种共用电子对有偏向的共价键叫极性共价键，简称**极性键**。如 HCl、H_2O、NH_3 等分子中的 H—Cl、H—O、N—H 键就是极性键。

通常以成键原子电负性的差值，来判断共价键极性的强弱。如成键两原子的电负性差值为零，则形成非极性键；电负性差值大于零，则形成极性键。电负性差值越大，键的极性越强。当成键两原子电负性差值大到一定程度时，电子对完全转移到电负性大的原子上，就形成了离子键。离子键是极性共价键的一个极端。电负性差值越小，键的极性越弱。非极性共价键则是极性共价键的另一个极端。显然，极性共价键是非极性共价键与离子键的过渡键型。

思考交流 2-13

一方有"空房子"，一方有一对"无家可归的人"，会怎样？

配位键

按共用电子对由成键原子提供的来源不同，也可将共价键分为普通共价键和配位共价键。如果共价键的共用电子对是由成键的两个原子各提供 1 个电子所组成，称为普通共价键，如 H_2、O_2、Cl_2、HCl 等。如果共价键的共用电子对是由成键两原子中的一方原子提供，而另一方原子只是提供可容纳共用电子对的空间区域（化学上称为空轨道），则称为配位共价键，简称**配位键**。例如：NH_3 分子与 H^+ 之所以能生成 NH_4^+，是因为 NH_3 中 N 原子有一对未参与成键的电子（称孤电子对），而 H^+ 有空轨道（H 原子失去最外层的 1 个电子后，原来这个电子运动时所在的核外空间区域不会消失，就好比铁轨，铁轨一直存在，但这个铁轨上可以没有火车），N 原子的孤电子对进入 H^+ 的空轨道，这一对电子为氮、氢两原子所共用，于是形成了**配位键**。通常用"→"表示配位键，箭头指向电子对接受体，箭尾指向电子对供给体，以区别于普通共价键。但应该注意，普通共价键和配位键的差别，仅仅表现在键的形成过程中，虽然共用电子对的电子来源不同，但在键形成之后，二者并无任何差别。如在铵离子中，虽然有一个 N—H 键跟其他三个 N—H 键的形成过程不同，但是形成后四个键表现出来的性质完全相同。

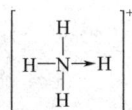

配位键具有共价键的一般特性。但共用电子对毕竟是由一个原子单方提供，所以配位键是极性共价键。

形成配位键必须具备两个条件：

① 一个原子其价电子层有未共用的孤电子对；

② 另一个原子其价电子层有空轨道。

第八节　分子的极性及应用

学习导航

　　键的极性与分子的极性是一回事吗？为什么 NH_3、食盐、酒精易溶于 H_2O 而汽油难溶于水？

　　在任何中性分子中，都有带正电荷的原子核和带负电荷的电子。可设想分子内部，两种电荷（正电荷或负电荷）分别集中于某一点上，就像任何物体的重量可以认为集中在其重心上一样。电荷的这种集中点叫作"电荷重心"或"电荷中心"，其中正电荷的集中点叫"正电荷中心"，负电荷的集中点叫"负电荷中心"。分子中正、负电荷中心可称为分子的正、负两个极，用"＋"表示正电荷中心，即正极；用"－"表示负电荷中心，即负极。

非极性分子

极性分子

　　根据分子中正、负电荷中心是否重合，可把分子划分为极性分子和非极性分子。正、负电荷中心重合的分子是**非极性分子**，正、负电荷中心不重合的分子是**极性分子**。

　　双原子分子如下所述。

　　① 由相同原子组成的单质分子，如 H_2、Cl_2、O_2 等均为非极性分子。

　　② 由不同原子组成的双原子分子，如 HF、HCl、HBr、HI 等均为极性分子，且键的极性越大，分子的极性也越大。可见，对双原子分子来说，分子是否有极性，取决于所形成的键是否有极性。

　　多原子分子（由不同原子组成）：键有极性，而分子是否有极性，则取决于分子的空间构型是否对称。当分子的空间构型对称时，键的极性相互抵消，使整个分子的正、负电荷中心重合，因此这类分子是非极性分子，如 CO_2、CH_4、BF_3、$BeCl_2$、C_2H_2 等；当分子的空间构型不对称时，键的极性不能相互抵消，分子的正、负电荷中心不重合，因此这类分子是极性分子，如 H_2O、NH_3、SO_2、CH_3Cl 等分子。

　　由上述讨论可知，分子的极性与键的极性是两个概念，但两者又有联系。极性分子中必含有极性键，但含有极性键的分子不一定是极性分子。共价键是否有极性，取决于相邻两原子间共用电子对是否有偏移；而分子是否有极性，取决于整个分子的正、负电荷中心是否重合。

　　"相似相溶"原理：溶质、溶剂的结构越相似，溶解前后分子间的作用力变化越小，这样的溶解过程就越容易发生。即指由于极性分子间的电性作用，使得极性分子组成的溶质易溶于极性分子组成的溶剂，难溶于非极性分子组成的溶剂，如 NH_3 和 H_2O 可以互溶；非极性分子组成的溶质易溶于非极性分子组成的溶剂，难溶于极性分子组成的溶剂，如 I_2 分子易溶于 CCl_4，而难溶于水。

本章小结

思维导图

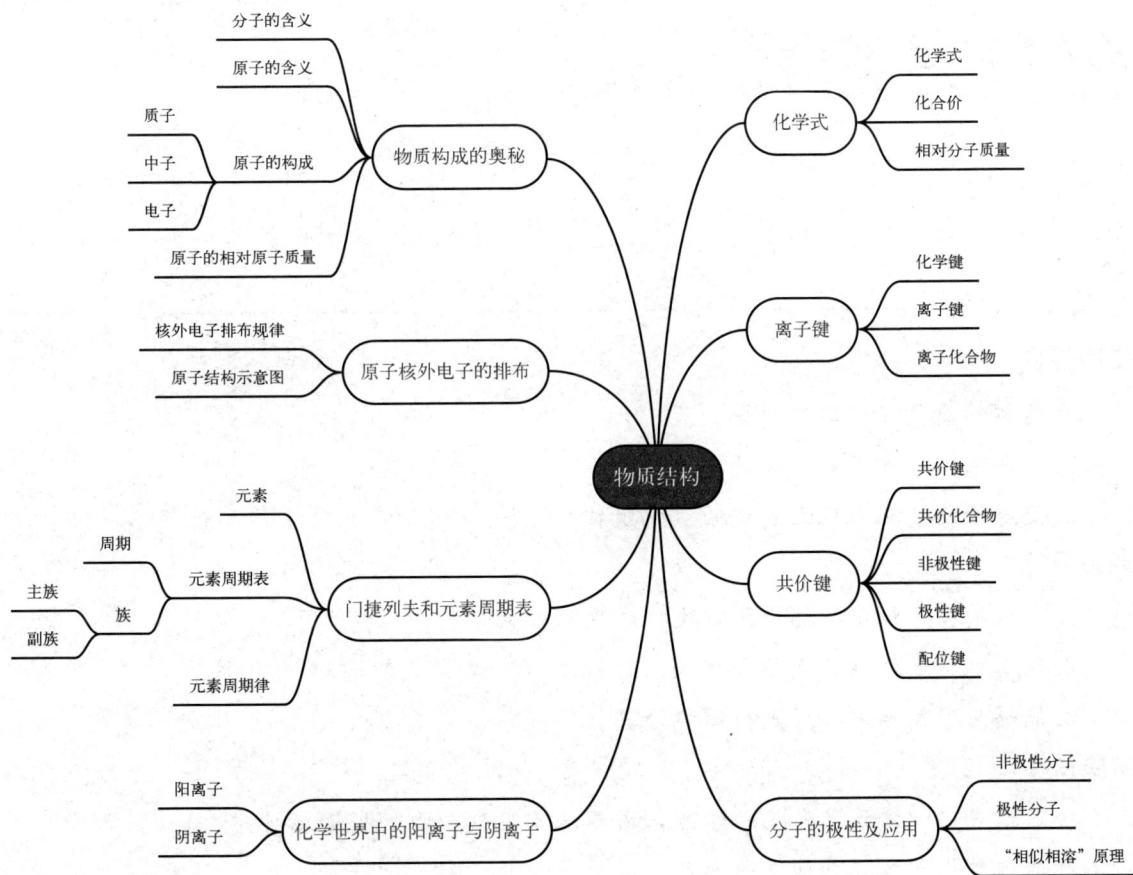

第三章

化学方程式

学习目标

知识目标：

1. 能解释质量守恒定律的含义。

2. 能描述化学方程式的含义。

3. 能解释物质从微观到宏观的变化规律。

能力目标：

1. 会用质量守恒定律解释、解决化学现象和问题。

2. 能正确写出简单的化学方程式。

3. 能够应用化学方程式进行简单计算。

素质目标：

1. 通过对化学方程式含义的学习，培养从宏观到微观的探索精神。

2. 通过对化学方程式计算的学习，培养严谨的学习态度。

第一节　质量守恒定律

学习导航

化学能让"2＋1＝2"

　　180多年前，德国的数学家高斯和意大利的化学家阿伏伽德罗进行过一次激烈的辩论，辩论的核心是化学究竟是不是一门真正的科学。

高斯说："科学规律只存在于数学之中，化学不在精密科学之列。"阿伏伽德罗反驳道："数学虽然是自然科学之王，但是没有其他科学，就会失去真正的价值。"高斯发起火来："对于数学来说，化学充其量只能起一个女仆的作用。"阿伏伽德罗做了一个实验，将2L氢气放在1L氧气中燃烧得到了2L水蒸气。他把实验结果给高斯时，说："请看吧，只要化学愿意，它就能让2加上1等于2。"物质在发生化学变化时，反应物的质量总和与生成物的质量总和之间存在什么关系呢？

【实验3-1】如图3-1操作，观察现象。

现象：白磷剧烈燃烧，产生大量白烟，放热，气球先鼓起稍后瘪掉；天平仍然保持平衡。

结论：反应物质量总和＝生成物质量总和

也就是 $m(P) + m(O_2) = m(P_2O_5)$

【实验3-2】测定铁钉与硫酸铜溶液反应前后质量有无改变（图3-2）。

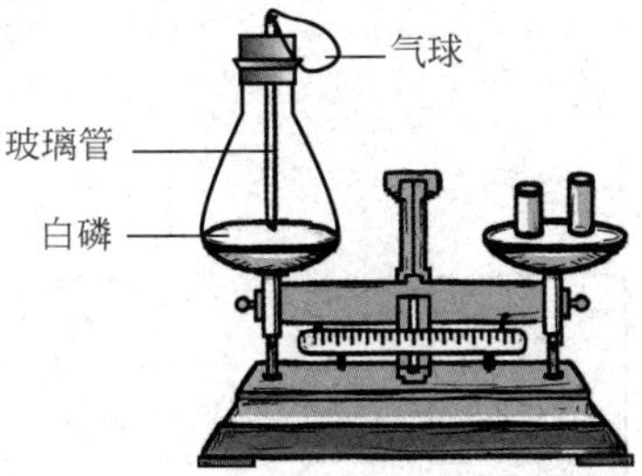

图3-1　白磷燃烧前后质量测定

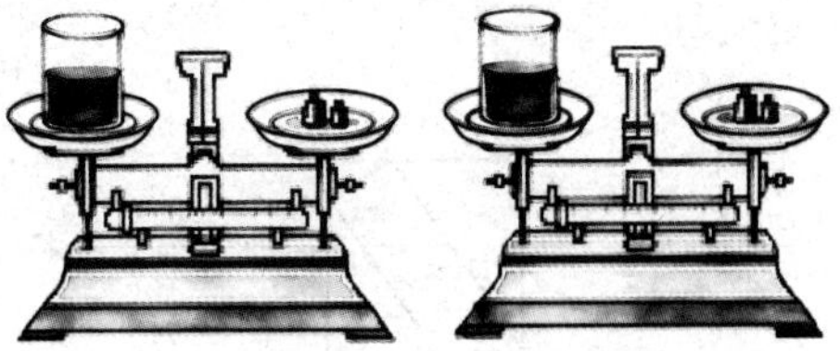

图3-2　铁钉与硫酸铜溶液反应前后质量测定

现象：铁钉表面有红色固体物质析出，溶液由蓝色变成浅绿色，天平仍然保持平衡。

结论：反应物质量总和＝生成物质量总和

也就是 $m(Fe) + m(CuSO_4) = m(FeSO_4) + m(Cu)$

这两个实例的共同特点是：反应物质量总和＝生成物质量总和

其实化学反应都遵循这样一个规律，也就是参加化学反应的各物质的质量总和等于反应后生成的各物质的质量总和，这就是**质量守恒定律**。

📖 **学海拾贝**

早在1756年，俄国化学家洛蒙诺索夫把锡放在密闭的容器里煅烧，锡发生变化，生成白色的氧化锡，但容器和容器里的物质的总质量在煅烧前后并没有发生变化，他称为"物质不灭定律"，但此定律没有得到广泛的传播。直到1777年拉瓦锡用硫酸和石灰合成石膏，加热石膏时放出了水蒸气，他用天平仔细称量了不同温度下石膏失去水蒸气的质量。由此，总结出质量守恒定律。此时质量守恒定律才开始获得公认。

为了表明守恒的思想，用等号表示变化过程。如糖转变为乙醇的发酵过程表示为下面的等式：

$$葡萄糖(C_6H_{12}O_6) \Longrightarrow 二氧化碳(CO_2) + 乙醇(C_2H_5OH)$$

1908 年德国化学家兰多尔特（Landolt）及 1912 年英国化学家曼莱（Manley）做了精确度极高的实验，使得科学界一致认可了这一定律。19 世纪末，兰多尔特用很精密的天平再一次证明了这一定律的正确性。

思考交流 3-1

是否存在违背质量守恒定律的化学反应呢？

【实验 3-3】现象：碳酸钠固体溶解，同时有大量的气泡产生；天平指针向右倾斜（图 3-3）。为什么会出现这样的现象呢？是反应有气体生成并释放出去的缘故。

如果在密闭容器中进行这样的反应，如图 3-4 所示，发现天平反应前后天平是平衡的。

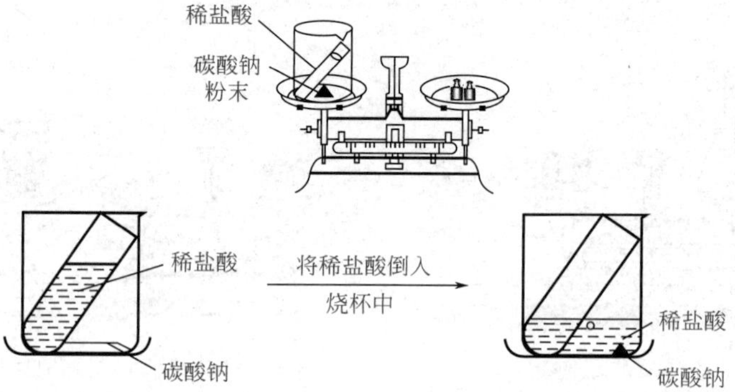

图 3-3　敞口容器测定碳酸钠与稀盐酸溶液反应前后质量

【实验 3-4】因此，可得出结论：若选择有气体参加或有气体生成的化学反应来证明质量守恒定律，则反应一定要在密闭容器内进行。

对于质量守恒定律，需作如下说明。

① 只有化学变化才遵守质量守恒定律，物理变化不用质量守恒定律解释。

② 守恒的是"总质量"，即"参加反应的各反应物的总质量"和"生成物的总质量"。如沉淀、气体等都应考虑进去。

③ "参加"，意味着没有参加反应（剩余）的物质的质量不能算在内。

图 3-4　密闭容器测定碳酸钠与稀盐酸溶液反应前后质量不变

思考交流 3-2

为什么化学反应前后的物质的质量总和相等？试用分子、原子的观点解释质量守恒的原因。

以水在一定条件下分解生成氢气和氧气（用化学式来表示这三种物质，图 3-5）为例进行分析讨论。

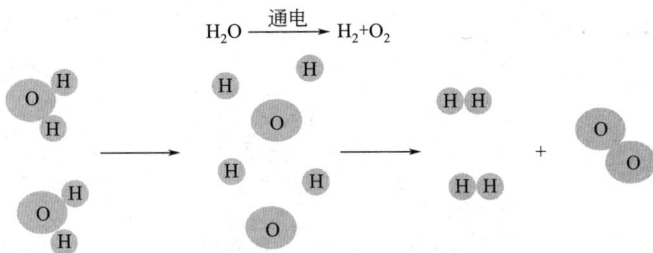

$$H_2O \xrightarrow{\text{通电}} H_2 + O_2$$

图 3-5　水的分解过程

1. 化学反应前后，分子种类变了吗？

水是由水分子构成，通电分解后，生成了氢气和氧气两种物质，而氢气是由氢气分子构成，氧气是由氧气分子构成。因此，化学反应前后，分子种类发生了变化。

2. 化学反应前后，原子种类变了吗？

由图 3-5 可以看出水分子由氢原子和氧原子构成，反应后的氢气分子由氢原子构成，氧气分子由氧原子构成，即反应后还是只有氢原子和氧原子。因此，反应前后，原子种类并没有改变。

3. 化学反应的实质是什么？

从微观上看，化学反应是原子的重新组合，即分子分解成原子或离子，原子或离子再重新结合生成新的分子，在此过程中旧的化学键断裂，形成新的化学键，并伴随有能量的变化。

小结：在化学反应中有五不变、两改变、一个可能改变。

五不变
1. 反应前后参加反应的物质总质量不变
2. 元素种类不变
3. 原子种类不变
4. 原子数目不变
5. 原子的质量不变

两改变
1. 物质的种类
2. 分子的种类

可能改变：化学反应前后分子的数目

第二节　化学方程式概述

化学方程式

📚 学习导航

为践行绿色低碳理念，减少环境污染，2022 年北京冬奥会火炬"飞扬"使用氢气作为燃料，燃烧产物为水，化学方程式为 $2H_2 + O_2 \xrightarrow{\text{点燃}} 2H_2O$。通过此方程式，能获得哪些信息呢？

化学反应要遵循质量守恒定律，那么在化学上有没有一种类似于数学上加法算式这样的式子，就好比 A＋B＝C，既能表达反应物和生成物是什么，同时又遵循质量守恒定律呢？

一、化学方程式的含义

$$\underset{\text{反应物}}{\underset{\text{碳}}{碳} \underset{\text{和}}{+} \underset{\text{氧气}}{氧气}} \xrightarrow[\text{反应条件}]{点燃} \underset{\text{生成物}}{\underset{\text{生成}}{二氧化碳}}$$

从这样的文字表达式看出碳与氧气反应生成了二氧化碳，有反应物，也有生成物，要想使世界上所有人都认识这个化学反应并且要遵守质量守恒就要用这样的表达式：$C+O_2$ $\xrightarrow{\text{点燃}}$ CO_2（反应物与生成物之间就要用"＝＝"表示）。

化学上把用化学式表示化学反应的式子称为 **化学方程式**。

化学反应遵循质量守恒定律，在反应物、生成物各物质间一定存在着质量上的关系。通过式量可以找出各物质间的质量比：

$$C + O_2 \xrightarrow{\text{点燃}} CO_2$$
$$12 : 16\times2 : 12+16\times2$$
$$12 : 32 : 44$$

化学方程表达了以下含义（也就是化学方程式的读法）：

① 碳和氧气在点燃的条件下生成二氧化碳；

② 每 12 份质量的碳与 32 份质量的氧气反应生成 44 份质量的二氧化碳；

③ 每 1 个碳原子和 1 个氧分子反应生成 1 个二氧化碳分子。

因此，化学方程式表明了：

① 反应物、生成物和反应条件；

② 参加反应的各微粒之间的数量关系；

③ 表示各物质之间的质量关系，即各物质之间的质量比，通过相对分子质量（或相对原子质量）来表示。

思考交流 3-3

化学方程式 $H_2+O_2 \xrightarrow{\text{点燃}} H_2O$ 是否正确？为什么？

二、书写化学方程式的原则

白磷在空气中燃烧的化学方程式是否正确呢？

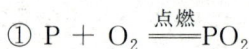

① $P + O_2 \xrightarrow{\text{点燃}} PO_2$

凭空臆造的生成物化学式 PO_2，与事实不符，生成物应为 P_2O_5。

② $P + O_2 \xrightarrow{\text{点燃}} P_2O_5$

反应前后各原子个数不相等，违背了质量守恒定律。

化学方程式书写原则如下。

① 必须以客观事实为依据，不能凭空臆造事实上不存在的物质和化学反应。

② 要遵守质量守恒定律，等式两边各原子的种类与数目必须相等。

根据质量守恒定律，在化学方程式左右两边的化学式前配上适当的数字（称为**化学计量数**），使化学方程式两边每一种元素的原子数目相等，这个过程称为化学方程式的配平。

在这里介绍两种简单的化学方程式的配平方法：

1. 观察法

$$2H_2 + O_2 \xrightarrow{\text{点燃}} 2H_2O$$

在化学反应过程中，已经成功实现"2+1=2"

一般先看 O 原子的数目，如果是奇数得在相应化学式前配 2 的倍数。

2. 最小公倍数法

$$4P + 5O_2 \xrightarrow{\text{点燃}} 2P_2O_5$$

2和5的最小公倍数是10

先来配平化学方程式左右氧原子的数目，1 个 O_2 分子中的氧原子数目为 2，1 个 P_2O_5 分子中的氧原子数目为 5，2 和 5 的最小公倍数为 10，用 10 除以 O_2 分子中的氧原子数目 2 得 5，那么 O_2 前的化学计量数为 5，同理，P_2O_5 前的化学计量系数应为 2，这样 P 面面的化学计量系数为 4。

说明：化学式前的化学计量数是最简整数比。

例如：

$$4H_2 + 2O_2 \xrightarrow{\text{点燃}} 4H_2O$$

化学方程式这样写是不对的，一定要保证化学式前的化学计量数是最简整数比。

三、书写化学方程式的步骤

① "写"出反应物和生成物的化学式。

② "配"平化学方程式，并检查。

③ "注"明化学反应条件和生成物的状态。

反应条件：点燃、加热"△"、通电、催化剂等。

考虑是否标明生成物状态：气体用"↑"、沉淀用"↓"表示。

④ "查"整体检查。

口诀：

左反右生一横线　　$KClO_3 \longrightarrow KCl + O_2$

配平以后加一线　　$2KClO_3 \Longrightarrow 2KCl + 3O_2$

等号上下注条件　　$2KClO_3 \xrightarrow[\triangle]{MnO_2} 2KCl + 3O_2$

箭头标气或沉淀　　$2KClO_3 \xrightarrow[\triangle]{MnO_2} 2KCl + 3O_2\uparrow$

说明如下。

① 如果反应物和生成物中都有气体，气体生成物就不需注"↑"。

例如：$C + O_2 \xrightarrow{点燃} CO_2$　　　　$S + O_2 \xrightarrow{点燃} SO_2$

② 溶液中的反应：如果反应物和生成物中都有固体，固体生成物也不需注"↓"。

例如：$Fe + CuSO_4 \xrightarrow{点燃} Cu + FeSO_4$

第三节　化学方程式的应用

学习导航

　　"神舟六号"用长征系列火箭（图3-6）发射升空，若火箭点火用的原料是液氢，助燃剂是液氧，当火箭升空时会发生如下反应：

$$2H_2 + O_2 \xrightarrow{点燃} 2H_2O$$

　　火箭升空时至少要携带100kg液氢，充分燃烧才能获得足够的能量。假如你是长征系列火箭的推进器设计者，你会在火箭助燃剂仓中填充多少千克液氧来满足这些液氢的完全燃烧呢？

　　在生产生活中，通常需要计算用一定量的原料最多可以生产出多少产品或者制备一定量的产品最少需要多少原料。

　　化学反应中各物质间的质量比等于各物质的相对分子质量（或相对原子质量）的比值。

　　以 H_2 与 O_2 反应为例：

$$2H_2 + O_2 \xrightarrow{点燃} 2H_2O$$

$$4 \quad : \quad 32 \quad : \quad 36$$

若　　　　　4g　　32g　　36g

　　　　　100kg　$x$kg　$y$kg

假设 100kg 液氢充分燃烧需要 $x$kg 液氧，生成 $y$kg 水，从

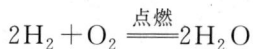

图3-6　长征三号运载火箭

这里我们看出 $4:32:36=100:x:y$。

正是利用反应物与生成物之间的质量比是成正比例关系，根据化学方程式和已知的一种反应物的质量，可计算得生成物的质量；反之，也可计算得反应物质量。

利用化学方程式进行计算时需注意以下几点。

① 化学方程式书写要正确（化学式、配平、反应条件、气体和沉淀符号等）。

② 计算相对分子质量要正确（化学式前有计量系数时相对分子质量或相对原子质量要乘系数）。

③ 所有代入化学方程计算的量必须是纯净物的质量，如果是不纯物，则需要转换。

纯物质的质量＝不纯物质质量×纯度＝不纯物质质量×（1－杂质的质量分数）

④ 若题目中只给出一种物质的质量，则另一种物质的用量往往用"足量""适量""过量"或"完全反应""恰好完全反应"等来描述。如果同时知道两种反应物的质量，需要考虑过量问题。

⑤ 就目前而言，气体、液体的体积，要换算成气体、液体的质量。

$$气体质量(g)＝气体体积(L)×密度(g/L)$$

$$液体质量(g)＝液体体积(mL)×密度(g/mL)$$

解题示例如下。

1. 已知反应物质量，求生成物的质量

【例题 3-1】3g 镁在氧气中充分燃烧，可以生成多少克氧化镁？

解 设可生成氧化镁的质量为 x

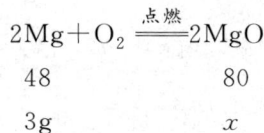

$$2Mg+O_2 \xrightarrow{\text{点燃}} 2MgO$$

$$\begin{array}{ccc} 48 & & 80 \\ 3g & & x \end{array}$$

$$\frac{48}{80}=\frac{3g}{x}$$

$$x=\frac{80×3g}{48}$$

$$x=5g$$

答：3g 镁在氧气中充分燃烧可生成氧化镁 5g。

【例题 3-2】6.5g 金属锌粒与足量稀盐酸反应，可生成氢气多少克？

解 设 6.5g 金属锌粒与足量稀盐酸反应，可生成氢气的质量为 x

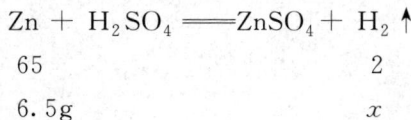

$$Zn + H_2SO_4 \Longrightarrow ZnSO_4 + H_2\uparrow$$

$$\begin{array}{cccc} 65 & & & 2 \\ 6.5g & & & x \end{array}$$

$$\frac{65}{2}=\frac{6.5g}{x}$$

$$x=\frac{6.5g×2}{65}$$

$$x=0.2g$$

答：6.5g 金属锌粒与足量稀盐酸反应，可生成氢气的质量为 0.2g。

2. 已知两种反应物的质量，需考虑过量问题，按照不过量的反应物求生成物的质量

【例题 3-3】8g 氢气与 100g 氧气点燃反应，能生成多少克水？

解 设与 8g 氢气反应需要氧气质量为 x，生成水的质量为 y

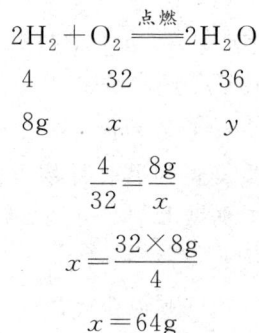

$$2H_2 + O_2 \xrightarrow{\text{点燃}} 2H_2O$$

$$\begin{array}{ccc} 4 & 32 & 36 \\ 8g & x & y \end{array}$$

$$\frac{4}{32} = \frac{8g}{x}$$

$$x = \frac{32 \times 8g}{4}$$

$$x = 64g$$

64g ＜ 100g，显然氧气过量，则有：

$$\frac{4}{36} = \frac{8g}{y}$$

$$y = \frac{36 \times 8g}{4}$$

$$y = 72g$$

答：8g 氢气与 100g 氧气点燃反应，能生成 72g 水。

3. 已知生成物的质量求反应物的质量

【例题 3-4】工业上，高温煅烧石灰石（$CaCO_3$）可制得生石灰（CaO）和二氧化碳。如果要制取 56t 氧化钙，需要碳酸钙多少吨？

解 设制取 56t 氧化钙需要碳酸钙的质量为 x

$$CaCO_3 \xrightarrow{\text{高温}} CaO + CO_2 \uparrow$$

$$\begin{array}{cc} 100 & 56 \\ x & 56t \end{array}$$

$$\frac{100}{x} = \frac{56}{56t}$$

$$x = \frac{100 \times 56t}{56} = 100t$$

答：制取 56t 氧化钙需要碳酸钙 100t。

4. 利用化学方程式推断某反应物或生成物的化学式

【例题 3-5】某纯净物 X 在空气中完全燃烧，反应的化学方程式为：$2X + 3O_2 \longrightarrow 2CO_2 + 4H_2O$，试推断 X 的化学式。

推断过程：$2X + 3O_2 \longrightarrow 2CO_2 + 4H_2O$

根据质量守恒定律，反应前后反应物与生成物中原子种类及原子数目不变，因此：

反应前　　　　　　　　反应后

$2X$ 中 $\begin{cases} C\text{原子：2个} \\ H\text{原子：8个} \\ O\text{原子：2个} \end{cases}$　　　C 原子：2个

　　　　　　　　　　　　H 原子：8个

　　　　　　　　　　　　O 原子：8个

O_2 中 O 原子：6个

则 X 中 C 原子、H 原子、O 原子数目分别为 1 个、4 个、1 个。

所以 X 的化学式为 CH_4O。注意 X 前的计量系数。

本章小结

思维导图

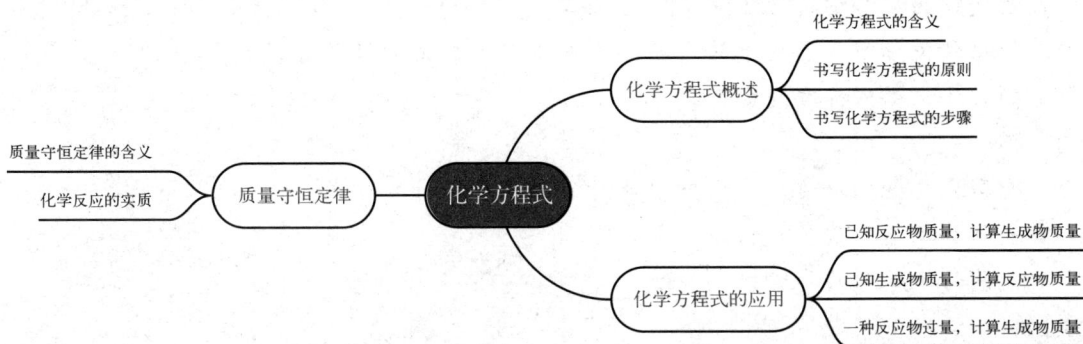

第四章

物质的量 ▪▪▪

🎯 学习目标

知识目标：

1. 能解释物质的量、摩尔质量的含义。

2. 能记住关于质量、物质的量及摩尔质量三者关系的计算公式。

3. 能描述1摩尔标准的由来。

能力目标：

1. 能写出质量、物质的量及摩尔质量三者关系的计算公式。

2. 能计算物质的质量与物质的量。

3. 能总结1摩尔的标准。

素质目标：

1. 通过学习质量、物质的量及摩尔质量三者关系，培养逻辑思维能力。

2. 通过对1摩尔的标准的学习，培养对科学的尊重。

3. 通过了解物质的量对生活与企业生产的影响，培养基本化学素养。

▎第一节　物质的量的含义▎

物质的量

📚 学习导航

　　一斤苹果，是指苹果的"质量"；一条400米的跑道，说的是它的"长度"；汽车发生碰撞事故时，安全气囊平均展开时间为30毫秒，起到最大限度地保护驾乘人员的作用，其中30毫秒是"时间"；以上"质量、长度、时间"都是国际单位制的基本量。那么，除了这三个之外，你还知道哪几个？

　　1 滴水肉眼可见，1 个水分子仅凭眼睛看不见，但 1 滴水确确实实是由许多水分子构成。那么，一滴水到底有多少个水分子呢？

📖 学海拾贝——新标准

国际计量大会重新定义"摩尔"

　　当地时间 2018 年 11 月 16 日，在法国巴黎凡尔赛举行的第 26 届国际计量大会（CGPM）代表大会正式通过了修改部分国际单位制（SI）定义的决议。

　　根据决议，千克（kg）、安培（A）、开尔文（K）和摩尔（mol）这 4 个基本单位将全部采用基本物理常数来定义，分别以普朗克常数（h）、基本电荷（e）、玻尔兹曼常数（k）和阿伏伽德罗常数（N_A）的固定数值来实现新的定义。这是国际测量体系第一次全部建立在不变的常数上，保证了国际单位制（SI）的长期稳定性。

　　国际计量局局长马丁·米尔顿评价："SI 的修订是科学进步的一座里程碑。用基本常数作为认识和定义质量、时间等自然界基本概念的基础，意味着我们在深化科学认知、推动技术进步、解决许多社会重大挑战方面的基础更加坚实了。"

　　1948 年第 9 届国际计量大会根据决议，责成国际计量委员会（CIPM）"研究并制定一整套计量单位规则"，力图建立一种科学实用的计量单位制。1954 年第 10 届国际计量大会决议，决定采用长度、质量、时间、电流、热力学温度和发光强度 6 个量作为实用计量单位制的基本量。1960 年第 11 届国际计量大会按决议，把这种实用计量单位制定名为国际单位制，以 SI 作为国际单位制通用的缩写符号。1971 年第 14 届国际计量大会决议，决定在前面 6 个量的基础上，增加"物质的量"作为国际单位制的第 7 个基本量，并通过了以它们的相应单位作为国际单位制的基本单位。

　　物质都是由微观粒子构成的，人们的肉眼无法观察到分子、原子、离子等微观粒子，甚至对单个微粒也无法进行称量，且构成物质的微粒数过于庞大，人力不可计数。但是由微观粒子组成的宏观物质则是可以被称量的，科学研究和实践中就引入了一个物理量，将微观粒子数目和宏观物质的质量联系起来，这个物理量就是"物质的量"。

　　例如：$Fe + 2HCl \!=\!\!=\!\! FeCl_2 + H_2 \uparrow$

　　物质之间反应的实质是粒子间按照一定的个数比进行的，即 1 个 Fe 和 2 个 HCl 反应生成 1 个 $FeCl_2$ 和 1 个 H_2。但在实验室和化工生产中，人们不能数出几个粒子进行反应，而是称取一定质量的物质进行反应。为解决此类问题，"物质的量"应运而生。

　　物质的量是把微观粒子与宏观可称量物质联系起来的一种物理量。可以理解为就是指一堆粒子，或者说一堆粒子所含有的个数。规范的化学定义是：表示含有一定数目粒子的集合体。

　　例如：现在有这样一项任务，有 100kg 大米，让你数出这些大米有多少粒？工具只有电子秤，如何快速地完成呢？

　　其中一种方法是：数出 100 粒，称量出这 100 粒的质量，再计算出总粒数。

这"100粒"是一种"颗粒集体"。"物质的量"就是科学上建立起来的一种"粒子集体"，只不过名称叫"物质的量"而已。

"物质的量"有自己的符号：n。

"物质的量"所指的"粒子"是分子、原子、离子、质子、中子、电子等微观粒子，或是这些粒子的特定组合。

"物质的量"是一个基本物理量，这四个字是一个专有名词，是一个整体，不能拆开理解，不能写成或说成"物理量"或"物质的质量"，否则就改变了原有的意义。

任何物理量都有单位，如"质量"的基本单位是"千克"，符号为"kg"。"物质的量"的基本单位是"摩尔"，符号为"mol"。

使用"摩尔"作单位时，所指粒子必须十分明确，粒子种类最好用化学式表示。例如，$2mol\ H$，$1mol\ H_2$，$1.5mol\ NaOH$，$3mol\ OH^-$。

如同人们在生活中说一斤苹果一样，在化学世界里应慢慢习惯说$2mol\ H_2$。

第二节　物质的量的标准

学习导航

"物质的量"这一堆粒子到底有多少呢？1mol的标准到底是什么？

学海拾贝

古代在秦国买一斤面，拿到楚国可能只有8两，再到齐国可能又会是1斤2两。是因为量器及测量制度不统一，还有诸如钱币、尺度等一些问题。后来秦始皇解决了这些问题，他统一了度量衡。

现如今国际上统一规定了"一千克"的标准，各国遵照执行。

1千克，最初规定是在4℃时1立方分米纯水的质量。后来用铂铱合金（10%Ir加90%Pt）制成一个高度和直径都是39毫米的圆柱体，在1819年国际计量大会上批准为国际千克原器。它现今保存在巴黎的国际计量局总部，被专家们非常仔细地保存，用三层玻璃罩好，最外一层玻璃罩里抽成半真空，以防空气和杂质进入。见图4-1。

"1kg"是以"国际千克原器"为标准，如果你买到的苹果与国际千克原器的质量一样，那就是1千克了。

各国保存的复制品，会定期到国际计量局与"国际千克原器"进行校准，但130年之后，复制品的平均水平与"国际千克原器"发生了50微克偏差。

图4-1　国际千克原器

20 世纪以来随着量子技术的发展，人类对各种物理量或常数的测量准确度得到了极大的提高。科学家发现，这些常数比实物稳定百万倍，并将其数值固定了下来。

2018 年 11 月 16 日，第 26 届国际计量大会通过"修订国际单位制"决议，正式更新国际标准质量单位"千克"的定义。新国际单位制于 2019 年 5 月 20 日世界计量日起正式生效。

1 千克被定义为"对应普朗克常数为 $6.62607015 \times 10^{-34}$ J·s 时的质量单位"。其原理是将移动质量 1 千克物体所需机械力换算成可用普朗克常数表达的电磁力，再通过质能转换公式算出质量。见图 4-2。

图 4-2 中国千克重新定义复现装置

随着科学技术的不断发展，2018 年第 26 届国际计量大会对国际单位制进行了修改，摩尔的新定义为：1 摩尔包括 $6.02214076 \times 10^{23}$ 个基本物质的物质的量。

在新的定义中，阿伏伽德罗常数的不确定度变为了精确数值。

改由常数定义摩尔，使得摩尔不再依赖于质量单位"千克"而独立存在，其定义更加明确，且容易理解。与此同时修改了阿伏伽德罗常数为 $6.02214076 \times 10^{23}$。

思政案例

阿伏伽德罗（Amedeo Avogadro，1776—1856），意大利科学家。见图 4-3。

阿伏伽德罗出生在意大利西北部皮埃蒙特大区的首府都灵，他家是当地的望族。可是阿伏伽德罗小时候学习并不努力，勉强地读完中学。直到进入都灵大学法律系后，他突然开窍发奋读书，成绩才突飞猛进。阿伏伽德罗 30 岁时，对研究物理产生兴趣。1811 年，也就是在他 35 岁时，发表了阿伏伽德罗假说，即我们今天知道的**阿伏伽德罗定律**——"在相同的物理条件下，具有相同体积的气体，含有相同数目的分子。"并提出分子概念及原子、分子区别等重要化学问题。但遗憾的是，阿伏伽德罗的卓越见解长期得不到化学界的承认，反而遭到了不少科学家的反对，被冷落了将近半个世纪。但他只是默默地埋头于科学研究工作中，从不追求名誉地位，不计较个人得失。

图 4-3 阿伏伽德罗

由于当时科学界还不能区分分子和原子，所以他的分子假说很难被人理解，再加上当时的化学权威贝采利乌斯拒绝接受分子假说的观点，致使他的假说被搁置了半个世纪之久，这无疑是科学史上的一大遗憾。直到 1860 年，意大利化学家坎尼扎罗在一次国际化学会议上慷慨陈词，声言阿伏伽德罗在半个世纪以前已经解决了确定原子量的问题。坎尼扎罗以充分的论据、清晰的条理、易懂的方法，很快使大多数化学家相信阿伏伽德罗的学说是正确的。但这时阿伏伽德罗已经离世四年了，没能亲眼看到自己学说的胜利。

阿伏伽德罗是第一个认识到物质由分子组成、分子由原子组成的人。他的分子假说奠定了原子-分子论的基础，使人们对物质结构的认识推进了一大步，推动了物理学、化学的发展，对近代科学产生了深远的影响。他的四卷著作《有重量的物体的物理学》是第一部关于分子物理学的教程。

为了纪念这位伟大的科学家，化学界将著名的 1mol 标准，以他的姓氏阿伏伽德罗命名，即阿伏伽德罗常数（Avogadro's number），符号为 N_A。

概括如下：1mol 是 $6.02214076 \times 10^{23}$ 个；

1mol 是阿伏伽德罗常数个（N_A 个）。

第三节　物质的量与摩尔质量

摩尔质量

📖 学习导航

1mol 不同物质的质量在数值上有什么特点？

1mol 几种物质的质量，如图 4-4 所示。

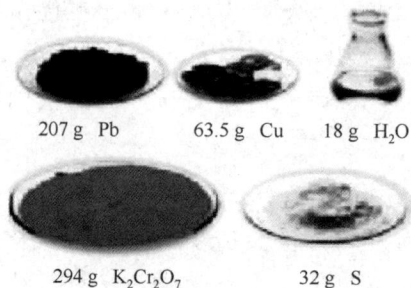

207g Pb　63.5g Cu　18g H₂O

294g K₂Cr₂O₇　32g S

图 4-4　1mol 几种物质的质量

从图 4-4 可看到 1mol 铅的质量是 207g，1mol 铜的质量是 63.5g，1mol 水的质量只有 18g，1mol 重铬酸钾的质量高达 294g。即，1mol 不同物质的质量不相同。

【例题 4-1】 已知一个 ^{12}C 原子的质量是 1.9927×10^{-23} g，1mol 是 $6.02214076 \times 10^{23}$

个。求 1mol ^{12}C 原子的质量是多少。

解　1mol ^{12}C 的质量是：1.993×10^{-23}g $\times 6.02214076 \times 10^{23} \approx 12$g

【例题 4-2】已知一个 H 原子的质量是 1.67×10^{-24}g，求 1mol H 原子的质量。

解　1mol H 的质量是：1.67×10^{-24}g $\times 6.02214076 \times 10^{23} \approx 1$g

【例题 4-3】已知一个 O 原子的质量是 2.657×10^{-23}g。求 1mol O 原子的质量是多少？

解　2.657×10^{-23}g $\times 6.02214076 \times 10^{23} \approx 16$g

思考交流 4-1

以上这些数字有没有"似曾相识"的感觉呢？

1mol 不同物质的质量以克为单位时在数值上等于它的相对原子质量或相对分子质量。

由此，推知：

1mol 氢气的质量是 2g，1mol 氨气的质量是 17g。

摩尔质量，简单说，就是 1mol 这种物质的质量。

规范的定义是：单位物质的量的物质所具有的质量叫作摩尔质量，符号为 M，常用单位为 g/mol（或 g·mol^{-1}）。例如，

Mg 的摩尔质量是 24g/mol；KCl 的摩尔质量是 74.5g/mol；

SO_2 的摩尔质量是 64g/mol；CO_3^{2-} 的摩尔质量是 60g/mol。

物质的量（n）、质量（m）与摩尔质量（M）之间存在如下关系：

$$n = \frac{m}{M}$$

式中，n 为物质的量，mol；m 为物质的质量，g；M 为物质的摩尔质量，g/mol（或 g·mol^{-1}）。

思考交流 4-2

"物质的量"如何起到搭建微观"粒子数目"与宏观"质量"之间的桥梁作用呢？见图 4-5。

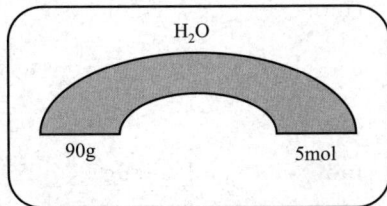

图 4-5　5mol 水是 90g

【例题 4-4】90g H_2O 的物质的量是多少？

解　H_2O 的相对分子质量 $= 1 \times 2 + 16 = 18$

H_2O 的摩尔质量 $= 18$g/mol

$$n = \frac{m}{M} = \frac{90\text{g}}{18\text{g/mol}} = 5\text{mol}$$

答：$90g\ H_2O$ 的物质的量是 $5mol$。

【例题 4-5】 $2.5mol$ 铜原子的质量是多少？含有多少个铜原子？

解　铜原子的相对原子质量 $=63.5$，则其 $M=63.5g/mol$

$$m=nM=2.5mol\times63.5g/mol=158.8g$$

又已知 $1mol=6.02214076\times10^{23}$ 个

则 $2.5mol$ 铜原子含有铜原子的个数 $=2.5\times6.02214076\times10^{23}=1.505\times10^{24}$ 个

答：$2.5mol$ 铜原子的质量是 $158.5g$，含有 1.505×10^{24} 个铜原子。

【例题 4-6】 $4g\ NaOH$ 的物质的量是多少？含有多少个 Na^+？

解　$NaOH$ 的相对分子质量 $=23+16+1=40$，则其 $M=40g/mol$

$$n=\frac{m}{M}=\frac{4g}{40g/mol}=0.1mol$$

因为 $NaOH$ 是离子化合物，一个 $NaOH$ 中有 1 个 OH^-，1 个 Na^+，则 $0.1mol\ NaOH$ 中有 $0.1mol\ Na^+$。

所以 Na^+ 的数目 $=0.1\times6.02214076\times10^{23}=6.02214076\times10^{22}$ 个

答：$4g\ NaOH$ 的物质的量是 $0.1mol$，含有 6.02214076×10^{22} 个 Na^+。

试试看：一滴水中有多少个水分子？快拿起笔来算一算吧。提示：$1mL$ 约 25 滴，那么 1 滴 $=0.04mL$；水的密度是 $1g/mL$。

不仅如此，物质的量更大的用武之地在企业生产中。

【例题 4-7】 制取 $15.2g\ FeSO_4$ 需要多少克铁与稀硫酸作用？

解　解法一：设需要 $Fe\ x\ g$

$$Fe+H_2SO_4=\!=\!=FeSO_4+H_2\uparrow$$

Fe 的摩尔质量　$\longleftarrow56\quad\quad152\longrightarrow FeSO_4$ 的摩尔质量（数值=相对分子质量）
（数值=相对原子质量）　$x\quad\quad15.2$

$$152x=56\times15.2$$
$$x=5.6$$

解法二：设需要 $Fe\ y\ mol$

$$Fe+H_2SO_4=\!=\!=FeSO_4+H_2\uparrow$$

$1mol\quad\quad\quad\quad1mol$

$y\ mol\quad\quad\quad\dfrac{15.2}{152}=0.1mol$

$$y=0.1$$

Fe 的质量为：$m=nM=0.1mol\times56g/mol=5.6g$

答：制取 $15.2g\ FeSO_4$ 需要 $5.6g$ 铁与稀硫酸作用。

📖 **相关链接**

硫酸亚铁（$FeSO_4$，浅绿色晶体）在工业上可用于制铁盐、氧化铁颜料、媒染剂、净水剂、防腐剂、消毒剂等；它一般还适用于喜酸性土壤的花木，特别是盆栽的茶花、杜鹃和栀子花等，用于改善盆土内酸性减弱造成的叶片泛黄，甚至变焦的症状。

【例题 4-8】 工业上用煅烧石灰石来生产生石灰，煅烧含 94% $CaCO_3$ 的石灰石 5t，能得到生石灰多少吨?

解　设能得到生石灰 xt。

$$CaCO_3 \xrightarrow{\text{煅烧}} CaO + CO_2$$

$$\begin{array}{cc} 100 & 56 \\ 5 \times 94\% = 4.7 & x \end{array}$$

$$x = 2.63$$

答：能得到生石灰 2.63t。

从以上反应可以归纳出如下规律：

$$2H_2 + O_2 === 2H_2O$$

化学计量系数之比	2 : 1 : 2
分子数目之比	2 : 1 : 2
物质的量之比	2 : 1 : 2

结论：方程式系数之比＝各物质分子数目之比＝各物质的物质的量之比。

本章小结

思维导图

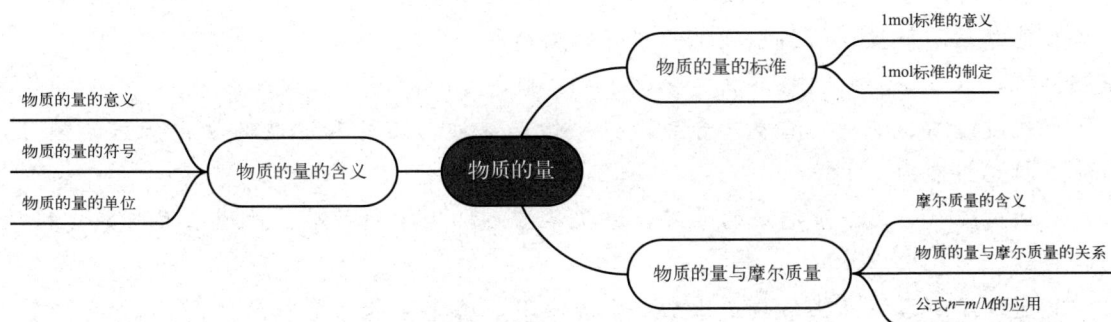

第五章

溶液 ▪▪▪▪

学习目标

知识目标：

1.能解释溶质、溶剂、溶液的含义。

2.记住溶质的质量分数及物质的量浓度的计算公式。

3.能描述结晶、重结晶、风化、潮解的含义；举例说明结晶水合物。

能力目标：

1.能写出溶质的质量分数及物质的量浓度的计算公式。

2.能计算配制一定浓度溶液所需溶质及溶剂的用量。

3.能总结溶解度、结晶、风化、潮解的应用。

素质目标：

1.通过溶质、溶剂、溶液三者关系以及饱和溶液与不饱和溶液的转化知识的学习，培养逻辑思维能力。

2.通过配制一定浓度溶液的学习，培养学习无机化学的兴趣、严谨求实与尊重科学的精神。

3.通过了解溶液在生活与企业生产中的应用，培养基本化学素养。

第一节 溶液的含义

学习导航

说到波澜壮阔的大海，在你脑海里一定会呈现出许多优美的诗句，可是你对大海了解多少呢？海水是纯净的水吗？海水为什么又苦又咸呢？

　　地球表面的大部分被蓝色的海洋覆盖着，浩瀚的海洋蕴含着丰富的化学资源，含有80多种元素，是巨大的资源宝库。海水之所以又苦又咸是因为海水中溶解了许多种物质，是一种混合物。

　　可以用生活中常见的物品做个小型家庭迷你实验：把一小勺食盐（当然用糖、味精也可以）放入碗里，加半碗水，搅拌均匀，直至食盐消失。

　　食盐消失的过程叫作溶解。食盐不见了，水变咸了是因为食盐扩散到水里去了。溶解在化学中的定义是：一种物质以分子或离子形式均匀分散到另一种物质中去的过程。"食盐溶解于水"的过程，简称"食盐溶于水"。食盐溶于水后得到的液体，叫溶液。溶液是指一种或几种物质分散到另一种物质里，形成的均一、稳定的混合物。

　　"均一"是指液体各处都一样，比如颜色、状态等，取出1勺和取出10勺得到的液体是一样的。

　　"稳定"是说，在不改变外界条件的前提下，消失的食盐不会突然变成小颗粒跳出来，它会依然保持"消失"状态。

　　"蒸馏水"不是溶液，因为它只含有水一种物质，不是混合物。

　　判断溶液，首先要看是否为"混合物"，再看是否"均一、稳定"。例如，矿泉水、海水是溶液。

　　在上面的实验中，只加了盐，就是"一种物质"，再加点糖、味精等，就是"几种物质"。

　　"分散"可以理解成"溶解"。

　　在溶液中，需要搞清楚"谁溶解谁"。将被溶解的物质，叫作溶质；能溶解其他物质的叫作溶剂。溶液是由溶质和溶剂组成的。溶质溶解在溶剂中形成溶液。

　　溶质可以是固体，比如食盐、白糖、碘、$CuSO_4$、Na_2CO_3等；也可以是液体，比如乙醇、硫酸、液溴等；还可以是气体，比如氯化氢、溴化氢、碘化氢、氨气等。

　　水能溶解很多种物质，是最常用的溶剂。不作说明的情况下，都是指"水"作溶剂。比如，食盐溶液，是指食盐和水的混合物；氢氧化钠溶液，就是氢氧化钠和水的混合物；乙醇的水溶液简称为乙醇溶液。汽油、乙醇等也可以作溶剂。比如，汽油能溶解油脂（花生油、豆油、猪油等），乙醇能溶解碘（即碘酒）等。汽油为什么能去除油污？这是因为"相似相溶原理"，即结构相似的物质可以相互溶解。汽油、乙醇属于有机物，也称为有机溶剂。

　　两种液体互相溶解时，若有水存在，则水为溶剂；若无水，则通常把量多的一种叫作溶剂，量少的叫溶质。若是固体、气体与液体组成的溶液，一般液体是溶剂，固体、气体是溶质。

　　溶液为液体的情况，司空见惯，比如乙醇溶液、生理盐水、稀硫酸、盐酸等。

思考交流 5-1

　　"空气与合金也是溶液"，这句话是真的吗？

　　重温溶液的定义：一种或几种物质分散到另一种物质里，形成的均一、稳定的混合物。在定义里并没有限定溶液不能是固体和气体，虽然从字面上容易让人产生歧义。合金，比如铁合金（生铁和碳），谁也没发现家里的不锈钢碗这一块黑那一块蓝的，"混合物、均一、稳定"这些要求它都符合，其中溶剂是铁，溶质是碳、二氧化锰等。空气也类似，溶剂是 N_2，溶质是 O_2、CO_2 等。

所以，空气与合金也是溶液。

思考交流 5-2

溶液一定是透明的吗？合金不透明。

思考交流 5-3

溶液一定是无色的吗？$CuSO_4$ 溶液是蓝色、$KMnO_4$ 溶液显紫红色、$FeCl_3$ 溶液为黄色、$FeCl_2$ 溶液是浅绿色。

所以，溶液不一定是无色的、不一定是透明的、不一定是液体。

溶液在日常生活、工农业生产以及科学研究中有着广泛的用途，与人们的生活息息相关。许多反应在溶液中进行，比如，动物及人类摄取食物里的养料必须经过消化，变成溶液后才能吸收；植物从土壤里获得各种养料，也要变成溶液，才能由根部吸收。

📖 思政案例

青蒿素的发现

2015 年 10 月 8 日，中国科学家屠呦呦（图 5-1）获 2015 年诺贝尔生理学或医学奖，成为第一个获得诺贝尔自然学奖的中国人。屠呦呦创造性地研制出抗疟新药——青蒿素和双氢青蒿素，获得对疟原虫 100% 的抑制率。

图 5-1　屠呦呦提取青蒿素

屠呦呦率领团队通过查阅文献，先后经历了用水、乙醇等溶剂提取青蒿素，获得了 380 种提取物，但效果都不理想。

她重新设计了提取方案，改用低沸点溶剂乙醚提取中草药青蒿的叶子，屠呦呦课题组终于在 1971 年，历经 190 次失败之后，在第 191 次低沸点实验中发现了抗疟效果为 100% 的青蒿提取物。在其后的临床观察中，屠呦呦不仅带头试服，还亲自携药去海南昌江疟区现场，验证治疗效果。

屠呦呦等科研人员勇于担当，为追求科学锲而不舍，始终把利用科学成果服务人类放在首位，从他们身上，我们看到了真正的科学精神。

思考交流 5-4

如何知道 5g 食盐与 100mL 水组成的食盐溶液的质量呢？

溶液是由溶质和溶剂组成的。

则有：$m_{溶液} = m_{溶质} + m_{溶剂}$

所以，上述溶液质量为：$m_{溶液}=5g+1g/mL\times100mL=105g$

那么，2mL乙醇与100mL水组成的乙醇溶液的体积是不是可以直接将体积相加呢？答案是否定的，因为液态溶质与溶剂分子间还有间隔。

注意：$V_{溶液}\neq V_{溶质}+V_{溶剂}$

思考交流 5-5

食盐、糖、硝酸铵、浓硫酸是怎样溶解到水里的？在溶解过程中发生了什么变化？

【实验5-1】按图5-2把一个小烧杯放在一块刨光的小木板上，木板上先加上一些水。然后在烧杯里倒入100mL水，再加入50g硝酸铵（NH_4NO_3，化肥的一种），小心地用玻璃棒搅动溶液，观察现象。

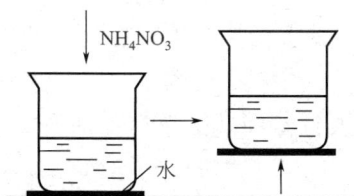

图 5-2 硝酸铵溶于水

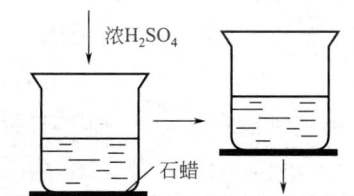

图 5-3 浓硫酸溶于水

看到烧杯和木板之间结成冰，拿起烧杯时，木板也同时被提起。用手摸一下烧杯外壁，很凉。这说明硝酸铵溶于水时，吸收热量，使溶液的温度显著降低。

【实验5-2】按图5-3把一个小烧杯用熔化的蜡粘在小木板上。然后在烧杯里倒入100mL水，再缓慢加入40mL浓硫酸，边加入，边小心地用玻璃棒搅动溶液，观察现象。

看到烧杯和木板之间黏在一起的蜡熔化，拿起烧杯时，木板掉了下来。用手摸一下烧杯外壁，烫手。这说明浓硫酸溶于水时放出热量，使溶液的温度显著升高。

为什么物质溶解时，常常会使溶液的温度发生变化？难道是物质在溶解过程中伴随着热量变化？

确实，物质在溶解过程中发生了两种变化。

一种是溶质的分子，比如蔗糖分子溶于水后还是分子；抑或是溶质的离子，比如食盐即NaCl溶解在水中后产生Na^+、Cl^-。这些分子或离子向水中的扩散过程，此过程中吸收热量，是**物理变化**。为什么吸热呢？因为原来聚集在一起是靠彼此间的相互吸引，要分开了，只有吸收外界能量才能克服彼此间的引力。扩散过程可以是分子扩散，也可以是离子扩散。

另一种是溶质的分子（或离子）与水分子作用，生成水合分子（或水合离子）的过程，这一过程放出热量，是**化学变化**。为什么？因为与水分子结合的过程实际是生成新分子的过程，都有新分子生成了当然是化学变化，而且水合反应放热的。

当 $Q_{吸}\approx Q_{放}$，表现为温度基本不变，如 NaCl 等大多数物质溶于水温度基本不变。

当 $Q_{吸}<Q_{放}$，表现为放热，温度升高，如浓硫酸、NaOH 固体等溶于水温度升高。

当 $Q_{吸}>Q_{放}$，表现为吸热，温度降低，如 NH_4NO_3 等溶于水温度降低。

思考交流 5-6

衣服和餐具上的油污，用水洗不掉。为什么在水中加入洗涤剂就能洗掉呢？

悬浊液、乳浊液与胶体

【实验 5-3】按彩图 6 在两支试管中分别加入 5mL 水和几滴植物油，观察试管中的液体是否分层。向右边这支试管中再加几滴洗涤灵，用胶塞塞住试管口，振荡，观察现象。静置几分钟，再观察现象。把两支试管中的液体倒掉，并用水冲洗试管，比较哪支试管更干净。

首先，能清楚地看到水和油的分层现象。

在彩图 6 第二幅图中，左边试管仅有水和油，用力振荡后，得到乳状浑浊的液体。这种液体里分散着不溶于水的小液滴（小液滴是由许多分子集合而成的）。这种液体小液滴悬浮于液体里形成的混合物，叫作**乳浊液**。乳浊液不稳定，静置后，又出现分层（见彩图 6 第三幅图左）。

彩图 6 第三幅图右，加入洗涤剂的试管，情况则大有不同。虽然植物油没能溶在水里，但乳浊液不再分层，能比较稳定地存在。

原因是，洗涤剂能使植物油分散成无数细小的液滴，而不聚集成大的油珠。使食用油以细小液滴的形态分散在水中，形成不易分层、比较稳定的混合物，这种现象叫作乳化现象。这些细小的液滴能随着水流走，所以衣服、餐具上的油污可以用加入洗涤剂的水洗掉。

思考交流 5-7

如果抓一点儿泥土放入试管中，然后振荡，会看到什么呢？

会得到浑浊的液体。液体里悬浮着许多分子集合成的固体小颗粒，由于固体小颗粒比水重，静置后，会逐渐下沉，这种液体不稳定。这种固体小颗粒悬浮于液体里形成的混合物，叫作**悬浊液**。

悬浊液和乳浊液有广泛的用途。例如，用 X 射线检查肠胃病时，让病人服下的钡餐就是硫酸钡的悬浊液；粉刷墙面用的乳胶漆是乳浊液；在农业上，为了合理使用农药，常把不溶于水的固体农药或液体农药，配制成悬浊液或乳浊液，用来喷洒受病虫害的农作物，这样药液散失少，附着在叶面上多，可提高药效。

第二节 溶 解 度

溶解度

📖 学习导航

在我国西部这片辽阔的土地上，分布着许多美丽而奇特的盐碱湖（图 5-4），其中蕴藏着极其丰富的盐类资源，湖水中溶有大量的氯化钠（NaCl）和纯碱（Na_2CO_3）。夏天，当地人将湖水引入湖滩晒盐；冬天，湖面上漂浮着大量的纯碱晶体，人们直接从湖中捞碱。

　　春日气温回升，天气晴好，是晒盐的好时光。浙江温州乐清湾畔的南塘晒盐场一派忙碌景象，见图5-5。该盐场采用蒸发、调卤、结晶等方法，保留了古法晒盐的技艺。

　　古法晒盐以及盐碱湖旁冬天捞碱、夏天晒盐蕴含了哪些科学道理呢？

图 5-4　北方盐碱湖

图 5-5　2021年浙江温州南塘晒盐场

　　【实验5-4】室温下，向盛有20mL水的烧杯中加入5g NaCl，搅拌，观察现象。——看到 NaCl 溶解。溶解后，继续向烧杯里加5g NaCl，搅拌，观察现象。——NaCl 析出（无论怎么搅拌都溶解不了）。

　　【实验5-5】只需将上述实验中的 NaCl 换成 KNO_3 即可。得到与实验5-4同样的结论。

　　这就说明，在一定温度下，NaCl 和 KNO_3 虽然都能溶于水，但在一定量的水中，NaCl 和 KNO_3 的溶解的量是有限的，不能无限地溶解。

　　像这样在一定温度下、一定量的溶剂里，不能再溶解某种溶质的溶液叫作这种溶质的**饱和溶液**；还能继续溶解某种溶质的溶液，叫作这种溶质的**不饱和溶液**。实验5-4、实验5-5中，第一次加入溶质的量为5g时，食盐与硝酸钾还能继续溶解，此时的溶液为不饱和溶液；第二次又加了5g，食盐与硝酸钾不能继续溶解而有固体剩余，此时的溶液就是饱和溶液了。

　　溶液还可以按照溶质含量的多少粗略地分为**浓溶液**和**稀溶液**。比如稀硫酸、浓氨水、浓的氢氧化钠溶液等。

　　浓溶液一定是饱和溶液吗？

　　浓溶液与稀溶液仅仅指的是溶质含量的多少，它与溶液饱和与否无关。熟石灰 $[Ca(OH)_2]$ 在水里即使溶解很少一点，是稀溶液，但它已经饱和了；相反，蔗糖即使溶解了很多，溶液已经很浓，却还没有达到饱和。

　　因此，浓溶液不一定是饱和溶液，稀溶液不一定是不饱和溶液。当然，对于同一种溶质的溶液，在温度一定情况下，一定是饱和溶液比不饱和溶液要浓一些。

　　讨论饱和溶液与不饱和溶液时，为什么一定要强调"一定温度"和"一定量溶剂"？

　　在实验5-4中，已经有食盐晶体析出的烧杯中，加水——增加溶剂的量，边加边搅拌，看到食盐又溶解了。

　　再将实验5-5中，给已经有硝酸钾晶体析出的烧杯加热——升高温度，边加热边搅拌，看到什么？看到硝酸钾又溶解了。

　　因此，结论如下：

　　(1) 当改变条件时，饱和溶液与不饱和溶液可以相互转化。只有明确"一定温度""一定量溶剂"，再谈论"饱和"与"不饱和"才有意义。

（2）饱和溶液与不饱和溶液的互相转化途径有以下方式。

① 不饱和溶液通过增加溶质（对一切溶液适用）、降低温度（对于大多数溶解度随温度升高而升高的溶质适用，反之则须升高温度，如石灰水）、蒸发溶剂（溶剂是液体时）能转化为饱和溶液。

② 饱和溶液通过增加溶剂（对一切溶液适用）或升高温度（对于大多数溶解度随温度升高而升高的溶质适用，反之则降低温度，如石灰水）能转化为不饱和溶液。

例如：从海水中提取食盐。

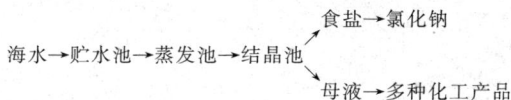

$$海水 \rightarrow 贮水池 \rightarrow 蒸发池 \rightarrow 结晶池 \begin{cases} 食盐 \rightarrow 氯化钠 \\ 母液 \rightarrow 多种化工产品 \end{cases}$$

相关链接

结晶：热的饱和溶液冷却后，已溶解在溶液中的溶质从饱和溶液中以晶体的形式析出，这一过程叫作结晶（见彩图7）。

综上所述，饱和溶液与不饱和溶液的互相转化可以表示如下：

$$不饱和溶液 \xrightarrow[\text{增加溶剂或升高温度}]{\text{增加溶质、蒸发溶剂或降低温度}} 饱和溶液 \xrightarrow[\text{或冷却}]{\text{蒸发溶剂}} 结晶$$

思考交流 5-8

100g 水中最多能溶解多少克食盐、蔗糖呢？二者谁的溶解能力更强呢？

在相同条件下，有的物质易溶于水，有的则难溶于水。可见，不同物质在同一种溶剂中的溶解能力不同。通常把一种物质溶解在另一种物质里的能力叫作**溶解性**。

通过实验，我们知道 20mL 水能溶解的氯化钠或硝酸钾一定有个最大值，这个最大值就是形成饱和溶液需要的溶质的质量。因为再多，就溶不了，就变成固体析出来了。如何找到这个最大值呢？"溶解度"登场了。

固体的溶解度表示在一定温度下，某固态物质在 100g 溶剂里达到饱和状态时所溶解的质量。如果不指明溶剂，一般说的溶解度指的是物质在水中的溶解度。

溶解度的相对大小（20℃时的溶解度）见表 5-1。

表 5-1　溶解度的相对大小（20℃）

溶解度/g	一般称为	溶解度/g	一般称为
<0.01	难溶	1～10	可溶
0.01～1	微溶	>10	易溶

从溶解度的含义中，可以看到有四个要点，称为"溶解度四要素"：一是条件，温度一定；二是标准，100g 溶剂（通常情况下，溶剂是水）；三是溶液状态，饱和溶液；四是单位，克。溶解度的四要素要同时满足，缺一不可。

例如，20℃时，氯化钠在水中的溶解度是 36g。我们就说，在 20℃时，100g 水里最多能溶解 36g 氯化钠（这时溶液达到饱和状态）。

那么，从上面"溶解度是 36g"，我们还可以得到哪些信息呢？

① 溶质的质量＝36g；

② 溶剂的质量＝100g；

③ 饱和溶液的质量＝36g＋100g＝136g；

④ 在 t℃时，饱和溶液中，存在以下关系（溶解度用"S"表示）：

$$\frac{S}{100g}=\frac{m_{溶质}}{m_{溶剂}} \text{以及} \frac{S}{100+S}=\frac{m_{溶质}}{m_{饱和溶液}}$$

【例题 5-1】20℃时，有 68g 饱和 NaCl 溶液，蒸干，得 NaCl 18g。求 20℃时 NaCl 的溶解度。

解

$$\frac{S}{100g}=\frac{18g}{68g-18g}$$
$$S=36g$$

答：20℃时 NaCl 的溶解度是 36g。

【例题 5-2】20℃时，NaCl 的溶解度是 36g。求：100g 饱和溶液含 NaCl 多少克。

解 设 100g 饱和溶液含 NaCl x g。

$$\frac{36g}{36g+100g}=\frac{x g}{100g}$$
$$x\approx26.5$$

答：100g 饱和溶液含 NaCl 26.5g。

思考交流 5-9

若要配制饱和溶液，那就得需要物质的溶解度数值。可是从哪里可以得到不同物质溶解度的值呢？

用实验的方法，测出各种物质在不同温度时的溶解度（见表 5-2）。

表 5-2 几种物质在不同温度时的溶解度

	项目	0℃	20℃	30℃	40℃	60℃	80℃	100℃
溶解度/g	NaCl	35.7	36.0	36.3	36.6	37.3	38.4	39.8
	KCl	27.6	34.0	37.0	40.0	45.5	51.1	56.7
	NH_4Cl	29.4	37.2	41.4	45.8	55.2	65.6	77.3
	KNO_3	13.3	31.6	45.8	63.9	110	169	246
	$Ca(OH)_2$	0.185	0.165	0.153	0.141	0.116	0.094	0.077

从表 5-2，可以查到 KNO_3 在 20℃时的溶解度是 31.6g，在 100℃时的溶解度是 246g。KNO_3 的溶解度随温度升高而升高。NaCl 在 20℃时的溶解度是 36.0g，在 100℃时的溶解度是 39.8g，NaCl 的溶解度随温度升高变化不明显。$Ca(OH)_2$ 在 20℃时的溶解度是 0.185g，在 100℃时的溶解度是 0.077g，$Ca(OH)_2$ 的溶解度随温度升高反而降低。

这种表格数值直观、准确，但是不能得到任意温度下的溶解度。我们来看另一种办法——**溶解度曲线法**，即数学上讲的描点画图法。

用纵坐标表示溶解度，横坐标表示温度，根据物质的不同温度时的溶解度，可以画出这种物质的溶解度随温度变化的曲线，这种曲线叫作**溶解度曲线**。

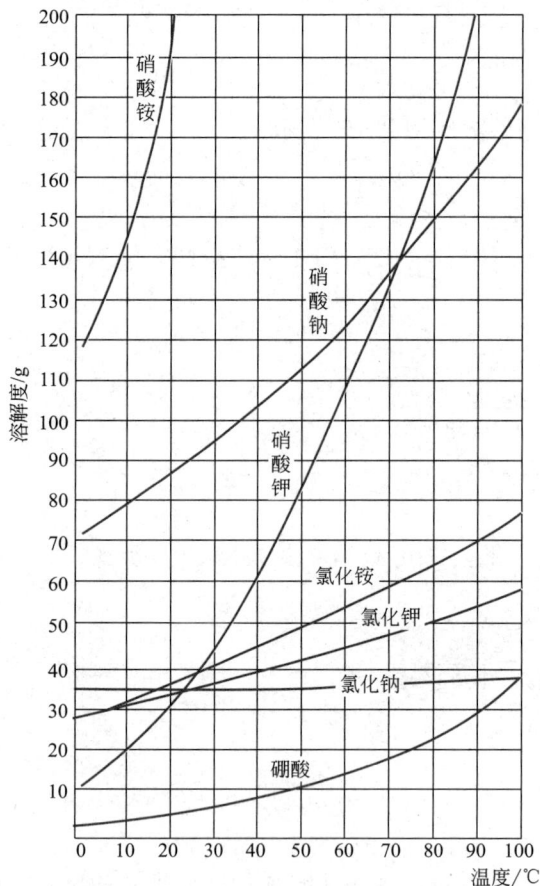

图 5-6　几种固体物质的溶解度曲线

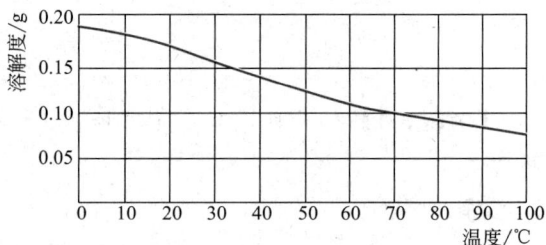

图 5-7　$Ca(OH)_2$ 的溶解度曲线

图 5-8　打开易拉罐塞子瞬间

从图 5-6、图 5-7 可知以下几点。

① 同一物质在不同温度下的溶解度。

② 不同物质在同一温度下的溶解度。

③ 不同物质的溶解度受温度变化的影响不同。具体为以下三种情况：一种是随温度升高，溶解度升高，其代表物是大部分固体（如 KNO_3 等），可以采用降温结晶的办法得到大部分固体；一种是随温度升高，溶解度变化不大，其常见代表物是 $NaCl$、KCl、NH_4Cl，可以采用蒸发溶剂的办法得到大部分固体（海场晒盐就是这个道理）；还有一种是随温度升高，溶解度降低，其常见代表物是 $Ca(OH)_2$，可以采用升温结晶的办法得到大部分固体。

思考交流 5-10

在图 5-8 中，我们可以看到溶解在水里的二氧化碳气体形成气泡从水中喷出，这是什么原因呢？喝了汽水以后还常常打嗝，这又是为什么？

这是因为气体在水里的溶解度，不仅取决于气体的性质，还取决于气体压强的大小。当温度不变时，随着压强的增大，气体的溶解度也增大。在制汽水时，就是把二氧化碳的压强增大,使二氧化碳在水里的溶解度增大。当打开瓶盖时,罐内的压强减小了,溶解度减小,就会有二氧化碳气体喷出了。

温度对气体的溶解度也有很大影响。气体的溶解度一般随着温度升高而减小。喝了汽水后常会打嗝,正是因为胃内的温度高使二氧化碳的溶解度减小造成的。

由于气体的质量称量起来比较困难,所以气体溶解度是指压强为101kPa和一定温度时,气体溶解在1体积水里达到饱和状态时的气体体积❶。气体的溶解度是一个比值,无单位。

如 N_2 在压强为101kPa、温度为0℃时,1体积水里最多能溶解0.024体积 N_2,则说明此时 N_2 溶解度为0.024。

第三节　结　晶

学习导航

如彩图8所示,在干净的玻璃杯中放入约20mL的开水,然后加入白糖,搅拌,直到有少量白糖不再溶解为止。将一根细线一端浸入白糖溶液,一端靠在杯子外边。为了防止灰尘进入溶液,用一张纸轻轻盖在上面。静置(就是你千万不要动它,静待花开),耐心等待4~5天或者更长时间,拿走纸片。这时你会看到溶液表面、玻璃杯壁、细绳上都"长了"好多白糖晶体。你一定想知道它们怎么长出来的呢?

所谓晶体就是有规则几何外形的固体,例如,明矾是八面体(见图5-9),食盐是立方体(见图5-10)等。形成晶体的过程就叫作结晶。

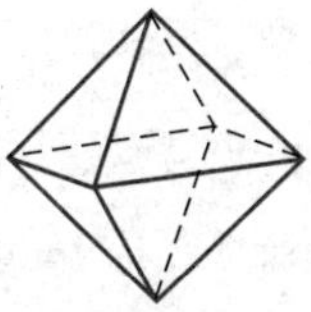

图5-9　明矾八面体结构

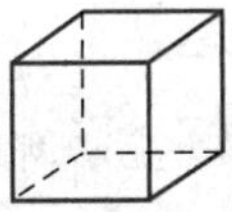

图5-10　食盐立方体结构

晶体可以这样形成:把固体溶质的水溶液放在敞口的容器里,让水慢慢地蒸发,溶液达到饱和后,如果继续蒸发,过剩的溶质就形成固体析出了。适合于溶解度受温度影响不大的物质。比如,海水晒盐就是用的蒸发溶剂的方法。

对溶解度受温度影响显著的物质,可通过以下途径得到晶体。

饱和溶液冷却后,溶质就从溶液里析出。见彩图8,白糖晶体的生成就是用冷却饱和溶液的方法得到的。因为白糖的溶解度随着温度的降低而减小,当温度降低时,溶质结晶析出。白糖晶体就这样长成了。如果你觉得晶体还不够纯,那就可以将得到的晶体重新溶解,加热,制成饱和溶液;冷却,使它再一次结晶,即重结晶(也叫再结晶)。

---

❶ 标准状况通常是指温度为0℃,压强为101kPa时的状况。非标准状况时的气体体积要换算成标准状况时的体积。

许多物质在水溶液里析出形成晶体时，晶体里常结合一定数目的水分子，这样的水分子叫作结晶水。含有结晶水的物质叫作结晶水合物。

结晶水合物很多，比如，胆矾（也叫蓝矾 $CuSO_4 \cdot 5H_2O$）、生石膏（$CaSO_4 \cdot 2H_2O$）、绿矾（$FeSO_4 \cdot 7H_2O$）、明矾 [$KAl(SO_4)_2 \cdot 12H_2O$] 等。有的物质的晶体里不含结晶水，比如，食盐、硝酸钾的晶体就不含结晶水。

结晶水合物受热后容易失掉结晶水。例如：

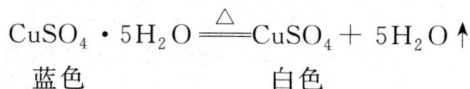

$$CuSO_4 \cdot 5H_2O \xrightarrow{\triangle} CuSO_4 + 5H_2O \uparrow$$
　　　蓝色　　　　　　　　白色

如果把白色的硫酸铜粉末与水反应，它又会重新生成蓝色的硫酸铜晶体。

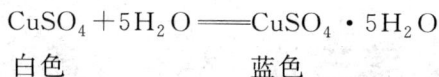

$$CuSO_4 + 5H_2O = CuSO_4 \cdot 5H_2O$$
　　白色　　　　　　　　蓝色

碳酸钠晶体在空气里放着放着就成粉末了是因为结晶水在各种结晶水合物里的稳定程度不相同，许多结晶水合物在室温时就不太稳定。在室温和干燥的空气里，结晶水合物失去一部分或全部结晶水的现象叫作风化。例如，碳酸钠晶体（$Na_2CO_3 \cdot 10H_2O$）放在干燥的空气里，会逐渐失去结晶水而成为粉末。

有些晶体能吸收空气里的水蒸气，在晶体的表面逐渐形成溶液，这个现象叫作潮解。例如，氯化钙、氯化镁、氢氧化钠在空气中很容易潮解。

溶液浓度的表示方法——质量浓度与体积浓度

第四节　溶质的质量分数

📖 学习导航

有人在电视节目中因为缺乏医疗常识说生理盐水的浓度是 9%，引发观众吐槽与调侃，"9% 的生理盐水那得多咸啊，你腌咸菜么？0.9% 才对"。你知道生理盐水中含多少 NaCl 吗？

在两杯等量的水中分别放入 1 勺糖和 2 勺糖，完全溶解后两杯糖水的甜度是不一样的，也就是说两杯糖水的浓度不同，一杯稀，一杯浓。这种描述比较粗略，只表示溶质含量的多或少。在给农作物或树木喷施农药时，如果药液过浓，会毒害农作物或树木；如果药液过稀，又不能有效地杀虫灭菌。因此，我们需要准确地知道溶液的浓度。

表示溶液浓度的方法有很多，这一节主要介绍溶质的质量分数。

溶液的浓度用溶质的质量占全部溶液质量的百分比来表示，叫作溶质的质量分数（简称质量分数）。例如，食盐溶液的浓度等于 9%，就是表示 100g 的溶液里有 9g 食盐和 91g 水或 100kg 的溶液里有 9kg 食盐和 91kg 水。这样的一种食盐溶液一定够咸。

医院里用的生理盐水浓度是 0.9%，如何配制呢？

把 0.9g 食盐溶解在 99.1g（粗配的话可以是 100mL）水里，就配成了 100g 0.9% 的食盐溶液了。

医院里用的食盐对纯度有要求，并且要做到高温灭菌、低温保存。原理是一样的。

溶质的质量分数可以根据下式进行计算：

$$溶质的质量分数 = \frac{溶质的质量}{溶液的质量} \times 100\%$$

其中，溶液的质量 = 溶质的质量 + 溶剂的质量

【例题 5-3】 在农业生产中，常需要用质量分数为 16% 的氯化钠溶液来选种。现要配制 150kg 这种溶液，需要氯化钠和水的质量各是多少？

解

$$溶质的质量分数 = \frac{溶质的质量}{溶液的质量} \times 100\%$$

$$溶质质量 = 溶液质量 \times 溶质的质量分数$$

$$= 150kg \times 16\%$$

$$= 24kg$$

$$溶剂质量 = 溶液质量 - 溶质质量$$

$$= 150kg - 24kg$$

$$= 126kg$$

答：需要 24kg 氯化钠，126kg 的水。

【例题 5-4】 化学实验室现在有 98% 的浓硫酸，但在实验中常需要用较稀的硫酸溶液。要把 50g 质量分数为 98% 的浓硫酸稀释为质量分数为 20% 的硫酸溶液，需要多少克水？

解 分析：溶液稀释前后，溶质的质量不变。

设需加水 xg

$$50 \times 98\% = (50 + x) \times 20\%$$

$$x = \frac{50 \times 98\%}{20\%} - 50$$

$$= 245 - 50$$

$$= 195$$

答：稀释时需加 195g 水。

【例题 5-5】 配制 20% H_2SO_4 溶液 460g，需要 98% 的 H_2SO_4 溶液多少毫升？

解 设需要 98% 的 H_2SO_4 溶液 xg。

$$460 \times 20\% = x \times 98\%$$

$$x = 94$$

表 5-3 为 20℃时硫酸密度和质量分数对照表。

表 5-3 硫酸密度和质量分数对照表（20℃）

密度/(g/mL)	1.01	1.07	1.14	1.22	1.30	1.40	1.50	1.61	1.73	1.81	1.84
质量分数/%	1	10	20	30	40	50	60	70	80	90	98

从硫酸密度和质量分数对照表（表 5-3）得知，20℃时 98% 的 H_2SO_4 的密度为 1.84g/mL。

则需要 98% 的 H_2SO_4 的体积：

$$\frac{94g}{1.84g/mL} \approx 51mL$$

答：需要 98% 的 H_2SO_4 溶液 51mL。

📖 学海拾贝

ppm 浓度：ppm 浓度是百万分数的符号。溶液的浓度用溶质质量占全部溶液质量的百万分比来表示的叫 ppm 浓度。因为有的溶液浓度极稀，仅含有百万分之几的溶质，若用百分比浓度（质量分数）表示，既不方便，又容易发生错误。例如，某溶液的浓度是百万分之三，就用 3ppm 表示，即：

$$\frac{3}{1000000} \times 100\% = 0.0003\%$$

此外，在用两种液体配制溶液时，有时用两种溶液的体积比表示溶液的浓度，叫作体积比浓度。例如，配制 1：4 的硫酸溶液（或表示为 1+4 硫酸溶液），就是指 1 体积硫酸（一般指 98%、密度为 1.84g/mL 的硫酸）和 4 体积水配成的溶液。这种体积比浓度比较粗略，但配制时简便易行，在农业生产上配制农药、医疗上配制药剂、化学实验室配制溶液，常采用这种浓度。

第五节 物质的量浓度

配制一定物质的量浓度的溶液

📚 学习导航

中国的酒文化源远流长，著名诗人杜甫就说过"李白斗酒诗百篇，长安市上酒家眠"。你知道酒的度数是指什么吗？医院化验单上的各种浓度又是指什么吗？

酒的度数表示酒中含乙醇的体积百分比，通常是以 20℃ 时的体积比表示的。如 36%（体积），表示酒的度数剂量，代表 36 度的酒，表示在 100mL 的酒中含有乙醇 36mL（20℃）。

表 5-4 是一张医院的化验单，请注意浓度的表示。

表 5-4 一张医院的化验单

项目	结果	参考值
血红蛋白	141	110～160g/L
MCHC	316	320～360g/L
谷丙转氨酶	16.7	5～40U/L
葡萄糖	5.11	3.9～6.11mmol/L
尿酸	249	90～420μmol/L
甘油三酯	1.22	0.56～1.7mmol/L
胆固醇	5.12	2.9～6mmol/L

在二锅头瓶签上看到 36°，知道了这种表示实际是 V/V（体积与体积之比）；酱油、食醋的标签上使用的是 g/L（质量与体积之比）；实验室药品标签用的是％，即 m/m（质量与质量之比）。

对于溶液而言，用体积表示，会方便些（因为是液体）；溶质若为固体用质量或物质的量会更实用。

物质的量遇到体积产生一种新的浓度表示方法——**物质的量浓度**！

这个物理量表示单位体积溶液里所含溶质 B 的物质的量，也称为 B 的物质的量浓度，符号 c_B，即：

$$c_B = \frac{n_B}{V}$$

式中　c_B——溶液的物质的量浓度，mol/L（或 $mol \cdot L^{-1}$）；

　　　n_B——溶质的物质的量，mol；

　　　V——溶液的体积，L。

【例题 5-6】配制 500mL 0.1mol/L NaOH 溶液需要固体 NaOH 的质量是多少？

解　根据 $c_{NaOH} = \dfrac{n_{NaOH}}{V}$

$$n(NaOH) = c(NaOH)V[NaOH(aq)]$$
$$= 0.1mol/L \times 0.5L$$
$$= 0.05mol$$

0.05mol NaOH 的质量为：

$$m(NaOH) = n(NaOH)M(NaOH)$$
$$= 0.05mol \times 40g/mol$$
$$= 2g$$

答：配制 500mL 0.1mol/L NaOH 溶液需要固体 NaOH 2g。

不仅用固体物质来配制溶液，还经常要将浓溶液稀释成不同浓度的稀溶液。在用浓溶液配制稀溶液时，由于在稀释前后，虽然溶液体积发生了变化，但溶液中溶质的物质的量不变，常用下面的式子计算有关的量：

$$c(浓溶液)V(浓溶液) = c(稀溶液)V(稀溶液)$$

【例题 5-7】实验室有密度为 1.4g/cm³，浓度为 65％的浓硝酸。(1) 求该溶液中 HNO_3 的物质的量浓度。(2) 用该溶液配制 3mol/L 的硝酸溶液 100mL，需要这种浓硝酸溶液多少毫升？

解　(1) 1.4g/cm³ = 1.4g/mL

设现有 1L（即 1000mL）65％的浓硝酸，则该溶液中 HNO_3 的质量为：

$$m(HNO_3) = \rho[HNO_3(aq)]V[HNO_3(aq)] \times 65\%$$
$$= 1.4g/mL \times 1000mL \times 65\%$$
$$= 910g$$

$$c(HNO_3) = \frac{n(HNO_3)}{V} = \frac{m(HNO_3)}{M(HNO_3)V} = \frac{910g}{63g/mol \times 1L} = 14.44mol/L$$

（2）设要配制 3mol/L 的硝酸溶液 100mL，需要这种浓硝酸溶液 x 毫升

$$\frac{14.44\text{mol/L} \times x\,\text{mL}}{1000} = \frac{3\text{mol/L} \times 100\text{mL}}{1000}$$

$$x = 20.8$$

本章小结

思维导图

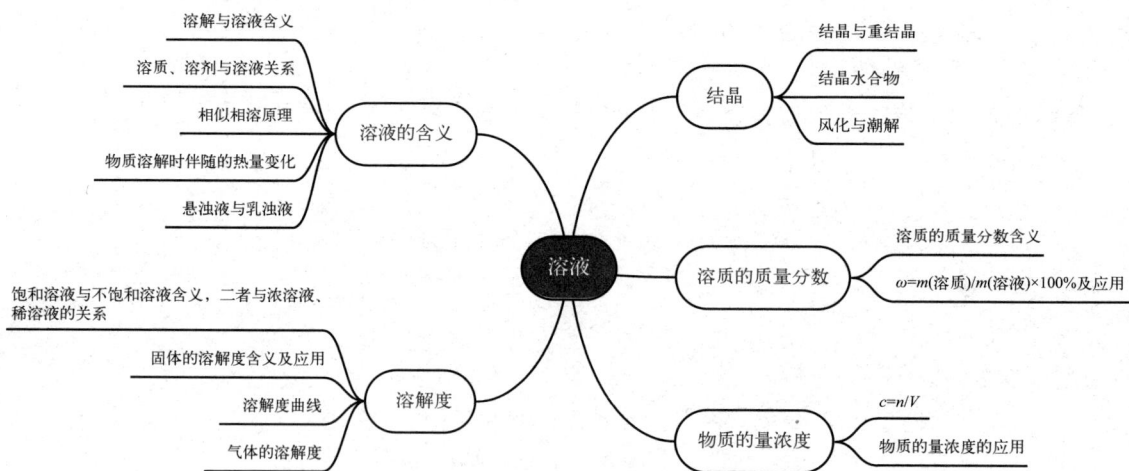

第六章

初识酸碱盐 ▪▪▪▪

学习目标

知识目标：

1. 能解释电解质与非电解质的含义；描述酸、碱、盐的含义。
2. 记住酸碱指示剂的变色范围及计算强酸强碱溶液 pH 的公式。
3. 能描述离子反应的含义；举例说明离子反应。

能力目标：

1. 能识别电解质与非电解质；能写出常见酸、碱、盐的电离方程式。
2. 依据指示剂变色范围，能粗略判断溶液酸碱性；能计算强酸强碱溶液的 pH。
3. 能总结离子方程式与化学方程式的差异。

素质目标：

1. 通过分析强酸强碱溶液 pH 的计算过程，培养逻辑思维能力。
2. 通过对酸碱指示剂的学习，培养学习无机化学的兴趣。
3. 通过了解酸、碱、盐在生活与企业生产中的应用，培养基本化学素养。

第一节　电解质与非电解质

学习导航

　　身体有汗的人为何接触使用着的电器更容易发生触电事故？人体在剧烈运动后为何要及时补充水分和盐分？你能解释这些现象吗？

　　出汗后体表有更多的盐分，这些盐分在汗液中起到了导电的作用；人体剧烈运动流汗后，体内的 Na^+、K^+ 和 Cl^- 伴随水分一起流失很多，出现电解质浓度失衡、紊乱，产生恶心、肌肉痉挛等症状，故需要及时补充电解质和水分。

什么是电解质呢？请看实验 6-1。

【实验 6-1】图 6-1 表示的是测试物质导电性的装置，其中主要包括盛有待测物质的容器、石墨电极和显示电路里有无电流通过的灯泡等三部分。

在容器里依次加入干燥的蔗糖晶体、蔗糖溶液、干燥的氯化钠晶体和食盐溶液。连接直流电源以后，观察灯泡是不是发光。

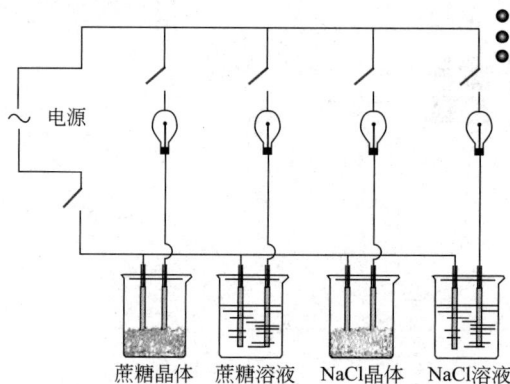

蔗糖晶体　蔗糖溶液　NaCl晶体　NaCl溶液

图 6-1　测试物质的导电性

从上面实验可以看到，干燥的蔗糖晶体、氯化钠晶体、蔗糖溶液都不导电，可是食盐溶液却能够导电。

食盐，不但它的水溶液能够导电，而且在熔融状态下也能导电。蔗糖就不同，它的纯净物或水溶液都不能够导电。

【实验 6-2】取几克硝酸钾晶体（或其他易熔的盐如氯化锌、氯化亚锡等）加入瓷坩埚内，放在三脚架和泥三角上，插入电极，加热到硝酸钾晶体熔化。接通直流电，观察灯泡是不是发光。

从上面实验可以看到，熔化的硝酸钾能够导电。

物理学上根据导电性实验，将物体分为导体和绝缘体，化学上根据一定条件下的导电性实验，将化合物分为电解质和非电解质。

凡是在水溶液或熔融状态下能够导电的化合物叫作**电解质**。在水溶液和熔融状态下都不能导电的化合物叫作**非电解质**。例如，食盐就是电解质，蔗糖就是非电解质。

注意 1：电解质中有一个"或"字，讲明了它的范围。在水溶液中能导电的，是电解质；同样，在熔融状态下能导电的也是电解质。比如，Na_2O、CaO 等一些离子型氧化物，溶于水之后就不是它自己了，不是自身电离，仅从这点上看似乎算不上电解质，但是"熔融时可以电离"，因此，它们也是电解质。

注意 2：非电解质定义中有一个"都"字，讲明了它的条件。假若你不全是"都"，比如，满足了其中一个条件——"在熔融状态下导电了"，那不就成电解质了吗？

熔融状态是指常温下是固体的物质（一定是纯净的物质而不是混合物）在一定温度下达到熔点变成液态。

思考交流 6-1

为什么电解质的溶液能够导电？与金属的导电原理相同吗？

金属能导电是因为金属内部有自由移动的带负电的电子；盐酸、NaOH 溶液、NaCl 溶液能导电是因为溶液中也有自由移动的带电微粒（阴、阳离子）。

思考交流 6-2

电解质中有阴、阳离子就一定能导电吗？氯化钠晶体导电吗？氯化钠是电解质吗？

NaCl 晶体，含有 Na^+ 和 Cl^-，但不能自由移动，故不能导电。

熔融状态的 NaCl 受热熔化后，NaCl 晶体中的 Na^+ 和 Cl^- 成为自由移动的离子，可以导电。

NaCl 溶液，原来在晶体中被束缚的 Na^+ 和 Cl^- 在水分子的作用下解离为可自由移动的离子，从而能够导电。

所以，导电的原因是有自由移动的离子。

虽然氯化钠晶体不导电，但是它在水溶液中可以导电（自身电离），那么，我们就可以认定氯化钠是电解质。也可以说，氯化钠晶体不导电，但是它的熔融态可以导电，同样，我们也可以认定氯化钠是电解质。

思考交流 6-3

SO_3 和水反应生成硫酸，硫酸为电解质，那 SO_3 是电解质么？

SO_3 本身不能解离，溶液中导电的不是原物质，它是非电解质。

有没有一种更好的方法来准确地判断出物质是电解质，还是非电解质？

熔融状态的 NaCl 和 NaCl 溶液都能解离为可自由移动的离子，我们把这样的解离过程叫作电离。

电离是指电解质在溶解于水或受热熔化时解离出自由移动的离子的过程。

是否为电解质，实质上就是看它在水溶液或熔融态下能否电离出离子。那么，我们就可以通过正确书写电解质的电离过程来判断物质是电解质，还是非电解质。

电离过程应该如何表示呢？

电离方程式：用化学式和离子符号来表示物质电离的式子。

氯化钠在水中的电离方程式可以写成：$NaCl = Na^+ + Cl^-$

书写电离方程式应注意：

① 阴阳离子的正确书写。

② 电离方程式的配平。

③ 实际上离子在水中与水结合形成水合离子，为方便起见，仍用离子符号表示水合离子。

H_2SO_4 在水中的电离方程式为：$H_2SO_4 = 2H^+ + SO_4^{2-}$

$(NH_4)_2SO_4$ 在水中的电离方程式为：$(NH_4)_2SO_4 = 2NH_4^+ + SO_4^{2-}$

$NaHCO_3$ 在水中的电离方程式为：$NaHCO_3 = Na^+ + HCO_3^-$

思考交流 6-4

相同条件下，电解质在水中的导电能力都相同吗？

强电解质解离　　　弱电解质解离

在相同条件下，电解质在水中的导电能力不相同，研究证明电解质溶液导电能力的大小取决于溶液中自由移动的离子的浓度和离子所带电荷数。而当溶液体积、浓度和离子所带的电荷数都相同的情况下，取决于溶液中自由移动离子数目，导电能力强的溶液里的自由移动的离子数目一定比导电能力弱的溶液里的自由移动的离子数目多。

根据电解质在水中或熔融状态的电离程度的大小，我们又可以将电解质划分为强电解质与弱电解质。

在水溶液里全部电离成离子的电解质称为强电解质，强电解质的电离方程式用"$=$"表示；在水溶液里部分电离成离子的电解质称为弱电解质，弱电解质参与反应的化学方程式用"$\rightleftharpoons$"表示，这表示反应是可逆的。

强酸、强碱、绝大多数盐以及活泼金属氧化物是强电解质；弱酸、弱碱、极少数盐（例如：$HgCl_2$、Hg_2Cl_2、CdI_2 等）是弱电解质。

水属于弱电解质，它只有轻微的电离。

思考交流 6-5

醋酸是"酸"吗？碱面（主要成分是 Na_2CO_3）是"碱"吗？食盐是"盐"吗？什么是酸、碱、盐？

【实验 6-3】用图 6-1 所示的实验装置，分别试验盐酸、硫酸和硝酸溶液的导电性。

实验表明，盐酸、硫酸和硝酸溶液都导电，它们都是电解质。它们的电离方程式如下：

$$HCl = H^+ + Cl^- \qquad HNO_3 = H^+ + NO_3^- \qquad H_2SO_4 = 2H^+ + SO_4^{2-}$$

　盐酸　　　　　　　　　硝酸　　　　　　　　　硫酸

注意：在电离过程中，原子团不能电离。

从上式可以看出，盐酸、硫酸和硝酸在水溶液中都能电离出氢离子（H^+）。

电解质电离时生成的阳离子全部是氢离子（H^+）的化合物叫作酸。盐酸、硫酸和硝酸都属于酸类。

在酸分子中，除去在水溶液中电离出的氢离子（H^+），余下的部分是酸根离子，例如，Cl^-、NO_3^-（硝酸根）、SO_4^{2-}（硫酸根）都是酸根离子。酸根离子所带的负电荷的数目等于酸电离生成的 H^+ 的数目。

酸的解离

酸的种类很多，如下所述。

含氧酸：酸根中含有氧原子的酸，如 HNO_3、H_2CO_3、H_2SO_4 等。

无氧酸：或称"氢某酸"，酸根中没有氧原子的酸，如 HCl、H_2S 等。

一元酸：一个酸分子在水中只能电离出一个 H^+ 的酸，如 HCl、HNO_3 等。

二元酸：一个酸分子在水中能够电离出两个 H^+ 的酸，如 H_2CO_3、H_2SO_4、H_2S 等。

三元酸：一个酸分子在水中能够电离出三个 H^+ 的酸，如 H_3PO_4。

　　根据酸在水溶液中能否完全电离可将酸分为强酸和弱酸。如我们熟悉的盐酸、硫酸、硝酸都是强酸，而碳酸就属于弱酸。另外，根据组成元素可以将酸分为有机酸和无机酸，我们上面举的例子都是无机酸，而我们熟悉的醋酸（CH_3COOH）就属于有机酸。

　　【实验 6-4】 用图 6-1 所示的实验装置，分别试验氢氧化钠、氢氧化钾和氢氧化钡溶液的导电性。

　　实验表明，氢氧化钠、氢氧化钾和氢氧化钡溶液都导电，它们都是电解质。它们的电离方程式如下：

$$NaOH =\!\!=\!\!= Na^+ + OH^- \qquad KOH =\!\!=\!\!= K^+ + OH^- \qquad Ba(OH)_2 =\!\!=\!\!= Ba^{2+} + 2OH^-$$

　　从上式可以看出，氢氧化钠、氢氧化钾和氢氧化钡在水溶液中都能电离出氢氧根离子（OH^-）。

　　电解质电离时生成的阴离子全部是氢氧根离子（OH^-）的化合物叫作碱。氢氧化钠、氢氧化钾和氢氧化钡都属于碱类。

　　在碱分子中，除去在水溶液中电离出的氢氧根离子（OH^-），余下的部分是带正电荷的金属离子或阳离子（如铵根 NH_4^+），氢氧根离子带一个负电荷。

　　注意：正负电荷总数加和为零。

碱的解离

　　碱的种类如下所述。

　　可溶性碱：KOH、$NaOH$、$Ba(OH)_2$、$NH_3 \cdot H_2O$ 等。

　　不溶性碱：$Mg(OH)_2$、$Cu(OH)_2$、$Fe(OH)_3$ 等。

　　碱也有强弱之分：强碱有 $NaOH$、KOH 等；弱碱有 $Fe(OH)_3$、$NH_3 \cdot H_2O$ 等。

　　另外，碱也有一元碱、二元碱、三元碱之分，与酸的分类类似。

　　【实验 6-5】 用图 6-1 所示的实验装置，分别试验碳酸钠、硫酸镁、氯化钡和氯化铵溶液的导电性。

　　实验表明，碳酸钠、硫酸镁、氯化钡和氯化铵溶液都导电，它们与氯化钠一样，都是电解质。它们的电离方程式如下：

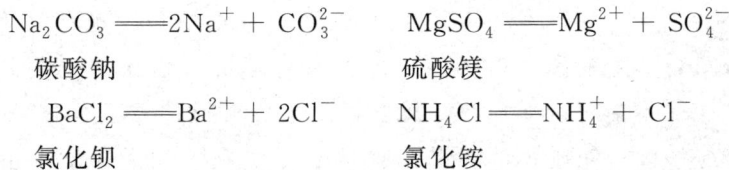

$$Na_2CO_3 =\!\!=\!\!= 2Na^+ + CO_3^{2-} \qquad MgSO_4 =\!\!=\!\!= Mg^{2+} + SO_4^{2-}$$
碳酸钠　　　　　　　　　　　　硫酸镁

$$BaCl_2 =\!\!=\!\!= Ba^{2+} + 2Cl^- \qquad NH_4Cl =\!\!=\!\!= NH_4^+ + Cl^-$$
氯化钡　　　　　　　　　　　　氯化铵

　　从上式可以看出，碳酸钠、硫酸镁、氯化钡和氯化铵在水溶液中都能电离出金属离子（或铵根 NH_4^+）和酸根离子。

　　像这种由金属离子（或铵根 NH_4^+）和酸根离子组成的化合物叫作盐。碳酸钠、硫酸镁、氯化铵和氯化钡都属于盐类。其中金属离子（或 NH_4^+）所带的正电荷总数等于酸根离子的负电荷总数。

　　盐包括正盐、酸式盐、碱式盐。

　　正盐就是在水中电离时生成的阳离子是金属离子或 NH_4^+，没有氢离子，生成的阴离子除酸根离子外没有氢氧根离子的盐，如 Na_2CO_3、NH_4Cl、$BaSO_4$ 等。

　　酸式盐指在水中电离时生成的阳离子除金属离子或 NH_4^+ 外还有氢离子，阴离子为酸根离子的盐，如 $NaHCO_3$ 等。碱式盐指在水中电离时生成的阴离子除酸根离了外还有氢氧根

离子，阳离子为金属离子或 NH_4^+ 的盐，如 $Cu_2(OH)_2CO_3$ 等。

　　H_2SO_4 为强酸，它在水中的电离方程式为：$H_2SO_4 =\!\!=\!\!= 2H^+ + SO_4^{2-}$。用"$=\!\!=\!\!=$"表示全部电离（准确地说，应该是几乎全部电离），也就是说在溶液中存在的都是离子 H^+ 和 SO_4^{2-}，几乎没有 H_2SO_4 分子存在。

　　如果是弱酸，比如醋酸（CH_3COOH），则它在水中的电离方程式为：$CH_3COOH \rightleftharpoons H^+ + CH_3COO^-$。用"$\rightleftharpoons$"表示部分电离，也就是说在溶液中存在的既有离子 H^+ 和 CH_3COO^-，也有 CH_3COOH 分子存在。

　　在浓度相同的情况下，当然是强电解质的导电性比弱电解质的强。

　　你如何用电离方程式表示水的电离呢？

弱酸弱碱的解离

　　下面我们将电解质与非电解质作分析比较，见表 6-1。

表 6-1　电解质与非电解质比较

项目	电解质	非电解质
定义	在水溶液或熔融状态下能导电的化合物	在水溶液和熔融状态下都不能导电的化合物
本质	能电离	不能电离
溶液中的存在形式	阴、阳离子或阴、阳离子与分子	只有分子
物质类别	绝大多数酸、碱、盐和活泼金属氧化物	大多数有机物、非金属氧化物等
实例	HCl、NaOH、NaCl、CaO、Na_2O	C_2H_5OH、蔗糖、CH_4、CO_2、CO

📖 学海拾贝

阿伦尼乌斯的故事

　　斯万特·奥古斯特·阿伦尼乌斯（Svante August Arrhenius），瑞典物理化学家，1859 年 2 月 19 日生于瑞典乌普萨拉附近的维克城堡。电离理论的创立者。

　　阿伦尼乌斯（图 6-2）依据电解质溶液依数性和导电性的关系提出电离学说。主要内容有：由于溶剂的作用，电解质在溶液中自动解离成带正、负电荷的质点（离子）；正负离子不停地运动，相互碰撞又可结合成分子，所以溶液里电解质可能只是部分电离，电离的百分率叫电离度。在直流电场作用下，正负离子各向一极移动，电解质溶液能导电就是因为离子的这种运动。根据电离理论，阿伦尼乌斯认为凡是在水溶液中能够电离产生 H^+ 的物质是酸，能电离产生 OH^- 的物质是碱。他的酸碱观点是建立酸碱理论过程中的一个重大进展。

图 6-2　阿伦尼乌斯

　　阿伦尼乌斯还解释了反应速率与温度的关系，提出活化能的概念及与反应热的关系等。由于阿伦尼乌斯在化学领域的卓越成就，1903 年荣获了诺贝尔化学奖，成为瑞典第一位获此科学大奖的科学家。阿伦尼乌斯在物理化学方面造诣很深，他所创立的电离理论沿用至今。

第二节 强酸强碱溶液 pH 计算

思考交流 6-6

含有 H^+ 的溶液一定是酸，含有 OH^- 溶液一定是碱吗？任何酸中只含有 H^+，任何碱中只含有 OH^- 吗？

水是一种弱电解质，它微弱电离 $H_2O \rightleftharpoons H^+ + OH^-$，其中 $c(H^+)$ 和 $c(OH^-)$ 之积在温度一定时为常数，定义为水的电离常数（也叫水的离子积），符号为：K_w。如 25℃时，$K_w = c(H^+)c(OH^-) = 1.0 \times 10^{-14}$。

注意 1：K_w 不仅适用于纯水，也适用于酸、碱、盐的稀溶液。在任何水溶液中都存在 $K_w = c(H^+)c(OH^-)$，也就是在任何水溶液中都是 H^+、OH^- 共存的。

注意 2：K_w 是一个温度函数，随温度的升高而增大。25℃时，$K_w = 1.0 \times 10^{-14}$；100℃时，$K_w = 1.0 \times 10^{-12}$。

注意 3：25℃时，水电离出来的 $c(H^+) = c(OH^-) = 1.0 \times 10^{-7}$ mol/L。说明水是一种极弱的电解质。

【例题 6-1】 0.01mol/L 的盐酸溶液中，$c(H^+)$、$c(OH^-)$ 分别是多少？

解 $c(H^+) = 0.01$ mol/L；

$$c(OH^-) = \frac{K_w}{c(H^+)} = 10^{-12} \text{ mol/L}$$

思考交流 6-7

在不同的酸性物质中，谁的酸性更大呢？

通常，溶液的酸碱性强弱的程度用 pH 值表示，$pH = -\lg c(H^+)$，范围在 0～14 之间。具体地说，酸度通常是指溶液中 H^+ 的浓度。浓度较高，一般 $c(H^+)$ 大于 1mol/L 时多用物质的量浓度 $c(H^+)$ 表示。对于 $c(H^+)$ 较低的溶液，常用 pH 来表示溶液的酸度；碱度则用 pOH 表示。

当 pH>7 时溶液呈碱性，pH 越大，溶液的碱性越强；当 pH<7 时溶液呈酸性，pH 越小，溶液的酸性越强；当 pH=7 时溶液呈中性。

【例题 6-2】 计算 $c(H^+) = 1.0 \times 10^{-4}$ mol/L 的溶液的 pH 值，并指出溶液的酸碱性。

解 $pH = -\lg c(H^+) = -\lg(1.0 \times 10^{-4}) = 4$

答：该溶液 pH=4，显酸性。

【例题 6-3】 0.001mol/L 的 NaOH 溶液中，pH 值是多少？

解 $c(OH^-) = 0.001$ mol/L，

$$c(H^+) = \frac{K_w}{c(OH^-)} = \frac{10^{-14}}{10^{-3}} = 10^{-11}$$

$$pH = -\lg c(H^+) = -\lg 10^{-11} = 11$$

【例题 6-4】 pH＝3 和 pH＝5 的盐酸溶液等体积混合，求混合溶液的 pH 值。

解 混合后溶液中

$$c(H^+) = \frac{10^{-3}\,mol/L \cdot V + 10^{-5}\,mol \cdot V}{2V} = 5.05 \times 10^{-4}\,mol/L$$

$$pH = -\lg c(H^+) = -\lg(5.05 \times 10^{-4}) = 3.3$$

答：混合溶液的 pH 为 3.3。

思考交流 6-8

了解溶液的酸碱度对我们的生活与生产有什么意义？正常雨水的 pH 约为 5.6，为什么不是 7？酸雨的 pH＜5.6，是因为形成酸雨的主要气体是哪种气体？

📖 思政案例

酸雨治理任重道远

酸雨，即酸性的雨，是指 pH 值小于 5.6 的大气降水。空气中的二氧化硫、氮氧化物等酸性物质和空中水汽相结合，形成的降雨叫作酸雨。酸雨不只以雨的形式存在，还包括雪、雾、雹等形式。酸雨主要来源于自然因素和人工活动。

自然因素包括火山爆发、微生物作用。火山爆发时会喷出二氧化硫，动植物死后会分解出硫化物质，进而产生二氧化硫等。此外，空气中悬浮的颗粒物（如含 Fe、Mn、Cu、Mg、V 等）也是成酸反应的催化剂。

人工活动主要是指人类通过各种行为向大气中排放硫氧化物和氮氧化物，例如煤、石油、天然气等化石燃料的燃烧，工业生产中的废气排放和汽车尾气的排放等。

多年来，我国通过合理布局工业（例如将污染较为严重的工厂布局在城市的下风头、河流的下游和燃煤烟气易于扩散的地方），控制和削减燃煤 SO_2 排放量，开发新能源（例如太阳能、风能、水能、潮汐能等），加大绿化面积等举措，在酸雨治理方面取得了显著成效。

虽然我国的酸雨治理成效显著，但生态风险仍需关注，要加强科技攻关，早日解决空气污染问题，让天更蓝，空气更清新！

在农业生产中，农作物一般适宜在 pH＝7 或接近 7 的土壤生长；当土壤呈酸性时，一般作物难以生长，此时应采取改良土壤的措施。如对强酸性土壤，常可施入适量的熟石灰以中和土壤的酸性。测定人体液的 pH，可以了解人体的健康情况；pH 在工业生产中也扮演着重要的角色。

在表 6-2 中可看到人体体液中胃液是酸性的；血液对 pH 的要求最高，如果血液 pH 值低于 7.35 为酸中毒，高于 7.45 为碱中毒。

表 6-2 人体体液的正常 pH 范围

体液	血液	唾液	胃液	胆汁	尿液
pH	7.35~7.45	6.6~7.1	0.8~1.5	7.1~7.3	4.8~7.4

思考交流 6-9

你知道生活中哪些溶液（如醋、汽水、石灰水、厨房清洁剂）呈酸性（acid）？哪些呈碱性（alkaline）？又如何检验酸、碱性？如何粗略地测量溶液的 pH？

方法之一——pH 试纸

pH 试纸是浸渍了多种酸碱指示剂的试纸，它方便携带。用 pH 试纸可以粗略测量溶液的 pH 值，方法是：在白瓷板或玻璃片上放一小片 pH 试纸，用玻璃棒将待测液滴到试纸上，把试纸显示的颜色与标准比色卡进行比较，就得出被测液的 pH 值了。pH 试纸的应用十分广泛。

注意：pH 试纸使用时不可预先用水润湿；用 pH 试纸测出（比对）的值为整数。

方法之二——酸碱指示剂

在不同程度的酸溶液或碱溶液中呈现不同的颜色的物质，叫作**酸碱指示剂**。

常见的酸碱指示剂有石蕊、酚酞、甲基橙等。

石蕊试液是从一种叫"石蕊"的地衣植物中提取的乙醇浸出液，紫色石蕊试液遇酸变红，遇碱变蓝。石蕊在真正科研项目中的使用频率并不高，但是由于其显著的变色特性常将其用于化学启蒙教学之中。

酚酞是一种极为常见的酸碱指示剂。酚酞难溶于水，易溶于乙醇，所以一般的酚酞试液都是溶解了乙醇的酚酞。无色酚酞试液不能使酸变色，遇碱变红。

甲基橙易溶于热水，溶液呈金黄色，几乎不溶于乙醇，主要用作酸碱滴定指示剂，它也是一种偶氮染料，也可用于印染纺织品。甲基橙指示剂遇酸变橙红，遇碱变黄。

依据酸碱指示剂，我们在生活中常接触的几种溶液的酸碱性就有了答案。醋、汽水为酸性，而石灰水、厨房清洁剂以及玻璃清洁剂（氨水）为碱性。

📖 **学海拾贝** ••

指示剂的发现

1645 年，英国化学家波义耳（Robert Boyle）在一次实验中，不小心将盐酸弄到了紫罗兰的花瓣上，过一会儿，他惊奇地发现，紫色的花瓣上出现了红点。从紫罗兰的花瓣遇酸变红的现象得到启示，用各种植物做实验，最终发现有一种名叫"石蕊"的地衣，在酸性溶液中明显变红，在碱性溶液中明显变蓝，非常灵敏。他从中提取了某些有用的成分，即实验室常用的指示剂——石蕊试液，一直沿用至今。

思考交流 6-10

酸碱指示剂的变色范围是多少？即它们大概在 pH 值为多少时开始变色？生活中我们可以自制酸碱指示剂吗？

常用酸碱指示剂的变色范围见表 6-3。

表 6-3　常用酸碱指示剂的变色范围

	pH	颜色		pH	颜色		pH	颜色
酚酞	<8.2	无	甲基橙	<3.1	红	石蕊	<5	红
	8.2~10	浅粉		3.1~4.4	橙		5~8	紫
	>10	红色		>4.4	黄		>8	蓝

酸碱指示剂之所以能够变色，是因为随着溶液 pH 值的改变，在结构发生变化的同时颜色也改变了。具有这些特点的物质就可以充当酸碱指示剂。

迷你实验

生活中我们可以自制酸碱指示剂，请看下面两组例子。

1. 准备红萝卜一个，95％乙醇适量；刮下红萝卜的红皮，用 95％乙醇浸泡 24h 左右，过滤后取其滤液。

pH	<6	6~8	>8~10	>10
颜色	红	紫红	绿	黄

2. 取 250g 紫色卷心菜，洗净后切碎，放在大烧杯或不锈钢锅内，加水至浸没 1/2 菜叶，加热煮沸 10min，并不断搅拌菜叶再把煮后的卷心菜菜汁滤入一个容器中，放置到室温后装瓶，得到的紫色卷心菜滤汁可作酸碱指示剂。

pH	<3	3~5	6~7	8~9	10~12	>13
颜色	红	浅紫	蓝	青绿色	绿色	黄色

第三节　离子反应

学习导航

思考：酸碱中和反应的实质是什么？

【实验 6-6】现有三支试管，试管 1 中盛有 5mL $CuSO_4$ 溶液，向其中加入 5mL $BaCl_2$ 溶液；试管 2 中盛有 5mL Na_2SO_4 溶液，向其中加入 5mL $BaCl_2$ 溶液；试管 3 中盛有 5mL Na_2SO_4 溶液，向其中加入 5mL $Ba(NO_3)_2$ 溶液，观察现象并写出化学方程式。

现象：三支试管中都出现白色沉淀（经检验，白色沉淀为硫酸钡）。

化学方程式如下。

试管 1：$CuSO_4 + BaCl_2 \!=\!=\! CuCl_2 + BaSO_4 \downarrow$

试管 2：$Na_2SO_4 + BaCl_2 \!=\!=\! 2NaCl + BaSO_4 \downarrow$

试管 3：$Na_2SO_4 + Ba(NO_3)_2 \!=\!=\! 2NaNO_3 + BaSO_4 \downarrow$

参加反应的物质不同，为什么生成的沉淀是同一种物质呢？

此实验中参加反应的物质都是强电解质，由于电解质溶于水后全部电离成为离子，所以它们的水溶液之间的反应其实是发生在离子之间。这样的反应称作离子反应。

以试管 2 中的化学变化为例，作如下分析。

Na_2SO_4 与 $BaCl_2$ 在溶液中各自发生电离，其电离方程式如下：

$$Na_2SO_4 \!=\!=\! 2Na^+ + SO_4^{2-}$$

$$BaCl_2 \!=\!=\! Ba^{2+} + 2Cl^-$$

发生反应时，阴阳离子重新结合。Na^+ 会去找 Cl^-，Ba^{2+} 也会去找 SO_4^{2-}。这两组离子分别重新结合了，Na^+ 与 Cl^- 结合成 $NaCl$，Ba^{2+} 与 SO_4^{2-} 结合成 $BaSO_4$ 沉淀。再看这些离子反应前后的变化，哪个离子变了，逐一查看，Na^+ 还在；Cl^- 还在；Ba^{2+} 不在了，变成沉淀了；SO_4^{2-} 不在了，变成沉淀了。所以，反应前后发生变化的只有 Ba^{2+} 和 SO_4^{2-} 两种离子。

那么，Na_2SO_4 溶液与 $BaCl_2$ 溶液反应的实质就是：

$$Ba^{2+} + SO_4^{2-} \!=\!=\! BaSO_4 \downarrow$$

在试管 1 和试管 3 中的各种变化以及反应实质分析过程同试管 2。

再准备一支试管，将它编号为 4。

【实验 6-7】在试管 4 中事先放入 5mL Na_2SO_4 溶液，然后向试管 4 中加入 5mL KCl 溶液，观察现象并写出化学方程式。

Na_2SO_4 溶液与 KCl 溶液混合观察不到现象。为什么？

在溶液中，Na_2SO_4 电离出来的 Na^+、SO_4^{2-} 与 KCl 电离出来的 K^+、Cl^- 的阴阳离子重新结合，反应前与反应后，离子都还在，都没有变化。没有新物质生成，没有发生化学反应。

酸、碱、盐在水溶液中发生的复分解反应，实质上就是两种电解质在溶液中相互交换离子的反应。这类离子反应发生的条件是：生成沉淀、放出气体或生成水。只要具备上述条件之一，反应就能发生。

像这种用实际参加反应的离子的符号来表示反应的式子叫作离子方程式。

离子方程式的书写一般按以下步骤。

① 写出反应的化学方程式，并配平。

$$Na_2SO_4 + BaCl_2 \!=\!=\! 2NaCl + BaSO_4 \downarrow$$

② 把易溶于水、易电离的物质写成离子形式，把难溶于水的物质、气体和水及弱电解质等仍用化学式表示。

$$2Na^+ + SO_4^{2-} + Ba^{2+} + 2Cl^- \!=\!=\! 2Na^+ + 2Cl^- + BaSO_4 \downarrow$$

③ 删去方程式两边没有参加反应的离子。

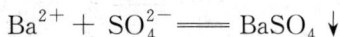

$$Ba^{2+} + SO_4^{2-} \!=\!=\! BaSO_4 \downarrow$$

④ 检查方程式两边各元素的原子个数和电荷总数是否相等。即必须遵守质量守恒、电荷守恒。

【例题 6-5】 写出 $HCl+NaOH$ 反应的离子方程式。

解 $H^+ + Cl^- + Na^+ + OH^- \Longrightarrow Na^+ + Cl^- + H_2O$

整理后为：$H^+ + OH^- \Longrightarrow H_2O$

【例题 6-6】 写出 $H_2SO_4+Ba(OH)_2$ 反应的离子方程式。

解 $2H^+ + SO_4^{2-} + Ba^{2+} + 2OH^- \Longrightarrow 2H_2O + BaSO_4\downarrow$

整理后为：$2H^+ + SO_4^{2-} + Ba^{2+} + 2OH^- \Longrightarrow 2H_2O + BaSO_4\downarrow$

离子方程式与一般的化学方程式不同，它不仅可以表示某一个具体的化学反应，而且还可以表示同一类型的离子反应。

📖 记一记

易溶、易电离的物质如下。

强酸：如 HCl、HNO_3、H_2SO_4 等。

强碱：如 $NaOH$、KOH、$Ba(OH)_2$ 等。

可溶性盐：如钾盐、钠盐、铵盐、硝酸盐及其他可溶性盐。

难溶的物质如下。

难溶性碱：如 $Mg(OH)_2$、$Cu(OH)_2$、$Fe(OH)_3$ 等。

难溶性盐：如 $BaSO_4$、$AgCl$、$CaCO_3$、$BaCO_3$ 等。

有色离子：MnO_4^-（紫红色）、Fe^{3+}（黄色）、Fe^{2+}（浅绿色）、Cu^{2+}（蓝色）。

本章小结

📝 思维导图

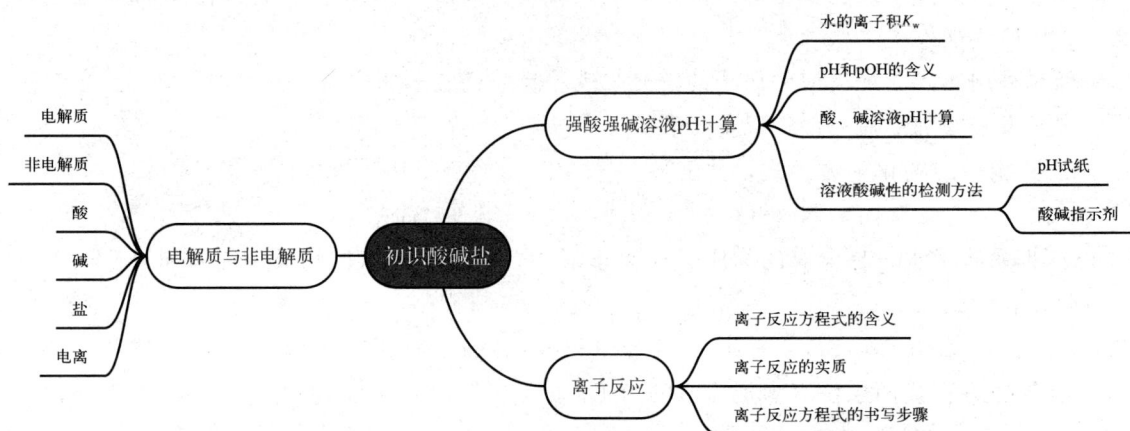

第七章

金属及其化合物 ▪▪▪▪

🎯 学习目标

知识目标：

1. 记住地壳中金属元素的含量，概括金属的物理、化学通性。

2. 能描述 Na 的物理、化学性质；描述 NaOH、Na_2CO_3、$NaHCO_3$ 的性质及用途。

3. 能描述 Al 及其化合物 Al_2O_3、$Al(OH)_3$ 的性质及用途。

4. 能概括铁盐、亚铁盐的性质及相互转化。

能力目标：

1. 能应用金属的物理及化学通性解决生活和生产中常见的实际问题。

2. 能应用 NaOH、Na_2CO_3、$NaHCO_3$、Al_2O_3、$Al(OH)_3$ 等化合物的性质解决实际问题。

3. 能说出常见几种合金的组成及应用。

4. 能应用检验方法区分 Fe^{3+} 和 Fe^{2+}。

素质目标：

1. 通过对金属物理及化学通性的学习，培养探究精神。

2. 通过对金属化合物化学性质的学习，培养归纳总结能力和逻辑思维能力。

3. 通过对合金及其应用的学习，培养创新思维。

第一节　用途广泛的金属材料

📚 学习导航

曾经的"贵族"金属——铝

在 19 世纪以前，铝被认为是一种稀少的贵金属，价格比黄金还要贵，被称为"银色的金子"。法国皇帝拿破仑三世，当时为显示自己的富有和尊贵，命令官员给自己制造一项比黄金更名贵的王冠——铝王冠。而且只有他使用一套铝质餐具，其他人只能用金质、银质餐具。

1889 年，英国皇家学会为了表彰门捷列夫对化学的杰出贡献，不惜花重金制作了一只铝杯，赠送给门捷列夫。

铝的价格贵贱完全取决于炼铝工业的水平。到 19 世纪末，铝的价格急剧跌落。原因首先是 19 世纪 70 年代西门子改进了发电机后，有了廉价的电力；其次是法国 22 岁的 Heroult 和美国 22 岁的 C. M. Hall 于 1886 年分别发明了将氧化铝溶解在冰晶石（Na_3AlF_6）中电解的制铝方法。这项创举使铝得以大规模生产，也为今天世界电解铝的工业方法奠定了基础。

1854 年，1kg 铝价值 1200 卢布，而到了 19 世纪末就降到 1 卢布，铝吸引了整个工业界的关注。1818 年，用铝合金造出了第一架飞机，从此以后，铝的命运就牢固地与飞机制造业联系在了一起。

时至今日，各种铝制品已广泛进入千家万户。

思考交流 7-1

铝为什么可以作为制造飞机的材料？换用不锈钢材料可不可以？

我国古人使用金属的历史悠久，冶炼水平高。

后母戊鼎是中国目前已发现的最重的青铜器。后母戊鼎含铜 84.7%、锡 11.64%、铅 2.79%，充分显示出商代青铜铸造业的生产规模和技术水平。

秦铜车马（见彩图 9）严格按真车马的 1/2 铸造，造型精美，比例恰当，装饰华丽，工艺精湛，形体庞大，所以很多专家学者把它称为"青铜之冠"。

1969 年，马踏飞燕（见彩图 10）在甘肃武威出土，为中国雕塑史上的不朽之作。1984 年，它被定为中国旅游标志图形。2002 年，马踏飞燕的仿制品作为国礼赠予当时的美国总统布什。

时至今日，金属在工农业生产和日常生活中有着广泛的应用，金属材料的使用和不断更新对人类社会的发展起到了重要的作用。

思考交流 7-2

地壳中含量由多到少的元素（前四位）是＿＿＿＿＿＿＿；含量最多的金属元素是＿＿＿＿＿＿元素，其次是＿＿＿＿＿＿元素。

思考交流 7-3

用学过的知识分析除金、铂等少数极不活泼金属外，大多数金属元素在自然界中以化合态存在的原因。

一、金属的物理共性

几种金属制品及金属的特性如图 7-1 所示。

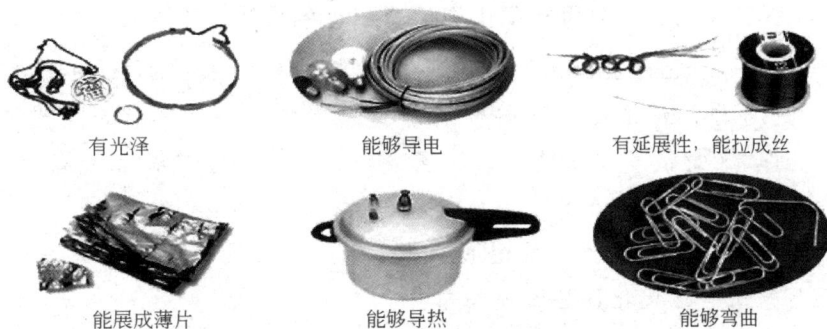

有光泽　　　　　　　能够导电　　　　　　有延展性，能拉成丝

能展成薄片　　　　　能够导热　　　　　　能够弯曲

图 7-1　几种金属制品及金属特性

从这些常见金属的用途可看出金属具有以下物理共性。

① 不透明，具有较好的延展性、导电性、导热性。

② 除汞是液体外，其他在常温下是固体。

③ 除金（金黄色）、铜（紫红色）等少数具有特殊颜色外，其余为银白色，有金属光泽。

④ 密度、熔点、硬度差异大。除锂、钠、钾比水轻外，其余密度均较大，最轻的是锂；最难熔的金属是钨，熔点最低的是汞；最硬的是铬，除液态汞外，最软的金属是铯；碱金属均可用小刀切割开。

📖 学海拾贝

地壳中含量最多的金属元素——铝（Al）；

人体中含量最多的金属元素——钙（Ca）；

目前世界年产量最高的金属——铁（Fe）；

导电、导热性最好的金属——银（Ag）；

延展性最好的金属——金（Au）；

最贵的金属——锎（kāi）（Cf）；

熔点最高的金属——钨（W）；

熔点最低的金属——汞（Hg）；

密度最大的金属——锇（Os）；

密度最小的金属——锂（Li）；

硬度最大的金属——铬（Cr）；

硬度最小的金属——铯（Cs）。

不同的金属有不同的特性，如铝最大的优点是轻盈，被称为"会飞"的金属，导电性仅次于银和铜。钛具有良好的延展性，远比钢铁坚硬，常温下，最"凶猛"的酸——王水（浓盐酸与浓硝酸以体积比3：1混合），也不能腐蚀它。

📖 思政案例

别再让稀土资源卖出土的价钱

稀土金属（rare earth metals）又称稀土元素，是指镧系的15种元素及钪、钇共17种元素的总称。最先发现这些矿石都是黑色氧化物，没有金属光泽且稀少，故称为"稀土"，又是很多金属氧化物的混合矿石，也称为"稀土金属"，有"工业维生素"和"工业黄金"的美称。

稀土矿不仅非常珍贵，而且用途也非常广泛，从手机到电脑、从混合动力车到巡航导弹，几乎所有现代化设备都使用稀土元素。

稀土现如今已成为极其重要的战略资源。稀土不是像铁、铜、铝、石油这样大量消耗的资源，而是像"味精"一样稍用一点就能发挥巨大作用的战略元素，比如提高强度、硬度、耐腐蚀性等。

多年来，各国所需的稀土主要从中国进口。坐拥比石油还珍贵的稀土资源，却没有给中国带来相应的财富和定价权。主要由于20世纪80年代，我国对稀土资源监管处于失控状态，产业竞争无序，一度导致"稀土资源卖出土的价钱"，使得宝贵的稀土资源大量流失到国外，严重威胁到我国产业安全与经济安全。2005年以来，国家清楚地认识到不能再不惜环境与劳工成本过度开发稀土，不断采取措施，逐步加强了对稀土资源的保护力度。2025年，我国进一步加强稀土原料的出口管制。

政策推动的同时跟上市场机制调控，中国稀土前景较好。"中东有石油，中国有稀土。"期待中国稀土拥有更加美好的未来。

思考交流 7-4

合金是纯净物还是混合物，$KMnO_4$是不是合金？为什么？

二、合金的特性

为了改善纯金属的物理、化学性能，可以把金属制成合金。在一种金属中加热熔合其他金属或非金属而形成的具有金属特性的物质，叫作合金。合金是混合物，其中至少含有一种金属。如我们熟悉的不锈钢、铝合金都是常用的合金材料。

合金的性质

合金硬度一般比各成分金属大；多数合金的熔点低于组成金属；合金有更高的强度（韧性好、耐拉伸、耐弯曲、耐压打）以及更好的抗腐蚀性能。

三、常见的合金

1. 铁合金

铁合金的主要成分是铁，根据含碳量的不同分为生铁和钢两类，见表 7-1。

表 7-1　生铁和钢的比较

铁合金	生铁	钢
含碳量/%	2～4.3	0.03～2
其他元素	硅、锰等	铬、镍等
熔点/℃	1100～1200	1450～1500
力学性能	硬而脆，无韧性	坚硬、韧性大、塑性好
机械加工	可铸、不可锻	可铸、可锻、可压延

纯铁较软，而生铁比纯铁硬，生铁按用途不同可分为炼钢生铁（俗称白口铁）和铸造生铁（俗称灰口铁），它们含碳量也是不同的。按照化学成分的不同，钢可分为碳素钢（即铁和碳的合金）和合金钢（即在碳素钢中加入铬、锰、钨、镍、钼、钴、硅等其他元素）。不锈钢不仅比纯铁硬，而且其抗锈蚀性能也比纯铁好得多。

2. 铝合金

铝可以和铜、硅、镁、锌、锰及镍、铁、钛、铬、锂等金属制成合金。铝合金是工业中应用最广泛的一类有色金属结构材料，在航空、航天、汽车、机械制造、船舶及化学工业中已大量应用。铝合金仍然保持了质轻的特点，但力学性能明显提高，接近或超过优质钢，塑性好，可加工成各种型材，具有优良的导电性、导热性和抗蚀性，工业上广泛使用，使用量仅次于钢。

3. 铜合金

我国使用最早的合金是铜合金，即青铜，在商朝青铜（铜锡合金）工艺就已非常发达；春秋晚期已锻打出锋利的剑（铜制品）。

铜合金 $\begin{cases} 青铜：主要含 Cu 和 Sn，用于制机器零件 \\ 黄铜：主要含 Cu 和 Zn，用于制机器零件、仪器、日用品 \\ 白铜：主要含 Cu 和 Ni，用于制造精密仪器和装饰品 \end{cases}$

4. 钛合金

钛和钛合金（含有钛、铝、锡、钼、钒等）被认为是 21 世纪的重要材料，它具有很多优良的性能，如密度小、熔点高、可塑性好、易于加工、力学性能好等，尤其是抗腐蚀性能非常好，即使把它们放在海水中数年，取出后仍光亮如新，其抗腐蚀性能远优于不锈钢，因此被广泛用于火箭、导弹、航天飞机、船舶、化工和通信设备等。

美国早在 20 世纪 80 年代中期便开始研制无铝、无钒、具有生物相容性的钛合金，将其用于矫形术，如人造骨头等。

20 世纪 70 年代以来，还出现了 Ti-Ni、Ti-Ni-Fe、Ti-Ni-Nb 等形状记忆合金，形状记忆合金是具有形状记忆效应的合金，被广泛用于制作人造卫星和宇宙飞船的天线、水暖系统、防火门和电路断电的自动控制开关，以及用作牙齿矫正等的医疗材料。

第二节 金属的化学通性及应用

学习导航

依据 Mg、Al 的原子结构示意图，分析它们的原子结构有什么特点，与金属的化学性质有什么联系？生活中用的铝制品能不能用钢丝球进行擦洗？

一、金属与非金属单质的反应

金属与非金属的反应中，最常见的是金属与氧气的反应，除此之外，金属还可与 S、Cl_2、Br_2 等非金属反应。我们知道，金属元素的原子最外层电子数少于 4 个，易失去最外层电子达到 8 电子稳定结构，而非金属元素的原子最外层电子数基本大于 4 个，易得电子以达到 8 电子稳定结构，因此，金属与非金属之间很容易反应生成化合物。

1. Mg、Al、Fe、Cu 与 O_2 反应

镁和铝与氧气在常温下能反应，生成致密氧化膜，氧化膜可以阻止外界的氧气与里面的金属反应，保护内层金属不被继续氧化。所以在做镁条燃烧实验时需要用砂纸打磨镁条。

$$2Mg+O_2 = 2MgO \qquad 4Al+3O_2 = 2Al_2O_3$$

加热时，镁、铝同样与氧气反应生成氧化物。

$$2Mg+O_2 \xrightarrow{点燃} 2MgO \qquad 4Al+3O_2 \xrightarrow{\triangle} 2Al_2O_3$$

因为铝是一种极易与空气中的氧气发生化学反应的金属，铝制品表面会形成一层氧化铝起到对内部铝的保护作用，如果用钢丝球擦洗铝制品，如铝锅、铝壶，一方面会破坏氧化铝层而影响使用寿命；另一方面会使铝过多地进入食物中，影响人们的身体健康。

铁与氧气在常温下经过一系列复杂的缓慢氧化反应，生成疏松氧化层——三氧化二铁（红褐色 Fe_2O_3）。

$$4Fe+3O_2 = 2Fe_2O_3$$

疏松的氧化层无法阻止里面的金属和氧气继续反应。

而铁丝在氧气中点燃，剧烈燃烧，火星四射（见彩图 11），生成黑色固体四氧化三铁（Fe_3O_4），同时放出大量热（为防止集气瓶瓶底炸裂，应事先在瓶底放少量水或细沙）。

$$3Fe+2O_2 \xrightarrow{点燃} Fe_3O_4$$

铜片在高温时与氧气反应，生成黑色的固体氧化铜（CuO）。

$$2Cu+O_2 \xrightarrow{高温} 2CuO$$

金化学性质稳定，在高温下也不与氧气反应。

从以上实验我们可以看出不同的金属与氧气的反应条件不同，这就说明不同金属的化学

活泼性不同。镁、铝比较活泼，铁、铜次之，金最不活泼。

2. 金属与其他非金属单质的反应

除了与氧气反应外，金属还可以与活泼性强的 Cl_2、S 等物质反应。

例如：

$$Fe + S \xrightarrow{\triangle} FeS \qquad 2Fe + 3Cl_2 \xrightarrow{点燃} 2FeCl_3$$

思考交流 7-5

黄铜（铜、锌合金）外观和黄金极为相似，有些不法分子常以黄铜冒充黄金进行诈骗。你能利用你所学的化学知识帮助人们鉴别"真假黄金"吗？

二、金属与酸的反应

1. 金属与酸的反应

把金属镁条、锌粒、铁钉和铜片分别与稀硫酸反应（图 7-2），会看到什么现象呢？结果见表 7-2。

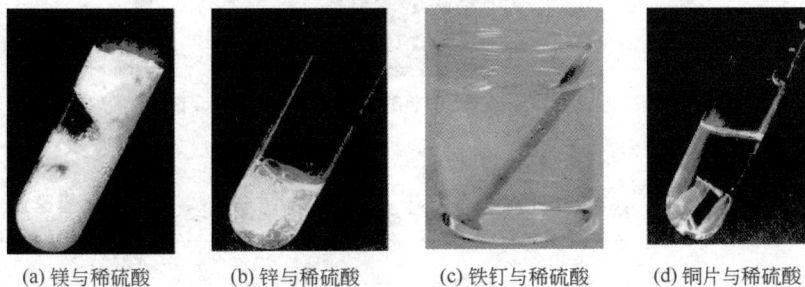

(a) 镁与稀硫酸　　(b) 锌与稀硫酸　　(c) 铁钉与稀硫酸　　(d) 铜片与稀硫酸

图 7-2　镁、锌、铁、铜与稀硫酸反应

表 7-2　镁、锌、铁、铜分别与稀硫酸反应的现象比较

实验内容	实验现象	实验结论
镁与稀硫酸	固体逐渐溶解，产生大量气泡	镁、锌、铁都能与稀硫酸反应，但反应活泼程度不同，活性：$Mg > Zn > Fe$
锌与稀硫酸	固体逐渐溶解，产生较少量气泡	
铁钉与稀硫酸	固体溶解，产生少量气泡，溶液由无色变为浅绿色	
铜片与稀硫酸	没有明显现象	铜与稀硫酸不反应

生成的气体经检验为氢气。

各反应的化学方程式为：

$$Mg + H_2SO_4 \Longrightarrow MgSO_4 + H_2 \uparrow$$

$$Zn + H_2SO_4 \Longrightarrow ZnSO_4 + H_2 \uparrow$$

$$Fe + H_2SO_4 === FeSO_4 + H_2\uparrow$$

结论：金属与酸反应越剧烈，说明这种金属越活泼。而有些金属不与酸反应。

2. 常见金属的活动性顺序

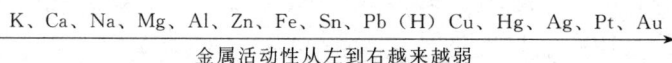

K、Ca、Na、Mg、Al、Zn、Fe、Sn、Pb（H）Cu、Hg、Ag、Pt、Au
——————————————————————————————→
金属活动性从左到右越来越弱

① 金属的活泼程度即金属的活动性强弱。金属的位置越靠前，它的活动性越强，即金属越活泼。

② 位于氢前面的金属能与稀盐酸、稀硫酸反应生成氢气。

三、金属与金属化合物溶液（盐溶液）的反应

同样我们来看几个实验现象，如图 7-3 所示。结果比较见表 7-3。

(a) 铁丝与硫酸铜溶液　　　(b) 铜丝与硫酸银溶液　　　(c) 铜片与硫酸铝溶液

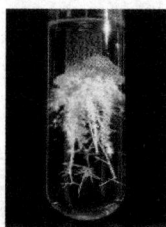

图 7-3　几种金属与盐溶液反应

表 7-3　几种金属与盐溶液反应的现象比较

实验内容	实验现象	实验结论
铁丝与硫酸铜溶液	铁丝表面有红色固体出现,溶液由蓝色变成浅绿色	经鉴定,红色固体为铜,而溶液中生成了硫酸铁
铜丝与硫酸银溶液	铜丝表面有银白色固体物质出现,溶液由无色变蓝色	经鉴定,白色固体为银,而溶液中生成了硫酸铜
铜片与硫酸铝溶液	没有明显现象	铜与硫酸铝溶液不反应

各反应的化学方程式为：

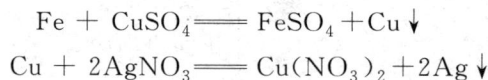

$$Fe + CuSO_4 === FeSO_4 + Cu\downarrow$$

$$Cu + 2AgNO_3 === Cu(NO_3)_2 + 2Ag\downarrow$$

从反应物和生成物的类别去分析，这两个反应有什么特点呢？可以看出，反应前是一种单质与一种化合物，而反应后却生成了另一种单质和另一种化合物，像这样的反应就称为**置换反应**。前面提到的镁、锌、铁、铜分别与稀硫酸反应也属于置换反应。

金属与盐溶液反应的条件如下。

① 参加反应的物质如果是一种金属和一种盐溶液，则这种金属在金属活动顺序表中，必须比生成盐的金属位置要靠前。

② 化合物（这里指盐类物质）必须是可溶的。

③ 金属不能是特别活泼的金属，如钾、钙、钠等。

归纳总结如下。

一般金属具有以下化学通性。

① 大多数金属能与 O_2 反应。

② 在金属活动顺序表中，H 前面的金属能与稀 HCl、稀 H_2SO_4 反应置换出 H_2。

③ 在金属活动顺序表中，前面的金属可以把后面的金属从它的盐溶液中置换出来。

第三节 几种重要的金属及其化合物

📖 学习导航

> 钠是一种人体必需的营养元素，但如果吃得过多，就会增加心脏病、中风和过早死亡的风险。食盐（氯化钠）是膳食中钠的主要来源，但其他调味品中也含有钠，世卫组织的建议是每天食盐的摄入量要少于 5 克。
>
> 你知道钠及其化合物的性质吗？

前面我们已经了解了金属的通性，知道一些金属能被氧气氧化，活泼金属还可以与酸发生置换反应，但是在自然界还有一些金属及金属的化合物具有更独特的化学性质，如钠、过氧化钠、铝、三氧化二铝等。

思考交流 7-6

潜艇用呼吸器中装有一种淡黄色的化合物过氧化钠，可以吸收二氧化碳后产生氧气，请写出对应的化学方程式。

一、钠及其化合物

金属钠（见彩图 12）是一种质软（硬度小，用刀片就可以切开）、密度比煤油大、银白色有金属光泽的固体。

金属钠的常见化合物

钠的化学性质活泼，所以钠只能以化合态存在（如前面提到的 NaOH、Na_2CO_3），在自然界里没有游离态的钠。那么我们用的金属钠又是如何制备出来的呢？

电解熔融的氯化钠就可以得到金属钠：

$$2NaCl \xrightarrow{\text{通电}} 2Na + Cl_2 \uparrow$$

1. Na 与 O_2、Cl_2 等非金属单质反应

物质结构决定了物质的性质，钠原子很容易失去电子，金属钠具有很强的金属性，因此金属钠常温下就能被空气中的氧气氧化，生成白色固体氧化钠（Na_2O）。因此，钠必须保存在隔绝空气的环境中，实验室通常将钠保存在煤油中。

$$4Na + O_2 \xrightarrow{} 2Na_2O$$

如果钠在加热条件下与氧气反应，则钠先熔化成小球，后燃烧产生黄色火焰，生成淡黄色固体过氧化钠（Na_2O_2）。

$$2Na + O_2 \xrightarrow{\triangle} \overset{+1 \ -1}{Na_2O_2}$$

Na_2O 不稳定，加热时与氧气反应生成 Na_2O_2：

$$2Na_2O + O_2 \xrightarrow{\triangle} 2Na_2O_2$$

$$\text{银白色金属钠} \xrightarrow{O_2} \text{表面变暗} \xrightarrow{H_2O} \text{出现白色固体}$$
$$\text{（Na）} \qquad \text{（生成 } Na_2O\text{）} \quad \text{（生成 NaOH）}$$

$$\Big\downarrow H_2O$$

$$\text{白色粉末状物质} \xleftarrow{\text{风化}} \text{白色块状物} \xleftarrow{CO_2} \qquad \text{表面变成溶液}$$
$$\text{（生成 } Na_2CO_3\text{）} \quad \text{（生成 } Na_2CO_3 \cdot 10H_2O\text{）} \quad \text{（NaOH 潮解）}$$

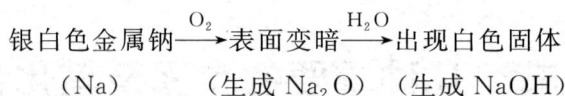

除与氧气反应外，钠还能够与 Cl_2 等非金属单质反应，例如：

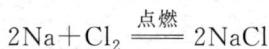

$$2Na + Cl_2 \xrightarrow{\text{点燃}} 2NaCl$$

思考交流 7-7

Na 长时间暴露在空气中，最后生成什么物质？

如果钠着火了，可以用水救火吗？为什么？那又该如何处理呢？如何保存金属钠？

钠与水的反应属于哪一种反应类型？

将钠放入硫酸铜溶液中，能否置换出铜单质？

$2Na + CuSO_4 \xrightarrow{} Cu + Na_2SO_4$ 这个化学方程式是否正确？

2. Na 与 H_2O 反应

在烧杯中加一些水，滴入几滴酚酞溶液，然后把一小块钠放入水中（见彩图 12），能看到：钠浮在水面上立刻熔成一个小球在水面上四处游动，发出"嘶嘶"声反应，后溶液变红。

$$2Na + 2H_2O \xrightarrow{} 2NaOH + H_2\uparrow$$

3. Na 与酸反应

钠与酸的反应和钠与水的反应相似：

$$2Na + 2HCl \xrightarrow{} 2NaCl + H_2\uparrow$$
$$2Na + H_2SO_4 \xrightarrow{} Na_2SO_4 + H_2\uparrow$$

由此我们可以看出钠无论是与水还是与酸反应，实际上都是与 H^+ 反应。

4. Na 与盐溶液反应

钠与酸溶液反应时，钠直接与溶液中的酸反应，但当钠与盐溶液反应时，一般是钠先与水反应生成氢氧化钠和氢气，然后再看生成的氢氧化钠是否与盐溶液中的溶质反应。

第一步：$2Na + 2H_2O \xrightarrow{} 2NaOH + H_2\uparrow$

第二步：$2NaOH + CuSO_4 \Longrightarrow Cu(OH)_2 + Na_2SO_4$

两式相加的总反应方程式：

$$2Na + 2H_2O + CuSO_4 \Longrightarrow Cu(OH)_2 + Na_2SO_4 + H_2\uparrow$$

思考交流 7-8

工业上常说的"三酸两碱"是重要的化工原料，其中"两碱"指的是哪两碱？

怎样除去 Na_2CO_3 固体中混有的 $NaHCO_3$？Na_2CO_3 和 $NaHCO_3$ 与同浓度盐酸反应，哪一个更剧烈？

5. 钠的常见化合物

钠的常见化合物有 Na_2O、Na_2O_2、$NaCl$、$NaOH$、Na_2CO_3、$NaHCO_3$等。

（1）$NaCl$　氯化钠俗称食盐，白色晶体，熔点 801℃，沸点 1465℃，大量存在于海水中，易溶于水，不溶于浓盐酸。在空气中微有潮解性。氯化钠水溶液显中性，其化学性质稳定，一般不与其他物质发生反应。常用于食品加工、石油工业、纺织工业等领域，也可作为公路融雪剂。工业上用于制造纯碱和烧碱及其他化工产品，进行矿石冶炼，医疗上用来配制生理盐水（含氯化钠 0.9% 的水称为生理盐水）。

电解饱和食盐水可制得氢氧化钠、氢气和氯气：

$$2NaCl + 2H_2O \xrightarrow{\text{通电}} 2NaOH + H_2\uparrow + Cl_2\uparrow$$

（2）$NaOH$　$NaOH$ 一般为白色半透明片状固体，熔点 318.4℃，沸点 1390℃，俗称烧碱、火碱、苛性钠，为一种具有很强腐蚀性的强碱。易溶于水（溶于水时放热）并形成碱性溶液，氢氧化钠溶液有涩味和滑腻感。$NaOH$ 易潮解，易吸取空气中的水蒸气。$NaOH$ 是化学实验室中一种必备的化学品，也是常见的化工原料之一，用于造纸、肥皂、染料、石油精制、棉织品整理、煤焦油产物的提纯，以及食品加工、木材加工及机械工业等方面。

$NaOH$ 吸收空气中的 CO_2 变质后会生成 Na_2CO_3：

$$2NaOH + CO_2 \Longrightarrow Na_2CO_3 + H_2O$$

（3）Na_2CO_3 和 $NaHCO_3$　碳酸钠俗名纯碱、苏打，$Na_2CO_3\cdot10H_2O$ 容易风化。Na_2CO_3 水解呈强碱性，常用它代替 $NaOH$ 用，用于玻璃、搪瓷、肥皂、造纸、纺织和冶金、食品等行业。工业上常说的"三酸两碱"中的"两碱"指的就是碳酸钠与氢氧化钠。

Na_2CO_3 热稳定性强，受热不分解，它与 $NaOH$ 不反应，但与酸反应：

$$Na_2CO_3 + 2HCl \Longrightarrow 2NaCl + H_2O + CO_2\uparrow$$

向 Na_2CO_3 水溶液中通入过量 CO_2，就可制得 $NaHCO_3$：

$$Na_2CO_3 + H_2O + CO_2 \Longrightarrow 2NaHCO_3$$

碳酸氢钠俗名叫小苏打，是发酵粉的主要成分，主要用于食品和医药工业。向饱和食盐水中通入过量的 NH_3 和 CO_2，然后将 $NaHCO_3$ 高温加热可制得 Na_2CO_3，这就是有名的侯德榜制碱法：

$$NaCl + NH_3 + CO_2 + H_2O \Longrightarrow NH_4Cl + NaHCO_3$$

$$2NaHCO_3 \xrightarrow{\triangle} Na_2CO_3 + H_2O\uparrow + CO_2\uparrow$$

$NaHCO_3$ 与酸、碱都可发生反应：

$$NaHCO_3 + HCl === NaCl + H_2O + CO_2\uparrow$$

$$NaHCO_3 + NaOH === Na_2CO_3 + H_2O$$

钠的其他化合物见表 7-4。

表 7-4　钠的其他化合物

物质及化学式	俗名	用途
硝酸钠 $NaNO_3$	智利硝石	氮肥
硅酸钠 Na_2SiO_3	水玻璃	耐火材料、矿物胶
十水合硫酸钠 $Na_2SO_4 \cdot 10H_2O$	芒硝	缓泻剂
十水合硫代硫酸钠 $Na_2S_2O_3 \cdot 10H_2O$	大苏打、海波	照相定影剂

二、钾及其化合物

由于 K 和 Na 都是ⅠA 元素，因此它们具有相似的化学性质，只不过在元素周期表中，Na 是第三周期元素，而 K 位于第四周期，因此 K 的金属性比 Na 强，所以 K 发生反应时比 Na 反应更为剧烈，如 K、Na 都可以与水反应，但 K 反应更剧烈。

这里介绍两种重要的含有钾元素的化合物——高锰酸钾和重铬酸钾。

思考交流 7-9

$KMnO_4$、$K_2Cr_2O_7$ 都具有什么典型的性质呢？

1. 高锰酸钾（$KMnO_4$）

$KMnO_4$ 是深紫红色晶体，易溶于水而呈现 MnO_4^- 的特征颜色紫红色。$KMnO_4$ 在酸性溶液及光的作用下会分解析出 MnO_2。

$$4KMnO_4 + 2H_2SO_4 === 2K_2SO_4 + 4MnO_2 + 3O_2\uparrow + 2H_2O$$

光对此分解有催化作用，故 $KMnO_4$ 溶液通常保存在棕色瓶中。

在实验室制备 O_2 也可用 $KMnO_4$（图 7-4）：

$$2KMnO_4 \xrightarrow{\triangle} K_2MnO_4 + MnO_2 + O_2\uparrow$$

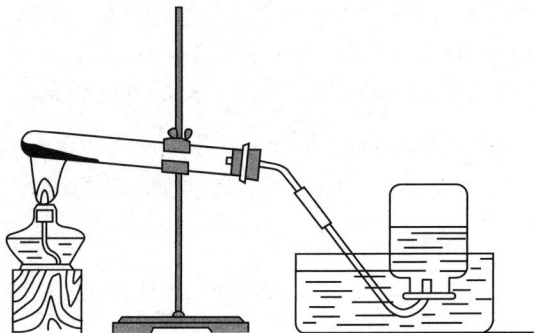

图 7-4　$KMnO_4$ 制 O_2

$KMnO_4$ 是重要的氧化剂，其氧化能力及还原产物随介质的酸度不同而不同，例如，在酸性介质中，其还原产物是 Mn^{2+}：

$$2KMnO_4 + 5H_2C_2O_4 + 3H_2SO_4 \Longrightarrow K_2SO_4 + 2MnSO_4 + 10CO_2\uparrow + 8H_2O$$
（紫红色） （无色或浅肉色）

在中性、微酸性或微碱性介质中，其还原产物是 MnO_2：

$$2KMnO_4 + 3Na_2SO_3 + H_2O \Longrightarrow 2MnO_2\downarrow + 3Na_2SO_4 + 2KOH$$
（紫红色） （黑褐色）

在强碱性介质中，其还原产物是 MnO_4^{2-}：

$$2KMnO_4 + Na_2SO_3 + 2NaOH \Longrightarrow 2Na_2MnO_4 + K_2SO_4 + H_2O$$
（紫红色） （绿色）

$KMnO_4$ 在化学工业中用于生产维生素 C、糖精等，在轻化工业中用于纤维、油脂的漂白和脱色，其稀溶液在医疗上用作杀菌消毒剂，在日常生活中可用于洗涤饮食用具、器皿、蔬菜、水果及创伤口等。锰对植物的呼吸和光合作用有意义，能促进种子发芽和幼苗早期生长。

2. 重铬酸钾（$K_2Cr_2O_7$）

$K_2Cr_2O_7$ 为橙红色针状晶体，熔点 398℃，沸点 500℃。有苦味，溶于水，有毒。$K_2Cr_2O_7$ 在化学工业中用作生产铬盐产品如三氧化二铬等的主要原料，在火柴工业中用作制造火柴头的氧化剂，在搪瓷工业中用于制造搪瓷瓷釉粉，使搪瓷成绿色，在玻璃工业用作着色剂，在印染工业用作媒染剂，在香料工业中用作氧化剂等。另外，它还是测试水体化学需氧量（COD）的重要试剂之一。

重铬酸盐在酸性溶液中有强氧化性，能氧化 H_2S、H_2SO_3、KI、$FeSO_4$ 等物质，本身被还原为 Cr^{3+}。

如重铬酸钾与 $FeSO_4$ 发生氧化还原反应。

$$K_2Cr_2O_7 + 6FeSO_4 + 7H_2SO_4 \Longrightarrow K_2SO_4 + Cr_2(SO_4)_3 + 3Fe_2(SO_4)_3 + 7H_2O$$

化学分析中常利用这一反应测定铁的含量。

思考交流 7-10

如何区分 KCl 和 NaCl？燃放烟花时，为什么会呈现出五彩缤纷的颜色？

三、焰色反应

金属或它们的化合物在灼烧时，火焰呈现特殊的颜色，叫焰色反应。

在化学上，利用焰色反应可鉴别物质中含有哪种金属元素、溶液中含有哪种金属阳离子。在实际生活中，人们利用焰色反应，在烟花中有意识地加入特定金属元素，使焰火更加绚丽多彩。

学海拾贝

焰色反应是一种非常古老的定性分析法，早在中国南北朝时期，著名的炼丹家和医药大师陶弘景（456—536）在他的《本草经集注》中就有这样的记载"以火烧之，紫青烟起，云是真硝石（硝酸钾）也"。

1762 年，德国人马格拉夫（1709—1782）发现钠盐和钾盐可以分别使火焰变成各自特征的焰色。

19 世纪中叶，德国著名化学家本生（1811—1899）设计制造了本生灯，它使煤气燃烧时产生几乎无色的火焰，温度高达一千多度。本生利用这种灯研究各种盐类在火焰中呈现不同焰色的现象，根据火焰中的彩色信号来检测各种元素。直到现在，我们用焰色反应也只能有限地鉴别钾、钠等少数几种金属，用蓝色的钴玻璃来观察钾的焰色也来源于本生的实验。

后来，本生在好友物理学家基尔霍夫的建议下，通过观察光谱实现了对元素的定性检验，开创了分析化学的一个重要分支：光谱分析。

四、镁及其化合物

镁的金属性比钠弱，因此镁与冷水反应很慢，但是和热水反应剧烈，与钠和水的反应相似：

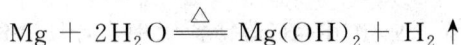

$$Mg + 2H_2O \xrightarrow{\triangle} Mg(OH)_2 + H_2 \uparrow$$

1. MgO

氧化镁以方镁石形式存在于自然界中，常温下为一种白色固体，具有高的熔点和硬度，用于制耐火材料和金属陶瓷。氧化镁是碱性氧化物，具有碱性氧化物的通性，可与酸反应生成盐和水。

$$MgO + 2HCl == MgCl_2 + H_2O$$

2. MgCl₂

氯化镁俗称卤水，常温下为白色结晶，通常以 $MgCl_2 \cdot 6H_2O$ 形式存在，易潮解，有苦味，有腐蚀性。氯化镁可使蛋白质凝固，用于豆制品加工，同时也是重要的化工原料，可用于陶瓷、造纸等各方面。

3. Mg(OH)₂

氢氧化镁为白色粉末，是一种碱，难溶于水，易溶于酸，是一种新型填充型阻燃剂。通过分解时释放出的水，吸收大量的热，来降低它所填充的合成材料在火焰中的表面温度，具有抑制聚合物分解和对所产生的可燃气体进行冷却的作用。分解生成的氧化镁又是良好的耐火材料，也能帮助提高合成材料的抗火性能。氢氧化镁的乳状悬浊液在医学上作为缓泻剂。

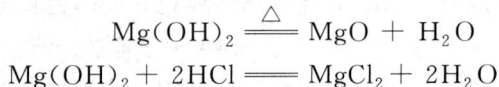

$$Mg(OH)_2 \xrightarrow{\triangle} MgO + H_2O$$

$$Mg(OH)_2 + 2HCl == MgCl_2 + 2H_2O$$

五、钙及其化合物

钙是一种银白色稍软的金属，有光泽。地壳中钙含量为 4.15％，占第五位。主要的含钙矿物有石灰石 $CaCO_3$、白云石 $CaCO_3 \cdot MgCO_3$、石膏 $CaSO_4 \cdot 2H_2O$、萤石 CaF_2、磷灰石 $Ca_5(PO_4)_3F$ 等。蛋壳、珍珠、珊瑚、一些动物的壳体和土壤中都含有钙，海水中氯化钙占 0.15％，钙是人体不可或缺的微量元素之一。

1. CaO

氧化钙俗名生石灰，白色或带灰色块状或颗粒，是一种碱性氧化物，有腐蚀性，易从空气中吸收二氧化碳及水分。CaO 与水反应生成氢氧化钙并产生大量热。

$$CaO + H_2O \Longrightarrow Ca(OH)_2$$

高温煅烧石灰石（主要成分是碳酸钙 $CaCO_3$）可制得 CaO：

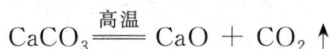
$$CaCO_3 \xrightarrow{\text{高温}} CaO + CO_2 \uparrow$$

CaO 可用于制造电石、纯碱、漂白粉等，也可用于制革、废水净化，还可用作建筑材料、耐火材料、干燥剂等。

思考交流 7-11

如何证明煅烧石灰石生成的气体为 CO_2？

2. Ca(OH)₂

氢氧化钙是一种白色粉末状固体，微溶于水，俗称熟石灰、消石灰，加入水后，呈上下两层，上层水溶液称作澄清石灰水，下层悬浊液称作石灰乳或石灰浆。氢氧化钙是一种中强碱，对皮肤、织物有腐蚀作用。但因其溶解度不大，所以危害程度不如氢氧化钠等强碱大。

$Ca(OH)_2$ 与酸性氧化物如 CO_2（不过量）反应生成碳酸钙和水：

$$Ca(OH)_2 + CO_2 \Longrightarrow CaCO_3 \downarrow + H_2O$$

如果加入的 CO_2 气体过量，则生成碳酸氢钙 $Ca(HCO_3)_2$：

$$CaCO_3 + CO_2 + H_2O \Longrightarrow Ca(HCO_3)_2$$

$Ca(OH)_2$ 暴露在空气中会和空气中的 CO_2 发生反应，因此氢氧化钙和其溶液必须密封以防变质，且要用橡胶塞封口。澄清石灰水中通入 CO_2 后变浑浊，此法可以用于检验二氧化碳。

$Ca(OH)_2$ 能和酸发生中和反应：

$$Ca(OH)_2 + 2HCl \Longrightarrow CaCl_2 + 2H_2O$$

能和某些盐发生复分解反应生成沉淀：

$$Ca(OH)_2 + Na_2CO_3 \Longrightarrow CaCO_3 \downarrow + 2NaOH$$

$Ca(OH)_2$ 在生产和生活中有广泛用途。可以用熟石灰与沙子混合来砌砖，石灰浆粉刷墙壁；在树木上涂刷含有硫黄粉等的石灰浆，可保护树木，防止冻伤，并防止害虫生卵；农业上用石灰乳与硫酸铜溶液等配制具有杀菌作用的波尔多液作为农药。可用来改变土壤的酸碱性：将适量的熟石灰加入土壤，可以中和酸性，改良酸性土壤，易于农作物生存。

3. CaCO₃

碳酸钙是一种白色固体，基本上不溶于水，溶于盐酸。它是地球上的常见物质，存在于方解石、石灰岩、大理石等岩石内，亦为动物骨骼或外壳的主要成分。

在实验室中常用于制备 CO_2：

$$CaCO_3 + 2HCl == CaCl_2 + H_2O + CO_2\uparrow$$

在现代工业中，石灰石常用作建筑材料，是制造水泥、石灰、电石的主要原料，是冶金工业中不可缺少的熔剂灰岩，优质石灰石经超细粉磨后，被广泛应用于橡胶、油漆、涂料、医药、化妆品、饲料等产品的制造中。

4. Ca(HCO₃)₂

碳酸氢钙是一种酸式盐，当碳酸钙遇到二氧化碳和水时，发生化学侵蚀，生成可溶的碳酸氢钙，日久产生"水滴石穿"的现象：

$$CaCO_3 + CO_2 + H_2O == Ca(HCO_3)_2$$

碳酸氢钙易溶于水，只存在于溶液中；将碳酸氢钙溶液加热则得到碳酸钙固体。

$$Ca(HCO_3)_2 \xrightarrow{\triangle} CaCO_3 + H_2O + CO_2\uparrow$$

📖 学海拾贝

岩溶地貌就是天然水中的碳酸氢钙于洞穴中重新析出碳酸钙而成的。30 亿年前地球上空的原始大气的组成是 CO、CO_2、N_2、CH_4 等气体，但没有氧气。海洋上有海藻，在阳光照射下进行光合作用而消耗了大气中的 CO_2，从而导致了溶解在水中的 O_2 逸出补充到大气中，这一变化引起了溶解在水中的 $Ca(HCO_3)_2$ 的分解生成 $CaCO_3$，这样就形成了地球上的石灰岩。而石灰岩中的 $CaCO_3$ 受到 CO_2 和水的侵蚀而慢慢形成了石灰岩洞。在洞穴形成的同时，洞内的堆积地貌也在形成，由于裂缝渗入的地下水中含有饱和的碳酸氢钙，当在洞顶露头后立刻分解。洞内的 $Ca(HCO_3)_2$ 受到热的作用又分解。还原的碳酸钙在洞内形成石钟乳、石笋、石花、石瀑等。在漫长的岁月中不断重复着上面的变化，形成了今天令人叹为观止的溶洞奇观（见彩图 13）。

5. CaSO₄

天然的含有 $CaSO_4$ 的矿石常含有一定的水分。

生石膏：$CaSO_4 \cdot 2H_2O$。

熟石膏：$2CaSO_4 \cdot H_2O$。

用途：用来制作模型、塑像和室内装饰材料。

📖 学海拾贝

钙的由来

曾经在很长一段时期，化学家们将氧化物（如 CaO）当作是不可再分割的物质。但戴维不顾这些，在 1808 年开始对氧化钙进行电解，到 1808 年 5 月，戴维将湿润的生石灰和氧化汞按 3:1 的比例混合后，放置在一铂片上，与电池的正极相接，然后又在混合物中作一洼穴，灌入水银，插入一铂丝，与电池的负极相接，得到较大量的钙汞合金。把钙汞合金经蒸馏后得到了银白色的金属钙。从此钙被确定为元素，并被命名为 calcium，元素符号是 Ca。

六、铝及其化合物

铝是一种轻金属，铝元素在地壳中的含量仅次于氧和硅，居第三位，是地壳中含量最丰富的金属元素，其蕴藏量在金属中居第一位。在金属品种中，仅次于钢铁，为第二大类金属。

金属铝的性质

1. 铝热反应

利用铝的强还原性和铝转化为氧化铝时能放出大量热的性质，工业上常用铝粉来还原一些难熔性氧化物，这类反应被称为**铝热反应**。如在焊接铁轨时，人们常将铝粉与氧化铁的混合物点燃，由于反应放出大量的热，置换出的铁以熔融态流出，让熔融的铁流入铁轨的裂缝，冷却后就将铁轨牢牢地黏结在一起（图7-5）。

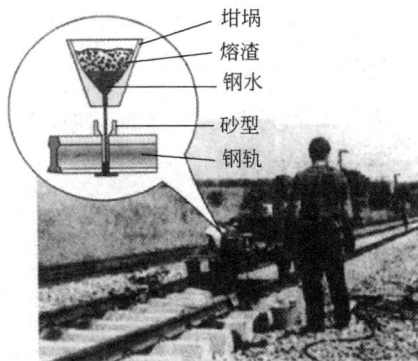

坩埚
熔渣
钢水
砂型
钢轨

图 7-5　铝热反应的应用

$$2Al + Fe_2O_3 \xrightarrow{\text{高温}} Al_2O_3 + 2Fe$$

思考交流 7-12

铝制餐具不宜蒸煮或长时间存放酸性食物，也不宜蒸煮或长时间存放碱性食物，你知道这是为什么吗？

2. Al 的两性

从元素周期律可知，铝的金属性与镁相比更弱一些，但在实践中我们发现铝不仅能与强酸反应，还可以与强碱反应，也就是说在元素周期表第三周期的元素，从铝开始，元素的性质开始由金属性向非金属性过渡，铝就是一种典型的两性金属。两性金属指的是既可以与酸反应又可以与碱反应的金属，铝与 NaOH 溶液反应，生成偏铝酸钠 $NaAlO_2$ 和氢气。

说明：严格地说，该反应生成的化合物为 $Na[Al(OH)_4]$，是一种配位化合物，这里写为 $NaAlO_2$ 只是为了表达方便而采用的简写形式，包括后面出现的也采用这种简写形式。

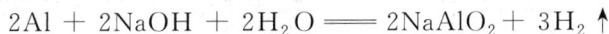

$$2Al + 6HCl == 2AlCl_3 + 3H_2 \uparrow$$
$$2Al + 2NaOH + 2H_2O == 2NaAlO_2 + 3H_2 \uparrow$$

3. Al₂O₃

Al_2O_3 是一种难溶于水的白色坚硬固体，熔点很高（熔点 2050℃，难以熔化），具有不同晶型，常见的是 α-Al_2O_3 和 γ-Al_2O_3，是红宝石、蓝宝石的主要成分。含有 Al_2O_3 的宝石见彩图 14。

α-Al_2O_3 俗称刚玉，刚玉硬度高，仅次于金刚石。不溶于水、酸或碱，可制机械轴承或钟表中的钻石。氧化铝也用作高温耐火材料，制耐火砖、耐高温的实验仪器（如坩埚）、瓷器、人造宝石等。

氧化铝是冶炼铝的主要原料，如液态 Al_2O_3 被电解生成铝和氧气。

$$2Al_2O_3(熔融) \xrightarrow{通电} 4Al + 3O_2\uparrow$$

铝的氧化物 Al_2O_3 是两性氧化物，既能与酸反应生成盐和水，又能与碱反应生成盐和水。

$$Al_2O_3 + 6HCl === 2AlCl_3 + 3H_2O$$

$$Al_2O_3 + 2NaOH === 2NaAlO_2 + H_2O$$

思考交流 7-13

为什么常用氨水与铝盐溶液（如硫酸铝）反应制取氢氧化铝，而不用氢氧化钠溶液？

4. $Al(OH)_3$

$Al(OH)_3$ 是一种白色胶状物质，不溶于水，有强的吸附性，能凝聚水中的悬浮物，并能吸附色素。在加热条件下分解生成 Al_2O_3：

$$2Al(OH)_3 \xrightarrow{\triangle} Al_2O_3 + 3H_2O$$

表 7-5　$Al(OH)_3$ 的生成及其与氨水、NaOH 溶液反应的差异

实验操作	现象	反应本质
$Al_2(SO_4)_3$ 溶液中滴加氨水	最终生成白色胶状沉淀	$Al_2(SO_4)_3 + 6NH_3 \cdot H_2O === 2Al(OH)_3\downarrow + 3(NH_4)_2SO_4$
$Al_2(SO_4)_3$ 溶液中滴加 NaOH 溶液	先出现白色沉淀，后沉淀逐渐溶解	$Al_2(SO_4)_3 + 6NaOH === 2Al(OH)_3\downarrow + 3Na_2SO_4$ $Al(OH)_3 + NaOH === NaAlO_2 + 2H_2O$

按照表 7-5 所示操作，生成的白色胶状沉淀是氢氧化铝 $Al(OH)_3$。可观察到 $Al(OH)_3$ 可以在氢氧化钠溶液中溶解，说明 $Al(OH)_3$ 和 NaOH 是可以反应的；$Al(OH)_3$ 是一种碱，它也可以与强酸发生中和反应，在医药上可用于缓解胃酸过多引起的胃痛、胃灼热感：

$$Al(OH)_3 + 3HCl === AlCl_3 + 3H_2O$$

由此可见，$Al(OH)_3$ 一种典型的两性氢氧化物，显示酸性时称为铝酸 H_3AlO_3。$Al(OH)_3$ 可以溶于强酸、强碱溶液，而不溶于弱酸和弱碱溶液。

5. 十二水合硫酸铝钾 $KAl(SO_4)_2 \cdot 12H_2O$

$KAl(SO_4)_2 \cdot 12H_2O$，又称明矾或白矾，是一种复盐。由两种或两种以上的简单盐类组成的同晶型化合物，叫作**复盐**。

明矾是传统的净水剂，一直被人们所广泛使用。明矾中含有的铝对人体有害。现代研究证明铝过量的摄入会给人带来危害，容易引发老年痴呆症，我国已不主张用明矾作净水剂了。

思考交流 7-14

实验室为何不允许将底部沾水的烧杯直接放在电炉上？

七、铁及其化合物

铁与水在常温下不反应，但铁与水蒸气可以反应：

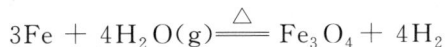

$$3Fe + 4H_2O(g) \xrightarrow{\triangle} Fe_3O_4 + 4H_2$$

下面介绍铁的氧化物及氢氧化物的性质。

1. Fe 的氧化物

Fe 的氧化物有氧化亚铁 FeO、三氧化二铁 Fe_2O_3、四氧化三铁 Fe_3O_4（表7-6）。

表7-6　Fe 的氧化物性质比较

项目	FeO	Fe_2O_3	$Fe_3O_4(FeO \cdot Fe_2O_3)$
色、态	黑色粉末	红棕色粉末	黑色晶体
俗称	—	铁红	磁性氧化铁
铁元素价态	+2	+3	+2、+3
溶解性	难溶于水	难溶于水	难溶于水
稳定性	不稳定	稳定	稳定
与酸反应的离子方程式	$FeO+2H^+ ==$ $Fe^{2+}+H_2O$	$Fe_2O_3+6H^+ ==$ $2Fe^{3+}+3H_2O$	$Fe_3O_4+8H^+ ==$ $Fe^{2+}+2Fe^{3+}+4H_2O$

FeO 不稳定，在空气中被氧化生成 Fe_2O_3，Fe_2O_3 可用作颜料。

2. Fe 的氢氧化物

铁的氢氧化物有氢氧化亚铁 $Fe(OH)_2$ 和氢氧化铁 $Fe(OH)_3$，制备方法和性质比较见表7-7 和表7-8。

表7-7　Fe 的氢氧化物制备

项目	$FeCl_3$ 溶液	$FeSO_4$ 溶液
加入 NaOH 溶液	红褐色沉淀	白色絮状沉淀 →灰绿色→ 红褐色沉淀
离子方程式	$Fe^{3+}+3OH^- == Fe(OH)_3\downarrow$	$Fe^{2+}+2OH^- == Fe(OH)_2\downarrow$ $4Fe(OH)_2+O_2+2H_2O == 4Fe(OH)_3\downarrow$

表7-8　Fe 的氢氧化物性质比较

项目	氢氧化亚铁 $Fe(OH)_2$	氢氧化铁 $Fe(OH)_3$
颜色	白色	红褐色
溶解性	难溶于水	难溶于水
稳定性	易被空气中氧气氧化成氢氧化铁： $4Fe(OH)_2+O_2+2H_2O == 4Fe(OH)_3\downarrow$	受热分解： $2Fe(OH)_3 \xrightarrow{\triangle} Fe_2O_3+3H_2O$
与酸反应	$Fe(OH)_2+2H^+ == Fe^{2+}+2H_2O$	$Fe(OH)_3+3H^+ == Fe^{3+}+3H_2O$

3. Fe^{2+} 及 Fe^{3+} 的颜色

$FeSO_4$ 溶液呈现浅绿色；$FeCl_3$ 溶液呈现棕黄色。

4. Fe^{3+} 的检验

Fe^{3+} 遇 KSCN 溶液变血红色：

$$Fe^{3+} + 6SCN^- \Longrightarrow [Fe(SCN)_6]^{3-}$$

八、铜及其化合物

铜是生物体必需的微量元素之一，是元素周期表中 I B 族元素。铜在干燥空气中很稳定，当处于 CO_2 及潮湿的空气中，则在铜表面生成绿色碱式碳酸铜（俗称"铜绿"）：

$$2Cu + O_2 + H_2O + CO_2 \Longrightarrow Cu_2(OH)_2CO_3$$

铜的氧化物有两种：黑色的 CuO 和砖红色的 Cu_2O。

$Cu(OH)_2$ 蓝色凝胶或淡蓝色结晶粉末，难溶于水，在水中是一种蓝色絮状沉淀，受热分解生成 CuO：

$$Cu(OH)_2 \xrightarrow{\triangle} CuO + H_2O$$

无水 $CuSO_4$ 为白色粉末，易溶于水，吸水性强，吸水后显示蓝色，通常利用这一性质检验乙醇或乙醚中是否含水，并可借此除去微量的水。硫酸铜常见的形态为结晶体 $CuSO_4 \cdot 5H_2O$（名称为五水合硫酸铜），俗称胆矾或蓝矾。

硫酸铜是制备其他铜化合物的重要原料。由于 $CuSO_4$ 具有杀菌能力，可用于蓄水池、游泳池中防止藻类生长。$CuSO_4$ 和石灰乳混合配制的混合液，可在农业及园林中用作杀虫剂。

本章小结

思维导图

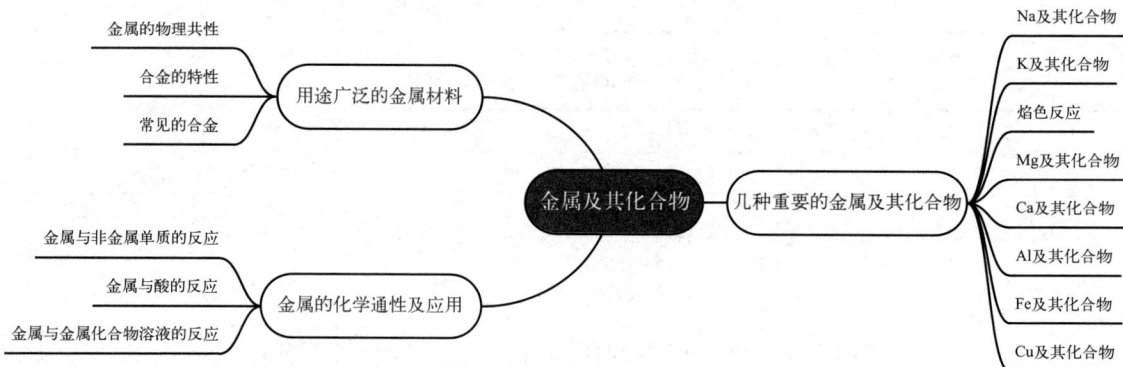

第八章

非金属及其化合物 ■ ■ ■ ■

学习目标

知识目标:

1. 能说出水的组成;概括氢气的性质。

2. 能描述碳及其化合物 CO、CO_2、碳酸及碳酸盐的性质。

3. 能概括硅及其重要化合物 SiO_2、H_2SiO_3 及硅酸盐的主要性质。

4. 能描述氮、磷及其重要化合物 NO_2、NH_3、HNO_3、铵盐、H_3PO_4 及磷酸盐的性质。

5. 能描述氧、硫及其重要化合物 H_2O_2、SO_2、SO_3 及 H_2SO_4 的性质。

6. 能概括卤素及其重要化合物的性质。

能力目标:

1. 能应用 CO、CO_2、碳酸、碳酸盐的性质解决生活和生产中常见的实际问题。

2. 能应用 NH_3、HNO_3、铵盐、H_3PO_4 及磷酸盐等化合物的性质解决实际问题。

3. 能应用 H_2O_2、SO_2、SO_3、H_2SO_4、卤素及其重要化合物的性质解决实际问题。

4. 能应用检验方法区分 Cl^-、Br^-、I^-。

素质目标:

1. 通过对硝酸、硫酸的学习,培养安全操作的意识。

2. 通过对 CO_2、NO_2、SO_3 等化合物的学习,培养节能减排、低碳环保的理念。

3. 通过了解非金属及其化合物在生活与企业生产中的应用,培养基本化学素养。

第一节 生命之源——水

学习导航

自然界中的水是纯净物还是混合物？

纯净的水是一种无色、无味、透明的液体，4℃时密度最大为 1g/mL，水结冰时体积膨胀，所以冰的密度小于水的密度，能浮在水的上面。在标准大气压下，水的凝固点为 0℃，沸点为 100℃。

怎样才能得到纯净的水呢？

对于不溶性杂质如泥沙，可以采用沉降过滤的方法除去；对于颗粒比较小的不溶性杂质可在水中加入絮凝剂（如明矾等），吸附杂质使杂质沉降以达到净水的目的。

对于水中可溶性的杂质可以加入活性炭等吸附剂除去（图 8-1）。

吸附、沉淀、过滤是工业中，也是化学实验中分离混合物的常用方法（图 8-2）。

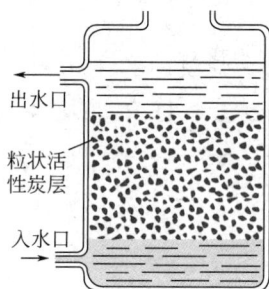

图 8-1 活性炭净水器示意

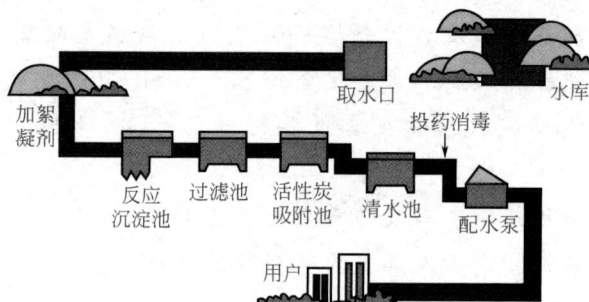

图 8-2 自来水厂净水过程示意

思考交流 8-1

经过过滤的水是纯水吗？

经过滤、吸附处理过的水依然含有可溶性的钙、镁的化合物，含有较多可溶性钙、镁化合物的水称为硬水，而不含或含有较少可溶性钙、镁化合物的水就称为软水（区别软、硬水的简单方法：向水中加入肥皂水，软水中出现的泡沫较多，而硬水中的泡沫较少，如若水的硬度较大，加入肥皂水则会出现白色垢状物）。

用硬水洗涤衣物，既浪费肥皂也洗不干净衣物，时间长了还会使衣物变硬。工业上，钙盐、镁盐的沉淀会造成锅垢，妨碍热传导，严重时还会导致锅炉爆炸。硬水还会影响身体健康。

在日常生活中，可以通过煮沸和蒸馏的方法来降低水的硬度。通过蒸馏，将水蒸气冷凝所制备的水，称蒸馏水（图 8-3）。实验室用蒸馏水来配制溶液。蒸馏水是去掉离子的非常纯净的水，一般大型制水是通过锅炉产生水蒸气，再冷凝而得。

工业生产中常采用药剂法、静电法、离子树脂交换法、反渗透法等来降低水的硬度。

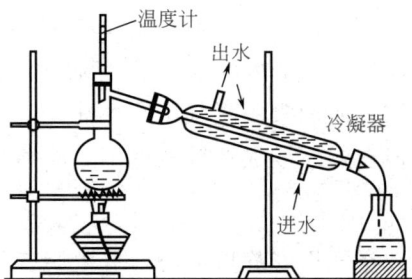

图 8-3　实验室常用的蒸馏装置

第二节　氢　气

学习导航

你知道飘在节日上空五颜六色的气球里面充的是什么物质吗?

在自然界中,以单质形式存在的氢很少,它主要存在于化合物中。一切生物的细胞组织成分里都含有氢元素。石油、天然气、煤等中也含有氢元素。在相同条件下,体积相等的各种气体中,它最轻而得名"氢气"。

学海拾贝

16 世纪中叶到 17 世纪,一些科学家发现了金属与酸反应产生一种可燃性气体。1766 年英国科学家卡文迪许确认氢气与空气不同,并测定氢气的密度是空气密度的 1/14.38。他在 1781 年又进一步指出,氢气在空气中燃烧生成水。1783 年拉瓦锡重做了实验,证明水是氢燃烧以后的唯一产物。1787 年拉瓦锡给它命名为氢(拉丁文原意是成水元素),并确认它是一种元素。

一、氢气的制法

在实验室里常用锌和稀硫酸反应来制取氢气。

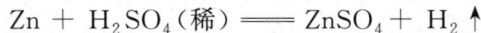

$$Zn + H_2SO_4(稀) \stackrel{}{=\!=\!=} ZnSO_4 + H_2 \uparrow$$

工业上一般用天然气或水煤气制氢气,而不采用高耗能的电解水的方法。

二、氢气的性质

1. 物理性质

通常状况下,氢气是一种没有颜色、没有气味的气体。在压强为 101kPa、温度为 $-252℃$

（21K）时，能变成无色液体，在－259℃（14K）时，能变为雪状固体。它难溶于水。

在标准状况下，1L 氢气的质量是 0.0899g，约是同体积的空气的 1/14。这说明氢气比同体积的空气轻。根据这一性质，人们常用氢气填充气球。

氢气在常温下性质稳定，但在点燃或加热等条件下，能够与许多物质发生化学反应。

2. 化学性质

（1）可燃性　纯净的氢气在空气里安静地燃烧，产生淡蓝色的火焰。

$$2H_2 + O_2 \xrightarrow{\text{点燃}} 2H_2O$$

如果氢气不纯，混有空气（或氧气），就会产生爆炸的危险。实验测定，空气里如果混入氢气的体积达到总体积的 4%～74.2%，点燃时就会发生爆炸。这个范围叫作氢气的**爆炸极限**。实际上，任何可燃气体或可燃的粉尘如果跟空气充分混合，遇火时都有可能发生爆炸。因此，当可燃性气体（如氢气、液化石油气、煤气等）发生泄漏时，应杜绝一切火源、火星，以防发生爆炸。

因此，在使用氢气时，要特别注意安全。点燃氢气前，一定要检验氢气的纯度。

思考交流 8-2

在氢气与氧化铜的反应中，氢气起到什么作用？

（2）还原性　氢气不但能与氧单质起反应，而且能与某些氧化物里的氧起反应。这说明氢气能发生氧化反应，氢气具有还原性。现在用氢气跟氧化铜（CuO）的反应为例来说明。

氢气夺取了氧化铜里的氧，与它化合成水，发生了氧化反应。氢气是使氧化铜还原为铜的物质，它具有还原性，H_2 与 CuO 发生了氧化还原反应。

三、氢气的用途

氢气大量用于石化行业的裂化反应及生产氨气等；用作飞艇、氢气球的填充气体；用于焊接或切割金属；用作高能燃料；利用氢气的还原性，可冶炼重要金属。

氢气作为燃料有许多其他燃料所不及的优点，已被列为潜在的清洁能源燃料，同时氢燃料可以通过氢燃料电池的方式驱动各类电子设备及电驱动车。

发展氢能源需要解决如何廉价、大量地制备氢气及如何安全贮存、运输氢气等问题。怎样发展、利用氢能源是许多科学家正致力研究的领域。

第三节　碳、硅及其化合物

学习导航

位于元素周期表中的ⅣA元素，也称碳族元素。碳，形成了无数种构成人类和其他生物等的有机物，"统治了有机界"；硅，地壳质量的约 90%，构成了地壳大部分岩石、沙子和土壤，"统治了地壳"。生活中常用的陶瓷、玻璃、水泥又属于哪类物质呢？

思考交流 8-3

钻石和铅笔芯都是由碳元素组成的单质，为什么它们的物理性质有这么大的差异呢？

一、碳及其化合物

1. 碳的同素异形体

由同一种元素组成的性质不同的单质称为同素异形体。碳的同素异形体有金刚石和石墨，还有无定形碳如木炭、活性炭、焦炭和炭黑等。

（1）金刚石 纯净的金刚石是一种无色透明的、正八面体形状的固体，含有杂质的金刚石带棕、黑等颜色。天然采集到的金刚石并不带闪烁光泽，需要经过仔细琢磨成许多面后，才成为璀璨夺目的装饰品——钻石。

碳的同素异形体

坚硬是金刚石最重要的性质。利用这个性质，除可用金刚石划玻璃外，还可用它切割大理石，加工坚硬的金属，把它装在钻探机的钻头上钻凿坚硬的岩层等。

知道金刚石的组成和结构后，人们把石墨加热到 2000℃、加压到 $(0.5 \sim 1) \times 10^{10} \mathrm{Pa}$，在催化剂存在的条件下，可以制出人造金刚石。1975 年已制出每粒质量为 0.2g 的人造金刚石。人造金刚石已用于工业生产中。

（2）石墨 石墨是一种深灰色的有金属光泽而不透明的细鳞片状固体。写字用的铅笔芯就是用不同比例的石墨粉末和黏土粉末混合而制成的。铅笔芯在纸上划过，会留下深灰色的痕迹，这说明石墨很软。石墨是最软的矿物之一。

石墨具有优良的导电性能，可以用来作电极。干电池中的电极就是用胶黏剂把石墨粉末黏合而制成的。

如果从铅笔芯上削下一些粉末，用手摸一下，有滑腻的感觉。石墨的这个性质决定了它可以被用作润滑剂。有些在高温下工作的机器，就用石墨粉作润滑剂，这除了应用石墨粉的润滑性外，还应用了它熔点高、能耐高温的性质。

金刚石和石墨都是由碳元素组成的单质，为什么它们的物理性质有这么大的差异呢？经过研究后知道，这是因为在金刚石和石墨里碳原子的排列方式不同。金刚石的碳原子在空间构成连续、坚固的骨架结构，所以坚硬；而石墨的碳原子呈平面层状结构，层与层间作用力小，所以质软，有滑腻感（图 8-4）。

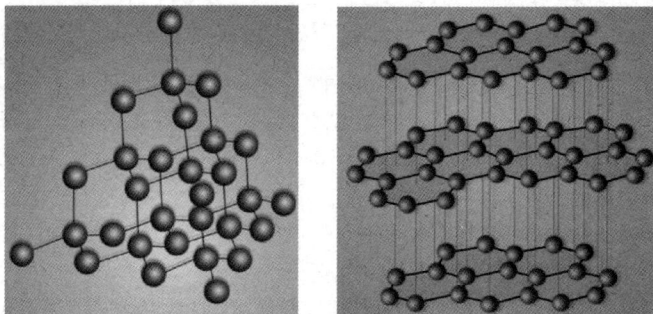

图 8-4　金刚石（左）与石墨（右）结构示意

📖 **学海拾贝** ·······

　　画画用的铅笔，常用"6B"的；写字用的铅笔，常用"HB"的；而制图用的铅笔，常用"6H"的。"B"是英文"Black"（黑）的第一个字母，在铅笔中表示"软"；"H"是英文"Hard"（硬）的第一个字母，在铅笔中表示"硬"。"6B"铅笔最软，"6H"铅笔最硬，"HB"铅笔则软硬适中。铅笔为什么有软和硬的差别呢？这是由于石墨太软，光用石墨做笔芯，既易断又易磨损，因此生产上常在石墨粉末中掺进一些黏土粉末以增加硬度。黏土掺得越多，铅笔就越硬；黏土掺得越少，铅笔就越软。

思考交流 8-4

　　过去"卖炭翁，伐薪烧炭南山中"；而今市场销路更好的是活性炭，活性炭如何制得？

　　（3）木炭　仔细观察木炭，可以看到木炭是一种灰黑色的多孔性固体，燃烧时，产生的烟少。研究发现，木炭主要是由石墨的微小晶体和少量杂质构成的，活性炭、焦炭、炭黑等也具有类似的构成。

　　【实验 8-1】在盛有半瓶水的小锥形瓶里，加入一滴红墨水，使水略显红色。投入几块烘烤过的木炭（或活性炭），轻轻振荡，观察水溶液颜色有什么变化。

　　从实验可以看到水的红色变浅或消失了。这是因为木炭具有吸附能力，能把大量的气体或染料等小微粒吸附在它的表面。

　　木炭具有疏松多孔的结构，它是由木材在隔绝空气的条件下加强热制得的。在显微镜下观察木炭，可以看到有很多细管道。木炭的管道越多，跟气体或溶液接触的表面积就越大，吸附能力就越强。利用木炭的这个性质，可以用它来吸附一些食品和工业产品里的色素，也可以用它吸附有臭味的物质。

　　（4）活性炭　活性炭由木炭深加工制得，吸附能力比木炭还要强。防毒面具里的滤毒罐就是利用活性炭来吸附毒气的。

　　（5）焦炭　常用于冶金工业，例如冶炼生铁就需要大量焦炭。

（6）炭黑 炭黑常用于制造油墨、油漆、鞋油和颜料等。把炭黑加到橡胶里，能够增加轮胎等制品的耐磨性。

📖 **学海拾贝** ·············

近年来，科学家们发现，除金刚石、石墨外，还有一些新的以单质形式存在的碳。其中，发现较早并已在研究中取得重要进展的是 C_{60} 分子。

C_{60} 读作"碳六零"，是一种由 60 个碳原子构成的分子，由于其结构与足球形状类似，因此也称为"足球烯"或"巴基球"。如图 8-5 所示，球面由 12 个五边形和 20 个六边形构成。这种足球状结构的碳分子很稳定。

目前，人们对 C_{60} 分子的结构和反应的认识正在不断深入，它应用于材料科学、超导体等方面的研究正在进行中，我国在这些方面已取得许多成就。

图 8-5 C_{60} 分子结构示意

2. 碳的化学性质

我国古代用墨书写或绘制的字画，年深日久仍不变色，可见在常温下，碳的化学性质是不活泼的。碳受日光照射或跟空气、水分接触，都不容易起变化。但是，随着温度的升高，碳的活动性大大增强。在高温下，碳能够与很多物质起反应。

（1）碳的可燃性 当碳在氧气或空气里充分燃烧时，生成二氧化碳，同时放出大量的热。

$$C + O_2 \xrightarrow{\text{点燃}} CO_2$$

当碳燃烧不充分的时候，生成一氧化碳，同时也放出热。

$$2C + O_2 \xrightarrow{\text{点燃}} 2CO$$

煤的主要成分是碳。当空气充足、炉火很旺时，煤燃烧充分，主要生成二氧化碳；当空气不充足、炉火不旺时，煤燃烧不充分，生成较多量的一氧化碳。

（2）碳的还原性 和氢气一样，单质的碳也具有还原性，在较高温度下它能夺取某些含氧化合物里的氧，使其他元素还原。

【实验 8-2】经过烘干的木炭和黑色的氧化铜共同研磨混匀，小心地铺放进固定在铁架台上的试管里，试管口装有通入澄清石灰水的导管（图 8-6），用酒精灯加热试管几分钟。观察石灰水发生了什么变化。反应后把试管里的粉末倒在纸上，粉末发生了什么变化？

实验可以看到澄清的石灰水变得浑浊，证明有二氧化碳生成。从倒在纸上的粉末里还可以看到有红色的铜生成。这说明和氢气还原氧化铜一样，在加热的时候，木炭也能从氧化铜里还原出铜。

$$2CuO + C \xrightarrow{\text{高温}} 2Cu + CO_2\uparrow$$

C+CuO

澄清石灰水

图 8-6 木炭还原氧化铜

单质碳的还原性可用于冶金工业。例如，焦炭可以把铁从它

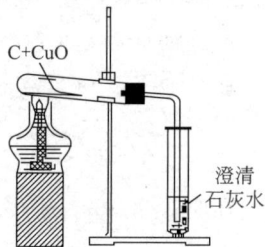

的氧化物矿石里还原出来。

炽热的碳还能使二氧化碳还原成一氧化碳。

$$C + CO_2 \xrightarrow{\text{高温}} 2CO$$

这个反应需要吸收热，而碳在氧气或空气中燃烧时放出热，这就是化学反应中的放热或吸热现象。化学反应放出的热能是一种重要的能源，可以直接供人们取暖，也可以转变为电能、动能等。

思考交流 8-5

如何检验 CO_2 气体？

3. 碳的氧化物

（1）CO_2　分子结构式：$O=C=O$，非极性分子。

常温常压下，CO_2 为无色、略带酸味、能溶于水的气体（但溶解度不大，常温常压下 1 体积水溶解约 1 体积二氧化碳气体），固体称干冰。

CO_2 具有氧化性，如镁可以在 CO_2 气体中剧烈燃烧：

$$2Mg + CO_2 \xrightarrow{\text{点燃}} 2MgO + C$$

CO_2 是酸性氧化物，可以与碱反应生成盐和水：

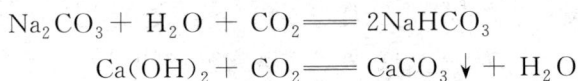

$$Na_2CO_3 + H_2O + CO_2 == 2NaHCO_3$$
$$Ca(OH)_2 + CO_2 == CaCO_3 \downarrow + H_2O$$

📖 **学海拾贝**

干冰是二氧化碳气体冷凝成无色的液体，再在高压下迅速凝固而得到的固体二氧化碳。干冰极易挥发，升华为无毒、无味的，比固体体积大 600～800 倍的气体二氧化碳，所以干冰不能储存于完全密封的容器中，如塑料瓶，干冰与液体混装很容易爆炸。干冰升华为二氧化碳气体时吸收大量的热，使周围空气的温度降得很快，空气温度降了，它对水蒸气的溶解度变小，水蒸气发生液化反应，放出热量，就变成了小液滴，就是雾了。干冰不会化成水，较水、冰冷藏更清洁、干净，因此广泛应用于食品冷冻、冷藏，精密仪器和设备的清洗，舞台、剧场、影视、婚庆、晚会等制作云海效果等。

那么如何获得 CO_2 气体呢？

在工业上，可以高温煅烧石灰石获得 CO_2：

$$CaCO_3 \xrightarrow{\text{高温}} CaO + CO_2 \uparrow$$

在实验室中，二氧化碳常用稀盐酸跟大理石或石灰石（主要成分都是 $CaCO_3$）起反应来制得。

$$CaCO_3 + 2HCl == CaCl_2 + H_2CO_3$$

碳酸不稳定，容易分解成二氧化碳和水：

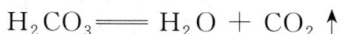

$$H_2CO_3 \Longrightarrow H_2O + CO_2\uparrow$$

总的化学方程式为：$CaCO_3 + 2HCl \Longrightarrow CaCl_2 + H_2O + CO_2\uparrow$

利用二氧化碳不能燃烧，也不支持燃烧的性质，可将二氧化碳用于灭火。

【实验 8-3】 在吸滤瓶里注入碳酸钠的浓溶液，把盛有浓盐酸的小试管用线系住，小心地放进吸滤瓶（注意：不要使浓盐酸流出），把塞子塞紧 ［图 8-7（a）］。然后把吸滤瓶倒转过去 ［图 8-7（b）］，使两种溶液混合，注意观察吸滤瓶的侧管（实验者注意切勿让侧管对着别人或自己）有什么现象发生，为什么？

图 8-7　灭火器原理

上述实验的化学反应原理和泡沫灭火器的原理是一致的，其反应的化学方程式可以表示如下：

$$Na_2CO_3 + 2HCl \Longrightarrow 2NaCl + H_2O + CO_2\uparrow$$

通常使用的灭火器有泡沫灭火器、干粉灭火器和液态二氧化碳灭火器等。

截至 2023 年 6 月，过去 10 年，全球温室气体排放量创下"历史新高"，每年排放的二氧化碳高达 540 亿吨，导致全球以前所未有的速度变暖。

2023 年 12 月 1 日，中国气象局发布的《2022 年中国温室气体公报》指出，2022 年全球二氧化碳的浓度比工业化前平均水平高 50%。

📖 学海拾贝

碳中和与碳达峰

我国力争 2030 年前实现"碳达峰"，2060 年前实现"碳中和"，见图 8-8。

"碳中和""碳达峰"中的碳是指二氧化碳。

"碳达峰"是指在某一个时段，二氧化碳的排放量不再增长，达到峰值后逐渐降低。

"碳中和"是指企业、团体或个人测算在一定时间内直接或间接产生的温室气体排放总量，通过植树造林、节能减排等形式，以抵消自身产生的二氧化碳排放量，实现二氧化碳"零排放"，见图 8-9。

为什么会提出"碳达峰"与"碳中和"？

气候变化是人类燃烧煤炭、石油为主的化石能源产生的 CO_2、CH_4 等温室气体造成的。海洋酸化、海平面上升、冰川退缩、高温热浪、极端强降水等这些气象灾害都与气候变化有着密切关系。气候变化是人类面临的全球性问题。

随着各国二氧化碳的排放，温室气体猛增，对生命系统构成威胁。在这一背景下，世界各国以协约的方式减排温室气体。我国由此提出"碳达峰"和"碳中和"目标。

如何实现这个目标？

实现"碳中和"，需要经济社会全面转向绿色低碳。工业方面要实现工业的完全零碳排放；在电力系统中要大力推广与应用可再生能源；"碳达峰"和"碳中和"的目标会倒逼交通调整结构；建筑业也需要发展绿色建筑等。

实现"碳中和"与"碳达峰"不仅是国家层面的大方向，更是和我们的生活息息相关。可以从生活的小细节入手，比如节水节电节能，出行减少开车，做好垃圾分类，避免食物浪费等，用小行为实现大目标，大家共同节能减碳，应对气候变化。

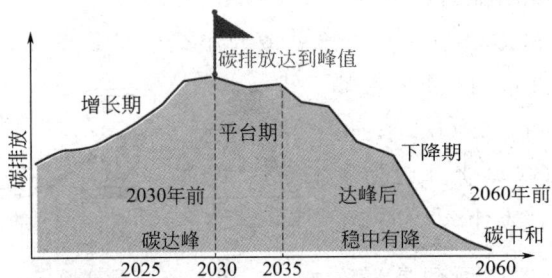

图 8-8 "碳达峰"与"碳中和"曲线图

图 8-9 "碳中和"示意图

思考交流 8-6

"煤气中毒"是由哪种化学物质引起的？

（2）CO 常温常压下，一氧化碳为无色、无味、有毒、难溶于水的气体。

一氧化碳在空气里能够燃烧生成二氧化碳，燃烧时发出蓝色的火焰。

$$2CO + O_2 \xrightarrow{\text{点燃}} 2CO_2$$

CO 具有还原性，可用于炼铁：

$$Fe_2O_3 + 3CO \xrightarrow{\text{高温}} 2Fe + 3CO_2 \uparrow$$

CO 有毒，冬天用煤火取暖，如果不装烟囱或虽装烟囱但排气不良，就会发生煤气中毒事件，即一氧化碳的中毒。这是因为一氧化碳吸进肺里与血液里的血红蛋白结合，使血红蛋白不能很好地与氧气结合，人体就缺少氧气。人如吸入少量的一氧化碳就会感到头痛，吸入大量的一氧化碳，就会因缺氧而死亡。由于一氧化碳没有颜色和气味，不容易被人察觉。

用煤炉烧水，水开时常常会溢出来。水洒在通红的煤上，火不但不熄灭，反而"呼"的一声，会蹿出很高的火苗来。这是怎么回事呢？原来水和炽热的碳能发生化学反应，生成一氧化碳和氢气。

$$C + H_2O \xrightarrow{\text{高温}} H_2 + CO$$

这两种气体都能燃烧，因此就会蹿出很高的火苗来。水蒸气通过炽热的煤（或焦炭）层所生成的一氧化碳和氢气的混合气也叫作**水煤气**。水煤气是重要的工业气体燃料和化工原料。

4. 碳酸及碳酸盐

我们已经知道，碳酸（H_2CO_3）是一种弱酸，不稳定，易分解成 CO_2 和 H_2O。碳酸可以与碱反应生成盐和水。

$$Ca(OH)_2 + CO_2 \longrightarrow CaCO_3 \downarrow + H_2O$$

用碳酸还可以制备酸性比碳酸更弱的酸（如次氯酸 HClO）：

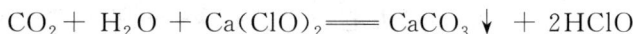

$$CO_2 + H_2O + Ca(ClO)_2 = CaCO_3 \downarrow + 2HClO$$

碳酸正盐与酸式盐的比较见表 8-1。

表 8-1　碳酸正盐与酸式盐的比较

项目	正　盐	酸　式　盐
水溶性	钾、钠、铵盐易溶于水	都溶于水
热稳定性	K_2CO_3、Na_2CO_3 受热难分解 $CaCO_3$、$(NH_4)_2CO_3$ 受热易分解	$2NaHCO_3 = Na_2CO_3 + CO_2\uparrow + H_2O$
与酸反应	$CO_3^{2-} + 2H^+ = CO_2\uparrow + H_2O$ $CaCO_3 + 2H^+ = Ca^{2+} + CO_2\uparrow + H_2O$	$HCO_3^- + H^+ = CO_2\uparrow + H_2O$
与碱反应	$Na_2CO_3 + Ca(OH)_2 = CaCO_3\downarrow + 2NaOH$	$NaHCO_3 + NaOH = Na_2CO_3 + H_2O$
转化关系	$Na_2CO_3 + CO_2 + H_2O = 2NaHCO_3$	$2NaHCO_3 = Na_2CO_3 + CO_2\uparrow + H_2O$

思考交流 8-7

如何证明大理石的主要成分是 $CaCO_3$ 呢？

5. CO_3^{2-} 的检验

【实验 8-4】在分别盛有碳酸钾和碳酸钠的两个试管里，各加入少量盐酸，有什么现象发生？如图 8-10 所示，将反应生成的气体导入盛有澄清石灰水的试管里，又有什么现象发生？

可以看到，与碳酸钙相似，碳酸钾和碳酸钠遇盐酸时都会起反应产生大量的气泡，生成的气体都能使澄清的石灰水变浑浊，证明都生成了二氧化碳。

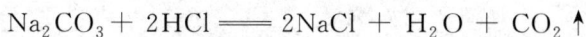

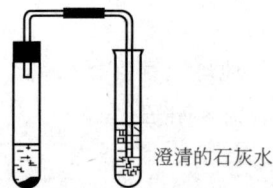

$$K_2CO_3 + 2HCl = 2KCl + H_2O + CO_2\uparrow$$
$$Na_2CO_3 + 2HCl = 2NaCl + H_2O + CO_2\uparrow$$

澄清的石灰水

图 8-10　CO_3^{2-} 的检验

碳酸盐如碳酸钾、碳酸钠、碳酸钙等，都能与盐酸起反应生成二氧化碳，利用这一性质检验碳酸根，是最简便的方法，也可利用这种反应来制备二氧化碳。

二、硅及其化合物

我们生存的地球，其坚硬的地壳是由岩石构成的，而构成岩石的主要成分是硅酸盐及硅的氧化物。

单晶硅是半导体器材的核心材料，硅半导体是集成电路的主要材料；沙子、石英、水晶，主要成分是硅的氧化物；从石英玻璃熔融体中，拉出直径为 $100\mu m$ 的细丝，再把千百根光导纤维组合并增强处理，就制成光缆，其优点：质轻，体积小，输送距离长，保密性好，成本低。

　　Si 原子最外层有四个电子，既不易失电子，也不易得电子，所以，硅的化学性质不活泼，主要形成四价的化合物。硅是一种亲氧元素，在自然界它总是与氧相互化合。所以地球上，硅主要以熔点很高的氧化物及硅酸盐的形式存在。

思考交流 8-8

　　晶莹透明的水晶、五彩斑斓的玛瑙与普通沙子的化学成分并没有什么两样。你知道它们的化学成分是什么吗？

1. 单质硅

　　单质硅有晶体和无定形两种同素异形体，晶体硅是带有金属光泽、灰黑色、硬而脆的固体，熔、沸点高，导电性介于导体和绝缘体之间，是良好的半导体材料。

　　既然自然界没有硅单质，如何制得硅呢？

　　用碳还原 SiO_2 制得粗硅后再将粗硅纯化：

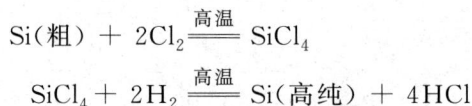

$$Si(粗) + 2Cl_2 \xrightarrow{\text{高温}} SiCl_4$$

$$SiCl_4 + 2H_2 \xrightarrow{\text{高温}} Si(高纯) + 4HCl$$

　　高纯硅的一般纯度要求达到 99.9999%，甚至达到 99.9999999% 以上。

2. 二氧化硅（SiO_2）和硅酸（H_2SiO_3）

　　（1）二氧化硅（SiO_2）　单质硅的化学性质虽然稳定，但硅是一种亲氧元素，硅原子和氧原子的结合非常牢固，形成的二氧化硅或硅酸盐中的硅氧化学键非常牢固，硅氧键一旦形成就很难被破坏，所以，自然界中硅都是以二氧化硅或硅酸盐的形式存在，没有游离态的硅。

　　地球上存在的天然二氧化硅约占地壳质量的 12%，其存在形态有结晶形和无定形两大类，统称硅石。

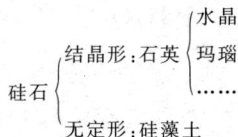

$$\text{硅石} \begin{cases} \text{结晶形：石英} \begin{cases} \text{水晶} \\ \text{玛瑙} \\ \text{……} \end{cases} \\ \\ \text{无定形：硅藻土} \end{cases}$$

　　水晶和玛瑙见彩图 15。

　　SiO_2 晶体是具有正四面体结构的立体空间网状结构的晶体（图 8-11、图 8-12）。SiO_2 不是分子式，是化学式，表示二氧化硅晶体中硅氧原子的个数比。

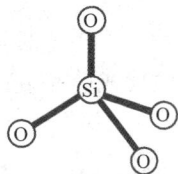

图 8-11　硅、氧四面体结构

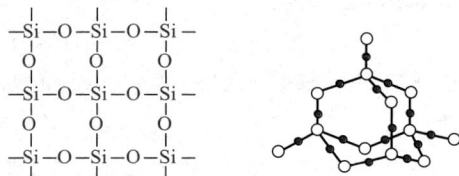

图 8-12　SiO_2 平面网状结构和空间结构（○表示 Si）

思考交流 8-9

盛碱溶液的试剂瓶一般用橡胶塞，不能用玻璃塞。为什么？

SiO_2 是坚硬难熔的固体，不溶于水，纯净的二氧化硅无色透明。

SiO_2 是一种酸性氧化物，具有酸性氧化物的通性。因为 SiO_2 不溶于水，所以不能直接与水反应生成硅酸，但常温下与碱反应生成盐和水：

$$SiO_2 + 2NaOH = Na_2SiO_3 + H_2O$$

高温时与碱性氧化物反应生成盐：

$$SiO_2 + CaO \xrightarrow{\text{高温}} CaSiO_3$$

还能与氢氟酸反应生成 SiF_4 气体和水，这也是工业上雕刻玻璃的反应原理：

$$SiO_2 + 4HF = SiF_4\uparrow + 2H_2O$$

SiO_2 有弱氧化性：

$$SiO_2 + 2C \xrightarrow{\text{高温}} Si + 2CO\uparrow$$

工业上应用此反应制粗硅。

SiO_2 的应用：制光导纤维、石英玻璃、石英钟表等；制造电子工业中的重要部件、光学仪器、高级工艺品、眼镜片、精密仪器、轴承、耐磨器皿等。

📖 **相关链接** ··········

从高纯度的二氧化硅或石英玻璃熔融体中，拉出直径约为 $100\mu m$ 的细丝，称为石英玻璃纤维，也称为光导纤维，是精细陶瓷的一种。

利用光导纤维可进行光纤通信。光纤通信与电波通信比较，光纤通信能提供更多的通信通路，可满足大容量通信系统的需要。用最新的氟玻璃制成的光导纤维，可以把光信号传输到太平洋彼岸而不需要中继站。

用光缆代替通信电缆，可以节省大量有色金属，每公里可节省铜 1.1t、铅 2～3t。光缆有质量轻、体积小、结构紧凑、绝缘性好、寿命长、输送距离远、保密性好、成本低等优点。光纤通信与数字技术及计算机结合起来，可以用于传送电话、图像、数据，控制电子设备和智能终端等，起到部分取代通信卫星的作用。

光损耗大的光导纤维可在短距离使用，特别适合制作各种人体内窥镜，如胃镜、膀胱镜、直肠镜、子宫镜等，对诊断、医治各种疾病极为有利。

（2）硅酸（H_2SiO_3） H_2SiO_3 是一种比 H_2CO_3 还要弱的酸，它不溶于水，不能使指示剂褪色，是一种白色粉末状的固体。

SiO_2 不溶于水且不和水反应，那么要如何制备硅酸呢？可以用可溶性硅酸盐与酸反应来制备。

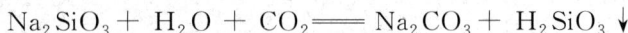

$$Na_2SiO_3 + H_2O + CO_2 = Na_2CO_3 + H_2SiO_3\downarrow$$

用 H_2CO_3 可制得硅酸，说明 H_2SiO_3 的酸性比 H_2CO_3 弱。

【实验 8-5】在硅酸钠溶液中，依次滴加酚酞溶液、稀盐酸，记录实验现象，并作出解释和结论。

现象	滴入酚酞溶液显红色,再滴入盐酸红色逐渐消失,并有透明白色胶状物质生成
结论	Na_2SiO_3 溶液呈碱性,与酸反应生成了 H_2SiO_3 且 H_2SiO_3 难溶于水
化学反应	$Na_2SiO_3 + 2HCl == H_2SiO_3 \downarrow + 2NaCl$

所生成的硅酸逐渐聚合而形成胶体——硅酸溶胶，硅酸浓度较大时，则形成软而透明的、胶冻状的硅酸凝胶，硅酸凝胶经干燥脱水就形成硅酸干胶，称为"硅胶"。硅胶（见彩图 16）多孔，吸附水分能力强，常用作实验室和袋装食品、瓶装药品等的干燥剂，也可以用作催化剂的载体。

由于 H_2SiO_3 酸性太弱，只能与强碱发生反应，且硅酸不稳定（但比 H_2CO_3 稳定），受热易分解：

$$H_2SiO_3 + 2NaOH == Na_2SiO_3 + 2H_2O$$

$$H_2SiO_3 \xrightarrow{\triangle} SiO_2 + H_2O$$

思考交流 8-10

水玻璃是普通的玻璃吗？可以用作装修材料吗？

3. 硅酸盐

硅酸盐是由硅、氧和金属元素组成的化合物的总称。这里重点介绍硅酸钠 Na_2SiO_3。

（1）硅酸钠 Na_2SiO_3 　硅酸钠是白色固体，俗称泡花碱，易溶于水，水溶液俗称水玻璃。其化学性质相对稳定，不能燃烧，不易被腐蚀，热稳定性强，可作肥皂填料、木材防火剂和黏胶剂。

用水玻璃浸泡过的木材或织物可防火。

（2）硅酸盐组成的表示方法

① 硅酸盐化学式表示：如 Na_2SiO_3、$CaSiO_3$、K_2SiO_3 等。

② 氧化物化学式法：金属氧化物（低价·高价）·二氧化硅·水，如：

高岭石（黏土）：$Al_2O_3 \cdot 2SiO_2 \cdot 2H_2O$；

云母：$K_2O \cdot 3Al_2O_3 \cdot 6SiO_2 \cdot 2H_2O$。

传统硅酸盐材料一般应用于陶瓷、玻璃、水泥等建筑材料方面，随着科学技术的进步，已研发出具有特殊功能的含硅物质，如硅橡胶、硅钢、分子筛、生物陶瓷等。

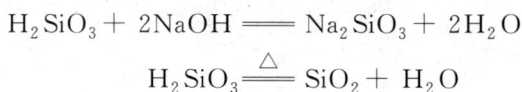

第四节　氮、磷及其化合物

学习导航

近年来，呼吸系统疾病的患者人数呈现持续增加的态势，研究表明这与近几年机动车辆的增速过快有关，机动车辆排放的尾气中的氮氧化合物是致病的主要因素。你知道的氮的氧化物有哪些？

氮在大气中以单质 N_2 存在，占大气总体积的 78%；土壤中少量的氮以铵盐和硝酸盐的形式存在。磷在自然界以磷酸盐形式存在，如磷矿石 $Ca_3(PO_4)_2$、磷灰石 $Ca_5F(PO_4)_3$。在生物体的细胞、蛋白质、骨骼中也含有磷。磷的单质同素异形体常见的有白磷和红磷。白磷化学性质比红磷活泼，且有毒。

思考交流 8-11

俗语"雷雨发庄稼"蕴含着什么道理？

一、氮及其化合物

氮元素主要以游离态存在于空气中，以化合态形式存在于无机物中及有机物中。

1. 氮气（N_2）

（1）物理性质　分子结构：$N \equiv N$，纯净的氮气是一种无色无味的气体，难溶于水，难液化，密度比空气略小，与空气密度相近，故只能用排水法收集 N_2。

（2）N_2 的制备　工业生产中，一般采用分离液态空气法制得氮气：

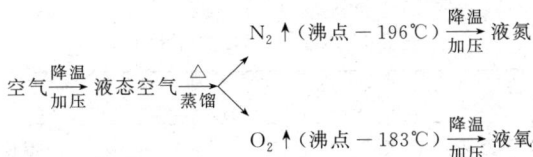

此过程利用液氧和液氮的沸点不同进行分离，属于物理变化。液氮可贮存在专门的低温液氮罐中，液氧则贮存在天蓝色钢瓶中。

另外也可将空气中的 O_2 转化为 CO_2、H_2O 等除去以获得 N_2。

（3）氮的固定　将游离态氮转化为氮的化合物的过程称为**氮的固定**。

① 植物固氮

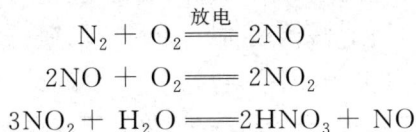

② 自然固氮。空气中氮气和氧气在放电下生成一氧化氮，一氧化氮再和氧气反应，生成二氧化氮，二氧化氮和水反应生成硝酸，硝酸与土壤中矿物质作用形成可溶性硝酸盐，成为氮肥被植物吸收。

$$N_2 + O_2 \xrightarrow{\text{放电}} 2NO$$
$$2NO + O_2 === 2NO_2$$
$$3NO_2 + H_2O === 2HNO_3 + NO$$

③ 人工固氮。

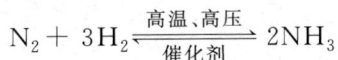

可逆反应：在同一条件下，既向正反应方向进行，同时又能向逆反应方向进行的化学反应。可逆反应用"$\rightleftharpoons$"表示。

将氨制成硫酸铵、尿素等各种氮肥用于农业生产。

除此之外，N_2 化学性质很不活泼，可以代替稀有气体作保护气，在工业生产中，化工装置在开车之前多用氮气置换以保证系统安全；还可用于填充灯泡、焊接金属等。

2. 氮的氧化物

（1）NO 和 NO_2 NO 是无色、有毒、难溶于水的气体，极易与氧气反应生成 NO_2。

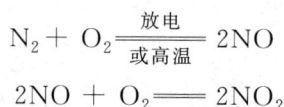

$$N_2 + O_2 \xrightarrow[\text{或高温}]{\text{放电}} 2NO$$

$$2NO + O_2 =\!=\!= 2NO_2$$

（2）NO_2 和 N_2O_4 NO_2 是一种红棕色、有刺激性气味的有毒的气体；易液化；密度比空气大。溶于水与水反应生成硝酸和一氧化氮。

$$3NO_2 + H_2O =\!=\!= 2HNO_3 + NO$$

工业上利用这一原理生产硝酸。

与 N_2O_4（无色）可相互转化：

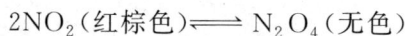

$$2NO_2（红棕色）\rightleftharpoons N_2O_4（无色）$$

N_2O_4 作氧化剂为火箭发射提供能量。

NO、NO_2 是大气污染物，主要来源于石油和煤的燃烧、汽车尾气、硝酸厂废气，可引起光化学烟雾和酸雨。NO 和 NO_2 性质比较见表 8-2。

表 8-2 **NO 与 NO_2 性质比较**

项目	NO	NO_2
物性	无色,刺激性气味	红棕色,刺激性气味
毒性	有毒(机理同 CO)	有毒
与水	不反应	$3NO_2 + H_2O =\!=\!= 2HNO_3 + NO$
与 O_2	$2NO + O_2 =\!=\!= 2NO_2$	不反应
与 O_2、H_2O	$4NO + 3O_2 + 2H_2O =\!=\!= 4HNO_3$	$4NO_2 + O_2 + 2H_2O =\!=\!= 4HNO_3$
与 NaOH	$NO + NO_2 + 2NaOH =\!=\!= 2NaNO_2 + H_2O$ $2NO_2 + 2NaOH =\!=\!= NaNO_3 + NaNO_2 + H_2O$	
制备	$3Cu + 8HNO_3（稀）=\!=\!=$ $3Cu(NO_3)_2 + 2NO\uparrow + 4H_2O$	$Cu + 4HNO_3（浓）=\!=\!=$ $Cu(NO_3)_2 + 2NO_2\uparrow + 2H_2O$

1998 年诺贝尔奖获得者伊格纳罗发现少量的 NO 在生物体内许多组织中存在，它有扩张血管、免疫、增强记忆等功能，成为当前生命科学的研究热点，NO 亦被称为"明星分子"。一氧化氮是一种神经信使分子，参与包括学习、记忆在内的多种生理过程，并且具有调节脑血流的作用。除了以上生理功能外，一氧化氮还在呼吸系统、内分泌系统中起着重要作用。

学海拾贝

光化学烟雾（photo-chemical smog）是汽车、工厂等污染源排入大气的碳氢化合物和氮氧化物等一次污染物在阳光（紫外光）作用下发生光化学反应生成二次污染物，参与光化学反应过程的一次污染物和二次污染物的混合物（其中有气体污染物，也有气溶胶）所形成的烟雾污染现象，是烃类化合物在紫外线作用下生成的有害浅蓝色烟雾。

从 1940 年初开始，洛杉矶每年从夏季至早秋，只要是晴朗的日子，城市上空就会出现一种弥漫的浅蓝色烟雾，使整座城市上空变得浑浊不清。这种烟雾使人眼睛发红、咽喉疼痛、呼吸憋闷、头昏、头痛。1943 年以后，烟雾更加肆虐，以致远离城市 100km 以外的海拔 2000m 高山上的大片松林也因此枯死，柑橘减产。

1950 年以来，光化学烟雾污染事件在美国其他城市和世界各地相继出现，如日本、加拿大、德国、澳大利亚、荷兰等国的一些大城市都发生过。

思考交流 8-12

氨分子为极性还是非极性分子？它溶于水吗？

3. 氨气

分子结构：三角锥形（图 8-13）。

氨分子为极性分子。

氨气是无色、有刺激性气味的气体，标准状况下密度小于空气，为 0.771g/L，极易溶于水（常温常压下 1 体积水溶解约 700 体积氨气）。

工业制法：$N_2 + 3H_2 \underset{\text{催化剂}}{\overset{\text{高温、高压}}{=\!=\!=\!=}} 2NH_3$

氨气的化学性质如下。

（1）与水反应　氨气与水反应生成一水合氨，一水合氨部分解离生成铵根离子（NH_4^+）和氢氧根离子（OH^-）。

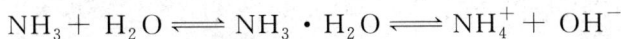

$$NH_3 + H_2O \rightleftharpoons NH_3 \cdot H_2O \rightleftharpoons NH_4^+ + OH^-$$

一水合氨不稳定，可以分解成氨气和水。

氨气的水溶液经常称为氨水，氨水是一种混合物，其中微粒有 NH_3、H_2O、$NH_3 \cdot H_2O$ 分子及 NH_4^+、OH^-、H^+。

氨与氨水的
性质、应用

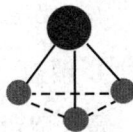

图 8-13　NH_3
分子结构

【实验 8-6】观察装有倒置烧瓶（内有氨气）的一套装置，用手挤压瓶口滴管胶头，使少量水进入烧瓶，然后打开下面止水夹，观察现象（下面烧杯的水中先滴加少量酚酞溶液轻轻搅拌均匀）。NH_3 的喷泉实验见彩图 17。

现象：由于氨气迅速溶于水，使瓶内压强迅速减小，利用外界大气压把水压入烧瓶，形成红色喷泉。

结论：氨气极易溶于水且氨气水溶液显碱性。

（2）与酸反应　浓氨水与浓盐酸易挥发出 NH_3 和 HCl 反应生成 NH_4Cl 固体，产生大量白烟。

$$NH_3 + HCl = NH_4Cl$$

（3）氨气具有还原性

$$4NH_3 + 5O_2 \xrightarrow[\text{催化剂}]{\text{高温}} 4NO + 6H_2O$$

氨气的用途：氨气易液化，液态氨称"液氨"，可用作制冷剂，以氨气为原料制得铵盐可用作氮肥，还可以用于制备氨水和硝酸。

📖 学海拾贝

　　在化学发展史中，德国物理化学家、合成氨的发明者弗里茨·哈伯（见第一章图 1-1）最受争议。1909 年，哈伯及其学生设计出一套高温、高压、催化合成氨的实验装置，成为第一位从空气中制造出氨的科学家。瑞典科学院把 1918 年的诺贝尔化学奖颁给了哈伯。第一次世界大战中，哈伯担任化学兵工厂厂长时负责研制、生产氯气、芥子气等毒气，并使用于战争之中，造成近百万人伤亡，遭到了美国、英国、法国、中国等国科学家们的谴责。

　　赞扬哈伯的人说："他是天使，为人类带来丰收和喜悦，是用空气制造面包的圣人。"诅咒哈伯的人说："他是魔鬼，给人类带来灾难、痛苦和死亡。"

思考交流 8-13

如何在实验室制备及检验氨气？

4. 铵盐

常见的铵盐有 NH_4Cl、NH_4HCO_3、$(NH_4)_2CO_3$ 等。

（1）铵盐的化学性质

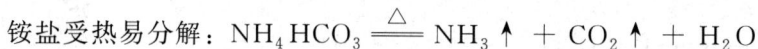

铵盐受热易分解：$NH_4HCO_3 \xrightarrow{\triangle} NH_3\uparrow + CO_2\uparrow + H_2O$

$$NH_4^+ + OH^- \xrightarrow{\triangle} NH_3\uparrow + H_2O$$

铵盐与碱溶液反应：$2NH_4Cl + Ca(OH)_2 \xrightarrow{\triangle} 2NH_3\uparrow + CaCl_2 + 2H_2O$

本质反应：$NH_4Cl \xrightarrow{\triangle} NH_3\uparrow + HCl\uparrow$

（2）NH_4^+ 的检验方法　加 $NaOH$ 溶液后，加热，有使湿润的红色石蕊试纸变蓝的气体产生，证明溶液中有 NH_4^+。

（3）实验室制备氨气

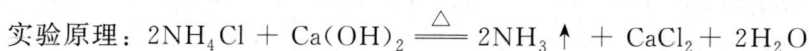

实验原理：$2NH_4Cl + Ca(OH)_2 \xrightarrow{\triangle} 2NH_3\uparrow + CaCl_2 + 2H_2O$

思考交流 8-14

浓硝酸具有强氧化性，酸性也强，为什么可以使用铁制或铝制容器盛浓硝酸？

5. 硝酸

（1）物理性质 纯硝酸是无色、易挥发、有刺激性气味的液体，能以任意比例溶于水。质量分数为 69% 的硝酸为浓硝酸；质量分数为 98% 以上的硝酸为发烟硝酸。

硝酸的性质

浓硝酸与浓盐酸以体积比 1∶3 混合就制得"王水"，王水的氧化能力极强，一些不溶于硝酸的金属，如金、铂等都可以被王水溶解（铂必须被加热才能缓慢反应）。

（2）化学性质 常温下，浓硝酸可使铁、铝表面形成致密的氧化膜而钝化，保护内部的金属不跟酸反应，所以可使用铁质或铝质容器盛浓硝酸。

① 具有酸的通性。硝酸是强酸，硝酸使紫色的石蕊试液先变红后褪色。

硝酸可以和一些金属氧化物反应：

$$2HNO_3 + CuO = Cu(NO_3)_2 + H_2O$$

也可以与一些盐反应：

$$2HNO_3 + CaCO_3 = Ca(NO_3)_2 + CO_2\uparrow + H_2O$$

硝酸与碱发生中和反应：

$$HNO_3 + NaOH = NaNO_3 + H_2O$$

② 不稳定性。硝酸不稳定，受热或见光易分解：

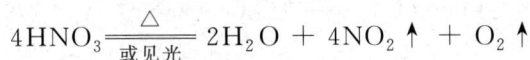

$$4HNO_3 \xrightarrow[\text{或见光}]{\triangle} 2H_2O + 4NO_2\uparrow + O_2\uparrow$$

硝酸分解放出的二氧化氮气体溶于硝酸而使硝酸呈黄色。为防止硝酸分解，硝酸应密封于棕色试剂瓶中，阴凉、避光保存。

③ 强氧化性。硝酸与大部分的金属发生反应：

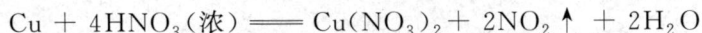

$$Al + 4HNO_3（稀） = Al(NO_3)_3 + NO\uparrow + 2H_2O$$
$$3Cu + 8HNO_3（稀） = 3Cu(NO_3)_2 + 2NO\uparrow + 4H_2O$$
$$Cu + 4HNO_3（浓） = Cu(NO_3)_2 + 2NO_2\uparrow + 2H_2O$$

一般来说，活泼金属与 HNO_3 反应不生成 H_2，还原产物复杂，可为 NO、N_2O、NH_4NO_3 等。

硝酸与许多的非金属也能反应：

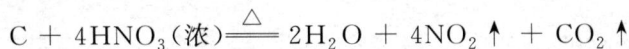

$$C + 4HNO_3（浓） \xrightarrow{\triangle} 2H_2O + 4NO_2\uparrow + CO_2\uparrow$$

硝酸常用于制造化肥、炸药、硝酸盐等。

📖 学海拾贝

尼尔斯·玻尔（Niels Henrik David Bohr，1885—1962），丹麦物理学家（图 8-14），对原子物理学和量子力学的发展做出了基础性的贡献，也因此被授予 1922 年的诺贝尔物理学奖。

1942 年 9 月德国法西斯准备对玻尔下手时，他首先想到的是他在 1922 年获得的诺贝尔奖章。这枚奖章绝不能落在法西斯的手里，如果藏在身上带走，是很危险的，于是他把这枚奖章放进了一个试剂瓶里，瓶子里存放的是"王水"。奖章在"王水"里慢慢地消失了。然后，他把这个珍贵的瓶子放在了一个不起眼的地方，离开了自己的祖国。

战争结束后，玻尔回到了自己的实验室，那个小瓶子还在那里。于是，他拿起一块铜轻轻地放入"王水"，铜块慢慢地也变小了，奇怪的是，瓶子里出现了一块黄金，黄金又被重新铸成了奖章。

这是为什么呢？原来所谓"王水"是一种浓酸，这种酸的腐蚀性很强，奖章放到里面的时候，浓酸将奖章溶化了，放入的铜块又将奖章从浓酸中置换出来。

图 8-14　尼尔斯·玻尔

玻尔就是利用了化学上的一个化学反应——置换反应，把奖章安全地保护下来了。

硝酸盐都是离子化合物，大都溶于水，其水溶液无氧化性。硝酸盐在常温下稳定，但在高温下固体硝酸盐会分解放出 O_2，同时会因金属离子的不同而使分解产物有所差别：

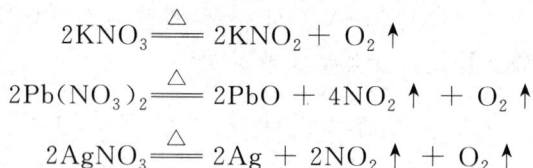

$$2KNO_3 \xrightarrow{\triangle} 2KNO_2 + O_2 \uparrow$$

$$2Pb(NO_3)_2 \xrightarrow{\triangle} 2PbO + 4NO_2 \uparrow + O_2 \uparrow$$

$$2AgNO_3 \xrightarrow{\triangle} 2Ag + 2NO_2 \uparrow + O_2 \uparrow$$

根据上述性质，硝酸盐可应用于焰火和黑火药的制造。

亚硝酸极不稳定，只能存在于稀溶液中，且加热时会分解。亚硝酸盐大多数是无色、易溶于水的固体。亚硝酸盐有毒，是致癌物质。在酸性溶液中，亚硝酸及其盐具有较强的氧化性，如它可氧化 I^-：

$$2NO_2^- + 2I^- + 4H^+ \xrightarrow{\hspace{1cm}} 2NO + I_2 + 2H_2O$$

生成的 I_2 使淀粉溶液变蓝，可用此法检验 NO_2^-。

思考交流 8-15

你听说过"鬼火"吗？你知道它是怎样形成的吗？

二、磷及其化合物

1. 磷的同素异形体

白磷与红磷是磷的两种同素异形体。它们的物理性质有很大差异，见表 8-3。

表 8-3　白磷、红磷的性质比较

名称	白　磷	红　磷
分子结构	分子式为 P_4，正四面体	结构复杂
颜色状态	白色蜡状固体	红棕色粉末
溶解性	不溶于水，易溶于 CS_2	不溶于水和 CS_2
毒性	剧毒	无毒
着火点/℃	40，易自燃	240
保存方法	保存在冷水中	密封保存
用途	制磷酸、燃烧弹、烟幕弹	制火药、安全火柴
相互转化	白磷 $\underset{\text{隔绝空气加热到 260℃}}{\overset{\text{隔绝空气加热到 416℃升华、冷却}}{\rightleftarrows}}$ 红磷	

　　磷化学性质较活泼，在空气中易被氧化，在自然界中以化合态存在。化合态的磷经常存在于磷酸盐矿石中，动物的骨骼、牙齿、脑髓和神经中及植物的果实和幼芽中。磷化合物在生物体内的作用极为重要，它存在于核糖核酸（RNA）和脱氧核糖核酸（DNA）中，这些分子具有贮存和传递遗传信息的生理功能，以保证物种的延续和发展。磷还存在于三磷酸腺苷（ATP）等物质中，以贮藏生物的能量。

2. 磷的化学性质

两种磷在物理性质上有很大差异，但在化学性质上基本相同。

（1）与 O_2 反应

$$4P + 5O_2 \xrightarrow{\text{点燃}} 2P_2O_5$$

（2）与 Cl_2 反应　生成大量白色烟雾。

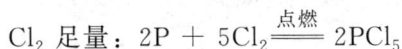

Cl_2 不足量：$2P + 3Cl_2 \xrightarrow{\text{点燃}} 2PCl_3$

Cl_2 足量：$2P + 5Cl_2 \xrightarrow{\text{点燃}} 2PCl_5$

3. 磷的化合物

（1）五氧化二磷（P_2O_5）　P_2O_5 是白色固体，有强烈的吸水性，常用作干燥剂。P_2O_5 溶于热水生成正磷酸（H_3PO_4），简称磷酸；若溶于冷水则生成偏磷酸（HPO_3），偏磷酸有毒。

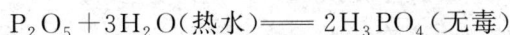

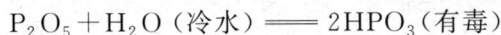

$$P_2O_5 + 3H_2O(\text{热水}) = 2H_3PO_4(\text{无毒})$$

$$P_2O_5 + H_2O（\text{冷水}）= 2HPO_3（\text{有毒}）$$

（2）磷酸（H_3PO_4）与磷酸盐　H_3PO_4 是无色透明晶体，具有吸湿性，可与水以任意比例互溶。市售 H_3PO_4 溶液约含 85% 的 H_3PO_4，是黏稠状液体。磷酸是中强酸，可与碱发生中和反应：

$$H_3PO_4 + NaOH = NaH_2PO_4 + H_2O$$

$$H_3PO_4 + 2NaOH = Na_2HPO_4 + 2H_2O$$

$$H_3PO_4 + 3NaOH = Na_3PO_4 + 3H_2O$$

H_3PO_4 能形成三种盐，难溶的磷酸一氢盐和正盐与强酸作用，生成可溶性的磷酸二氢盐。如：

$$Ca_3(PO_4)_2 + 2H_2SO_4 + 2H_2O = Ca(H_2PO_4)_2 + 2CaSO_4 \cdot 2H_2O$$

磷酸盐是各种磷肥的主要组成部分。人死了躯体埋在地下腐烂，磷由磷酸盐转化成磷化氢（PH$_3$）气体，沿着地下的裂缝或孔洞冒到空气中自燃而发出蓝色的光，这就是磷火，也就是人们说的"鬼火"了。

第五节　氧、硫及其化合物

学习导航

在意大利北部，5%的森林死于酸雨。闻名世界，代表我国古建筑精华的北京汉白玉石雕，近年来也遭到意想不到的损害，故宫太和殿台阶的栏杆上雕刻着各式各样的浮雕花纹，50多年前图案清晰可辨，如今却大多模糊不清，甚至成光板。我国江苏、安徽、湖北、福建、江西、浙江几省的农田曾经受酸雨影响，造成经济损失一年达千万元。

那么酸雨是如何形成的呢？

一、氧及其化合物

1. 氧气（O$_2$）

常温常压下，O$_2$ 是无色、无味的气体，难溶于水，加压液化的液氧为天蓝色液体，而固态氧为雪花状蓝色晶体。

一般实验室制取氧气，用二氧化锰作催化剂，氯酸钾加热下生成氧气和氯化钾。

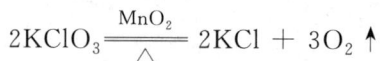

$$2KClO_3 \xrightarrow[\triangle]{MnO_2} 2KCl + 3O_2\uparrow$$

工业上利用分离液态空气制取 O$_2$。

虽然氧气不能燃烧，但能使带火星的木条复燃，说明氧气可以助燃；氧气是一种化学性质比较活泼的气体，它在氧化反应中提供氧，具有氧化性，是一种常用的氧化剂，能使多种金属及非金属氧化。氧气能供给生物呼吸，纯氧可用于医疗急救用品及气焊、气割、火箭推动剂等。

2. 臭氧（O$_3$）

在自然界中存在着一种比 O$_2$ 化学性质还要活泼的游离态氧单质，由于具有特殊臭味，故被称为臭氧。O$_3$ 与 O$_2$ 同为氧的同素异形体。

O$_3$ 为淡蓝色有特殊臭味的气体，难溶于水。它的化学性质活泼，常温就可分解为 O$_2$：$2O_3 \rightleftharpoons 3O_2$。

O$_3$ 有强氧化性，可用于漂白和消毒。高压放电、打雷、高压电机和复印机工作，都会产生臭氧。

臭氧和过氧化氢的性质

$$3O_2 \xrightarrow[\text{或放电}]{\text{紫外线}} 2O_3$$

离地面 20～40km 的高空，有一层由于太阳紫外线强辐射形成的臭氧层，是保护地面生物免受太阳强烈辐射的防御屏障。近年来，由于大气中 NO、NO_2 等氮氧化物和氯氟化碳（$CFCl_3$、CF_2Cl_2）等含量过多，臭氧层遭到破坏，一旦臭氧层被破坏，就会造成很多严重后果，如动物和人眼睛失明，人和动物免疫力降低，人的皮肤色斑增多，皮肤癌发病率增高，地球变暖。此外，海洋中的浮游生物大量被紫外线杀死后，大气中大量的二氧化碳就不能被海洋吸收了。因此，必须采取措施来保护臭氧层。

思考交流 8-16

从化合价角度考虑，H_2O_2 是用作氧化剂还是还原剂呢？如何保存过氧化氢？

3. 过氧化氢（H_2O_2）

纯过氧化氢是淡蓝色的黏稠液体，熔点 $-0.43℃$，沸点 $150.2℃$，可以任意比例与水混合，水溶液俗称双氧水，为无色透明液体。由于过氧化氢具有强氧化性，其水溶液适用于医用伤口消毒及环境消毒和食品消毒。市售的商品一般是浓度 30% 或 3% 的水溶液。

过氧化氢是一种极弱的酸，它的化学性质如下。

（1）分解 在一般情况下会分解成水和氧气，但分解速率极慢，加快其反应速率的办法是加入催化剂——二氧化锰。

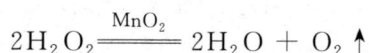
$$2H_2O_2 \xrightarrow{MnO_2} 2H_2O + O_2\uparrow$$

在光照、碱性等条件下，分解加速，因此，过氧化氢应保存在棕色瓶中，放置在阴凉处。

（2）氧化性

$$H_2O_2 + H_2S == 2H_2O + S\downarrow$$

（3）还原性

$$5H_2O_2 + 2KMnO_4 + 3H_2SO_4 == K_2SO_4 + 2MnSO_4 + 8H_2O + 5O_2\uparrow$$

H_2O_2 是一种无公害的强氧化剂，有很强的杀菌能力，使用范围日益扩大。作为漂白剂，由于其具有反应时间短、白度高、放置久而不返黄、对环境污染小、废水便于处理等优点，常用于布匹、纸浆等的漂白。在化学合成中，用于合成有机过氧化物、无机过氧化物。

思考交流 8-17

怎样除去 CO_2 中的 SO_2？

二、硫及其化合物

1. 硫

硫以游离态和化合物的形式存在于自然界中。硫有多种同素异形体，最常见的是斜方硫（又叫菱形硫、α-硫）和单斜硫（又叫 β-硫），它们都是由 S_8 环状分子组成的。

硫单质为黄色固体，俗名硫黄。

S 的化学性质：S 既有氧化性又有还原性，与变价金属化合成低价硫化物。

（1）氧化性

与绝大多数金属反应：$Fe + S \xrightarrow{\triangle} FeS$

$$2Cu + S \xrightarrow{\triangle} Cu_2S$$

与非金属反应：硫在氢气中燃烧反应生成有臭鸡蛋气味的气体 H_2S。

$$H_2 + S \xrightarrow{点燃} H_2S$$

（2）还原性　硫在空气中燃烧产生淡蓝色火焰，在氧气中燃烧产生蓝紫色火焰，放出大量热，产生一种有刺激性气味的气体 SO_2。

$$S + O_2 \xrightarrow{点燃} SO_2$$

（3）硫与热碱溶液反应

$$3S + 6NaOH =\!=\!= 2Na_2S + Na_2SO_3 + 3H_2O$$

📖 学海拾贝

黑火药是我国古代四大发明之一。把木炭粉、硫黄粉和硝酸钾（KNO_3）按一定比例混合，就可以制得黑火药。因此，黑火药是一种混合物。黑火药燃烧时，反应很剧烈，生成大量气体，同时放出大量的热，使气体生成物的体积骤然膨胀，几乎达到原来火药体积的 2000 倍，因而发生爆炸。爆炸时，固体生成物的微粒分散在气体里，因而又形成了浓密的烟。电影里一些硝烟弥漫的战斗场面，有些就是由黑火药"制造"出来的。

思考交流 8-18

为什么长时间放置的报纸和草帽会变黄？

2. H_2S、SO_2 与 SO_3

（1）H_2S　H_2S 是无色、具有臭鸡蛋性气味的气体，比空气重，剧毒，是大气污染物，可溶于水（常温常压下，1 体积水能溶解 2.6 体积的硫化氢，即 1：2.6），氢硫酸是弱酸。

H_2S 的化学性质如下。

① 可燃性。

$$2H_2S + 3O_2 \xrightarrow{点燃} 2SO_2 + 2H_2O \qquad 2H_2S + O_2 \xrightarrow{点燃} 2S + 2H_2O$$

② 还原性。

$$2FeCl_3 + H_2S =\!=\!= 2FeCl_2 + 2HCl + S\downarrow$$

③ 不稳定性。

$$H_2S \xrightarrow{\triangle} S + H_2$$

H_2S 的实验室制法：

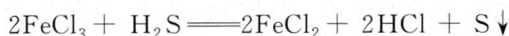

$$FeS + 2HCl == FeCl_2 + H_2S \uparrow$$

或
$$FeS + H_2SO_4 == FeSO_4 + H_2S \uparrow$$

H_2S 的检验：湿润的醋酸铅（或硝酸铅）试纸，若试纸变黑色，证明是硫化氢。

（2）SO_2 SO_2 为无色、有刺激性气味的有毒气体，密度比空气大，易液化，易溶于水（常温常压下，1 体积水能溶解 40 体积的二氧化硫，即 1∶40）。

SO_2 的化学性质如下。

① 具有酸性氧化物的通性。与 H_2O 反应，生成亚硫酸：

$$SO_2 + H_2O \rightleftharpoons H_2SO_3$$

SO_2 俗称亚硫酸，亚硫酸是一种中强酸，不稳定，但酸性比碳酸强。SO_2 可使紫色石蕊试液变红。

与碱反应：

$$SO_2 + 2NaOH == Na_2SO_3 + H_2O$$

实验室制取 SO_2，可选择用碱液吸收尾气，防止空气污染。

与碱性氧化物反应：

$$SO_2 + CaO == CaSO_3$$

② SO_2 具有漂白性。SO_2 溶于水产生的 H_2SO_3 能与某些有色物质结合成不稳定的无色物质而具有漂白性，但生成的无色物质不稳定，受热易分解，使颜色恢复。因此属暂时性漂白。SO_2 能使品红溶液褪色。

③ 具有较强的还原性。可被卤素单质、O_2、$KMnO_4/H^+$、HNO_3 等氧化剂氧化，如

$$2SO_2 + O_2 \underset{\triangle}{\overset{V_2O_5}{\rightleftharpoons}} 2SO_3$$

④ 具有氧化性

$$SO_2 + 2H_2S == 3S + 2H_2O$$

（3）SO_3 SO_3 是无色易挥发的晶体，熔点为 16.8℃，沸点为 44.8℃。SO_3 是酸性氧化物，俗称硫酸酐，具有酸性氧化物的通性。

$$SO_3 + H_2O == H_2SO_4（放出大量热）$$
$$SO_3 + Ca(OH)_2 == CaSO_4 + H_2O$$
$$SO_3 + CaO == CaSO_4$$

思考交流 8-19

能用浓 H_2SO_4 干燥 NH_3 吗？

3. 硫酸（H_2SO_4）

（1）物理性质   硫酸是无色、油状黏稠液体；密度比水大，且浓度越大，密度越大，市售浓硫酸浓度为 98%（质量分数），密度 1.84g/mL；沸点高，难挥发，能与水以任意比例混溶，且溶于水放热。

（2）化学性质

① H_2SO_4 具有脱水性。脱水性是指把有机物中的氢、氧元素按水的组成比例脱去，属

于化学变化。如蔗糖遇浓 H_2SO_4 脱水碳化。

② 浓 H_2SO_4 具有吸水性。吸水性是指吸收物质中存在的水，或使结晶水合物中的结晶水失去。如蓝色五水硫酸铜晶体遇浓 H_2SO_4 变成白色的无水硫酸铜。根据此性质可作干燥剂，常用于干燥不与它作用的气体。

注意：碱性气体（NH_3）、还原性气体（H_2S、HI、HBr 等）不能用浓硫酸干燥。

③ 浓 H_2SO_4 具有强氧化性。与硝酸性质相似，常温下，浓 H_2SO_4 也可使铁、铝表面形成致密的氧化膜而钝化。

浓 H_2SO_4 可以与金属和非金属反应：

$$3Zn + 4H_2SO_4(浓) = 3ZnSO_4 + S\downarrow + 4H_2O$$

$$Cu + 2H_2SO_4(浓) \xrightarrow{\triangle} CuSO_4 + SO_2\uparrow + 2H_2O$$

$$C + 2H_2SO_4(浓) \xrightarrow{\triangle} CO_2\uparrow + 2SO_2\uparrow + 2H_2O$$

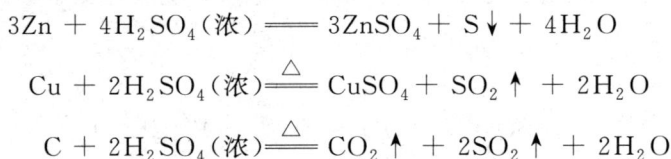

可以将浓 H_2SO_4 稀释成我们需要的浓度，由于浓硫酸有强烈的腐蚀性，溶于水时又放出大量热，易使水沸腾而引起浓硫酸飞溅至皮肤和衣物上导致严重的后果，所以使用和稀释浓硫酸必须严格按要求操作：稀释浓硫酸时，必须将浓硫酸缓缓地沿器壁注入溶剂中，同时要搅动液体，以使热量及时地扩散。

第六节 卤 素

📚 **学习导航**

在日常生活中，常常用到一种有效的消毒剂——84 消毒液。你知道 84 消毒液的有效成分是什么吗？它是怎样制备的？它的消毒原理又是怎样的呢？

卤素是ⅦA族元素，常用 X 表示，包括 F、Cl、Br、I、At 五种元素。其中 At 是放射性元素，不作讨论。卤素的希腊文原意为成盐元素，是因为它们是典型的非金属，易与典型的金属元素化合成盐，因此而得名。卤素是最活泼的一族非金属元素，在自然界只能以化合态的形式存在。

思考交流 8-20

应如何保存液溴？

一、Cl_2 的制备

Cl_2 在实际生产和生活中应用较多，这里重点介绍 Cl_2 的制备方法。

（1）实验室制法　实验室经常使用二氧化锰和浓盐酸反应制取 Cl_2：

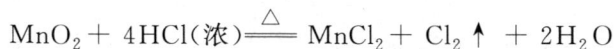

$$MnO_2 + 4HCl(浓) \xrightarrow{\triangle} MnCl_2 + Cl_2\uparrow + 2H_2O$$

也可以采用氯酸钾或高锰酸钾与浓盐酸反应制备：

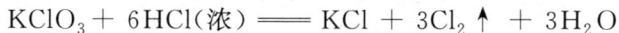

$$2KMnO_4 + 16HCl(浓) == 2MnCl_2 + 2KCl + 5Cl_2\uparrow + 8H_2O$$

$$KClO_3 + 6HCl(浓) == KCl + 3Cl_2\uparrow + 3H_2O$$

（2）工业制法　电解饱和食盐水：

$$2NaCl + 2H_2O \xrightarrow{电解} 2NaOH + H_2\uparrow + Cl_2\uparrow$$

二、卤素的物理性质及应用

1. 氟气（F_2）

氟气常温下为淡黄绿色的气体，有剧毒。F_2 可制取氟化物，如 NaF 可预防龋齿，牙膏中加入少量，防止儿童牙齿龋坏；含氟农药杀灭害虫；氟利昂-12（CCl_2F_2）常用作制冷剂。

2. 氯气（Cl_2）

氯气常温下为黄绿色气体（见彩图18），有毒，可溶于水，1 体积水能溶解 2 体积氯气，水溶液称为氯水。Cl_2 通入自来水，具有杀菌、消毒的作用，与 $Ca(OH)_2$ 反应制成漂白粉，具有漂白作用。氯气还是制取含氯化合物的原料。

3. 溴（Br_2）

液溴是深棕红色、密度比水大的液体（见彩图19）；很容易挥发，具有强烈的腐蚀性（加一些水，密闭保存）；微溶于水，易溶于有机溶剂。

液溴的保存：棕色瓶，水封，不用橡胶塞。

思考交流 8-21

如何提纯沙子和碘的混合物？

4. 碘（I_2）

单质碘呈紫黑色晶体（见彩图20），易升华，升华后易凝华，有毒性和腐蚀性。碘单质遇淀粉会变蓝紫色。碘主要用于制药物、染料、碘酒、试纸和碘化合物等。碘是人体必需的微量元素之一。

碘的蒸气压很高，加热时碘可直接由固态转化成气态，这一过程称为升华。

应用：① 利用碘的升华的性质可纯化和分离碘。

② 碘单质遇淀粉变蓝紫色，以此可检验单质碘。

注意：碘化钾溶液加入淀粉溶液，不变蓝色。

溴和碘微溶于水，但易溶于四氯化碳或二硫化碳等非极性溶剂。

学海拾贝

18世纪末和19世纪初，法国皇帝拿破仑发动战争，需要大量硝酸钾制造火药。当时欧洲的硝酸钾矿多取自印度，但是储藏量是有限的。欧洲人从南美的智利找到了大量硝石矿床，可是它的成分是硝酸钠，具有吸湿性，不适宜制造火药。在这种情况下，1809年一位西班牙化学家找到了利用海草或海藻灰的溶液把天然的硝酸钠或其他硝酸盐转变成硝酸钾的方法。因为海草或海藻中含有钾的化合物。

当时法国的制造硝石商人、药剂师库尔图瓦就按照这个方法生产硝酸钾。他将硫酸倾倒进海草灰溶液中，发现放出一股美丽的紫色气体。这种气体在冷凝后不形成液体，却变成暗黑色带有金属光泽的结晶体，这就是碘。

三、卤素的化学性质

1. X_2 与金属单质反应

X_2 与金属单质反应生成金属卤化物，Cl_2、Br_2 与变价金属生成高价盐：

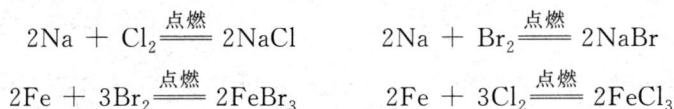

$$2Na + Cl_2 \xrightarrow{点燃} 2NaCl \qquad 2Na + Br_2 \xrightarrow{点燃} 2NaBr$$

$$2Fe + 3Br_2 \xrightarrow{点燃} 2FeBr_3 \qquad 2Fe + 3Cl_2 \xrightarrow{点燃} 2FeCl_3$$

I_2 与变价金属生成低价盐：

$$Fe + I_2 \xrightarrow{\triangle} FeI_2 \qquad Cu + I_2 \xrightarrow{\triangle} 2CuI$$

2. X_2 与 H_2 反应

X_2 与 H_2 反应可制得卤化氢气体 HX，卤化氢分子是极性分子，易溶于水，卤化氢的水溶液称为氢卤酸，HX 也可以表示氢卤酸（表8-4）。

表 8-4　不同卤素单质与 H_2 反应比较

单质	反应条件	化学方程式	生成氢化物稳定性
F_2	冷、黑暗处爆炸	$H_2 + F_2 \longrightarrow 2HF$	很稳定
Cl_2	光照或点燃	$H_2 + Cl_2 \xrightarrow{光照} 2HCl$	稳定
Br_2	500℃高温	$H_2 + Br_2 \xrightarrow{500℃} 2HBr$	较不稳定
I_2	高温持续加热	$H_2 + I_2 \xrightarrow{\triangle} 2HI$	很不稳定

不同卤素单质与 H_2 反应制得的卤化氢性质变化规律如下。

① 反应剧烈程度从上到下逐渐减弱，反应条件越来越难。

② 稳定性：$HF > HCl > HBr > HI$。

③ 水溶液（氢卤酸）酸性：$HF < HCl < HBr < HI$（HF 为弱酸）。

3. X_2 与 H_2O 反应

X_2 与 H_2O 反应生成氢卤酸和次卤酸：

$$2F_2 + 2H_2O === 4HF + O_2\uparrow （剧烈反应）$$

$$Cl_2 + H_2O === HCl + HClO$$

溴与水反应比氯气与水的反应更弱一些，碘与水只有很微弱的反应。

$$Br_2 + H_2O === HBr + HBrO$$

我们看到氟、氯、溴、碘与水的反应剧烈程度逐渐减弱，说明卤素单质活泼性：$F_2 >$ $Cl_2 > Br_2 > I_2$。

应用：新制氯水中有次氯酸 $HClO$，$HClO$ 是强氧化剂，能杀死细菌，还能使有色物质褪色，因此新制氯水常用于消毒和漂白（永久性漂白）。

4. X_2 与碱溶液反应

$$Cl_2 + 2NaOH === NaCl + NaClO + H_2O$$

$$Br_2 + 2NaOH === NaBr + NaBrO + H_2O$$

$$I_2 + 2NaOH === NaI + NaIO + H_2O$$

应用：通常用 $NaOH$ 溶液吸收 Cl_2、Br_2。

思考交流 8-22

Cl_2 可以把 Br_2、I_2 从它们的盐溶液中置换出来，请解释其中的原因。

5. 卤素单质间的置换反应

由于氧化性 $Cl_2 > Br_2 > I_2$，所以会发生如下反应：

$$Cl_2 + 2NaBr === 2NaCl + Br_2$$

$$Cl_2 + 2KI === 2KCl + I_2$$

$$Br_2 + 2KI === 2KBr + I_2$$

四、卤化银的制取及卤离子的检验

$$NaCl + AgNO_3 === NaNO_3 + AgCl\downarrow （白色沉淀）$$

$$NaBr + AgNO_3 === NaNO_3 + AgBr\downarrow （浅黄色沉淀）$$

$$KI + AgNO_3 === KNO_3 + AgI\downarrow （黄色沉淀）$$

$AgCl$、$AgBr$、AgI 难溶于水，且均不溶于稀硝酸中。

应用：硝酸银溶液和稀硝酸，可作为检验氯离子、溴离子及碘离子的试剂。

注意：氟化银（AgF）可溶于水。

卤化银具有感光性：

$$2AgBr \xrightarrow{光照} 2Ag + Br_2$$

因此溴化银用于制照相的感光片。

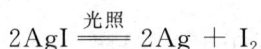

$$2AgI \xrightarrow{光照} 2Ag + I_2$$

AgI 可用于人工降雨。AgI 不稳定，在空中分解需要吸热，使水蒸气遇冷凝结成水滴形成降雨，这是一个原因；另外，碘化银具有三种结晶形状，其中六方晶形与冰晶的结构相似，能起冰核作用，也就是可为水蒸气提供附着点，即所谓的凝结核，使水蒸气凝成水下落。

思考交流 8-23

工业上常说的"三酸两碱"是重要的化工原料，其中"三酸"指的是哪三种酸？

五、卤化氢和氢卤酸

将卤化氢溶于水即可制得相应的氢卤酸。如把氯化氢溶于水就制得氢氯酸，即盐酸。盐酸是最常用的三大强酸之一，氢溴酸和氢碘酸也都是强酸。

1. 卤化氢的制备

由于 F_2 与 H_2 反应太激烈而难以控制，直接法不宜用于 HF 的制备，直接法也不能用于制备 HBr 和 HI，因为反应慢而不完全，没有制备意义。

可以采用复分解法：

$$CaF_2 + H_2SO_4（浓）\!=\!\!=\!\! CaSO_4 + 2HF\uparrow$$
$$NaCl + H_2SO_4（浓）\!=\!\!=\!\! NaHSO_4 + HCl\uparrow$$
$$NaBr + H_3PO_4\!=\!\!=\!\! NaH_2PO_4 + HBr\uparrow$$
$$NaI + H_3PO_4\!=\!\!=\!\! NaH_2PO_4 + HI\uparrow$$

思考交流 8-24

氢氟酸可以用玻璃瓶盛吗？盐酸呢？

2. 氢卤酸的性质

（1）氢氟酸　氢氟酸能与二氧化硅或硅酸盐（玻璃的主要成分）反应生成气态的 SiF_4：

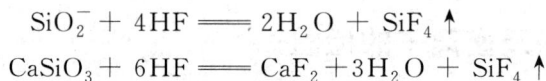

$$SiO_2^- + 4HF \!=\!\!=\!\! 2H_2O + SiF_4\uparrow$$
$$CaSiO_3 + 6HF \!=\!\!=\!\! CaF_2 + 3H_2O + SiF_4\uparrow$$

氢氟酸不可以用玻璃瓶盛放，可用聚乙烯塑料瓶盛放氢氟酸。

思考交流 8-25

写出用胃舒平（主要成分是氢氧化铝）治疗胃酸过多症的反应原理的化学方程式。

（2）盐酸　浓盐酸的物理性质如下。

无色，有刺激性气味，液体，有酸味。HCl 极易溶于水，1 体积水可溶解 500 体积 HCl 气体形成盐酸。盐酸具有挥发性。

盐酸的化学性质如下。

盐酸能使紫色石蕊试液变红色，使无色酚酞试液不变色，使甲基橙试液变红色。

盐酸与碱反应：$Cu(OH)_2 + 2HCl \!=\!\!=\!\! CuCl_2 + 2H_2O$

盐酸与一些盐反应：$CaCO_3 + 2HCl \!=\!\!=\!\! CaCl_2 + H_2O + CO_2\uparrow$

盐酸与活泼金属反应：$Zn + 2HCl \Longrightarrow ZnCl_2 + H_2\uparrow$

盐酸与金属氧化物反应：$Fe_2O_3 + 6HCl \Longrightarrow 2FeCl_3 + 3H_2O$

盐酸的用途：盐酸可以用于金属表面的除锈，除去水垢，胃液中含有盐酸帮助消化，还可以用于制造试剂与药物，如盐酸麻黄素。

六、卤素的含氧酸及盐

次氯酸及其盐

卤素含氧酸多数仅能在水溶液中存在。在卤素的含氧酸及其盐中以氯的含氧酸及其盐实际应用较多，下面主要介绍氯的含氧酸及其盐。

思考交流 8-26

久置的氯水有漂白作用吗？为什么？

1. 次氯酸及其盐

次氯酸是弱酸，很不稳定，极易分解，仅存在于稀溶液中，当光照时分解更快，并放出氧气：

$$2HClO \Longrightarrow 2HCl + O_2\uparrow$$

次氯酸具有杀菌和漂白能力，就是基于这个反应。次氯酸不稳定，因此，常用它的盐。氯气在常温下和碱作用可制取次氯酸盐。

次氯酸钠（NaClO）是强氧化剂，它是 84 消毒液的主要成分，有漂白、杀菌作用，常用于印染、制药工业。最常见的次氯酸盐是次氯酸钙，是漂白粉的有效成分，可将 Cl_2 通入消石灰而制得：

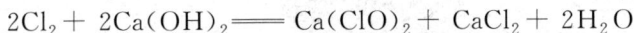

$$2Cl_2 + 2Ca(OH)_2 \Longrightarrow Ca(ClO)_2 + CaCl_2 + 2H_2O$$

漂白粉遇酸放出氯气：

$$Ca(ClO)_2 + 4HCl \Longrightarrow CaCl_2 + 2Cl_2\uparrow + 2H_2O$$

2. 氯酸及其盐

氯酸（$HClO_3$）是强酸、强氧化剂。其稀溶液在室温时较稳定，40％以上的浓溶液受热分解。

氯酸盐中最常见的是 $KClO_3$。将 Cl_2 通入热的氢氧化钾溶液中，生成氯酸钾和氯化钾：

$$3Cl_2 + 6KOH \xrightarrow{\triangle} KClO_3 + 5KCl + 3H_2O$$

氯酸钾是白色晶体，易溶于热水，在酸性溶液中由于转化为氯酸而显氧化性。反应式为：

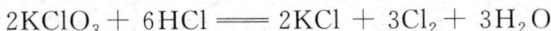

$$2KClO_3 + 6HCl \Longrightarrow 2KCl + 3Cl_2\uparrow + 3H_2O$$

$KClO_3$ 与易燃物（如 C、S、P 及有机物）混合，受撞击时会猛烈爆炸。因此常用它制造焰火、火柴及炸药等。

3. 高氯酸及其盐

高氯酸（$HClO_4$）是已知无机酸中最强的酸。它在冰醋酸、硫酸或硝酸溶液中仍能给出质子。

常温下，纯 $HClO_4$ 是无色黏稠液体，不稳定，贮存时会发生分解爆炸。浓度低于 60％

的 $HClO_4$ 溶液是稳定的。高氯酸的氧化性比氯酸弱，但浓热的高氯酸是强氧化剂。

高氯酸盐比氯酸盐稳定性强。常用的是高氯酸钾，其氧化性比氯酸钾弱，利用高氯酸钾的氧化性可制作安全炸药。

本章小结

思维导图

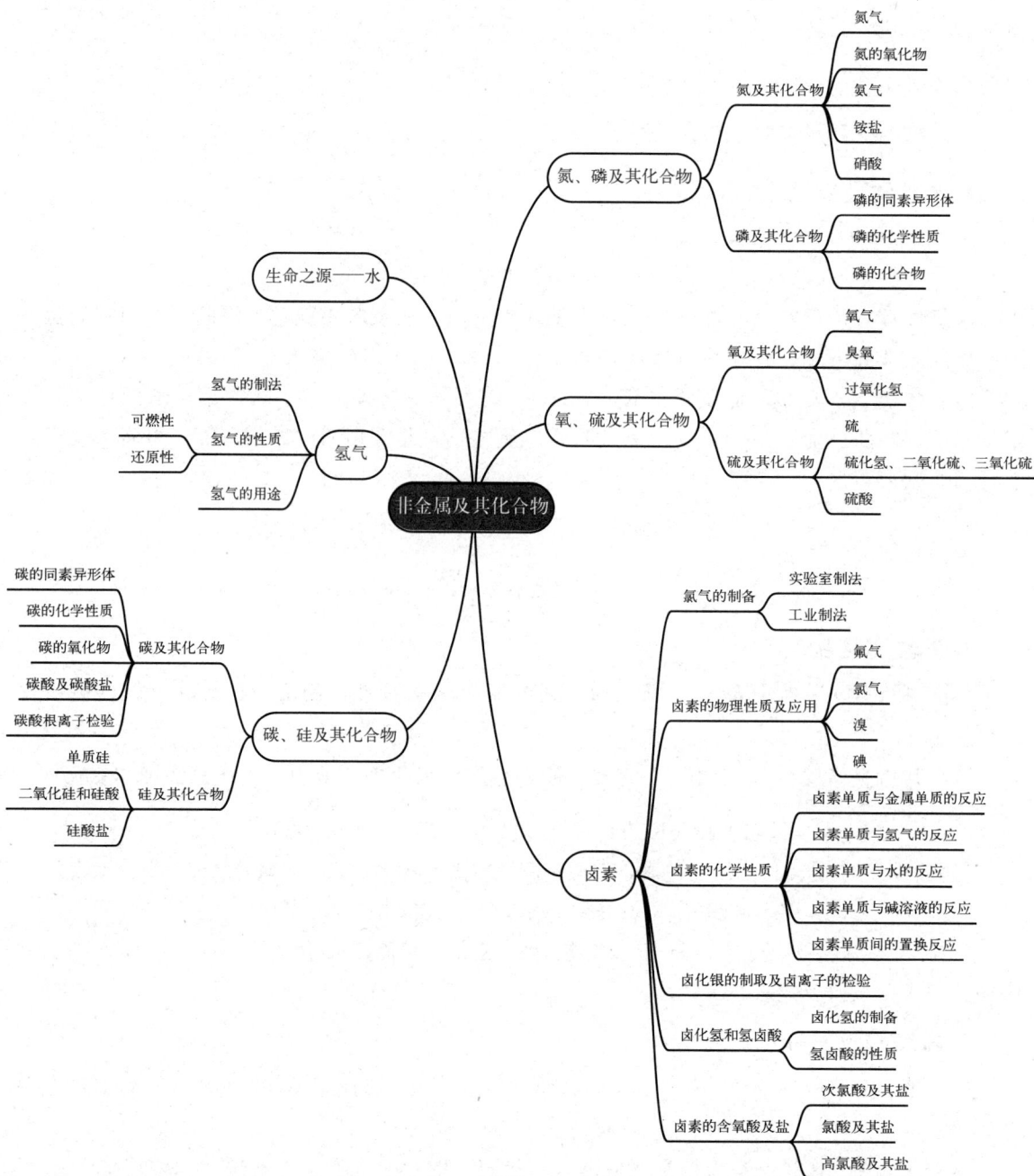

第九章

化学反应速率和化学平衡

学习目标

知识目标：

1. 能概括化学反应速率的表示方法。

2. 能描述平衡常数的物理意义及表示方法。

能力目标：

1. 能应用反应速率理论解释反应速率的快慢。

2. 能应用平衡移动原理说明浓度、压力及温度对化学平衡的影响。

3. 能计算反应物的平衡转化率。

素质目标：

1. 通过对化学平衡的学习，培养对立统一辩证思维。

2. 通过对浓度、温度等影响化学反应速率因素的学习，培养量变引起质变的辩证思维。

3. 通过对压力、温度等影响化学反应速率和化学平衡因素的学习，培养安全生产意识。

第一节 化学反应速率

学习导航

在化工生产中，假如你是企业负责人，你比较关心什么问题？在产品质量保证的前提下，你是不是希望企业效益好呢？那么如何保证效益呢？

在化学反应的研究中，人们主要关心两个基本问题：化学反应进行的快慢和在给定条件下化学反应进行的方向，能否得到预期的产物，即化学反应速率和化学平衡。

化学反应的速率千差万别，有的反应可以瞬间完成，如酸碱中和反应、火药爆炸；有的反应就很慢，需要几天、几年甚至更长时间；而在实际生产中，人们总希望那些有利的反应进行得快些、完全些，对于不希望发生的反应采取某些措施抑制甚至阻止其发生。因此研究反应速率和化学平衡问题对生产实践及人类的日常生活具有重要的意义。

思考交流 9-1

我们既然希望生产中的反应速率越快越好，那么如何表示反应速率呢？

在化学反应中，随着反应的进行，反应物浓度不断减小，生成物浓度不断增大。通常用单位时间内反应物或生成物浓度的变化来表示化学反应速率。浓度单位为 mol/L，时间单位为 s（秒）、min（分）、h（小时），因此反应速率的单位为 mol/(L·s)、mol/(L·min)、mol/(L·h) 等。绝大多数化学反应的反应速率是不断变化的，因此在描述化学反应快慢时可选用平均反应速率和瞬时反应速率。

平均反应速率是指某一段时间内反应的平均速率，可表示为：

$$\bar{v} = -\frac{\Delta c (\text{反应物})}{\Delta t} \quad \text{或} \quad \bar{v} = \frac{\Delta c (\text{反应物})}{\Delta t}$$

式中 $\bar{v}$ —— 平均反应速率，mol/(L·s)；

Δc —— 反应物或生成物浓度变化，mol/L；

Δt —— 反应时间，s。

因为反应速率总是正值，所以用反应物浓度的减少来表示时，必须在式子前加一个负号，使反应速率为正值。

【例题 9-1】 在给定条件下合成氨的反应，其中各种物质浓度变化如下：

$$N_2 + 3H_2 \rightleftharpoons 2NH_3$$

起始浓度/(mol/L)	1.0	3.0	0
2s 浓度/(mol/L)	0.8	2.4	0.4

求此合成氨的平均反应速率。

解 如用单位时间内反应物氮气或氢气的浓度减少表示，分别为：

$$\bar{v}(N_2) = -\frac{\Delta c(N_2)}{\Delta t} = -\frac{0.8-1.0}{2} = 0.1 \, \text{mol/(L·s)}$$

$$\bar{v}(H_2) = -\frac{\Delta c(H_2)}{\Delta t} = -\frac{2.4-3.0}{2} = 0.3 \, \text{mol/(L·s)}$$

若用产物氨气的浓度增加表示反应速率，则为：

$$\bar{v}(NH_3) = -\frac{\Delta c(NH_3)}{\Delta t} = \frac{0.4-0}{2} = 0.2 \, \text{mol/(L·s)}$$

从计算结果可以看出，同一反应，选用不同物质的浓度变化来表示反应速率时，数值可能不同，化学计量数相同时，反应速率相同，化学计量数不同则反应速率不同，因此必须标明物质名称。在同一时间间隔内，反应物减小量（mol）的绝对值、产物生成量（mol），与化学反应方程式的计量数成正比，即化学反应中各物质的反应速率之比等于化学方程式中各物质的化学计量数之比。例如，用氮气、氢气或氨气表示的反应速率与其化学反应方程式的相应计量数的比值相等。

$$\frac{v(N_2)}{1} = \frac{v(H_2)}{3} = \frac{v(NH_3)}{2}$$

随着反应的进行，反应始终在变化。因此，平均反应速率不能准确地表达出化学反应在某一瞬间的真实反应速率，只有采用瞬时速率才能说明反应的真实情况。

思考交流 9-2

以短跑作类比，启动阶段和加速阶段速率是不一样的，那么瞬时速率如何表示呢？

某一时刻的化学反应速率称为**瞬时反应速率**。它可以用极限的方法来表示。如对一般反应，以反应物 A 的浓度来表示反应速率，则有：

$$v(A) = -\lim_{\Delta t \to 0} \frac{\left[\Delta c(A)\right]}{\Delta t}$$

思考交流 9-3

前面我们知道了反应速率的表达式，那么影响反应速率的因素有哪些呢？

反应速率的大小主要取决于参加反应的物质的本性。其次是外界条件，如反应物的浓度、温度和催化剂等。

思考交流 9-4

研究浓度对反应速率的影响，要首先搞清楚什么是基元反应和非基元反应？

反应方程式只能表示反应物与生成物之间的数量关系，并不能表明反应进行的实际过程。实验证明，大多数化学反应并不是简单的一步完成，而是分步进行的。一步就能完成的反应称为**基元反应**。例如：

$$2NO_2(g) = 2NO(g) + O_2(g)$$

分几步进行的反应称为**非基元反应**。例如：

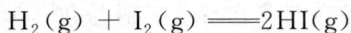

$$H_2(g) + I_2(g) = 2HI(g)$$

实际反应是分两步进行的：

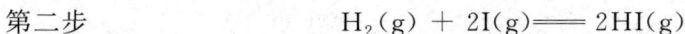

第一步 $\qquad\qquad\qquad I_2(g) = 2I(g)$

第二步 $\qquad\qquad\qquad H_2(g) + 2I(g) = 2HI(g)$

每一步为一个基元反应，总反应为两步反应的加和。

一个化学反应是否是基元反应，与反应进行的具体历程有关，是通过实验确定的。

一定温度下，增大反应物的浓度可加快反应速率。例如，物质在纯氧中燃烧比在空气中燃烧更为剧烈。显然，反应物浓度越大，反应速率越大。化学家在大量实验的基础上总结出：在一定温度下，化学反应速率与各反应物浓度幂（幂次等于反应方程式中该物质分子式前的系数）的乘积成正比，这一规律称为**质量作用定律**。例如：

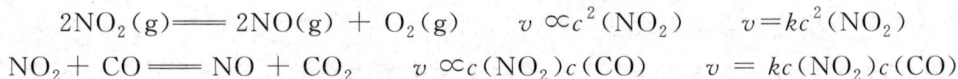

$$2NO_2(g) = 2NO(g) + O_2(g) \qquad v \propto c^2(NO_2) \qquad v = kc^2(NO_2)$$

$$NO_2 + CO = NO + CO_2 \qquad v \propto c(NO_2)c(CO) \qquad v = kc(NO_2)c(CO)$$

在一定温度下，对一般简单反应：

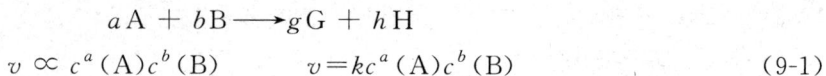

$$aA + bB \longrightarrow gG + hH$$

$$v \propto c^a(A)c^b(B) \qquad v = kc^a(A)c^b(B) \qquad (9\text{-}1)$$

式（9-1）即为经验速率方程式。比例系数 k 称为速率常数。显然，一定温度下，当 $c(A)=c(B)=1mol/L$ 时，$v=k$。因此，速率常数 k 的物理意义是单位浓度时的反应速率。k 是化学反应在一定温度下的特征常数，其数值的大小，取决于反应的本质，一定温度下，不同反应的速率常数不同。k 值越大，反应速率越快。对于同一反应，k 值随温度的改变而改变，一般情况下，温度升高，k 值增大。

质量作用定律虽然可以定量地说明反应物浓度和反应速率之间的关系，但它有一定的使用范围和条件，在使用时应注意以下几点。

① 质量作用定律只适用于基元反应和复杂反应中的每一步基元反应，对于复杂反应的总反应，则不能由反应方程式直接写出其反应速率方程式。

非基元反应是分步进行的，例如：

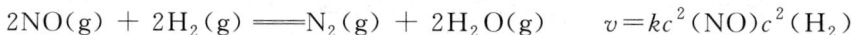

$$2NO(g) + 2H_2(g) =\!=\!= N_2(g) + 2H_2O(g) \qquad v = kc^2(NO)c^2(H_2)$$

该反应的具体反应历程如下：

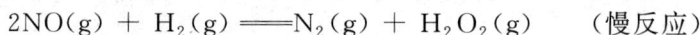

$$2NO(g) + H_2(g) =\!=\!= N_2(g) + H_2O_2(g) \qquad \text{（慢反应）}$$

$$H_2O_2(g) + H_2(g) =\!=\!= 2H_2O(g) \qquad \text{（快反应）}$$

在这两个反应中，第二个反应进行得很快，即 $H_2O_2(g)$ 一旦出现，反应迅速发生，生成 $H_2O(g)$；而第一个反应进行得较慢，因此总反应速率取决于第一步慢反应的速率。由于每一步均为基元反应，所以根据质量作用定律，可以得到反应的速率方程为 $v = kc^2(NO)c^2(H_2)$

大多数复杂反应的速率方程是通过实验得到的。但如果知道了其反应历程，即知道了它是由哪些基元反应组成的，就可以根据质量作用定律写出速率方程。

② 纯固体、纯液体参加的多项反应，若它们不溶于其他介质，则其浓度不出现在质量作用定律表达式中。

如：$C(s) + O_2(g) =\!=\!= CO_2(g) \quad v = kc(O_2)$

③ 稀溶液中进行的反应，若溶剂参与反应，其浓度不写入质量作用定律表达式。因为溶剂大量存在，其量改变甚微可近似看作常数，合并到速率常数项中。

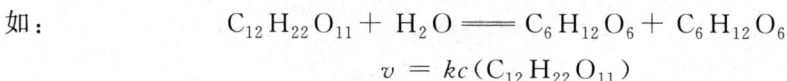

如：$\quad C_{12}H_{22}O_{11} + H_2O =\!=\!= C_6H_{12}O_6 + C_6H_{12}O_6$

$$v = kc(C_{12}H_{22}O_{11})$$

对于有气态物质参加的反应，压力会影响反应速率。在一定温度时，增大压力，气态反应物的浓度增大，反应速率加快；相反，降低压力，气态反应物的浓度减小，反应速率减慢。例如：

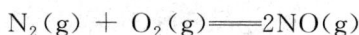

$$N_2(g) + O_2(g) =\!=\!= 2NO(g)$$

当压力增大一倍时，反应速率增大至原来的 4 倍。

对于没有气体参加的反应，由于压力对反应物的浓度影响很小，所以当改变压力，其他条件不变时，对反应速率影响不大。

【实验 9-1】将大理石加入 1mol/L 盐酸的试管中有大量的气泡产生；而加入 0.1mol/L

盐酸的试管气泡产生速率很慢。

我们看到浓度大的盐酸与大理石反应的速率比浓度小的盐酸与大理石反应的速率快。因此，由此实验推知，反应物的浓度越大，反应速率越快。

该结论是否适合所有的化学反应？

【实验 9-2】 往装有 1mL 的 0.05mol/L $Na_2S_2O_3$ 溶液的两支试管中分别加入 1mL 0.10mol/L、0.50mol/L 的 H_2SO_4（尽量做到同时加入）。

我们看到浓度大的硫酸与 $Na_2S_2O_3$ 混合后先有沉淀产生；而浓度小的硫酸与 $Na_2S_2O_3$ 混合时产生沉淀的现象要来得慢。由此可以证明，反应物的浓度越大，反应速率越快。

结论：在其他条件不变时，反应物的浓度越大，反应速率越快。

浓度对化学反应速率的影响

思考交流 9-5

大家知道夏天食物容易腐烂变质，放到冰箱里会保存时间长一些，这是为什么呢？

温度对化学反应速率的影响特别显著。不同的化学反应，其反应速率与温度的关系比较复杂，一般情况下，大多数化学反应速率随着温度的升高而加快，只有极少数反应（如 NO 氧化生成 NO_2）例外。荷兰物理化学家范特霍夫（J. H. Van't Hoff）根据实验事实归纳出一条经验规律：一般化学反应，在一定的温度范围内，温度每升高 10℃，反应速率或反应速率常数一般增大 2～4 倍。例如，氢气和氧气化合生成水的反应：

温度对化学反应速率的影响

$$2H_2 + O_2 == 2H_2O$$

在室温下，反应慢到难以察觉。如果温度升至 500℃，只需 2h 左右就可以完全反应，而 600℃ 以上则以爆炸的形式完成。

应用：日常生活中温度对化学反应速率的影响随处可见。夏天，由于气温高，食物易变质；把食物放在冰箱中，由于温度低，反应速率慢，可延长食物的保存期。用高压锅可以缩短煮饭的时间，是因为高压锅内可以得到高于 100℃ 的温度。

思考交流 9-6

氯酸钾加热分解可以制备氧气，但如果有二氧化锰，分解速率会更快，催化剂为何能加快反应速率呢？

📖 学海拾贝

催化剂最早由瑞典化学家贝采里乌斯发现。100 多年前，有个魔术"神杯"的故事。有一天，瑞典化学家贝采里乌斯（图 9-1）在化学实验室忙碌地进行着实验，傍晚，他的妻子玛利亚准备了酒菜宴请亲友，祝贺他的生日。贝采里乌斯沉浸在实验中，把这件事全忘了，直到玛利亚把他从实验室拉出来，他才恍然大悟，匆匆地赶回家。一进屋，客人们纷纷举杯向他祝贺，他顾不上洗手就接过一杯蜜桃酒一饮而尽。当他自己斟满第二杯酒干杯时，却皱起眉头喊道："玛利亚，你怎么把醋拿给我喝！"

玛利亚和客人都愣住了。玛利亚仔细瞧着那瓶子，还倒出一杯来品尝，一点儿都没错，确实是香醇的蜜桃酒啊！贝采里乌斯随手把自己倒的那杯酒递过去，玛利亚喝了一口，几乎全吐了出来，也说："甜酒怎么一下子变成醋啦？"客人们纷纷凑近来，观察着，猜测着这"神杯"发生的怪事。

贝采里乌斯发现，原来酒杯里有少量黑色粉末。他瞧瞧自己的手，发现手上沾满了在实验室研磨白金时沾上的铂黑。他兴奋地把那杯酸酒一饮而尽。原来，把酒变成醋酸的魔力是来源于白金粉末，是它加快了乙醇（酒精）和空气中的氧气发生化学反应，生成了醋酸。后来，人们把这一作用叫作触媒作用或催化作用，希腊语的意思是"解去束缚"。

图 9-1　贝采里乌斯

1836 年，他在《物理学与化学年鉴》杂志上发表了论文，首次提出化学反应中使用的"催化"与"催化剂"概念。

增大反应物浓度、升高反应温度均可使化学反应速率加快。但是浓度增大，使反应物的量加大，反应成本提高；有时升高温度，又会产生副反应。所以，在这些情况下，上述两种手段的利用均会受到限制。如果采用催化剂，则可以有效地增大反应速率。

催化剂是一种能改变化学反应速率，而其自身在反应前后质量和化学组成均不改变的物质。催化剂能改变反应速率的作用称为催化作用。

能加快反应速率的催化剂，叫正催化剂。能减慢反应速率的催化剂，叫负催化剂。如为防止塑料、橡胶老化及药物变质，常添加某种物质以减慢反应速率，这些被添加的物质就是负催化剂。通常我们所说的催化剂是指正催化剂。

催化剂对化学反应速率的影响

催化剂具有以下的基本特征：

① 反应前后其质量和化学组成不变；

② 量小但对反应速率影响大；

③ 有一定的选择性，一种催化剂只催化一种或少数几种反应；

④ 催化剂既催化正反应，也催化逆反应。

催化剂在现代化学、化工生产中起着极为重要的作用。据统计，化工生产中约有 85％的化学反应需要使用催化剂。尤其在当前大型化工、石油化工中，许多化学反应用于生产都是在找到了优良的催化剂后才付诸实践的。

第二节 化 学 平 衡

化学平衡的基本概念

学习导航

一个反应速率层面上可以进行的反应，会百分之百地转化为生成物吗？如果不是，转化率是多少？如何提高转化率以得到更多的产物？

在同一条件下，既能向正反应方向进行又能向逆反应方向进行的反应称为**可逆反应**。通常可逆反应用双箭头表示：

$$A + B \rightleftharpoons D + E$$

绝大多数的化学反应具有一定的可逆性。如在一个密闭容器中，将氮气和氢气按 1：3 的比例混合，它们将发生反应：

$$N_2 + 3H_2 \rightleftharpoons 2NH_3$$

在一定条件下，反应刚开始时，正反应速率最大，逆反应的速率几乎为 0，随着反应的进行，反应物（N_2 和 H_2）浓度逐渐减小，正反应速率逐渐减小，生成物（NH_3）浓度逐渐增大，逆反应速率逐渐增大。当正反应速率等于逆反应速率时，体系中反应物和产物的浓度均不再随时间改变而变化，体系所处的状态称为**化学平衡**。如

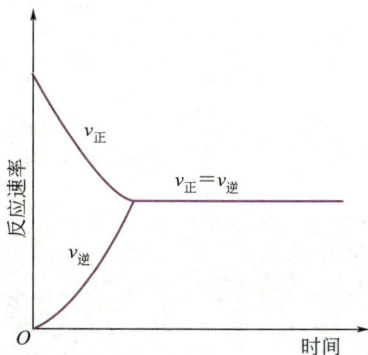

图 9-2　可逆反应的正、逆反应
速率随时间变化图

图 9-2 所示。

如果条件不改变，这种状态可以维持下去。从外表看，反应似乎已经停止，只不过是它们的速率相等，方向相反，使整个体系处于动态平衡。

思考交流 9-7

化学平衡有哪些特点呢？

化学平衡有以下特点。

① 达到化学平衡时，正、逆反应速率相等（$v_正 = v_逆$）。外界条件不变，平衡会一直维持下去。

② 化学平衡是动态平衡。达平衡后，反应并没有停止，因 $v_正 = v_逆$，所以体系中各物质浓度保持不变。

③ 化学平衡是有条件的。当外界条件改变时，正、逆反应速率发生变化，原有的平衡将被破坏，反应继续进行，直到建立新的动态平衡。

④ 由于反应是可逆的，因而化学平衡既可以由反应物开始达到平衡，也可以由产物开始达到平衡。如：$N_2 + 3H_2 \rightleftharpoons 2NH_3$，平衡既可从 N_2 和 H_2 反应开始达到平衡，也可从 NH_3 分解开始达到平衡。

思考交流 9-8

其实化学平衡也是可以量化的，那么如何量化呢？化学平衡常数怎么表示呢？

可逆反应：
$$aA + bB \rightleftharpoons gG + hH$$

在一定温度下达平衡时，各生成物平衡浓度幂的乘积与反应物平衡浓度幂的乘积之比为一常数，称为该反应的化学平衡常数，又称为浓度常数，用 K_c 表示。其表达式为：

$$K_c = \frac{c^g(G^+)c^h(H^+)}{c^a(A^+)c^b(B^+)} \tag{9-2}$$

式（9-2）中，$c^g(G^+)$、$c^h(H^+)$、$c^a(A^+)$、$c^b(B^+)$ 表示生成物 G、H 和反应物 A、B 的平衡浓度。

若为气相反应，平衡常数可用各气体相应的平衡分压表示，称为压力常数，用 K_p 表示：

$$K_p = \frac{p^g(G)p^h(H)}{p^a(A)p^b(B)} \tag{9-3}$$

式（9-3）中，$p(G)$、$p(H)$、$p(A)$、$p(B)$ 分别表示各物质的平衡分压，单位为 MPa。

例如：
$$N_2(g) + 3H_2(g) \rightleftharpoons 2NH_3(g)$$

其压力常数和浓度常数可分别表示为：

$$K_p = \frac{p^2(NH_3)}{p(N_2)p^3(H_2)}; \qquad K_c = \frac{c^2(NH_3)}{c(N_2)c^3(H_2)}$$

思考交流 9-9

化学平衡常数表达式书写要注意哪些问题？这里要注意固体和液体气体处理是不一样的。

① 对于多相体系中的纯固体、纯液体和水的浓度是一常数，其浓度不写入表达式中。例如：

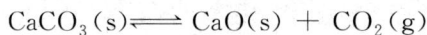
$$CaCO_3(s) \rightleftharpoons CaO(s) + CO_2(g)$$
$$K_p = p(CO_2)$$

$$Cr_2O_7^{2-}(aq) + H_2O(l) \rightleftharpoons 2CrO_4^{2-}(aq) + 2H^+(aq)$$

$$K_c = \frac{c^2(CrO_4^{2-})c^2(H^+)}{c(Cr_2O_7^{2-})}$$

② 平衡常数的表达式及其数值随化学反应方程式的写法不同而不同，但其实际含义却是相同的，例：

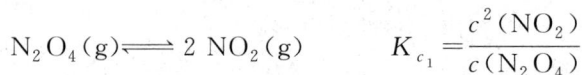
$$N_2O_4(g) \rightleftharpoons 2NO_2(g) \qquad K_{c_1} = \frac{c^2(NO_2)}{c(N_2O_4)}$$

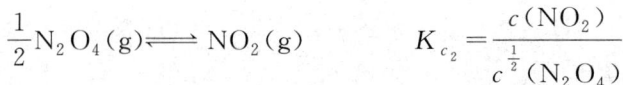
$$\frac{1}{2}N_2O_4(g) \rightleftharpoons NO_2(g) \qquad K_{c_2} = \frac{c(NO_2)}{c^{\frac{1}{2}}(N_2O_4)}$$

$$2NO_2(g) \rightleftharpoons N_2O_4(g) \qquad K_{c_3} = \frac{c(N_2O_4)}{c^2(NO_2)}$$

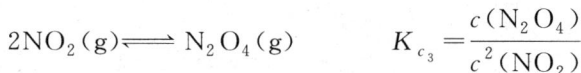

以上三种平衡常数表达式都描述同一平衡体系，但 $K_{c_1} \neq K_{c_2} \neq K_{c_3}$。因此，使用时，平衡常数表达式必须与反应方程式相对应。

思考交流 9-10

化学平衡常数的大小在工业上又表示什么呢？

平衡常数是可逆反应的特征常数，它的大小表明了在一定条件下反应进行的程度。对同一类反应，在给定条件下，平衡常数值越大，表明正反应进行的程度越大，即正反应进行得越完全。

平衡常数与反应体系的浓度（或分压）无关，与温度有关。对同一反应，温度不同，平衡常数值不同，因此，使用时必须注明对应的温度。

思考交流 9-11

如何确定化学平衡常数？

1. 由平衡浓度（或压力）计算平衡常数

【例题 9-2】合成氨反应 $N_2 + 3H_2 \rightleftharpoons 2NH_3$ 在某温度下达到平衡时，N_2、H_2、NH_3 的浓度分别是：3mol/L、9mol/L、4mol/L，求该温度下的浓度常数。

解　已知平衡浓度，代入平衡常数表达式即可：

$$K_c = \frac{c^2(NH_3)}{c(N_2)c^3(H_2)} = \frac{4^2}{3 \times 9^3} = 7.32 \times 10^{-3}$$

答：该温度下的平衡常数为 7.32×10^{-3}。

【例题 9-3】在 973 K 时，下列反应达平衡状态：

$$2SO_2(g) + O_2(g) \rightleftharpoons 2SO_3(g)$$

若反应在 2.0 L 容器中进行，开始时，SO_2 为 1.00mol，O_2 为 0.5mol，平衡时生成 0.6mol SO_3，计算该条件下的 K_c、K_p。

解

	$2SO_2(g)$	$+$	$O_2(g)$	$\rightleftharpoons$	$2SO_3(g)$
起始 n/(mol/L)	1.0		0.5		0
转化 n/(mol/L)	0.6		0.3		0.6
平衡 n/(mol/L)	0.4		0.2		0.6
平衡 c/(mol/L)	0.4/2 = 0.2		0.2/2 = 0.1		0.6/2 = 0.3

则 $K_c = \dfrac{c^2(SO_3)}{c^2(SO_2)c(O_2)} = \dfrac{0.3^2}{0.2^2 \times 0.1} = 22.5$

$$K_p = K_c(RT)^{\Delta n} = 22.5 \times (8.314 \times 10^{-3} \times 973)^{2-3} = 2.781$$

2. 由平衡常数计算平衡转化率

平衡转化率是指反应达到平衡时，某反应物的转化量在该反应物起始量中所占的比例，即：

$$某反应物的平衡转化率 = \frac{平衡时该反应物的转化量}{该反应物的起始量}$$

【例题 9-4】 已知 298K 时，$AgNO_3$ 和 $Fe(NO_3)_2$ 两种溶液存在反应

$$Fe^{2+} + Ag^+ \rightleftharpoons Fe^{3+} + Ag$$

该温度下反应的平衡常数 $K_c = 2.99$。若反应开始时，溶液中 Fe^{2+} 和 Ag^+ 浓度均为 0.100mol/L，计算平衡时 Fe^{2+}、Ag^+ 和 Fe^{3+} 的浓度及 Ag^+ 的平衡转化率。

解 （1）计算平衡时溶液中各离子的浓度

设平衡时　　　　　　　　　　　　$c(Fe^{3+}) = x \text{ mol/L}$

则　　　　　　$c(Fe^{2+}) = (0.100 - x)\text{mol/L}; c(Ag^+) = (0.100 - x)\text{mol/L}$

$$Fe^{2+} \quad + \quad Ag^+ \rightleftharpoons Ag \quad + \quad Fe^{3+}$$

起始浓度/(mol/L)　　0.100　　　　0.100　　　　　　　　　0

平衡浓度/(mol/L)　0.100−x　　　0.100−x　　　　　　　　x

$$K_c = \frac{c(Fe^{3+})}{c(Fe^{2+})c(Ag^+)} = \frac{x}{(0.100-x)(0.100-x)} = 2.99$$

$$x = 0.0194$$

则：$c(Fe^{3+}) = 0.0194\text{mol/L}; c(Fe^{2+}) = c(Ag^+) = 0.100 - 0.0194 = 0.0806(\text{mol/L})$

（2）计算 Ag^+ 的平衡转化率

$$Ag^+ \text{ 的平衡转化率} = \frac{0.0194}{0.100} = 0.194 = 19.4\%$$

思考交流 9-12

化学平衡是永恒不变的吗？他会不会因为一些因素而改变和移动呢？

化学平衡是相对的、有条件的。当条件改变时，化学平衡就会被破坏，各种物质的浓度（或分压）就会改变，反应继续进行，直到建立新的平衡。这种由于条件变化导致化学反应由原平衡状态转变到新平衡状态的过程，称为化学平衡的移动。影响化学平衡的因素主要有浓度、压力和温度。

化学平衡的移动

1. 浓度对化学平衡的影响

对于任意可逆反应：$aA + bB \rightleftharpoons gG + hH$

令

$$Q_c = \frac{c^g(G)c^h(H)}{c^a(A)c^b(B)}$$

浓度对化学平衡的影响

式中，$c(A)$、$c(B)$、$c(G)$、$c(H)$ 分别为各反应物和生成物的任意浓度，Q_c 为可逆反应的生成物浓度幂的乘积与反应物浓度幂的乘积之比，称为浓度商。如果它们都等于平衡浓度，则 $Q_c = K_c$。如果 $Q_c \neq K_c$，则反应尚未达到平衡。如果向已达平衡的反应系统中加入反应物 A 和 B，即增大反应物的浓度，由于 $Q_c < K_c$，平衡被破坏，反应将向右进行，随着反应物 A 和 B 浓度的减小和生成物 G 和 H 浓度的增大，Q_c 值增大，当 $Q_c = K_c$ 时，反应又达到一个新的平衡。在新的平衡系统中，A、

B、G、H 的浓度不同于原来平衡系统中的浓度。同理，如果增大平衡系统中生成物 G 和 H 的浓度，或减小反应物 A 和 B 的浓度，由于 $Q_c > K_c$，平衡将向左移动，直到 $Q_c = K_c$，建立新的平衡为止。

浓度对化学平衡的影响可归纳为：其他条件不变时，增大反应物浓度或减小生成物浓度，平衡向右移动；增大生成物浓度或减小反应物浓度，平衡向左移动。

2. 压力对化学平衡的影响

对液相和固相中发生的反应，改变压力，对平衡几乎没有影响。但对于有气体参加的反应，压力的影响必须考虑。对于有气体参与的任一反应：

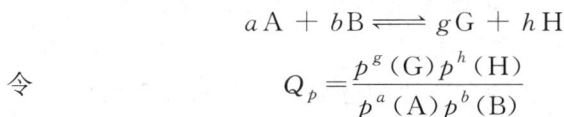

$$aA + bB \Longrightarrow gG + hH$$

令

$$Q_p = \frac{p^g(G) p^h(H)}{p^a(A) p^b(B)}$$

压力对化学
平衡的影响

式中，Q_p 为压力商；$p(A)$、$p(B)$、$p(G)$、$p(H)$ 分别为各反应物和生成物的任意分压。反应达到平衡时，$Q_p = K_p$。恒温下，对已达平衡的气体反应体系，增加总压或减小总压时，体系内各组分的分压将同时增大或减小相同的倍数。因此，总压力的改变对化学平衡的影响有两种情况。

① 如果反应物气体分子计量总数与生成物气体分子计量总数相等，即 $a + b = g + h$，增加总压或减小总压都不会改变 Q_p 值，仍有 $Q_p = K_p$，平衡不发生移动。

② 如果反应物气体分子计量总数与生成物气体分子计量总数不等，即 $a + b \neq g + h$，增加总压或减小总压都将会改变 Q_p 值，$Q_p \neq K_p$，则导致平衡移动。

例如：

$$N_2(g) + 3H_2(g) \Longrightarrow 2NH_3(g)$$

增加总压力，平衡将向生成 NH_3 的方向移动，减小总压力，平衡将向产生 N_2 和 H_2 的方向移动。

压力对化学平衡的影响可归纳为：其他条件不变时，增加体系的总压力，平衡将向气体分子计量总数减少的方向移动，减小体系的总压力，平衡将向气体分子计量总数增多的方向移动。

3. 温度对化学平衡的影响

温度对化学平衡的影响与浓度、压力对化学平衡的影响有本质的区别。浓度、压力变化时，平衡常数不变，只导致平衡发生移动。但温度变化时平衡常数发生改变。实验测定表明，对于正向放热（$q < 0$）反应，温度升高，平衡常数减小，此时，$Q > K$，平衡向左移动，即向吸热方向移动。对于正向吸热（$q > 0$）反应，温度升高，平衡常数增大，此时，$Q < K$，平衡向右移动。

NO_2 与 N_2O_4
的平衡移动

温度对化学平衡的影响可归纳为：其他条件不变时，升高温度，化学平衡向吸热方向移动；降低温度，化学平衡向放热方向移动。

4. 催化剂与化学平衡

使用催化剂能同等程度地增大正逆反应速率，平衡常数 K 并不改变。因此，使用催化

剂不会使化学平衡发生移动，只能缩短可逆反应达到平衡的时间。

综合上述影响化学平衡移动的各种因素，1884 年法国科学家勒·夏特列（Le chatelier）概括出一条普遍规律：如果改变平衡体系的条件之一（如浓度、压力或温度），平衡就向能减弱这个改变的方向移动。这个规律被称为勒·夏特列原理，也叫平衡移动原理。此原理适用于所有的动态平衡体系，但必须指出，它只能用于已经建立平衡的体系，对于非平衡体系则不适用。

📖 思政案例

勒·夏特列的一生

"可逆反应条件同，正逆等速两非零，正逆等速不再变，可把达平来判断。"

说起化学平衡自然不能忘记勒·夏特列原理。

1850 年，勒·夏特列出生于法国巴黎的一个化学世家，他的祖父开水泥厂，父亲则是一名化学家兼矿冶工程师。1875 年，他以优异的成绩毕业于巴黎工业大学，1887 年获博士学位后在高等矿业学校取得化学教授的职位。

勒·夏特列在 1870 年 9 月发生的普法战争中走上战场，被授予了少尉军衔。他在第一次世界大战期间出任法国武装部长。

勒·夏特列对水泥、陶瓷和玻璃的化学原理很感兴趣。他还研究乙炔气，发明了氧炔焰发生器，迄今还用于金属的切割和焊接。

勒·夏特列在 1888 年宣布："任何稳定化学平衡系统受外力的影响，无论整体还是部分，都会导致其温度或压缩度（压强、浓度、单位体积的分子数）发生改变，若它们单独发生，系统可以做内在的调节，使温度或压缩度发生变化，该变化与外力引起的改变是相反的。"

此原理能够对影响这些平衡移动的因素做出粗浅但准确的判断，使某些工业生产过程的转化率达到或接近理论值，同时也可以避免一些无实效的方案，如经典的高炉加高，其应用十分广泛。

1936 年勒·夏特列卒于法国伊泽尔，他的一生是实干奉献的一生。

思考交流 9-13

在实际工业生产中，我们既想化学反应速率加快，又想平衡转化率提高，那么"鱼和熊掌"怎样才能兼得？

在化工生产中，如何采用有利的工艺条件，充分利用原料，提高产量，缩短生产周期，降低成本，这就需要综合考虑反应速率和化学平衡，采取最有利的工艺条件，以达到最高的经济效益。

例如，合成氨反应：$N_2(g) + 3H_2(g) \rightleftharpoons 2NH_3(g)$

这是一个放热反应，降低温度可使平衡向放热的方向移动，有利于 NH_3 的形成。但降低温度会减小反应速率，导致 NH_3 单位时间的产量下降。同时，这又是一个气体分子计量数减小的反应，因此增加总压可使平衡向生成 NH_3 的方向移动。在工业生产中，要考虑能量消耗、原料费用、设备投资在内的所谓综合费用分析，合成氨反应合适的条件是中温（723～773K）、高压（$3×10^7Pa$）和使用铁催化剂。

本章小结

思维导图

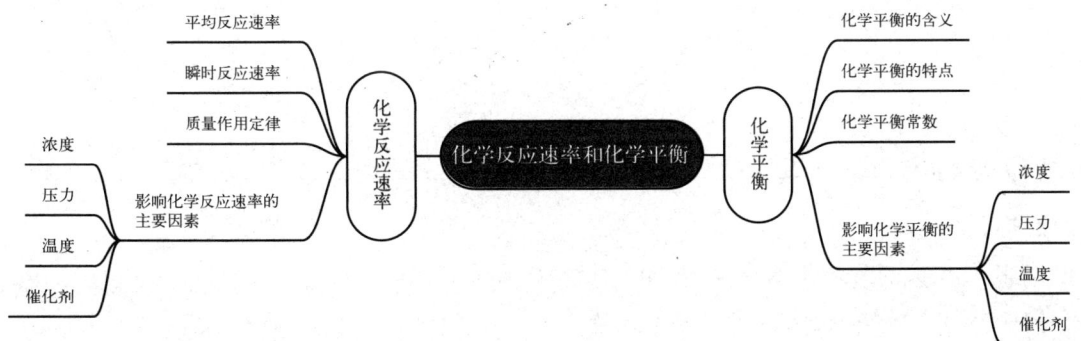

第十章

酸碱平衡 ▪▪▪

学习目标

知识目标：

1. 能说出酸碱电离理论和酸碱质子理论的定义。
2. 能概括溶液酸度的概念和 pH 的意义。
3. 能描述电离平衡常数的物理意义。
4. 能概括同离子效应、盐效应等影响酸碱平衡移动的因素。
5. 能描述缓冲溶液的缓冲原理。

能力目标：

1. 能正确区分酸、碱、盐。
2. 能应用化学平衡原理分析水、弱酸、弱碱溶液中的酸碱平衡。
3. 能计算一元酸、碱水溶液 pH。
4. 能根据缓冲范围选择正确的缓冲溶液。

素质目标：

1. 通过对酸碱及其解离平衡的学习，培养对立统一的辩证思维。
2. 通过对缓冲溶液的学习，培养知行合一的能力。
3. 通过了解酸碱平衡在生活与企业生产中的应用，培养基本化学素养。

第一节 酸碱理论发展史

学习导航

在日常生活中，经常见到一些酸碱盐，例如食醋，它就是一种酸，日常用的熟石灰是一种碱，人们吃的食盐就是一种盐。你能列举一些你所熟悉的酸碱盐吗？

酸碱对于无机化学来说是一个非常重要的部分。日常生活中，人们接触过很多酸碱盐之类的物质，例如食醋是一种酸；日常用的熟石灰是一种碱。人们最初是根据物质的物理性质来分辨酸碱的。有酸味的物质归为酸；而接触有滑腻感的物质，有苦涩味的物质为碱；类似于食盐一类的物质就归为盐。直到 17 世纪末期，英国化学家波义耳才根据实验的理论提出了朴素的酸碱理论，凡是该物质水溶液能溶解一些金属，能与碱反应失去原先特性，能使石蕊水溶液变红的物质就为酸；凡是该物质水溶液有苦涩味，能与酸反应失去原先特性，能使石蕊水溶液变蓝色的物质为碱。

从我们现在的眼光来看，这个理论有一些明显的漏洞，如碳酸氢钠，符合碱的设定，但是它是一种盐。随着科学的发展，人们又提出了更加科学的解释，使得酸碱理论越发成熟。

一、酸碱电离理论

瑞典科学家阿伦尼乌斯（S. A. Arrhenius）总结大量事实，于 1887 年提出了关于酸碱本质的观点——酸碱电离理论（Arrhenius 酸碱理论）。酸碱的定义是：凡在水溶液中电离生成的阳离子全都是 H^+ 的物质叫作酸；在水溶液中电离生成的阴离子全都是 OH^- 的物质叫作碱；酸碱中和反应的实质是 H^+ 和 OH^- 结合生成 H_2O。

阿伦尼乌斯酸碱理论原理

阿伦尼乌斯的酸碱电离理论首次对酸碱赋予了科学的定义，但在理论应用上有一定的局限性，如它无法合理说明氨水表现为碱性这一事实；尤其是近几十年来，在非水溶液中的一些物质（如液氨、乙醇、醋酸、丙酮等）不会产生 H^+ 或 OH^-，但表现为酸性或碱性的性质，电离理论无法说明。

二、酸碱溶剂理论

富兰克林（E. C. Franklin）于 1905 年提出酸碱溶剂理论（简称溶剂论），溶剂论的基础仍是阿伦尼乌斯的电离理论，只不过它以溶剂的电离为基准来论证物质的酸碱性。其内容是：凡是在溶剂中产生该溶剂的特征阳离子的溶质叫酸，产生该溶剂的特征阴离子的溶质叫碱。例如，水溶液，水为溶剂，存在 $H_2O \Longleftrightarrow H^+ + OH^-$，那么在水溶液中电离产生 H^+ 就是酸，如 HCl；产生 OH^- 的为碱，如 NaOH。又如液氨中：$2NH_3 \Longleftrightarrow NH_4^+ + NH_2^-$。在液氨中电离出 NH_4^+ 的是酸，如 NH_4Cl；电离出 NH_2^- 的是碱，如 $NaNH_2$。富兰克林把以水为溶剂的个别现象，推广到适用更多溶剂的一般情况，大大扩展了酸和碱的范围。但溶剂论对于一些不电离的溶剂以及无溶剂的酸碱体系，则无法解释。例如，苯不电离，NH_3 和 HCl 在苯中也不电离，但 NH_3 和 HCl 在苯中同样可以反应生成 NH_4Cl。又如，NH_3 和 HCl 能在气相进行反应，同样也是溶剂论无法解释的。

三、酸碱质子理论

1923 年，丹麦化学家布朗斯特（J. N. Brønsted）与英国化学家劳莱（T. M. Lowry）分

别独立地提出了酸碱质子理论。他们认为，酸是能够给出质子（H^+）的物质，碱是能够接收质子（H^+）的物质。可见，酸给出质子后生成相应的碱，而碱结合质子后又生成相应的酸。酸碱之间的这种依赖关系称为共轭关系。相应的一对酸碱被称为共轭酸碱对。酸碱反应的实质是两个共轭酸碱对的结合，质子从一种酸转移到另一种碱的过程。酸碱质子理论很好地说明了 NH_3 就是碱，因它可接受质子生成 NH_4^+；同时也解释了非水溶剂中的酸碱反应。

布朗斯特的质子理论不仅包括了水中电离理论的所有酸，还扩大了非水溶剂中电离理论碱的范围，被广泛地用于化学教学和研究中。其局限性在于它只限于质子的给予和接受，对于无质子参与的酸碱反应就无能为力了。

四、酸碱电子理论

不管是电离理论还是质子理论，都把酸的分类局限于含 H 的物质上。有些物质如 SO_3、BCl_3，根据上述理论都不是酸，因为既无法在水溶液中电离出 H^+，也不具备给出质子的能力，但它们确实能发生酸碱反应。如 $SO_3 + Na_2O \Longrightarrow Na_2SO_4$ 和 $BCl_3 + NH_3 \Longrightarrow BCl_3 \cdot NH_3$。这里 BCl_3、SO_3 虽然不含 H，但是也起着酸的作用。

1923 年美国化学家路易斯（G. N. Lewis，图 10-1）结合酸碱的电子结构，从电子对的配给和接受出发，提出了酸碱的电子理论。理论认为：碱是具有孤对电子的物质，这对电子可以用来使别的原子形成稳定的电子层结构。酸则是能接受电子对的物质，它利用碱所具有的孤对电子使其本身的原子达到稳定的电子层结构。酸碱反应的实质是碱的未共用电子对通过配位键跃迁到酸的空轨道中，生成酸碱配合物。

图 10-1 路易斯

这一理论极大地扩展了酸碱的范围。这就像以前人们一直把氧化反应只局限在必须有氧原子参加一样，没有意识到一些并没有氧参加的反应本质上也是氧化反应。

酸碱电子理论在有机化学、配位化学中的应用比较广泛，使得化学的知识结构更加地具有系统性。

五、软硬酸碱理论

1963 年美国化学家皮尔逊（R. G. Pearson）以路易斯酸碱为基础，把路易斯酸碱分为软硬两类。把中心原子体积小、正电荷数高、极化性差的，也就是外层电子控制得紧的称为硬酸；而中心原子体积大、正电荷数低或等于零、极化性高的，也就是外层电子控制得松的称为软酸。介于软硬酸碱之间的称为交界酸碱。

在软硬酸碱反应的过程中，有一个很重要的经验性规律或原则，即所谓"软硬酸碱原则"，经验的总结为"软亲软，硬亲硬，软硬交界就不管"。所谓亲就是容易生成比较稳定的物质，如：硬酸 Na^+ 和硬碱 Cl^- 等。这就大大扩展了酸碱的范围，但是它仅限于定性反应应用，并有一定的局限性和许多例外情况，目前还没有定量和半定量的标准，有待进一步的研究和发展。

这些理论都是酸碱理论发展史中的组成部分，本章只介绍酸碱质子理论。

第二节　酸碱质子理论

📚 学习导航

应用酸碱质子理论判断：Na_2CO_3 是酸还是碱呢？$NaHCO_3$ 呢？

1. 酸碱定义

凡能给出质子（H^+）的物质称为酸；凡能接受质子（H^+）的物质称为碱。如 H_3O^+、HAc、HCl、HCO_3^-、NH_4^+、H_2O 等都是酸，因为它们都能给出质子。OH^-、Ac^-、NH_3、HCO_3^-、H_2O、Cl^- 等都是碱，因为它们都能接受质子。既能给出质子又能结合质子的物质，如 HCO_3^-、H_2O 等为两性物质。

根据质子理论，酸和碱不是孤立的。当酸给出质子后生成碱，碱接受质子后变为酸。

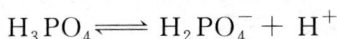

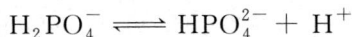

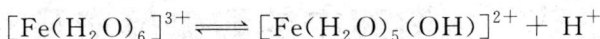

$$酸 \rightleftharpoons 碱 + 质子$$
$$HAc \rightleftharpoons Ac^- + H^+$$
$$NH_4^+ \rightleftharpoons NH_3 + H^+$$
$$H_3PO_4 \rightleftharpoons H_2PO_4^- + H^+$$
$$H_2PO_4^- \rightleftharpoons HPO_4^{2-} + H^+$$
$$(CH_2)_6 N_4 H^+ \rightleftharpoons (CH_2)_6 N_4 + H^+$$
$$[Fe(H_2O)_6]^{3+} \rightleftharpoons [Fe(H_2O)_5(OH)]^{2+} + H^+$$

酸碱之间这种相互联系、相互依存的关系称为共轭关系。当酸失去一个质子而形成的碱称为该酸的共轭碱，而碱获得一个质子后就成为该碱的共轭酸。这种由得失一个质子而发生共轭关系的一对质子酸碱，称为共轭酸碱对。酸越强，它的共轭碱越弱；酸越弱，它的共轭碱越强。

由上可见，在酸碱质子理论中，酸和碱可以是中性分子，也可以是阳离子或阴离子，酸比碱要多出一个或几个质子。质子论中没有"盐"的概念，如 $(NH_4)_2SO_4$ 中，NH_4^+ 是酸，SO_4^{2-} 是碱；K_2CO_3 中，CO_3^- 是碱，K^+ 是非酸非碱物质，它既不给出质子又不结合质子。

酸和碱不是决然对立的两类物质，它们互相依存、又是可以互相转化的。酸碱的关系可以归纳为：有酸必有碱，有碱必有酸，酸可变碱，碱可变酸。

2. 酸碱反应

由于质子半径很小，电荷密度高，溶液中不可能存在质子。实际上的酸碱反应是两个共轭酸碱对共同作用的结果，也就是说共轭酸碱对中质子的得失，只有在另一种能接受质子的碱性物质或能给出质子的酸性物质同时存在时才能实现，因而酸碱反应的实质就是两个共轭酸碱对之间的质子传递反应。其通式可表示如下：

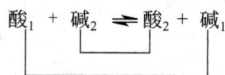

$$\text{酸}_1 + \text{碱}_2 \rightleftharpoons \text{酸}_2 + \text{碱}_1$$

电离理论中的酸、碱、盐反应，在质子理论中均可归结为酸碱反应，其反应实质均为质子的转移，如：

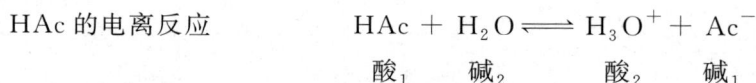

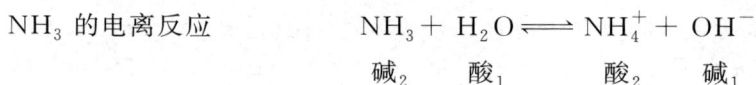

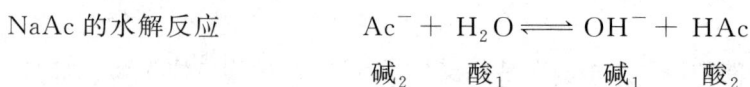

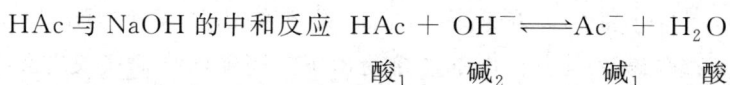

HAc 的电离反应

$$HAc + H_2O \rightleftharpoons H_3O^+ + Ac^-$$
$$\quad \text{酸}_1 \quad\quad \text{碱}_2 \quad\quad \text{酸}_2 \quad\quad \text{碱}_1$$

NH₃ 的电离反应

$$NH_3 + H_2O \rightleftharpoons NH_4^+ + OH^-$$
$$\quad \text{碱}_2 \quad\quad \text{酸}_1 \quad\quad \text{酸}_2 \quad\quad \text{碱}_1$$

NaAc 的水解反应

$$Ac^- + H_2O \rightleftharpoons OH^- + HAc$$
$$\quad \text{碱}_2 \quad\quad \text{酸}_1 \quad\quad \text{碱}_1 \quad\quad \text{酸}_2$$

HAc 与 NaOH 的中和反应 $HAc + OH^- \rightleftharpoons Ac^- + H_2O$
$$\quad \text{酸}_1 \quad\quad \text{碱}_2 \quad\quad \text{碱}_1 \quad\quad \text{酸}_2$$

值得注意的是，并不是任何酸碱反应都必须发生在水溶液中，酸碱反应还可以在非水溶剂、无溶剂等条件下进行，只要质子能够从一种物质转移到另一种物质即可。如 HCl 和 NH₃ 的反应，无论是在水溶液或苯溶液还是在气相中，都能发生 H⁺ 的转移反应。

综上可见，酸碱质子理论扩大了酸碱的概念和应用范围，并把水溶液和非水溶液中各种情况下的酸碱反应统一起来了。但酸碱质子理论不能讨论不含质子的物质，对无质子转移的酸碱反应也不能进行研究，这是它的不足之处。

第三节　水溶液中的酸碱反应及其平衡

📖 学习导航

水是怎样电离的？水的电离有平衡常数吗？如果有，是多少呢？

水是最重要的溶剂，本章讨论的离子平衡都是在水溶液中建立的。电解质在水溶液中建立的离子平衡与水的电离平衡相关，本节将讨论水的电离和弱酸弱碱在水溶液中建立的平衡的特点和规律。

一、水的质子自递作用和溶液的酸度

1. 水的质子自递作用

水分子具有两性作用。也就是说，一个水分子可以从另一个水分子中夺取质子而形成

H_3O^+ 和 OH^-，即：

$$H_2O(酸_1) + H_2O(碱_2) \Longleftrightarrow H_3O^+(酸_2) + OH^-(碱_1)$$

也可简化为：
$$H_2O \Longleftrightarrow H^+ + OH^-$$

水分子之间存在质子的传递作用，称为水的质子自递作用。这个作用的平衡常数称为水的质子自递常数，用 K_w 表示，即：

$$K_w = c(H_3O^+)c(OH^-)$$

常简写为：
$$K_w = c(H^+)c(OH^-)$$

K_w 也称为水的离子积常数，简称水的离子积。

K_w 的意义是：一定温度下，水溶液中 $c(H^+)$ 和 $c(OH^-)$ 之积为一常数。

K_w 与浓度、压力无关，而与温度有关。当温度一定时为常数，如 25℃时，$K_w = 1.0 \times 10^{-14}$。

2. 溶液的酸度

酸的浓度和酸度在概念上是不同的。

酸的浓度，通常是指溶液中某酸的总浓度，也称酸的分析浓度（简称浓度），常用物质的量浓度表示，符号为 c，单位为 mol/L。

酸度通常是指溶液中 H^+ 的浓度。浓度较高［一般 $c(H^+)$ 大于 1mol/L］时多用物质的量浓度 $c(H^+)$ 表示。对于 $c(H^+)$ 较低的溶液，常用 pH 来表示溶液的酸度；碱度则用 pOH 表示。

因为　　　　　　　　　$c(H^+)c(OH^-) = K_w = 1.0 \times 10^{-14}$

所以　　　　　　　　　$pH + pOH = pK_w = 14.00$

pH 适用范围在 0～14 之间，即溶液中的 H^+ 浓度介于 1～10^{-14} mol/L。

溶液的酸碱性与 pH 的关系如下：

酸性溶液　　　　　$c(H^+) > c(OH^-)$　　　　　pH < 7.00 < pOH

中性溶液　　　　　$c(H^+) = c(OH^-)$　　　　　pH = 7.00 = pOH

碱性溶液　　　　　$c(H^+) < c(OH^-)$　　　　　pH > 7.00 > pOH

思考交流 10-1

我们知道电解质有强弱之分，那么弱电解质又是如何电离呢？弱电解质的解离平衡常数是用来做什么的？

二、酸（碱）的电离平衡和平衡常数

酸（碱）的电离是指酸（碱）与水分子之间的质子转移。

一元弱酸的电离，如：

$$HAc + H_2O \Longleftrightarrow Ac^- + H_3O^+$$

常可简化为：
$$HAc \Longleftrightarrow Ac^- + H^+$$

其平衡常数为：
$$K_a = \frac{c(H^+)c(Ac^-)}{c(HAc)}$$

一元弱碱的电离，如：

$$Ac^- + H_2O \Longrightarrow HAc + OH^-$$

其平衡常数为：

$$K_b = \frac{c(HAc)c(OH^-)}{c(Ac^-)}$$

K_a 和 K_b 分别称为弱酸、弱碱的电离平衡常数。

电离常数的特点：同所有的平衡常数一样，电离常数是酸碱的特征常数，不随浓度的改变而改变。温度的改变对电离常数有一定的影响，但在一定范围内，影响不太大。因此，在常温范围内可认为温度对电离常数没有影响。

电离常数的物理意义：电离常数表示弱酸（碱）在电离平衡时电离为离子的趋势。K_a（K_b）可作为弱酸（碱）的酸（碱）性相对强弱的标志，K_a（K_b）越大，表示该弱酸（碱）的酸（碱）性越强。如：

HAc $K_a = 1.76 \times 10^{-5}$

HCN $K_a = 6.17 \times 10^{-10}$

HAc 的电离常数比 HCN 大，则 HAc 酸性比 HCN 强。

对一元弱酸 HAc 的 K_a 与其共轭碱 Ac^- 的 K_b 间关系可推导如下：

$$K_a K_b = \frac{c(H^+)c(Ac^-)}{c(HAc)} \times \frac{c(HAc)c(OH^-)}{c(Ac^-)} = c(H^+)c(OH^-) = K_w$$

推广可得一元共轭酸碱对的 K_a 和 K_b 间具有以下定量关系：

$$K_a K_b = K_w$$

由此式可知以下几点。

① 酸的酸性越强，则其对应共轭碱的碱性就越弱；碱的碱性越强，则其对应共轭酸的酸性就越弱。

② 通过酸或碱的电离常数，可计算它的共轭碱或共轭酸的电离常数。

对于多元共轭酸碱对来说，它们的共轭酸碱对之间的关系依然成立，但应明确每一步电离平衡的关系。

思考交流 10-2

化学平衡中有平衡转化率，电离平衡中电离度和它相似，电离度和电离常数的关系是什么呢？

三、电离度和稀释定律

1. 电离度

为了定量地表示弱电解质在水溶液中的电离程度，引入了电离度概念。电离度（也称解离度，用 α 表示）就是电解质在水溶液中电离达到平衡时，已电离的分子数在该电解质原来分子总数中所占的比例。

$$\alpha = \frac{\text{已电离的分子数}}{\text{溶液中原有的分子总数}}$$

电离度 α 和电离常数 $K_a(K_b)$ 都可用来表示弱酸弱碱电离能力的大小。$K_a(K_b)$ 是化学平衡常数的一种，只与温度有关，不随浓度变化；电离度 α 是转化率的一种表示形式，不仅和温度有关，还与溶液的浓度有关。所以用电离度比较电解质相对强弱时，须指明电解质浓度。

2. 稀释定律

电离度与电离常数之间有一定的关系。

现假设某一元弱酸（HA）的原始浓度为 c，电离度为 α，则

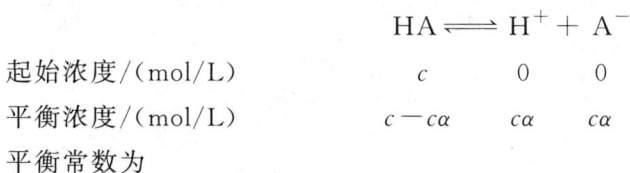

$$HA \rightleftharpoons H^+ + A^-$$

起始浓度/(mol/L)　　　　　　　c　　　　0　　　0

平衡浓度/(mol/L)　　　　$c-c\alpha$　　$c\alpha$　　$c\alpha$

平衡常数为

$$K_a = \frac{c(H^+)c(A^-)}{c(HA)} = \frac{c\alpha^2}{1-\alpha}$$

如果 $\alpha < 5\%$，即 $c/K_a \geqslant 500$，则 $1-\alpha \approx 1$，则有：

$$K_a = c\alpha^2 \text{ 或 } \alpha = \sqrt{K_a/c}$$

上式称为稀释定律，它表明的是酸碱电离常数、电离度与溶液浓度三者之间的关系，但其基本前提为 c 不是很小，α 又不是很大（$\alpha < 5\%$，即 $c/K_a \geqslant 500$）。对于弱碱的电离平衡，上述的关系式同样适用，只是将式中 K_a 换成 K_b 即可。

由稀释定律可以看出：在一定温度下，弱电解质的电离度与其浓度的平方根成反比；溶液越稀，电离度越大。由于电离度随浓度变化而改变，所以一般不用 α 表示酸或碱的相对强弱，而用 K_a 或 K_b 值的大小来表示酸或碱的相对强弱。

【例题 10-1】25℃时，0.1mol/L HAc 水溶液，溶液的电离度 $\alpha = 1.33\%$，求 HAc 溶液的 pH 及 HAc 的电离常数。

解 根据 HAc 的电离平衡

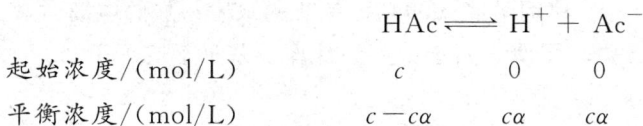

$$HAc \rightleftharpoons H^+ + Ac^-$$

起始浓度/(mol/L)　　　　　　c　　　　0　　　0

平衡浓度/(mol/L)　　　　$c-c\alpha$　　$c\alpha$　　$c\alpha$

$$c(H^+) = c\alpha = 0.1 \times 1.33 \times 10^{-2} = 1.33 \times 10^{-3} \text{mol/L}$$

$$pH = -\lg c(H^+) = -\lg(1.33 \times 10^{-3}) = 2.88$$

电离常数　　　　　$$K_a = \frac{c(H^+)c(Ac^-)}{c(HAc)} = \frac{c\alpha^2}{1-\alpha}$$

$$\alpha = 1.33\% < 5\%，所以：1-\alpha \approx 1$$

$$K_a = c\alpha^2 = 0.1 \times (1.33 \times 10^{-2})^2 = 1.77 \times 10^{-5}$$

第四节　弱酸弱碱水溶液 pH 的计算

学习导航

中学我们学过强酸、强碱水溶液 pH 的计算，那么弱酸、弱碱 pH 如何计算呢？

一、一元弱酸、弱碱水溶液 pH 的计算

应用电离平衡关系，就可以求得弱酸的 H^+ 浓度或弱碱的 OH^- 浓度。以起始浓度为 c 的一元弱酸 HA 为例，溶液中的 H^+ 有两个来源：

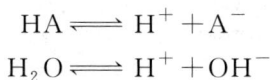

$$HA \rightleftharpoons H^+ + A^-$$
$$H_2O \rightleftharpoons H^+ + OH^-$$

当酸电离出的 H^+ 浓度远大于 H_2O 电离出的 H^+ 浓度时，水的电离可以忽略。通常以 $cK_a \geqslant 20K_w$ 作为忽略水的电离的判别式。本书所涉及的问题均可忽略水的电离。

设平衡时 H^+ 浓度为 x mol/L

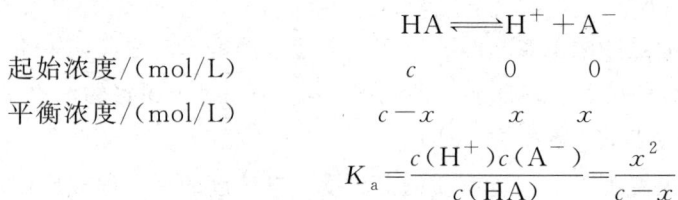

$$HA \rightleftharpoons H^+ + A^-$$

起始浓度/(mol/L)	c	0	0
平衡浓度/(mol/L)	$c-x$	x	x

$$K_a = \frac{c(H^+)c(A^-)}{c(HA)} = \frac{x^2}{c-x}$$

当弱酸的电离度很小时，可近似看作 $c-x \approx c$，则上式可进一步简化为：

$$K_a = \frac{x^2}{c}，则 \quad x = \sqrt{cK_a}$$

即
$$c(H^+) = \sqrt{cK_a} \tag{10-1}$$

此式为计算一元弱酸溶液酸度的最简式。使用最简式的判据是酸的浓度与酸的电离常数的比值 $c/K_a \geqslant 500$，这时酸的电离度 $\alpha < 5\%$，可使氢离子浓度的计算误差小于或等于 2.2%，可以满足一般计算的要求。

一元弱碱水溶液中 OH^- 浓度的计算，也可采用与上述一元弱酸类似的方法处理，则有

$$c(OH^-) = \sqrt{cK_b} \qquad (c/K_b \geqslant 500) \tag{10-2}$$

【例题 10-2】计算 0.083mol/L HAc 溶液的 pH。

解　查附录 1 得　　　　　$K_a(HAc) = 1.76 \times 10^{-5}$

$$\frac{c}{K_a} = \frac{0.083}{1.76 \times 10^{-5}} = 4.7 \times 10^3 > 500，因此可以使用最简式计算。$$

即 $c(H^+) = \sqrt{cK_a} = \sqrt{0.083 \times 1.76 \times 10^{-5}} = 1.2 \times 10^{-3} mol/L$

$$pH = -lg(1.2 \times 10^{-3}) = 2.92$$

【例题 10-3】计算 0.1mol/L 氨水溶液的 pH。

解 查附录 1 得 $\qquad K_b(NH_3) = 1.79 \times 10^{-5}$

$\dfrac{c}{K_b} = \dfrac{0.1}{1.79 \times 10^{-5}} = 5.6 \times 10^3 > 500$，因此可以使用最简式计算。

即 $c(OH^-) = \sqrt{cK_b} = \sqrt{0.1 \times 1.79 \times 10^{-5}} = 1.34 \times 10^{-3} mol/L$

$$pOH = 2.87$$
$$pH = 11.13$$

思考交流 10-3

醋酸 pH 的计算我们学会了，那么 H_2S 溶液这种多元酸怎样计算呢？

二、多元弱酸、弱碱水溶液 pH 的计算

多元弱酸在水溶液中是逐级电离的，每一级都有相应的质子转移平衡。一般说来，多元弱酸各级电离常数 $K_{a_1} \gg K_{a_2} \gg K_{a_3}$。因此，溶液中 H^+ 主要来自多元酸的第一步电离，可将多元酸看作是一元弱酸来计算溶液中的 H^+ 浓度。即将式（10-1）及其使用条件中的 K_a 相应的用 K_{a_1} 代替即可。

【例题 10-4】计算 0.10mol/L H_2S 溶液的 pH 及 S^{2-} 浓度。

解 已知 H_2S 的 $K_{a_1} = 1.32 \times 10^{-7}$，$K_{a_2} = 1.2 \times 10^{-13}$，且 $K_{a_1} \gg K_{a_2}$，故计算 H^+ 浓度时只考虑第一级电离。

$$H_2S \rightleftharpoons H^+ + HS^-$$

$c/K_{a_1} > 500$，故可用类似式（10-1）的最简式计算。

$$c(H^+) = \sqrt{cK_{a_1}} = \sqrt{0.10 \times 1.32 \times 10^{-7}} = 1.1 \times 10^{-4} mol/L$$
$$pH = 3.96$$

因为 S^{2-} 是 H_2S 二级电离的产物，设 $c(S^{2-}) = x$ mol/L，有如下关系：

$$HS^- \rightleftharpoons H^+ + S^{2-}$$
$$1.1 \times 10^{-4} - x \qquad 1.1 \times 10^{-4} + x \qquad x$$

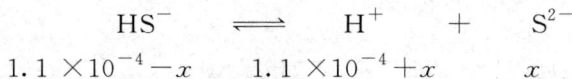

由于 K_{a_2} 很小，$1.1 \times 10^{-4} \pm x \approx 1.1 \times 10^{-4}$，则有

$$K_{a_2} = \frac{c(H^+)c(S^{2-})}{c(HS^-)} = \frac{1.1 \times 10^{-4} \times c(S^{2-})}{1.1 \times 10^{-4}}$$

故 $\qquad c(S^{2-}) = K_{a_2} = 1.2 \times 10^{-13} mol/L$

由例题 10-4 可见，对于多元弱酸溶液，有以下几点。

① 对于多元酸，如 $K_{a_1} \gg K_{a_2}$，求算 H^+ 浓度时，作为一元弱酸处理。

② 当二元弱酸的 $K_{a_1} \gg K_{a_2}$ 时，则二价酸根离子浓度约等于其 K_{a_2}。

③ 由于多元弱酸的酸根离子浓度很低，如果需用浓度较大的多元酸根离子时，可使用该酸的可溶性盐。例如：如需 S^{2-}，应选用 Na_2S、$(NH_4)_2S$ 等。

第五节 酸碱缓冲溶液

缓冲溶液的概念

学习导航

在已经建立平衡的弱电解质溶液中加入相同离子的强电解质会怎样呢？

人体每天都要摄入酸性或者碱性食物，那么人体体液 pH 值是否会发生明显变化，出现新陈代谢紊乱或者生病呢？当然不会，这要感谢人体内的缓冲溶液。那么缓冲溶液起到什么作用呢？

电离平衡与所有的化学平衡一样，会随外界条件的改变而发生移动。

一、同离子效应

在醋酸（HAc）水溶液中，加入少量 NaAc 固体，因为 NaAc 是强电解质，在水中完全电离为 Na^+ 和 Ac^-，使溶液中 Ac^- 的浓度增大，可使下列反应的电离平衡向左移动。

$$HAc \Longrightarrow H^+ + Ac^-$$

Ac^- 浓度的增大，致使 H^+ 的浓度减小，HAc 的电离度也随之降低。

同理，在氨水（$NH_3 \cdot H_2O$）溶液中加入少量 NH_4Cl 或 NaOH 固体，由于 NH_4^+ 或 OH^- 的存在，亦可使下列反应的电离平衡向左移动，使氨水的电离度降低。

$$NH_3 \cdot H_2O \Longrightarrow NH_4^+ + OH^-$$

这种在已建立了酸碱平衡的弱酸或弱碱溶液中，加入含有同种离子的易溶强电解质，使酸碱平衡向着降低弱酸或弱碱电离度方向移动的现象，称为**同离子效应**。

【例题 10-5】 在 0.10mol/L HAc 溶液中，加入少量 NaAc 固体，使其浓度为 0.10mol/L（不考虑体积的变化），比较加入 NaAc 固体前后 H^+ 浓度和 HAc 电离度的变化。

解 （1）加 NaAc 固体前：

$$\alpha = \sqrt{K_a/c} = \sqrt{1.76 \times 10^{-5}/0.10} = 0.013 = 1.3\%$$

故

$$c(H^+) = c\alpha = 0.10 \times 0.013 = 1.3 \times 10^{-3} mol/L$$

（2）加 NaAc 固体后，设平衡时溶液中 $c(H^+)$ 为 x mol/L，则有

$$HAc \Longrightarrow H^+ + Ac^-$$

起始浓度/(mol/L)	0.10	0	0.10
平衡浓度/(mol/L)	$0.10-x$	x	$0.10+x$

$$K_a = \frac{c(H^+)c(Ac^-)}{c(HAc)} = \frac{x(0.10+x)}{0.10-x}$$

由于 HAc 本身的 α 值较低，又因加入 NaAc 后同离子（Ac^-）效应的存在，使得 HAc 的电离度（α）更低，所以：

$c(Ac^-)=0.10+x\approx0.10$，$c(HAc)=0.10-x\approx0.10$，得：

$$K_a=\frac{0.10x}{0.10}=1.76\times10^{-5}$$

即 $\qquad\qquad\qquad c(H^+)=1.76\times10^{-5}\ mol/L$

故 $\qquad\qquad \alpha=\frac{c(H^+)}{c(HAc)}=\frac{1.76\times10^{-5}}{0.1}=1.76\times10^{-4}=0.018\%$

若将 NaAc 换为同浓度的 HCl，由于 H^+ 的存在，其电离度仍然是 0.018%。由此可知，无论是加入 NaAc 还是加入 HCl，Ac^- 或 H^+ 都能使 HAc 的电离度大幅降低。

二、盐效应

往弱电解质的溶液中加入与弱电解质没有相同离子的强电解质时，由于溶液中离子总浓度增大，离子间相互牵制作用增强，使得弱电解质电离的阴、阳离子结合形成分子的机会减小，从而使弱电解质电离平衡向电离的方向移动，电离度增大，这种效应称为盐效应。

例如，在 0.1mol/L HAc 溶液中加入 0.1mol/L NaCl 溶液，NaCl 完全电离成 Na^+ 和 Cl^-，使溶液中的离子总数骤增，离子之间的静电作用增强。这时 Ac^- 和 H^+ 被众多异性离子（Na^+ 和 Cl^-）包围，Ac^- 与 H^+ 结合成 HAc 的机会减少，使 HAc 的电离度增大（可从 1.34% 增大到 1.68%）。

这里必须注意：在发生同离子效应时，由于也外加了强电解质，所以也伴随有盐效应的发生，只是这时同离子效应远大于盐效应，所以在一般的酸碱平衡计算中，可以忽略盐效应的影响。

三、缓冲溶液的概念

1900 年，两位生物化学家弗鲁巴哈（Fernbach）和休伯特（Hubert）发现：在 1L 纯水中加入 1mL 0.01mol/L HCl 后，其 pH 值由 7.0 变为 5.0；而在 pH 值为 7.0 的肉汁培养液中，加入 1mL 0.01mol/L HCl 后，肉汁的 pH 值几乎没发生变化。这说明某些溶液对酸碱具有缓冲作用。

缓冲溶液是一种能对溶液的酸度起稳定（缓冲）作用的溶液。这种溶液能调节和控制溶液的酸度，当溶液中加入少量酸、碱或稍加稀释时，其 pH 值不发生明显变化。

缓冲溶液在工农业生产、科研工作和许多天然体系中有着广泛的应用。正常人血浆的 pH 值为 7.35~7.45，大于 7.8 或小于 7.0 就会导致死亡。土壤的 pH 值需保持在 4~7.5，才有利于植物生长。金属器件电镀时也需要把电镀液维持在一定的 pH 值范围内进行。因此，我们不仅要学会计算溶液的 pH 值，还要能够想办法控制溶液的 pH 值，这就需要依靠缓冲溶液。

四、缓冲溶液的缓冲原理

缓冲作用是指能够抵抗外来少量酸碱或溶液中的化学反应产生的少量酸碱，或将溶液稍加稀释而溶液自身的 pH 基本维持不变的性质。

缓冲溶液通常有如下三类：弱的共轭酸碱对组成的体系；弱酸弱碱盐体系；强酸或强碱溶液。下面重点讨论最常使用的第一类缓冲溶液。

共轭酸碱对组成的缓冲溶液，就是由一组浓度都较高的弱酸及其共轭碱或弱碱及其共轭酸构成的缓冲体系。下面以弱酸 HAc 与其共轭碱 NaAc 组成的 HAc-NaAc 缓冲体系为例，说明其"抗酸抗碱"作用。

在 HAc 和 NaAc 的溶液中存在下列电离过程：

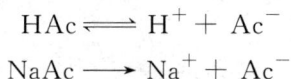

$$HAc \rightleftharpoons H^+ + Ac^-$$
$$NaAc \longrightarrow Na^+ + Ac^-$$

由于 NaAc 完全电离，所以溶液中存在大量的 Ac^-。在此体系中产生的同离子效应，使 HAc 的电离度变小，因此溶液中也存在着大量的 HAc 分子。同时还存在 HAc 的电离平衡。

根据平衡移动原理，可解释为什么外加少量强酸、强碱或稀释时，缓冲溶液的 pH 值能基本保持稳定。

如果向该缓冲溶液中加入少量强酸，强酸电离出的 H^+ 与大量存在的 Ac^- 结合生成 HAc，使 HAc 的电离平衡向左移动。因此，达到新平衡时，H^+ 的浓度不会显著增加，保持了 pH 值的相对稳定。Ac^- 是缓冲溶液的抗酸成分。

如果向该缓冲溶液中加入少量强碱，溶液中的 H^+ 和强碱电离出来的 OH^- 结合生成弱电解质 H_2O，这时 HAc 的电离平衡向右移动，以补充 H^+ 的减少。

建立新平衡时，溶液中 H^+ 的浓度也几乎保持不变。HAc 是缓冲溶液的抗碱成分。

如果向该缓冲溶液中加入少量水稀释，由于 HAc 和 Ac^- 浓度同时以相同倍数稀释，HAc 和 Ac^- 浓度均减小，同离子效应减弱，促使 HAc 电离度增加，产生的 H^+ 可维持溶液的 pH 值几乎不变。

以上是弱酸和它的共轭碱组成的缓冲溶液具有缓冲作用的原理。用同样方法可说明弱碱及其共轭酸（NH_3-NH_4^+）、多元酸及其共轭碱（HCO_3^--CO_3^{2-}）组成的缓冲溶液的缓冲作用。

思考交流 10-4

既然缓冲溶液作用很大，那么作为化学工作者我们怎样计算它的 pH 呢？

五、缓冲溶液 pH 的计算

以 HAc-NaAc 缓冲体系为例。设缓冲体系中酸 HAc 及其共轭碱 Ac^- 的浓度分别为 c_a、c_b，达到平衡后，设体系中的 $c(H^+) = x$ mol/L，则：

$$HAc \rightleftharpoons H^+ + Ac^-$$

起始浓度/(mol/L) c_a 0 c_b

平衡浓度/(mol/L) c_a-x x c_b+x

$$K_a = \frac{c(H^+)c(Ac^-)}{c(HAc)} = \frac{x(c_b+x)}{c_a-x}$$

由于 x 很小，所以 $c_a-x \approx c_a$，$c_b+x \approx c_b$

$$K_a = \frac{c(H^+)c(Ac^-)}{c(HAc)} = \frac{xc_b}{c_a}$$

$$c(H^+) = K_a \frac{c_a}{c_b}$$

这是计算弱酸及其共轭碱水溶液缓冲体系中 H^+ 浓度的近似公式。

或用 pH 表示为：$pH = pK_a - \lg\dfrac{c_a}{c_b}$

【例题 10-6】求 298K 下，0.1mol/L NH_3 和 0.1mol/L NH_4Cl 溶液等体积混合后，溶液的 pH。

解 NH_3 与 NH_4Cl 溶液混合后将构成 NH_3-NH_4^+ 缓冲溶液，且等体积混合后，各物质浓度减半。

$$K_b(NH_3) = 1.79 \times 10^{-5}$$

$$c(NH_3) = \frac{1}{2} \times 0.1 = 0.05 mol/L; c(NH_4^+) = \frac{1}{2} \times 0.1 = 0.05 mol/L$$

$$pOH = pK_b - \lg\frac{c_b}{c_a} = -\lg(1.79 \times 10^{-5}) - \lg\frac{0.05}{0.05} = 4.75$$

$$pH = 14 - 4.75 = 9.25$$

【例题 10-7】将 10mL 0.2mol/L HCl 与 10mL 0.4mol/L NaAc 溶液混合，计算该溶液的 pH。若向此溶液中加入 5mL 0.01mol/L NaOH 溶液，则溶液的 pH 又为多少？

解   (1) 混合后，溶液中的 H^+ 与 Ac^- 发生反应生成 HAc，HAc 与溶液中剩余的 Ac^- 构成缓冲溶液。缓冲溶液中

$$c(HAc) \approx c(HCl) = \frac{10 \times 0.2}{10+10} = 0.1(mol/L)$$

$$c(Ac^-) = \frac{10 \times 0.4 - 10 \times 0.2}{10+10} = 0.1(mol/L)$$

已知 HAc 的 $K_a = 1.76 \times 10^{-5}$

$$pH = pK_a - \lg\frac{c_a}{c_b} = -\lg(1.76 \times 10^{-5}) - \lg\frac{0.1}{0.1} = 4.75$$

(2) 加入 NaOH 之后，OH^- 将与 HAc 反应生成 Ac^-，反应完成后溶液中

$$c(HAc) = \frac{20 \times 0.1 - 5 \times 0.01}{20+5} = 0.078(mol/L)$$

$$c(Ac^-) = \frac{20 \times 0.1 + 5 \times 0.01}{20+5} = 0.082(mol/L)$$

$$pH = pK_a - \lg \frac{c_a}{c_b} = 4.75 - \lg \frac{0.078}{0.082} = 4.77$$

思考交流 10-5

是否因为体内有缓冲溶液就可以吃大量的酸性或者碱性食物呢？缓冲溶液的缓冲能力是有限的还是无限的呢？

六、缓冲溶液的缓冲能力和缓冲范围

1. 缓冲能力

缓冲溶液抵御少量酸碱的能力称为缓冲能力（或称缓冲容量）。

① 缓冲溶液的缓冲能力是有限度的。加入少量的强酸或强碱时，溶液的 pH 值基本保持不变，如果加入的强酸或强碱浓度较大时，溶液的缓冲能力明显减弱，当抗酸成分或抗碱成分消耗完时，溶液就不再表现出缓冲作用。

② 缓冲溶液的缓冲能力大小与缓冲溶液中的共轭酸碱的浓度有关，共轭酸碱的浓度大，缓冲能力也大。组成缓冲溶液的共轭酸碱浓度一定时，共轭酸碱对浓度的比值接近于 1 时，缓冲能力最强。实验表明，通常此比值在 0.1～10，其缓冲能力即可满足一般的实验要求。

2. 缓冲范围

由缓冲溶液 pH 计算公式可知，缓冲溶液的 pH 值主要取决于 pK_a，还与共轭酸碱对的浓度的比值有关。当共轭酸碱对的浓度的比值接近于 1 时，缓冲溶液的 $pH = pK_a$；当共轭酸碱对浓度的比值在 0.1～10 之间改变时，则缓冲溶液的 pH 值在 $pK_a \pm 1$ 之间改变。由此可见，弱酸及其共轭碱缓冲体系的有效缓冲范围在 pH 为 $pK_a \pm 1$ 的范围，即约有两个 pH 单位。例如 HAc-NaAc 缓冲体系，$pK_a = 4.76$，其缓冲范围是 $pH = 4.76 \pm 1$。

思考交流 10-6

实验室中缓冲溶液怎样配制呢？

七、缓冲溶液的选择

分析化学中用于控制溶液酸度的缓冲溶液很多，通常根据实际情况选用不同的缓冲溶液（表 10-1）。缓冲溶液的选择原则如下。

① 缓冲溶液对测量过程应没有干扰。

② 所需控制的 pH 值应在缓冲溶液的缓冲范围之内。如果缓冲溶液是由弱酸及其共轭碱组成的，则所选的弱酸的 pK_a 值应尽可能接近所需的 pH 值。

③ 缓冲溶液应有足够的缓冲容量以满足实际工作需要。为此，在配制缓冲溶液时，应尽量控制弱酸与共轭碱的浓度比接近于 1：1，所用缓冲溶液的总浓度尽量大一些（一般可

控制在 0.01～1mol/L)。

④ 组成缓冲溶液的物质应廉价易得，避免污染环境。

表 10-1　常用的缓冲溶液及其配制方法

缓冲体系	共轭酸	共轭碱	pH	配制方法
NH_2CH_2COOH-HCl ($pK_{a1}=2.35$)	$^+NH_3CH_2COOH$	$^+NH_3CH_2COO^-$	2.3	取氨基乙酸 150.0g 溶于 500.0mL 水中后，加浓 HCl 80.0mL，用水稀释至 1L
$KHC_8H_4O_4$-HCl ($pK_{a1}=2.95$)	$H_2C_8H_4O_4$	$HC_8H_4O_4^-$	2.9	取 $KHC_8H_4O_4$ 500.0g 溶于 500.0mL 水，加浓 HCl 80.0mL，用水稀释至 1L
HAc-NaAc ($pK_a=4.74$)	HAc	Ac^-	4.7	取无水 NaAc 83.0g 溶于水中后，加 HAc 60.0mL，用水稀释至 1L
$(CH_2)_6N_4$-HCl ($pK_a=5.15$)	$(CH_2)_6N_4H^+$	$(CH_2)_6N_4$	5.4	取六亚甲基四胺 40.0g 溶于 200.0mL 水中后，加浓 HCl 10.0mL，稀释至 1L
NH_3-NH_4Cl ($pK_a=9.25$)	NH_4^+	NH_3	9.5	取 NH_4Cl 54.0g 溶于水中后，加浓氨水 126.0mL，用水稀释至 1L

本章小结

思维导图

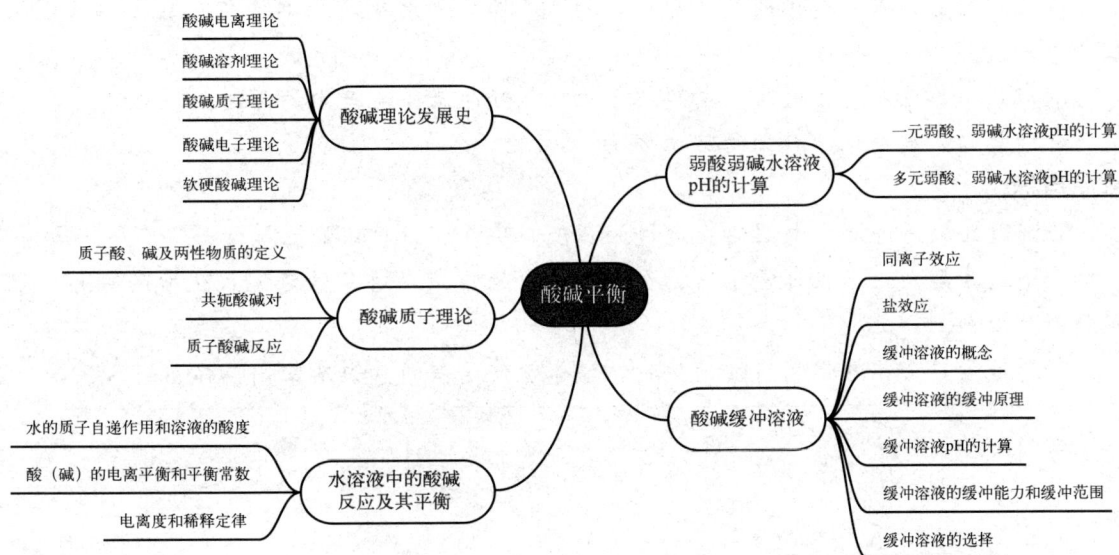

第十一章

氧化还原反应和电化学

🎯 学习目标

知识目标：

1. 能阐述原电池、电解池、电镀的原理及电极反应。

2. 记住氧化还原反应所涉及的基本概念。

3. 能描述氧化还原反应在电化学中的应用。

4. 能举例说明金属电化学腐蚀的防护方法。

能力目标：

1. 能比较原电池、电解池、电镀的电极反应，写出其工作原理。

2. 能判断反应中的氧化剂与还原剂；判断不同氧化剂或还原剂的相应氧化性或还原性强弱。

3. 能应用原电池、蓄电池、电解池等原理解释生活、生产中的问题。

4. 能总结金属电化学腐蚀的防护方法。

素质目标：

1. 通过比较原电池、电解池、电镀的原理，培养逻辑思维能力。

2. 通过了解电化学在日常生活、企业生产中的应用，培养学习无机化学的兴趣、求实创新的精神。

3. 通过学习金属电化学腐蚀的防护，培养责任担当的意识及家国情怀。

第一节　氧化还原反应

氧化还原反应基本概念

学习导航

空气中氧气的存在使得我们生活在一个氧化性的环境中。为什么钢铁会腐蚀，铁锅能生锈，铜质水管长铜绿，铝质器皿擦亮后过段时间就变暗？这是被氧化的结果。切开的苹果放一段时间，切开的表面会变红，为什么？是因为维生素C被氧化了。什么是氧化呢？还原又是怎么回事？

可以这样初步理解，**氧化反应**是物质得到氧的反应，**还原反应**是物质失去氧的反应。

请注意观察反应前后反应物的变化。在这个反应中，CuO失去氧变成单质铜，发生了还原反应；H_2得到氧变成了水，发生了氧化反应。进一步分析，我们还会发现，在这个反应中CuO失去氧和H_2得到氧同时发生。也就是说，氧化反应与还原反应是同时发生的，这样的反应称为**氧化还原反应**。

氧化反应和还原反应犹如生活中的"买"和"卖"的关系，它们尽管表现不同，彼此对立，但它们又是相伴而生，同时进行，是不可分割的统一整体，有氧化必有还原。

思考交流 11-1

是不是所有的氧化还原反应必须有氧元素的参与？有"氧"才能叫氧化吗？氧化还原反应有哪些特征？如何一眼就能判断是否为氧化还原反应？

请分析CuO和H_2的反应中各种元素的化合价在反应前后有无变化。

$$CuO+H_2 \xrightarrow{\triangle} Cu+H_2O$$

在反应中铜元素化合价降低，氢元素化合价升高。结合："CuO失去氧变成单质铜，发生了还原反应；H_2得到氧变成了水，发生了氧化反应。"可以认为CuO中的铜元素化合价降低，发生了还原反应；H_2中的氢元素化合价升高，发生了氧化反应。

可以看出，在氧化还原反应中，某些元素的化合价在反应前后发生了变化，我们就把物质所含元素化合价升高的反应称为氧化反应，物质所含元素化合价降低的反应称为还原反应。

请判断下面四个化学反应哪些是氧化还原反应，哪些是非氧化还原反应。

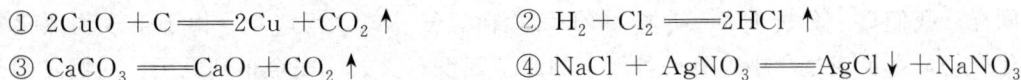

① $2CuO + C =\!=\!= 2Cu + CO_2 \uparrow$　　② $H_2 + Cl_2 =\!=\!= 2HCl \uparrow$

③ $CaCO_3 =\!=\!= CaO + CO_2 \uparrow$　　④ $NaCl + AgNO_3 =\!=\!= AgCl \downarrow + NaNO_3$

在反应①中，铜元素化合价降低，碳元素化合价升高；在反应②中，氢元素化合价升高，氯元素化合价降低。反应①、②是氧化还原反应。

反应②说明了并非只有得氧、失氧的反应才是氧化还原反应，凡是有元素化合价升降的化学反应都是氧化还原反应。

如果从元素化合价是否发生变化对化学反应进行分类，则可分为两类。一类是元素化合价有变化，即氧化还原反应；另一类是元素化合价无变化，例如：反应③、④即非氧化还原反应。

思考交流 11-2

氧化还原反应是通过化合价变化呈现出来的。可是化合价为什么会发生变化呢？

化学反应的实质是原子之间的重新组合。从原子结构来看，原子核外的电子是分层排布的。原子核外电子的排布，特别是最外层的电子数目与化学反应密切相关。下面我们就来认识化合价的变化、电子转移与氧化还原反应的关系。

例如，$2Na + Cl_2 \xrightarrow{\quad\quad} 2NaCl$，属于金属与非金属的反应。反应前后化合价发生了变化，是个氧化还原反应。

反应前，钠原子最外层只有一个电子，易失去这个电子。钠原子是电中性的，化合价为0。反应后钠原子失去了这一个电子，结果带 1 个单位正电荷，成为稳定的钠离子（Na^+），化合价为 +1 价。

钠元素的化合价之所以从反应前的 0 价升高为反应后的 +1 价，是它失去电子的缘故。也就是说，失电子导致化合价升高。

氯原子，反应前最外层有 7 个电子，易得到一个电子。氯原子是电中性的，化合价为0。反应后氯原子得到了这一个电子，带 1 个单位负电荷，成为稳定的氯离子（Cl^-），化合价为 -1 价。

氯元素的化合价之所以从反应前的 0 价降低为反应后的 -1 价，是它得到电子的缘故。也就是说，得电子导致化合价降低。

钠原子失电子，则化合价升高，氯原子得电子，则化合价降低。即化合价的变化在形成离子化合物时是由于元素得失电子引起的。

失电子总数＝化合价升高总数＝得电子总数＝化合价降低总数。

思考交流 11-3

钠原子丢失的电子去哪了？氯原子又是从哪儿得到的电子？

钠原子将失去的一个电子给了氯原子，这样双方最外层电子层都达到 8 个电子的稳定结构。钠离子和氯离子通过静电作用形成离子化合物氯化钠。这个过程中电子通过失与得发生了电子的转移，从而引起元素化合价的变化。

电子由一种元素的原子转移到另一种元素的原子，带负电荷电子的移动使电路中产生了电流，电流计指针发生了偏转，有关它的原理我们将在原电池中继续学习。

同样，我们再来分析 $H_2 + Cl_2 \xrightarrow{\quad\quad} 2HCl$。在氢气和氯气反应中，由于生成物氯化氢是共价化合物，在反应过程中，哪一种元素的原子都没有失去或完全得到电子，它们之间只有共用电子对的偏移，且共用电子对偏离于氢原子，而偏向于氯原子，因此氢原子由 0 价升高到 +1 价，被氧化；氯元素从 0 价降低到 -1 价，被还原。所以，共用电子对的偏移也可以使元素化合价发生变化。

通过以上分析得知，有电子转移（得失或偏移）的反应，是氧化还原反应。氧化反应表现为被氧化的元素化合价升高，其实质是该元素的原子失去（或偏离）电子的过程；还原反应表现为被还原的元素化合价降低，其实质是该元素的原子得到（或偏向）电子的过程。

思考交流 11-4

氧化还原反应中谁被氧化、谁被还原？这些物质有自己专属的名字吗？

在氧化还原反应中，失电子（或电子对偏离）的物质为**还原剂**，所含元素化合价升高，发生了氧化反应；还原剂具有还原性，反应时本身被氧化，它对应的产物叫氧化产物。

在氧化还原反应中，得电子（或电子对偏向）的物质为**氧化剂**，所含元素化合价降低，发生了还原反应；氧化剂具有氧化性，反应时本身被还原，它对应的产物叫还原产物。

在反应中，电子从还原剂转移到氧化剂。氧化剂与还原剂作为反应物共同参加氧化还原反应。

为记忆方便，简化成口诀：化合价升高，失电子，被氧化；化合价降低，得电子，被还原（即"升、失、氧；降、得、还"）。

需要注意的是："升、失、氧"其中的"氧"是被氧化之意，同理"降、得、还"中的"还"表示被还原。

【例题 11-1】钠与氯气反应中，谁是氧化剂，谁是还原剂？

⑨钠化合价升高，失电子，被氯氧化为钠离子，钠是还原剂，具有还原性；氯化合价降低，得电子，被钠还原为氯离子，氯气是氧化剂，具有氧化性。

【例题 11-2】酸性高锰酸钾与亚硫酸钾反应中，化合价发生了怎样的变化？

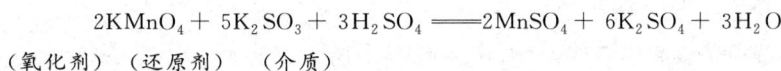

$$2KMnO_4 + 5K_2SO_3 + 3H_2SO_4 \Longrightarrow 2MnSO_4 + 6K_2SO_4 + 3H_2O$$
（氧化剂）　（还原剂）　　（介质）

反应式中，2 个 $KMnO_4$ 得到 10 个电子，Mn 元素的化合价从 +7 变为 +2，故称 $KMnO_4$ 为氧化剂，反应中（被）还原为 $MnSO_4$；5 个 K_2SO_3，失去 10 个电子，S 元素的化合价从 +4 升为 +6，故称 K_2SO_3 为还原剂，反应中（被）氧化为 K_2SO_4。在这个反应中，由于 H_2SO_4 分子中各元素的化合价未发生变化，称它为介质。

总结：

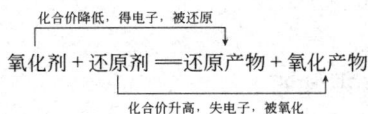

氧化剂 + 还原剂 ═══ 还原产物 + 氧化产物

常用作氧化剂的有活泼的非金属，比如 X_2、O_2、浓 H_2SO_4、HNO_3、$KMnO_4$、$K_2Cr_2O_7$、$KClO_3$、$FeCl_3$、H_2O_2、Na_2O_2、$HClO$、$NaClO$ 等，它们在化学反应中都比较容易得电子，化合价降低。

常用作还原剂的有活泼的金属，比如 K、Ca、Na、Mg、Al、Zn、Fe、Sn、Pb 中，以金属钾的还原能力为最强。还有 C、H_2、CO 等，它们在化学反应中都比较容易失电子，化合价升高。

根据元素化合价的变化情况，还可将氧化还原反应分类。把化合价的变化发生在不同物质中不同元素上的反应称为一般的氧化还原反应；发生在同一物质内不同元素上的反应称为自身氧化还原反应；发生在同一物质内同一元素上的氧化还原反应称为歧化反应。

【例题 11-3】 高锰酸钾加热分解反应中，化合价发生了怎样的变化？

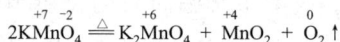

$$2\overset{+7}{K}\overset{-2}{Mn}O_4 \overset{\triangle}{=\!=\!=} \overset{+6}{K_2Mn}O_4 + \overset{+4}{Mn}O_2 + \overset{0}{O_2}\uparrow$$

此反应属于自身氧化还原反应。

【例题 11-4】 氢氧化钠与氯气反应中，化合价发生了怎样的变化？

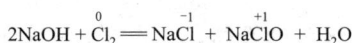

$$2NaOH + \overset{0}{Cl_2} =\!=\!= \overset{-1}{Na}Cl + \overset{+1}{Na}ClO + H_2O$$

此反应属于歧化反应。

思考交流 11-5

如何判断氧化还原反应中不同氧化剂谁的氧化能力更强，不同还原剂谁的还原能力更强？知道这些，能给我们带来什么帮助呢？

氧化性也就是得电子能力的强弱，越容易得到电子，氧化性越强；还原性也就是失电子能力的强弱，越容易失去电子，还原性越强。

由此，金属原子因其最外层电子数较少，通常都容易失去电子，表现出还原性，所以，一般来说，金属性也就是还原性；非金属原子因其最外层电子数较多，通常都容易得到电子，表现出氧化性，所以，一般来说，非金属性也就是氧化性。

比较有关氧化剂或还原剂相对强弱的方法很多，在这里主要介绍五种基本方法。

1. 根据金属活动性顺序来判断

一般来说，越活泼的金属，失电子氧化成金属阳离子越容易，还原性就越强。其相应阳离子得电子还原成金属单质越难，氧化性越弱；反之，越不活泼的金属，失电子氧化成金属阳离子越难，其阳离子得电子还原成金属单质越容易，氧化性越强。

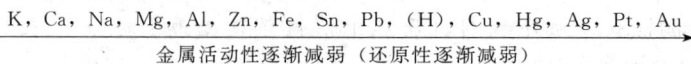

$$\underrightarrow{\text{K，Ca，Na，Mg，Al，Zn，Fe，Sn，Pb，(H)，Cu，Hg，Ag，Pt，Au}}$$
金属活动性逐渐减弱（还原性逐渐减弱）

【例题 11-5】 铁块和锌片在酸性环境中，哪个被腐蚀得更快？

从金属活动性顺序表中看出，锌比铁活泼，意味着锌比铁容易失电子。所以，更快被腐蚀的是锌。

2. 根据非金属活动性顺序来判断

一般来说，越活泼的非金属，得到电子还原成非金属阴离子越容易，氧化性越强；其阴离子失电子氧化成单质越难，还原性越弱。

$$\underrightarrow{\text{F，O，Cl，Br，I，S}} \qquad \underrightarrow{\text{F}^-\text{，O}^{2-}\text{，Cl}^-\text{，Br}^-\text{，I}^-\text{，S}^{2-}}$$
非金属原子氧化性减弱 　　　　　 非金属阴离子还原性增强

【例题 11-6】氯气和液溴谁的氧化性更强？

从非金属活动性顺序表中看出，氯比溴活泼，意味着氯比溴容易得电子。所以，氧化性强的是氯气。

3. 根据氧化还原反应发生的规律来判断

氧化还原反应可用如下式子表示：

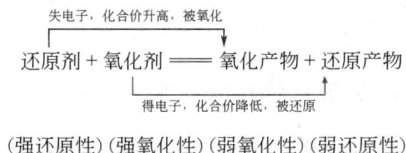

$$\text{还原剂} + \text{氧化剂} === \text{氧化产物} + \text{还原产物}$$

失电子，化合价升高，被氧化

得电子，化合价降低，被还原

（强还原性）（强氧化性）（弱氧化性）（弱还原性）

规律：反应物中氧化剂的氧化性强于生成物中氧化产物的氧化性，反应物中还原剂的还原性强于生成物中还原产物的还原性。

或者说，强还原剂对应弱氧化产物，强氧化剂对应弱还原产物。为什么呢？

比如 Zn，Zn 越容易失电子变成 Zn^{2+}，那么再向相反方向进行，由 Zn^{2+} 得电子变成 Zn 就越难。失电子表现还原性，得电子为氧化性。所以，Zn 的还原性越强，Zn^{2+} 的氧化性越弱。

也就是说，一个反应正向越容易进行，反向则越难。化学反应总是朝着一个稳定的方向进行的，哪个方向更稳定，就朝着这个方向进行。（详细内容见第九章第二节化学平衡）。

简单记忆，可以是"强＋强===（生成）弱＋弱"。

【例题 11-7】下面反应中，KCl 与 KBr 谁的还原性更强？

$$2KBr + Cl_2 === 2KCl + Br_2$$

先观察反应物中发生化合价变化的元素，然后标出它们的化合价。归纳，化合价升高的是 KBr 中的 Br，既然化合价升高则是还原剂，它又在反应物的位置，所以是强还原剂；化合价降低的是 Cl_2 中的 Cl，那么 Cl_2 则是强氧化剂，Cl_2 氧化了 KBr，它本身被还原为 KCl，所以 KCl 是 Cl_2 的还原产物，KCl 有弱还原性。

所以，在以上反应中 KBr 的还原性更强。

4. 根据元素在周期表中的位置判断

对同一周期金属而言，从左到右其金属活泼性依次减弱。如 Na、Mg、Al 金属性依次减弱，其还原性也依次减弱。

对同主族的金属而言，从上到下其金属活泼性依次增强。如 Li、Na、K、Rb、Cs 金属活泼性依次增强，其还原性也依次增强。

对同主族的非金属而言，从上到下其非金属活泼性依次减弱。如 F、Cl、Br、I 非金属活泼性依次减弱，其氧化性也依次减弱。

5. 根据（氧化剂、还原剂）元素的价态进行判断

元素处于最高价只有氧化性，因为它不能再升高，只可能降低了；最低价只有还原性，同样，它也不能再降低了，只可能升高；处于中间价态既有氧化性又有还原性。

一般来说，同种元素价越高，氧化性越强；价越低，还原性越强。如氧化性：$Fe^{3+} >$

$Fe^{2+}>Fe$、S（+6价）$>S$（+4价）等，还原性：$H_2S>S>SO_2$等。

注意：物质的氧化性、还原性不是一成不变的。同一物质在不同的条件下，其氧化能力或还原能力会有所不同。如氧化性：HNO_3（浓）$>HNO_3$（稀）；Cu 与浓 H_2SO_4 常温下不反应，加热条件下反应；$KMnO_4$ 在酸性条件下的氧化性比在中性、碱性条件下强。

学习物质氧化性、还原性的强弱比较，可以帮助我们判断某些化学反应是否进行；对于研究物质性质、形成也有一定意义；在湿法冶金方面有更大的用途。

思考交流 11-6

如何在氧化还原反应中标出电子的转移数目？

标明电子转移的方向和数目常见的有单线桥法和双线桥法两种方法。

从被氧化（失电子，化合价升高）的元素指向被还原（得电子，化合价降低）的元素，标明电子数目，不需注明得失，此为单线桥法。例如：

$$\overset{\overset{\displaystyle 2e^-}{\frown}}{MnO_2 + 4HCl(浓)} \xlongequal{\triangle} MnCl_2 + Cl_2\uparrow + 2H_2O$$

得失电子分开注明，从反应物指向生成物（同种元素），注明得失及电子数，此为双线桥法。例如：

$$MnO_2 + 4HCl(浓) \xlongequal{\triangle} MnCl_2 + Cl_2\uparrow + 2H_2O$$

（上：失$2e^-$；下：得$2e^-$）

思考交流 11-7

如何配平氧化还原反应方程式？

氧化还原反应方程式一般比较复杂，用观察法往往不易配平，需按一定方法配平。这里介绍化合价法。

化合价法配平氧化还原反应方程式的原则是：氧化剂中元素化合价降低的总值等于还原剂中元素化合价升高的总值。依据此原则来确定氧化剂和还原剂化学式前面的系数，然后再根据质量守恒定律配平非氧化还原部分的原子数目。

下面以 Cu 与稀 HNO_3 反应为例说明配平的步骤。

① 写出反应物和生成物的化学式。

$$Cu + HNO_3 == Cu(NO_3)_2 + NO\uparrow + H_2O$$

② 标出化合价有变化的元素的化合价，并求出反应前后氧化剂中元素化合价降低值和还原剂中元素化合价升高值。

（Cu的化合价升高2）
$$\overset{0}{Cu} + H\overset{+5}{N}O_3 == \overset{+2}{Cu}(NO_3)_2 + \overset{+2}{N}O\uparrow + H_2O$$
（N的化合价降低3）

③ 调整系数，使化合价升高的总值与降低的总值相等。

根据化合价升高与降低的总值必须相等的原则，在有关化学式的前面各乘以相应的系数（多采用最小公倍数法确定）。

$$\overset{\overset{\text{Cu的化合价升高 } 2\times3}{\frown}}{\underset{\underset{\text{N的化合价降低 } 3\times2}{\smile}}{\overset{0}{Cu} + \overset{+5}{H}NO_3 \Longrightarrow \overset{+2}{Cu}(NO_3)_2 + \overset{+2}{N}O\uparrow + H_2O}}$$

即　　　　　　　　$3Cu + 2HNO_3 \Longrightarrow 3Cu(NO_3)_2 + 2NO\uparrow + H_2O$

④ 配平反应前后化合价未发生变化的其他元素的原子数（一般用观察法）。

生成物中除了 2 个 NO 分子外，尚有 6 个 $NO_3{}^-$，需在左边再加上 6 个 HNO_3 分子。这样方程式左边有 8 个 H 原子，右边可生成 4 个 H_2O 分子，得到方程式：

$$3Cu + 8HNO_3 \Longrightarrow 3Cu(NO_3)_2 + 2NO\uparrow + 4H_2O$$

⑤ 最后核对方程式两边的氧原子数都是 24，该方程式已配平。

【例题 11-8】 配平高锰酸钾与亚硫酸钾在酸性溶液中的反应方程式。

解　（1）写出反应物和主要产物的化学式：

$$KMnO_4 + K_2SO_3 + H_2SO_4（稀）\Longrightarrow MnSO_4 + K_2SO_4$$

（2）使反应前后元素化合价的升降值相等：

$$\overset{\overset{\text{Mn的化合价降低 } 5\times2}{\frown}}{\underset{\underset{\text{S的化合价升高 } 2\times5}{\smile}}{\overset{+7}{K}MnO_4 + \overset{+4}{K_2}SO_3 + H_2SO_4 \Longrightarrow \overset{+2}{Mn}SO_4 + \overset{+6}{K_2}SO_4}}$$

$$2KMnO_4 + 5K_2SO_3 + H_2SO_4（稀）\Longrightarrow 2MnSO_4 + 5K_2SO_4$$

（3）其他原子数配平：对含氧酸盐作氧化剂的配平，一般先观察化合价为 -2 的氧（即 O^{2-}）的数目。$2KMnO_4$ 变为 $2MnSO_4$ 多出 8 个 O^{2-}，而 $5K_2SO_3$ 变为 $5K_2SO_4$ 则少 5 个 O^{2-}，因此左边剩余 3 个 O^{2-}，需 6 个 H^+ 与之结合，生成 $3H_2O$。此 6 个 H^+ 由介质 H_2SO_4 供给，故左边为 $3H_2SO_4$。即

$$2KMnO_4 + 5K_2SO_3 + 3H_2SO_4（稀）\Longrightarrow 2MnSO_4 + 6K_2SO_4 + 3H_2O$$

（4）最后检查两边各原子的数目是否相等。

必须强调指出：在配平方程式时，如果是分子方程式，则不能出现离子。如果是离子方程式，配平时反应方程式的两边不仅各元素的原子个数相等，电荷总数也应相等，但配平的切入点是电荷平衡。例如：

$$Fe^{3+} + Fe \Longrightarrow 2Fe^{2+}$$

$$MnO_4{}^- + Fe^{2+} + 8H^+ \Longrightarrow Mn^{2+} + Fe^{3+} + 4H_2O$$

以上两个反应式从各元素的原子个数看是平衡了，但两边的电荷总数没有平衡，所以方程式并未配平。另外，在水溶液中的反应，要根据实际情况，用 H^+、OH^-、H_2O 等配平 H 和 O 元素。

综上所述，化合价升降法的基本步骤为："一标、二等、三定、四平、五查"。

"一标"指的是标出反应中发生氧化和还原反应的元素的化合价，注明每种物质中升高或降低的总价数。

"二等"指的是化合价升降总数相等，即为两个互质（非互质的应约分）的数交叉相乘。

"三定"指的是用跟踪法确定氧化产物、还原产物化学式前的系数。

"四平"指的是通过观察法配平其他各物质化学式前的系数。

"五查"指的是在有氧元素参加的反应中可通过查对反应式左右两边氧原子总数是否相等进行复核（离子反应还应检查电荷总数是否相等），如相等则方程式已配平，最后将方程式中的"——"改为"==="。

第二节　原电池与手机电池

原电池的组成
及工作原理

学习导航

现代生活中人们离不开"电"。虽然电厂星罗棋布，电线如蛛网连接。但总有电输送不到的地方。这时候就看"电池"大显身手了。小小电池如何"发电"呢？

随着社会的进步与科技的飞速发展，各种电器不断涌入现代社会，例如，手机、笔记本电脑、相机等极大地丰富了我们的工作、生活和学习。

电能是现代社会生活中应用最广泛、使用最便宜、污染最小的二次能源，又称电力。

那么，在化学反应中，化学能是如何变成电能的呢？又是如何转化的呢？

【实验 11-1】 按图 11-1 将 Zn 片插入 H_2SO_4 溶液中，有什么现象？为什么？

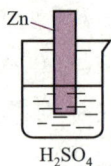

图 11-1　锌片插入稀硫酸　　　图 11-2　锌片、铜片插入稀硫酸　　图 11-3　用一根导线连接锌片、铜片

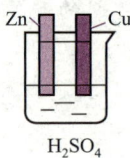

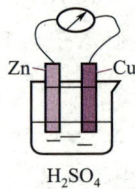

锌片不断溶解，并有气泡产生。因为：

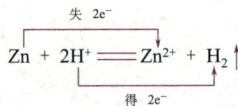

$$\overset{\text{失 } 2e^-}{Zn + 2H^+ \xrightarrow{\hspace{2cm}} Zn^{2+} + H_2\uparrow}$$
$$\underset{\text{得 } 2e^-}{}$$

【实验 11-2】 按图 11-2 将 Zn 片、Cu 片平行插入稀 H_2SO_4 溶液中，有什么现象？为什么？

锌片不断溶解，有气泡产生；而铜片上没有任何现象。因为：在金属活动性顺序表中，锌排在氢前而铜在氢后，就造成二者中只有锌能与稀硫酸反应，铜不能。所以铜片上没有气泡。

【实验 11-3】 按图 11-3，若在图 11-2 的基础上将 Zn 片、Cu 片用一导线连接，再浸在稀 H_2SO_4 溶液中，观察锌片、铜片上各有什么现象？导线间若再接一电流计，又有什么现象？

锌片依然不断溶解，但同时铜片有气泡生成。

思考交流 11-8

铜片上是什么气体？经过检验，铜片上放出的气体是氢气。铜明明是不与稀硫酸反应的，气体从何而来？

推理得出稀硫酸中的 H^+ 在铜片上获得电子，变成 H_2 放出。

思考交流 11-9

H^+ 在铜片上获得的电子来自哪里？这样的话，岂不是有电流通过？

这个现象是铜片连上导线以后才有的。可以推断，电子一定是从锌片通过导线而到铜片上来的。

在导线中间接入一个电流计后，观察到指针发生偏转。证明推理正确。

思考交流 11-10

稀硫酸不和金属铜反应，为什么一连上导线就这么神奇了呢？

这是因为当铜片和锌片一同浸入稀硫酸时，由于锌比铜活泼，易失去电子，Zn 被氧化成 Zn^{2+} 进入溶液，电子由锌片通过导线流向铜片，溶液中的 H^+ 在铜片上获得电子，被还原为 H 原子，H 原子结合成 H_2 分子而从铜片上放出。

这种借助于氧化还原反应将化学能转变为电能的装置叫作**原电池**。按照物理学上的规定，输出电子的一极是负极，输入电子的一极为正极。所以，在原电池的外电路中，锌片是电池的负极，铜片是电池的正极。

其正、负极反应如下。

负极（Zn）：氧化反应　　$Zn - 2e^- =\!\!=\!\!= Zn^{2+}$

正极（Cu）：还原反应　　$2H^+ + 2e^- =\!\!=\!\!= H_2 \uparrow$

两式相加，上述装置中的总反应为：

$$Zn + 2H^+ =\!\!=\!\!= Zn^{2+} + H_2 \uparrow$$

上述原电池的外电路，锌失电子，电子由负极（Zn）定向移动至正极（Cu）。在内电路，溶液中的阳离子（H^+）移向正极得电子，阴离子（SO_4^{2-}）移向负极平衡锌失电子后生成的 Zn^{2+}。

H_2 之所以在正极铜片上产生，是因为阳离子移向正极，阴离子移向负极。那么 H^+ 在正极大量聚集，带正电，吸引电子，电子通过导线被吸引到正极，在正极被还原，生成 H_2。

这个装置最后呈现的是电能，有电流，而电流要靠电子的定向移动形成，起码要有自由移动的电子，电子来自哪儿？是由氧化还原反应产生。所以，从理论上说，可以利用任何一个氧化还原反应来组成一个原电池。

思考交流 11-11

上述原电池装置，锌为何会自发地失去电子从而形成电流？

钠比锌要活泼，但把钠放在煤油里它会失去电子吗？不会，锌也一样。不能把锌与世隔绝，它需要一个外部环境，需要失去电子的环境，装置中是溶液。有了溶液就能有电流吗？还不行。怎么有的水流呢？有水位的落差，才有水流。那锌也需要一个与它活泼性不同的金属，形成电压差，也叫电势。这些够了吗？不够。八楼和一楼是有高度差，可你怎么到达呢？靠梯子。那这个装置中也要靠导线相连正负极。有了这些做保障，锌就会自发地失去电子，别忘了，一定会有阳离子得到这个电子的。如同"买、卖"共存一样，"得、失"电子也相伴相生。

所以，原电池的组成条件可以简单地概括为：两极一液一连线。具体是：有两种活动性不同的金属（或非金属单质）作电极；电极材料均插入电解质溶液中；两极相连形成闭合电路。

学海拾贝

其实早在 300 多年前，科学家就发明电池了。过程有些曲折，是这样的：1780年意大利著名生物学家伽伐尼解剖青蛙时，已死去的青蛙竟然发生了抽搐。伽伐尼通过实验得出：青蛙自身肌肉和神经里的"生物电"是导致抽搐的原因。1791 年，伽伐尼发表了《论肌肉中的生物电》论文，引起广泛关注。

意大利物理学家伏打（Volta A.，1745—1827）提出了疑问：为什么只有青蛙腿和铜器或铁器接触时才发生抽搐？他做了如下实验（见图 11-4）：

实验 1：将青蛙腿放在铜盘里，用解剖刀去接触，蛙腿抽搐。

实验 2：将青蛙腿放在木盘里，用解剖刀去接触，蛙腿不动。

伏打用实验推翻了伽伐尼的结论，认为要有两种活泼性不同的金属同时接触蛙腿，蛙腿才会抽搐。

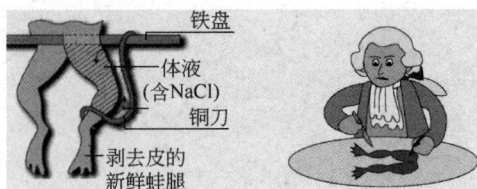

图 11-4　伏打解剖青蛙并做实验

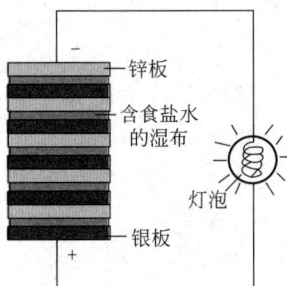

图 11-5　电堆模型　　　　图 11-6　伏打

由此，伏打对生物电观点的质疑，加以研究，于 1799 年发明了世界上第一个电池——伏打电池，即原电池。1800 年伏打建立伏打电堆模型（图 11-5）。1801 年拿破仑在巴黎召见伏打，法国科学院授予他一枚金质勋章（图 11-6）。

伏打电池是实用电池的开端。

至今利用伏打电池的原理制成了多种电池，下面是改进性能的盐桥电池。

【实验 11-4】 按图 11-7 所示，在两个分别装有 $ZnSO_4$ 和 $CuSO_4$ 溶液的烧杯中，分别插入 Zn 片和 Cu 片，并用一个充满电解质溶液（一般用饱和 KCl 溶液，为了使溶液不致流出，常用琼脂与 KCl 饱和溶液制成胶冻）的 U 形管（称为盐桥）连通起来。用一个灵敏电流计 A 将两个金属片连接起来后。观察现象。

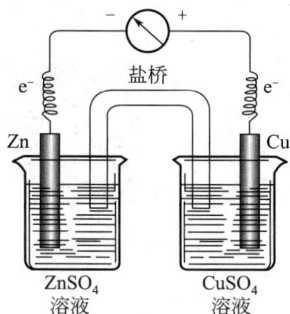

图 11-7 铜锌原电池装置

看到电流计指针发生了偏移，说明有电流发生；Cu 片上有 Cu 发生沉积，Zn 片发生了溶解。可确定电流是从 Cu 极流向 Zn 极（电子从 Zn 极流向 Cu 极）。此装置之所以能够产生电流，是由于 Zn 要比 Cu 活泼，Zn 片上 Zn 易放出电子，Zn 被氧化成 Zn^{2+} 进入溶液中：$Zn-2e^- \rightleftharpoons Zn^{2+}$，电子定向地由 Zn 片沿导线流向 Cu 片，形成电子流。溶液中的 Cu^{2+} 趋向 Cu 片接受电子还原成 Cu 沉积：$Cu^{2+}+2e^- \rightleftharpoons Cu$。

在上述反应进行中，$ZnSO_4$ 溶液由于 Zn^{2+} 的增多而带正电荷；而 $CuSO_4$ 溶液由于 Cu^{2+} 的减少、SO_4^{2-} 过剩而带负电荷。盐桥的作用就是能让阳离子（主要是盐桥中的 K^+）通过盐桥向 $CuSO_4$ 溶液迁移；阴离子（主要是盐桥中的 Cl^-）通过盐桥向 $ZnSO_4$ 溶液迁移，使锌盐溶液和铜盐溶液始终保持电中性，从而使 Zn 的溶解和 Cu 的析出过程可以继续进行下去。

这就是铜锌原电池装置，把化学能转变成了电能。铜锌原电池是在 1836 年由英国科学家丹尼尔（J. F. Daniell，1790—1845）制成的，也叫丹尼尔电池。

在原电池中，电子流出的电极称为负极，负极上发生氧化反应；电子流入的电极称为正极，正极上发生还原反应。电极上发生的反应称为电极反应。

在 Cu-Zn 原电池中的电极反应（也称为半电池反应）如下。

负极（Zn）：氧化反应 　　　　　　$Zn \rightleftharpoons Zn^{2+} + 2e^-$

正极（Cu）：还原反应 　　　　　$Cu^{2+}+2e^- \rightleftharpoons Cu$

原电池电池反应为： 　　　　　$Zn+Cu^{2+} \rightleftharpoons Zn^{2+}+Cu$

每个原电池都由两个半电池组成。在 Cu-Zn 原电池中，Zn 和 $ZnSO_4$ 溶液形成了锌半电池，Cu 和 $CuSO_4$ 溶液形成了铜半电池。由此可见每一个半电池都是由同一元素处于不同氧化数的两种物质构成的，一种是处于低氧化数的可作为还原剂的物质（称为还原型物质或还原态物质）；另一种是处于高氧化数的可作为氧化剂的物质（称为氧化型物质或氧化态物质）。这种由同一元素的氧化型物质和其对应的还原型物质所构成的整体，称为氧化还原电对。书写电对时，氧化型物质在左侧，还原型物质在右侧，中间用斜线"/"隔开，即"氧化型/还原型"（Ox/Red）。

例如，Cu 和 Cu^{2+}、Zn 和 Zn^{2+} 所组成的氧化还原电对可分别写成 Cu^{2+}/Cu、Zn^{2+}/Zn。非金属单质及其相应的离子也可以构成氧化还原电对，例如 H^+/H_2 和 O_2/OH^-。

一个氧化还原电对，原则上都可以构成一个半电池，每个电对中，氧化型物质与还原型物质之间存在下列共轭关系：

$$氧化型 + ne^- \rightleftharpoons 还原型$$

或

$$Ox + ne^- \rightleftharpoons Red$$

式中，n 是电子的计量系数，这就是半电池反应或电极反应的通式。

原电池装置可以用符号表示。把负极（－）写在左边，正极（＋）写在右边。其中"｜"表示有两相之间的接触界面，"‖"表示盐桥，c 表示溶液的浓度。当浓度为 1mol/L 时，可不必写出。如有气体物质，则应标出其分压 p。

原电池符号

Cu-Zn 原电池的符号为：

$$(-)Zn|ZnSO_4(c_1)\|CuSO_4(c_2)|Cu(+)$$

思考交流 11-12

手机电池是原电池吗？它是如何完成充、放电的呢？

将原电池转化成技术产品就是化学电源（或化学电池）。化学电池是一类应用范围广、实用性强的电源，小到手表、单放机、儿童玩具，大到航空航天、卫星通信，几乎无处不在。常见的化学电池有干电池（锌锰电池）、充电电池（铅蓄电池、镍镉电池、锂电池）、燃料电池（H_2 和 CH_4 燃料电池）。

原电池是一次电池，蓄电池是二次电池。蓄电池在充放周期内可反复充电，反复使用，是可逆电池。如果我们把可逆电池看成是第三类"原电池"，则它与前两类原电池的区别在于前者的正极材料不参与反应，而蓄电池的两极都要参与反应，是一种可逆过程，充电即为电解过程，放电即为原电池，以此分析其电极反应。

例如，银锌电池广泛用作各种电子仪器的电源，它的充电和放电过程可以表示为：

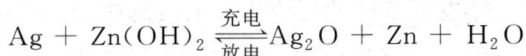

$$Ag + Zn(OH)_2 \underset{放电}{\overset{充电}{\rightleftharpoons}} Ag_2O + Zn + H_2O$$

放电为原电池的反应，即上述反应的逆过程，正、负极应是式子右边的物质。负极为 Zn，电极反应为：$Zn + 2H_2O - 2e^- = Zn(OH)_2 + 2H^+$；正极为 Ag_2O，电极反应为：$Ag_2O + 2H^+ + 2e^- = 2Ag^+ + H_2O$。

📖 学海拾贝

现在用的手机电池，多为锂离子电池，其充、放电原理是：

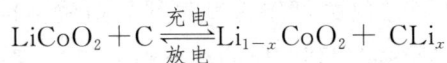

$$LiCoO_2 + C \underset{放电}{\overset{充电}{\rightleftharpoons}} Li_{1-x}CoO_2 + CLi_x$$

当对电池进行充电时，电池的正极上有锂离子生成，生成的锂离子经过电解液运动到负极。而作为负极的碳呈层状结构，它有很多微孔，到达负极的锂离子就嵌入到碳层的微孔中，嵌入的锂离子越多，充电容量越高。此时正极发生的化学反应为：

$$LiCoO_2 = Li_{1-x}CoO_2 + xLi^+ + xe^-$$

同样道理，当对电池进行放电时（即我们使用电池的过程），嵌在负极碳层中的锂离子脱出，又运动回到正极。回到正极的锂离子越多，放电容量越高。我们通常所说的电池容量指的就是放电容量。此时负极发生的化学反应为：

$$C + x\,Li^+ + x\,e^- \rightleftharpoons CLi_x$$

不难看出，在锂离子电池的充放电过程中，锂离子处于从正极到负极再到正极的运动状态。如果我们把锂离子电池形象地比喻为一把摇椅，摇椅的两端为电池的两极，而锂离子就像优秀的运动健将，在摇椅的两端来回奔跑。所以，专家们又给了锂离子电池一个可爱的名字——摇椅式电池。

综上所述，化学电池是把化学能直接转化为电能的装置，其反应的基础是氧化还原反应。电池正负极的确定既可以通过电极材料判断：活泼金属作负极，不活泼金属（或石墨）作正极，也可以从发生的反应判断：发生氧化反应的电极是负极，发生还原反应的电极是正极。

一次性干电池中的氧化还原反应是不可逆的，放完电之后就不能再使用。而蓄电池中的氧化还原反应是可逆的，它在放电时所进行的氧化还原反应，在充电时可以逆向进行，使生成物恢复原状。

此外，家用电器的普及和种类的增加，使得电池的使用量随之剧增。废电池混在垃圾中，不仅污染环境，而且造成浪费。据报道，全国的电池年消耗量为 30 亿只，因疏于回收而丢失铜 740 吨，锌 1.6 万吨，锰粉 9.7 万吨。另外，普通干电池里含有镉和汞两种元素，这两种元素若污染了土壤和水源，进入人类的食物链，就会发生"水俣病"（汞中毒）和"痛痛病"（镉中毒），这两种工业公害病在日本都发生过，造成很多人死亡。

为防止悲剧重演，我们应该把废旧电池与其他垃圾分开，集中回收。许多国家都很重视废旧电池的回收，如德国的很多商店要求顾客在购买电池时，同时要把废旧电池交回商店；日本的分类垃圾箱里有一种专门放废旧电池的黄色垃圾箱，垃圾箱的投入口有三个，分别标有普通电池、纽扣电池和其他电池。

📖 思政案例

电池的发展历程

公元前 200 年左右，古希腊人发现，在酸性环境中将铜和铁插入某些物质，如柠檬汁或酒精，可以产生电流。这被视为最早的电池原型。

1800 年，意大利医生和科学家奥斯托·瓦尔塔首次制造出伏打电池（也称为伏特电池）。它由金属片和湿润的绝缘体片（如纸或绸布）叠放组成，中间夹有盛有化学液体的容器。伏打电池被广泛应用于科学实验和通信领域。

1866 年，弗雷德里克·休森发明了干电池。干电池将湿润的盐水替换为湿润的蓝色石墨（即石墨炉）。这种改进使得电池更便于携带和使用，并且在便携式设备中得到广泛应用。

　　20世纪40年代，碱性锌锰电池被引入市场。这种电池通过在酸性电解质中使用碱性的氢氧化物，改善了电池的性能和寿命。现今的碱性锌锰电池仍然是最常见的干电池类型之一。

　　20世纪70年代，出现了可充电的锂离子电池。锂离子电池具有高能量密度、轻量化和长寿命等优点，逐渐成为便携式电子设备的主要能源。现如今，锂离子电池广泛应用于手机、平板电脑、笔记本电脑等设备。

　　随着对可再生能源和环境保护的关注增加，新能源电池得到了广泛关注和研究。太阳能电池、燃料电池、钠离子电池等新型电池不断涌现，为清洁能源的开发和利用提供了更多可能性。

　　中国第一个钚-238同位素电池于2008年诞生于中国原子能科学研究院，人类已将钚-238核电池广泛应用于航空航天领域，如第一次登月的阿波罗11号以及之后的12、14～17号、世界上第一辆采用核动力驱动的"好奇号"火星车、中国探月工程二期发射的"嫦娥四号"；应用于海事领域，如海底潜艇导航信标、水下监听器电源、海底电缆中继站电源；应用于医学等领域，如心脏起搏器、人工心脏中都有应用。而钚-238核电池成本极高，不论是用于手机、电器还是汽车等民用领域目前依然道阻且长，但我们坚信行则将至。

　　随着科学技术的进步和需求的变化，电池的发展经历了多个阶段，从最初的简单原型到如今的先进技术，不断推动着现代科技和生活的发展。

第三节　电解池与氯碱工业

电解

学习导航

　　化学能可变为电能，电能会不会转化为化学能？若能，又需通过什么装置，发生怎样的变化才能转化？氯碱工业是制备什么物质的？

　　1799年，当意大利人发明了最原始的电池——伏打电池之后，许多科学家对电产生了浓厚的兴趣，电给世界带来了太多的不可思议，好奇心驱使着人们去进行各种尝试，想看看它还能否出现什么奇特的现象。1807年，当英国化学家戴维（Humphry Davy）将铂电极插入熔融的氢氧化钾并接通直流电源时，奇迹终于产生了，在阴极附近产生一种银白色的金属，随即形成紫色的火焰。这就是发现钾元素的主要过程，当时在社会上引起了轰动。他随后用电解法又相继发现了钠、钙、锶、钡、镁、硼、硅等元素，戴维成为发现化学元素最多的科学家（图11-8）。其中的奥妙

图11-8　戴维23岁时画像

是什么呢？电解时，物质的变化是如何发生的呢？电能如何才能转变成化学能呢？

【实验 11-5】在一个 U 形管中注入氯化铜溶液，插入两根石墨作电极（见图 11-9），把湿润的碘化钾淀粉试纸放在与直流电源正极相连的电极（阳极）附近，接通直流电源，观察 U 形管中现象和试纸颜色的变化。

通电后不久，可以看到阴极石墨棒上逐渐覆盖了一层红色的铜，在阳极石墨棒上有气泡产生，湿润的碘化钾淀粉试纸变成蓝色，根据气体的刺激性气味和试纸的颜色，可以判断产生的气体是氯气。

实验结果表明，$CuCl_2$ 溶液在电流的作用下发生了化学变化，分解生成了 Cu 和 Cl_2。

$CuCl_2$ 溶液在电流的作用下为什么会分解生成 Cu 和 Cl_2？原因是：$CuCl_2$ 在水溶液中电离生成了 Cu^{2+} 和 Cl^-，即 $CuCl_2 \!=\!\!=\! Cu^{2+} + 2Cl^-$。

通电前，Cu^{2+} 和 Cl^- 在溶液中做自由运动（即无序运动）；通电时，在电极的作用下，这些自由运动的离子改为做定向运动，即阴离子趋向阳极，阳离子趋向阴极。这些离子到达电极时，就失去或获得电子，发生氧化还原反应，这个过程叫作放电。

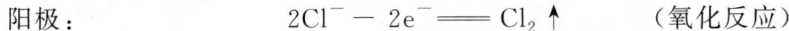

图 11-9　电解 $CuCl_2$ 溶液实验

$$阳极： \qquad 2Cl^- - 2e^- \!=\!\!=\! Cl_2\uparrow \qquad （氧化反应）$$

$$阴极： \qquad Cu^{2+} + 2e^- \!=\!\!=\! Cu \qquad （还原反应）$$

这种使电流通过电解质溶液而在阴、阳两极引起氧化还原反应的过程叫作**电解**，上述借助于电流引起氧化还原反应的装置，也就是把电能转变为化学能的装置，叫作**电解池**或**电解槽**。

在电解池中，与直流电源的正极相连的电极是阳极，在阳极发生氧化反应；与直流电源的负极相连的电极是阴极，在阳极发生还原反应。

通电时，电子从电源的负极沿导线流入电解池的阴极，经过阴、阳离子定向运动形成的内电路，在电解池的阳极流出，并沿导线流回电源的正极。通过上述分析可以看出，电解质溶液的导电过程，就是电解质溶液的电解过程。

电解 $CuCl_2$ 溶液的化学反应方程式就是阴、阳两个电极反应的总和。

$$CuCl_2 \xrightarrow{\text{电解}} Cu + Cl_2\uparrow$$

在上述电解过程中，没有涉及溶液中的 H^+ 和 OH^-，实际上，在溶液中，由于水的微弱电离，还存在着少量的 H^+ 和 OH^-，但是，它们在实验条件下并没有参与电极反应，所以就不讨论它们了。

我们不仅可以用电解法分解 $CuCl_2$，还可以用此法分解许多难以分解的物质，得到许多化工产品。因此，电解法在工业生产中占有重要地位。

电离与电解的区别与联系见表 11-1。

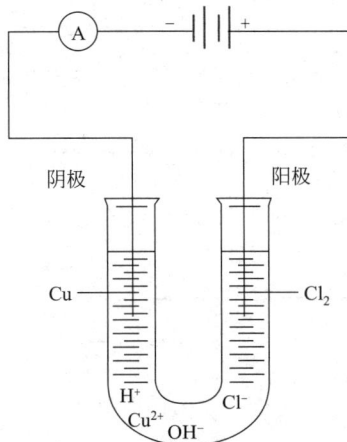

表 11-1　电离与电解区别与联系

项目	电　离	电　解
条件	电解质溶于水或熔化状态	电解质电离后，再通直流电
过程	电解质电离成为自由移动的离子	阴、阳离子定向移动，在两极上放电
举例	$CuCl_2 \!=\!=\! Cu^{2+} + 2Cl^-$	$CuCl_2 \xrightarrow{电解} Cu + Cl_2\uparrow$
特点	只产生自由移动的离子	发生氧化还原反应，形成新物质
联系	电解必须建立在电离的基础上	

原电池与电解池的区别与联系见表 11-2。

表 11-2　原电池与电解池的区别与联系

装置类别	原电池		电解池	
举例	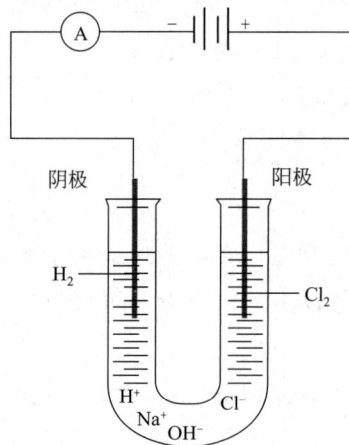			
电极名称	负极（电子流出的电极）	正极（电子流入的电极）	阴极（与电源负极相接）	阳极（与电源正极相接）
电极反应	氧化反应	还原反应	还原反应	氧化反应
能量转变	将化学能转变为电能		将电能转变为化学能	
反应是否自发进行	反应能够自发进行		反应不能自发进行	

思考交流 11-13

氯碱工业有什么发展前景？用什么装置来制备？

图 11-10　电解饱和食盐水装置

烧碱（NaOH）和氯气是重要的化工原料，产量大、用途广，工业上将电解饱和食盐水的工业生产称为氯碱工业。工业上通过电解饱和食盐水来制烧碱、氢气和氯气。

电解饱和食盐水的原理（装置见图 11-10）与电解氯化铜水溶液原理相同，食盐水中 NaCl 和 H_2O 发生电离：

$$NaCl \!=\!=\! Na^+ + Cl^-$$

$$H_2O \rightleftharpoons H^+ + OH^-$$

食盐水溶液中存在着在 Na^+、Cl^-、H^+、OH^- 四种离子，通电时，Cl^- 和 H^+ 优先放电：

阳极：$2Cl^- - 2e^- \rightleftharpoons Cl_2\uparrow$　　（氧化反应）

阴极：$2H^+ + 2e^- \rightleftharpoons H_2\uparrow$　　（还原反应）

总反应：$2NaCl + 2H_2O \xrightarrow{\text{电解}} 2NaOH + Cl_2\uparrow + H_2\uparrow$

📖 **知识扩展** ·····························

离子放电顺序

阳极：活性电极本身（除 Au、Pt、石墨外）$> S^{2-} > I^- > Br^- > Cl^- > OH^- >$ 含氧酸根 $> F^-$

阴极：$Ag^+ > Fe^{3+} > Hg^{2+} > Cu^{2+} > H^+ > Pb^{2+} > Sn^{2+} > Fe^{2+} > Zn^{2+} > Al^{3+} > Mg^{2+} > Na^+ > Ca^{2+} > K^+$

思考交流 11-14

首饰上怎样镀铜？这又和什么化学知识相关？2011 年 11 月 8 日《长沙晚报》报道有人用镀铜的首饰冒充黄金行骗。40 多岁的被告人邹某用这样的手法居然两次骗了典当行。贪心不足的她在第三次行骗时被抓获。法庭认定邹某犯诈骗罪，判处有期徒刑一年零三个月，并处罚金 15000 元。

首饰上镀铜属于"电镀"，电镀是应用电解原理在某些金属表面上镀上一薄层其他金属或合金的方法。电镀的主要目的是使金属增强抗腐蚀能力，增加美观和表面硬度。镀层金属通常是一些在空气或溶液中不易发生变化的金属（如铬、镍、银）和合金（如黄铜）。

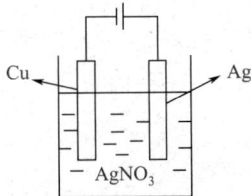

图 11-11　在铜上镀银示意

电镀时，通常镀层金属作阳极，待镀金属或镀件作阴极，含有镀层金属离子的溶液作电镀液。在直流电的作用下，镀件表面就覆盖上一层光滑致密的镀层。如图 11-11 所示（在铜上镀银为例）。

阳极：　$2Ag - 2e^- \rightleftharpoons Ag^+$　　（氧化反应）

阴极：　$2Ag^+ + 2e^- \rightleftharpoons Ag$　　（还原反应）

用这种方法就能实现在铜上镀银了。

电镀也可以用在铜的精炼上。通过火法冶金炼出的铜是粗铜，含杂质多，不适于电器及许多工业领域应用，必须进行电解精炼。电解时，用纯铜板作阴极，粗铜板作阳极，$CuSO_4$ 溶液作电镀液。当直流电通过，作阳极的粗铜逐渐溶解，纯铜在阴极上析出，粗铜的多数杂质沉积在电解槽底部，形成阳极泥，这样就可以得到纯度达 99.95%～99.98% 的铜。

📖 **学海拾贝** ·····························

其实早在 2000 多年前，古人就使用电解法为雕像或装饰品镀金了。

1936 年 9 月，一队工人在伊拉克首都巴格达城近郊挖出了一具石棺，石棺里有大量的古文物：许多金银器、613 颗珍珠以及一些陶制粗口瓶。陶制粗口瓶的瓶颈覆盖着一层沥青，有根小铁棒插在铜制圆柱体的铜管里，圆柱体高约 4 英寸（1 英寸＝

2.54cm），底部固定着一个以沥青绝缘的铜盘，顶部则有一个涂沥青的瓶塞。据考证，这具石棺和棺内的文物是公元前247年～公元前226年的。担任伊拉克博物馆馆长的德国考古学家瓦利哈姆·卡维尼格，立即组织考古学家对这些奇怪的文物进行了研究。经过鉴定，他认为这个异常奇特的文物是2000多年前古人使用过的电池。他说："这些出土的铜管、铁棒和陶器是古代使用的电池。只要向陶瓶内倒入一些酸或碱性水，便可以发出电来。这些电池当时是被串联使用的，串联这些电池的目的是通过电解法将金涂在雕像或装饰品上。"由于这种古电池是在巴格达近郊地下石棺内发现的，所以，人们把它称为"巴格达古电池"。

思考交流 11-15

冶金是提炼金子吗？

冶金是从矿石中提取金属或金属化合物（当然包括金子），用各种加工方法将金属制成具有一定性能的金属材料的过程和工艺。

冶金在我国具有悠久的发展历史，从石器时代到随后的青铜器时代，再到近代钢铁冶炼的大规模发展。人类发展的历史就融合了冶金的发展。

冶金的技术主要包括火法冶金、湿法冶金以及电冶金。

化学上的"金属冶炼"就是使矿石中的金属离子获得电子，从它们的化合物中还原出来。Na、Mg、Al 等活泼金属必须用电解法，原理：$M^{n+} + ne^- \mathop{=\!=}\limits M$，如：电解熔融的 NaCl 冶炼金属钠，NaCl 在高温下熔融，并发生电离：$NaCl \xrightarrow{高温} Na^+ + Cl^-$。

通直流电后：

阳极　　　　　　　　　$2Cl^- - 2e^- \mathop{=\!=}\limits Cl_2 \uparrow$　　　（氧化反应）

阴极　　　　　　　　　$2Na^+ + 2e^- \mathop{=\!=}\limits 2Na$　　　（还原反应）

总反应：　　　　　　　$2NaCl（熔融）\xrightarrow{电解} 2Na + Cl_2 \uparrow$

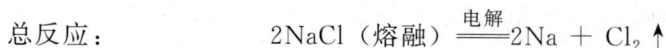

对于一些活泼的金属，由于难有还原剂将它们从其化合物中还原出来，而电解法是最强有力的氧化还原手段，所以电解法几乎是唯一可行的工业方法。这也是为什么在人类数千年的文明发展历程中，这些活泼的金属直到近几百年才被陆续地发现和制得。

电解氯化铜溶液与电镀铜的比较见表 11-3。

表 11-3　电解氯化铜溶液与电镀铜的比较

项目	电解氯化铜溶液	电镀铜
能量转变	将电能转变为化学能	
阳极材料	石墨	镀层金属——铜
阴极材料	石墨	待镀件（如无锈铁钉）

续表

项目	电解氯化铜溶液	电镀铜
阳极反应	溶液中 Cl^- 在阳极氧化为 Cl_2	铜溶解
阴极反应	溶液中 Cu^{2+} 在阴极以 Cu 单质析出	
电解质溶液及其变化	$CuCl_2$ 溶液；电解过程中溶液浓度逐渐减小	$CuSO_4$ 溶液；电镀过程中溶液浓度不变

第四节 金属电化学腐蚀与防护

金属的电化学腐蚀与防护

学习导航

为什么钢铁在干燥的空气中不易生锈，而在潮湿的空气中容易生锈呢？在轮船的尾部为什么要"牺牲"锌来保护船体呢？

金属的腐蚀与防护始终是一个世界性的异常棘手的科技难题。发达国家每年由于金属腐蚀造成的直接损失占全年国民生产总值的 $2\%\sim4\%$，远远超过各种自然灾害造成损失的总和，这无疑会给人们一个重要的警示：金属腐蚀，不可等闲视之。金属曾是人类文明发展的历史标志，如铜器时代、铁器时代。在现代社会中，钢铁等金属材料的产量和质量仍是反映国民经济发展水平的重要指标。防止金属腐蚀，任重道远。

金属与接触到的干燥气体（如 O_2、Cl_2、SO_2）或非电解质液体直接发生化学反应而引起的腐蚀，叫作化学腐蚀。不纯的金属与电解质溶液接触时，会发生原电池反应，比较活泼的金属失去电子而被氧化，这种腐蚀叫作电化学腐蚀。金属腐蚀造成的危害甚大，它能使仪表失灵，机器设备报废，桥梁、建筑物坍塌，给社会财产造成巨大损失。

在生产和日常生活中比较普遍而且危害较大的，是金属的电化学腐蚀。在这里，我们重点讨论金属的电化学腐蚀。

为什么钢铁在干燥的空气中不易生锈，而在潮湿的空气中容易生锈呢？因为钢铁在潮湿的空气中其表面会形成一层水膜，水膜中溶解有来自空气的 CO_2、SO_2、H_2S 等电解质，使水膜中含有一定量 H^+，它由这些反应产生：

$$H_2O \rightleftharpoons H^+ + OH^-$$

$$H_2O + CO_2 \rightleftharpoons H_2CO_3 \rightleftharpoons H^+ + HCO_3^-$$

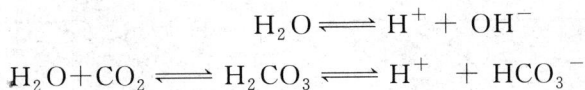

这样它在钢铁表面形成一层电解质溶液的薄膜，溶液与钢铁中的铁和少量的碳恰好构成了原电池。这些微小的原电池遍布了钢铁的表面。在这些原电池里，铁是负极，碳是正极。其电极反应如下。

负极：$Fe - 2e^- \Longrightarrow Fe^{2+}$

正极：$2H_2O + 2e^- \Longrightarrow 2OH^- + H_2\uparrow$

总反应：$Fe + 2H_2O \Longrightarrow Fe(OH)_2 + H_2\uparrow$

生成的 $Fe(OH)_2$ 被空气氧化生成 $Fe(OH)_3$，

即 $4Fe(OH)_2 + 2H_2O + O_2 \Longrightarrow 4Fe(OH)_3$

$Fe(OH)_3$ 脱去一部分水就会生成 $Fe_2O_3 \cdot nH_2O$，它就是铁锈的主要成分。铁锈疏松地覆盖在钢铁表面，不能防止其自身的腐蚀。

由于在腐蚀过程中不断有 H_2 放出，所以称为析氢腐蚀。这是在酸性环境中引起的腐蚀。

一般情况下，如果钢铁表面吸附的水膜酸性很弱或呈中性，但溶有一定量的氧气，此时就会发生吸氧腐蚀。电极反应如下。

负极：$2Fe - 4e^- \Longrightarrow 2Fe^{2+}$

正极：$2H_2O + O_2 + 4e^- \Longrightarrow 4OH^-$

总反应：$2Fe + 2H_2O + O_2 \Longrightarrow 2Fe(OH)_2$

生成的 $Fe(OH)_2$ 继续被空气氧化为 $Fe(OH)_3$，再形成铁锈。

思考交流 11-16

既然金属发生电化学腐蚀的原因是其表面形成了原电池，那么我们能否利用这样的原理来保护金属不被腐蚀呢？

我们知道，金属在发生电化学腐蚀时，总是作为原电池负极的金属被腐蚀，作为正极的金属则不被腐蚀。那么，让需要保护的金属作正极，就能实现它的防护。实现金属电化学防护，通常可以采用以下两种办法。

1. 牺牲阳极的阴极保护法

这种方法通常是在被保护的钢铁设备上（如轮船的外壳、锅炉的内壁等）装上若干锌块。

锌比铁活泼，它就会形成原电池的负极，不断遭受腐蚀，需定期给予拆换；而作为正极的钢铁就被保护了下来（如图 11-12 所示）。

2. 外加电流的阴极保护法

这种方法通常使被保护的钢铁设备（如钢闸门）作为阴极，用惰性电极作为阳极，二者均存在于电解质溶液（海水）里，接外加直流电源。通电后，电子被强制流向被保护的钢铁设备，使钢铁表面产生负电荷的积累，这样就抑制了钢铁发生失电子的反应（氧化反应），从而防止了钢铁的腐蚀（如图 11-13 所示）。

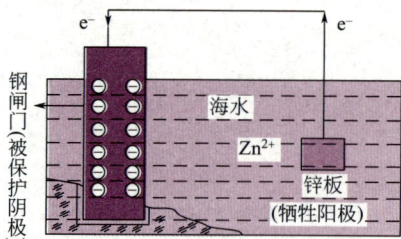

图 11-12　牺牲阳极的阴极保护法

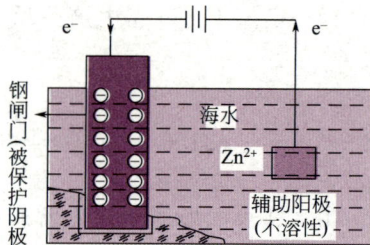

图 11-13　外加电流的阴极保护法

【例题 11-9】 镀锌铁板与镀锡铁板相比，哪一个更耐腐蚀？

解析 镀锌铁板更耐腐蚀。当镀锌铁板出现划痕时，暴露出来的铁将与锌形成原电池的两个电极，且锌为负极，铁为正极，故铁板上的镀锌层将先被腐蚀，镀锌层腐蚀完后才腐蚀铁板本身。镀锡铁板如有划痕，锡将成为原电池的正极，铁为负极，这样就会加速铁的腐蚀。

思考交流 11-17

哪种金属腐蚀的速度会慢一些呢？生活中如何防止金属腐蚀呢？

金属腐蚀由快到慢的规律是：电解池的阳极＞原电池的负极＞化学腐蚀＞原电池的正极＞电解池的阴极。

① 给金属穿上"防护服"。

涂漆——如在钢铁表面涂防锈油漆。

热镀——加热锌或锡等耐腐蚀性能较强的金属，使其均匀覆盖于钢铁表面。

电镀——在钢铁表面形成锌或铬等耐腐蚀性较强的金属镀层。

喷涂有机或无机涂层材料等。

② 电化学防护法，即牺牲阳极的阴极保护法和外加电流的阴极保护法。

③ 在钢铁中加入一定比例的铬和镍（如 $14\% \sim 18\%$ Cr，$7\% \sim 9\%$ Ni），改变钢铁内部的组成和结构，可极大程度地提高钢铁抗腐蚀性能，这就是常见的"不锈钢"。

氧化还原反应广泛存在于日常生活与工业生产中。如燃料的燃烧、金属的冶炼、电镀以及易燃物的自燃、食物的腐败、钢铁的锈蚀等。只有当人类掌握了化学变化的规律之后，才可能做到趋利避害，使之更好地为社会进步、科技发展、人类生活改善服务。

本章小结

思维导图

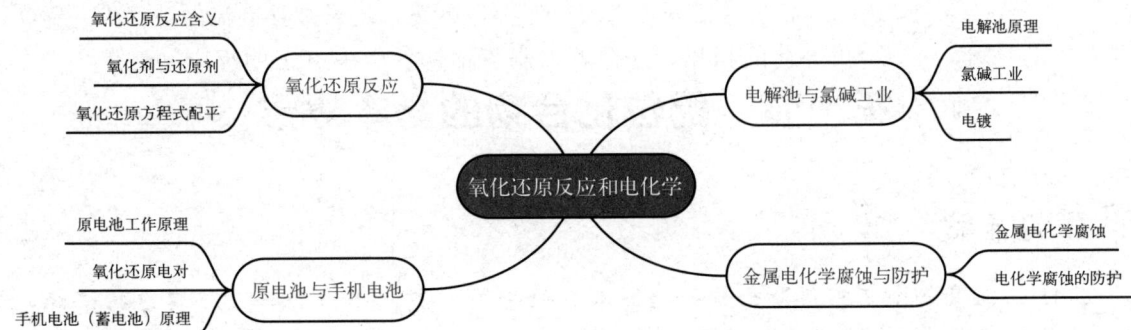

第十二章

配位化合物和配位平衡 ▪▪▪

🎯 学习目标

知识目标：

1. 能阐述配合物的基本概念及组成。
2. 能区别不同类型配合物结构特点。
3. 知道螯合物的特点及应用。

能力目标：

1. 能命名常见配合物。
2. 能解释配合物稳定常数的意义。
3. 能应用配位平衡理论解释企业生产与日常生活中的问题。

素质目标：

1. 通过对配合物解离平衡的学习，培养多维思考的逻辑思维能力。
2. 通过了解配位化合物在生活与企业生产中的应用，培养基本化学素养。

第一节　配位化合物的基本概念

📚 学习导航

　　18世纪有一个名叫狄斯巴赫的德国人，他将草木灰和牛血混合在一起进行焙烧，处理后析出一种黄色的晶体。将此晶体放进三氯化铁的溶液中，产生了一种颜色鲜艳的蓝色沉淀，此沉淀是一种性能优良的颜料，它被命名为普鲁士蓝。德国的前身普鲁士军队的制服颜色就是用的它。

　　20 年以后，化学家才了解普鲁士蓝的成分和生产方法。原来，草木灰中含有碳酸钾，牛血中含有碳和氮两种元素，这两种物质发生反应，便可得到亚铁氰化钾，它便是狄斯巴赫得到的黄色晶体，由于它是从牛血中制得的，又是黄色晶体，因此更多的人称它为黄血盐。它与三氯化铁反应后，得到六氰合铁酸铁，就是普鲁士蓝。

　　化学方程式：$3K_4[Fe(CN)_6] + 4FeCl_3 \Longrightarrow Fe_4[Fe(CN)_6]_3\downarrow + 12KCl$

　　普鲁士蓝是历史上有记载的最早发现的配位化合物（简称配合物），又称络合物。随着科学技术的发展，配位化合物在目前已发展成为一门独立的分支学科——配位化学，并已渗透到其他许多学科领域，形成一些边缘学科，如金属有机化合物、生物无机化学等。它广泛应用于工业、医药、生物、环保、材料、信息等领域，特别是在生物和医学方面更有其特殊的重要性。

思考交流 12-1

　　配合物中主要存在何种化学键？什么样的物质适合作配体？

一、配合物的定义及其组成

1. 配合物的定义

　　将过量的氨水加到硫酸铜溶液中，溶液变为深蓝色，用酒精处理，还可以得到深蓝色的晶体，经分析证明为 $[Cu(NH_3)_4]SO_4$。

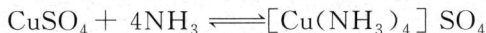

$$CuSO_4 + 4NH_3 \Longrightarrow [Cu(NH_3)_4]SO_4$$

　　在纯的 $[Cu(NH_3)_4]SO_4$ 溶液中，除了水合的 SO_4^{2-} 和深蓝色的 $[Cu(NH_3)_4]^{2+}$ 外，几乎检查不出 Cu^{2+} 和 NH_3 分子的存在。这说明在 $[Cu(NH_3)_4]SO_4$ 化合物中有 $[Cu(NH_3)_4]^{2+}$ 复杂离子稳定存在。

　　NaCN、KCN 有剧毒，但是亚铁氰化钾（$K_4[Fe(CN)_6]$）和铁氰化钾（$K_3[Fe(CN)_6]$）虽然都含有氰根，却没有毒性，这是因为亚铁离子或铁离子与氰根离子结合成牢固的复杂离子，氰根离子失去了原有的性质。

$$Fe^{2+} + 6CN^- \Longrightarrow [Fe(CN)_6]^{4-}$$
$$Fe^{3+} + 6CN^- \Longrightarrow [Fe(CN)_6]^{3-}$$

　　这些复杂离子的形成不符合经典价键理论，这种由简单阳离子或中性原子和一定数目中性分子或阴离子以配位键结合而成的复杂离子称为**配离子**，它是物质的一种稳定结构单元。

　　凡含有配离子的化合物称为**配位化合物**，简称**配合物**。习惯上，配离子也称为配合物。例如：$[Cu(NH_3)_4]SO_4$、$K_4[Fe(CN)_6]$、$K_3[Fe(CN)_6]$、$K_2[HgI_4]$、$[Ag(NH_3)_2]NO_3$、$[Pt(NH_3)_2Cl_4]$、$[Co(NH_3)_5(H_2O)]Cl_3$ 等都是配合物。不带电荷的中性分子如 $[Ni(CO)_4]$、$[Co(NH_3)_3Cl_3]$ 就是中性配合物，或称配分子。

　　配合物的最本质的特点是配合物中存在着配位键。

思考交流 12-2

如何从配合物的组成上认识配位化合物？

2. 配合物的组成

配合物由内界和外界两部分组成：以配位键相结合且能稳定存在的配离子部分（如 $[Cu(NH_3)_4]^{2+}$、$[Fe(CN)_6]^{3-}$）称为内界，又叫配位个体；配位个体由中心离子（如 Cu^{2+}、Fe^{3+}）和配位体（如 NH_3、CN^-）结合而成。配离子是配合物的特征部分，写成化学式时，用方括号括起来。配位个体之外的其他离子称为外界，如 $[Cu(NH_3)_4]SO_4$ 中的 SO_4^{2-}、$K_3[Fe(CN)_6]$ 中的 K^+，它们构成配合物的外界，写在方括号的外面。配合物的组成如图 12-1 所示。

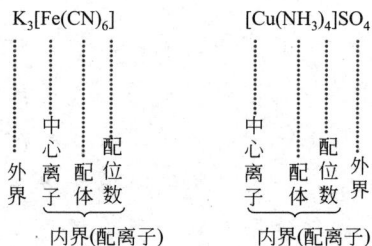

图 12-1　配合物的组成示意

（1）中心离子　中心离子也称配合物的形成体，它是配合物的核心部分，位于配离子（或分子）的中心，一般都是带正电荷的、具有空的价电子轨道的阳离子。中心离子绝大多数都是金属离子。其中的过渡金属离子是较强的配合物形成体，如 Fe^{3+}、Co^{2+}、Ni^{2+}、Cu^{2+}、Zn^{2+} 等。有些中性原子也可作形成体，但一般为过渡金属原子。如 $[Ni(CO)_4]$ 中的 Ni 原子、$[Fe(CO)_5]$ 中的 Fe 原子。

思考交流 12-3

有机配体一般多为多齿配体吗？含多齿配体的配合物一般比较稳定，你知道原因吗？

（2）配位体　与中心离子（或原子）结合的阴离子或中性分子称为配位体，简称配体。配位体是含有孤对电子的分子或阴离子，如 F^-、SCN^-、CN^-、NH_3、乙二胺等。提供配体的物质称为配位剂，如 NaF、NH_4SCN 等。有时配位剂本身就是配体，如 NH_3、H_2O 等。在配体中，提供孤对电子并与价层有空轨道的中心离子（或原子）以配位键结合的原子称为配位原子，如 NH_3 中 N 原子、CN^- 中的 C 原子。配位原子主要是位于周期表右上方的 ⅣA、ⅤA、ⅥA、ⅦA 族电负性较强的非金属原子，如 C、N、P、O、S、F、Cl、Br、I 等。

根据配体中所含配位原子的数目不同，将配体分为单齿（又叫单基）配体和多齿（又叫多基）配体。单齿配体是指只含有一个配位原子的配体，如 F^-、Cl^-、Br^-、I^-、CN^-、NO_2^-、NO_3^-、NH_3、H_2O 等。多齿配体含有两个或两个以上配位原子，它们与中心离子可以形成多个配位键，其组成常较复杂，多数是有机分子，如乙二胺 $H_2N-CH_2-CH_2-NH_2$，有两个氨基氮是配位原子，又如乙二胺四乙酸根（$^-OOC-CH_2)_2N-CH_2-CH_2-N(CH_2-COO^-)_2$ 中，除有两个氨基氮是配位原子外，还有四个羟基氧也是配位原子。所以，乙二胺（en）是二齿配体，乙二胺四乙酸（EDTA）是六齿配体。

思考交流 12-4

配体的个数就是配位数,对吗?你能说出 $[Pt(NH_3)_2Cl_2]$、$[Pt(en)_2]Cl_2$ 配合物的配位数吗?

（3）配位数　直接同中心离子配位的配位原子的数目，为该中心离子（或原子）的配位数。一般中心离子（或原子）的配位数为偶数，最常见的配位数为 2、4、6。中心离子配位数的多少与中心离子和配体的性质（电荷、半径、核外电子排布等）以及配合物形成时的外界条件（如浓度、温度）有关。但对某一中心离子来说，常有一特征配位数。

在计算中心离子的配位数时，一般是先在配合物中确定中心离子和配位体，接着找出配位原子的数目。

如果配位体是单齿的：配位数 = 配体的总数。

例如，$[Pt(NH_3)_4]Cl_2$ 和 $[Pt(NH_3)_2Cl_2]$ 中的中心离子都是 Pt^{2+}，而配位体前者是 NH_3，后者是 NH_3 和 Cl^-，这些配位体都是单齿的，因此它们的配位数都是 4。

如果配位体是多齿的：配位数 = 配体数 × 齿数。

如 $[Pt(en)_2]Cl_2$ 中 en（en 代表乙二胺）是双齿配体，即每一个 en 有两个氮原子同中心离子 Pt^{2+} 配位（见螯合物），因此，Pt^{2+} 配位数是 4。

（4）配离子的电荷　配离子的电荷等于中心离子和配体电荷的代数和。

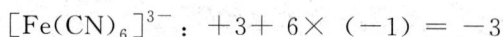

$[Cu(NH_3)_4]^{2+}$：$+2 + 4×0 = +2$

$[Fe(CN)_6]^{3-}$：$+3 + 6× (-1) = -3$

思考交流 12-5

将过量的氨水加到硫酸铜溶液中，溶液变为深蓝色，用酒精处理，还可以得到深蓝色的晶体，经分析证明为晶体的化学式为 $[Cu(NH_3)_4]SO_4$，请你为它起个响亮的名字吧。

二、配合物的命名

由于配合物种类繁多，有些配合物的组成相对比较复杂，因此配合物的命名也较为复杂。这里仅简单介绍配合物命名的基本原则。

1. 配离子为阳离子的配合物

命名次序为：外界阴离子-配体-中心离子。配体和中心离子之间加"合"字，配体个数用一、二、三、四等数字表示，中心离子的氧化数以加括号的罗马数字表示并置于中心离子之后。当配位体个数为一时，有时可将"一"字省去。若中心离子仅有一种价态时也可不加注罗马数字。例如：

$[Co(NH_3)_6]Cl_3$	三氯化六氨合钴（Ⅲ）
$[Ag(NH_3)_2]NO_3$	硝酸二氨合银（Ⅰ）
$[Pt(NH_3)_4](OH)_2$	二氢氧化四氨合铂（Ⅱ）

2. 配离子为阴离子的配合物

命名次序为：配体-中心离子-外界阳离子。在中心离子与外界阳离子的名称之间加一个"酸"字。例如：

$$K_2[PtCl_6] \qquad\qquad 六氯合铂（Ⅳ）酸钾$$

$$K_3[Fe(CN)_6] \qquad\qquad 六氰合铁（Ⅲ）酸钾$$

$$H_2[PtCl_6] \qquad\qquad 六氯合铂（Ⅳ）酸$$

3. 含有多种配体的配合物

如果含有多种配体，不同的配体之间要用"·"分开。配体的次序为：阴离子-中性分子。

配体若都是阴离子时，则按简单-复杂-有机酸根离子顺序排列。

配体若都是中性分子，则按配位原子元素符号的英文字母顺序排列。例如：

$$[Co(NH_3)_4Cl_2]Cl \qquad\qquad 氯化二氯·四氨合钴（Ⅲ）$$

$$[Co(NH_3)_5H_2O]Cl_3 \qquad\qquad 三氯化五氨·一水合钴（Ⅲ）$$

4. 没有外界的配合物

命名方法与上面是相同的。例如：

$$[Fe(CO)_5] \qquad\qquad 五羰基合铁$$

$$[Pt(NH_3)_2Cl_2] \qquad\qquad 二氯·二氨合铂（Ⅱ）$$

另外，有些配合物有其习惯上沿用的名称，例如：$K_3[Fe(CN)_6]$ 称为铁氰化钾（赤血盐）；$K_4[Fe(CN)_6]$ 称为亚铁氰化钾（黄血盐）；$H_2[SiCl_6]$ 称为氟硅酸。

思考交流 12-6

螯合物是形象化的比喻，是比较稳定的一类配合物，你能解释螯合物之所以稳定的原因吗？螯合剂为多齿配体，对吗？

三、螯合物

螯合物又称内配合物，它是多齿配体通过两个或两个以上的配位原子与同一中心离子形成的具有环状结构的配合物。可将配体比作螃蟹的螯钳，牢牢地钳住中心离子，所以形象称为**螯合物**，能与中心离子形成螯合物的配位体称为**螯合剂**。

例如：

二乙胺合铜(Ⅱ)离子

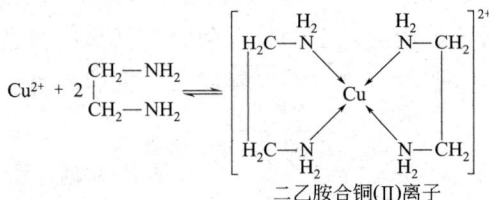

螯合物的每一环上有几个原子就称几元环，上述铜的螯合物为五元环。螯合物中形成的环称为螯环，以五元环和六元环最为稳定。由于螯环的形成，使螯合物比一般配合物稳定得多，而且环越多，螯合物越稳定。这种由于螯环的形成而使螯合物稳定性增加的作用称为**螯合效应**。

形成螯合物的条件如下。

① 螯合剂必须有两个或两个以上都能给出电子对的配位原子（主要是 N、O、S 等原子），因此，螯合剂为**多齿配位体**。

② 每两个能给出电子对的配位原子，必须隔着两个或三个其他原子，因为只有这样，才可以形成稳定的五元环或六元环。

由于螯合物的特殊稳定性，已很少能反映金属离子在未螯合前的性质。金属离子在形成螯合物后，颜色、氧化还原、稳定性、溶解度及晶形等性质发生了巨大的变化。很多金属螯合物具有特征性的颜色，而且这些螯合物可以溶解于有机溶剂中。利用这些特点，可以进行沉淀、溶剂萃取分离、比色定量等分析分离工作。

第二节　配合物在水溶液中的解离平衡

配位滴定

学习导航

配位反应的稳定常数越大，得到的配合物就越稳定吗？

一、配离子的稳定常数

由于配离子是由中心离子和配位体以配位键结合起来的，因此，在水溶液中比较稳定。但也并不是完全不能解离成简单离子，实质上和弱电解质类似，也会发生部分解离，存在着解离平衡，也称配位平衡。

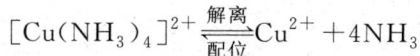

$$[Cu(NH_3)_4]^{2+} \underset{\text{配位}}{\overset{\text{解离}}{\rightleftharpoons}} Cu^{2+} + 4NH_3$$

配离子在溶液中的解离平衡与弱电解质的电离平衡相似，因此也可以写出配离子的解离平衡常数：

$$K_{\text{不稳}} = \frac{c(Cu^{2+})c^4(NH_3)}{c([Cu(NH_3)_4]^{2+})}$$

这个常数越大，表示 $[Cu(NH_3)_4]^{2+}$ 配离子越易解离，即配离子越不稳定。所以这个常数 K 称为 $[Cu(NH_3)_4]^{2+}$ 配离子的不稳定常数。用 $K_{\text{不稳}}$ 或 $\lg K_{\text{不稳}}$ 表示。不同的配合物具有不同的不稳定常数。

除了可以用不稳定常数表示配离子的稳定性以外，还可以用生成配合物的平衡常数来表示，例如：

$$Cu^{2+} + 4NH_3 \rightleftharpoons [Cu(NH_3)_4]^{2+}$$

其平衡常数为：
$$K_{\text{稳}} = \frac{c([Cu(NH_3)_4]^{2+})}{c(Cu^{2+})c^4(NH_3)}$$

这个配位反应的平衡常数是 $[Cu(NH_3)_4]^{2+}$ 的生成常数。这个常数越大，表示 $[Cu(NH_3)_4]^{2+}$

配离子越易生成，即配离子越稳定。所以这个常数 K 称为 $[Cu(NH_3)_4]^{2+}$ 配离子的稳定常数。用 $K_稳$ 或 $lgK_稳$ 表示。

很显然，稳定常数 $K_稳$ 和不稳定常数 $K_{不稳}$ 之间存在如下关系：

$$K_稳 = \frac{1}{K_{不稳}}$$

稳定常数或不稳定常数，在应用上十分重要，使用时应注意不可混淆。本书所用数据除注明外均为稳定常数。

二、逐级稳定常数

实际上在溶液中，配离子的形成一般是分步进行的。因此溶液中存在着一系列的配位平衡，并有相应的平衡常数，称为分步稳定常数或逐级稳定常数。

即：

配位平衡	各级稳定常数
$M + L \rightleftharpoons ML$	$K_1 = \dfrac{c(ML)}{c(M)c(L)}$
$ML + L \rightleftharpoons ML_2$	$K_2 = \dfrac{c(ML_2)}{c(ML)c(L)}$
...	...
$ML_{n-1} + L \rightleftharpoons ML_n$	$K_n = \dfrac{c(ML_n)}{c(ML_{n-1})c(L)}$

总反应： $\qquad M + nL \rightleftharpoons ML_n \qquad\qquad K_稳 = \dfrac{c(ML_n)}{c(M)c^n(L)}$

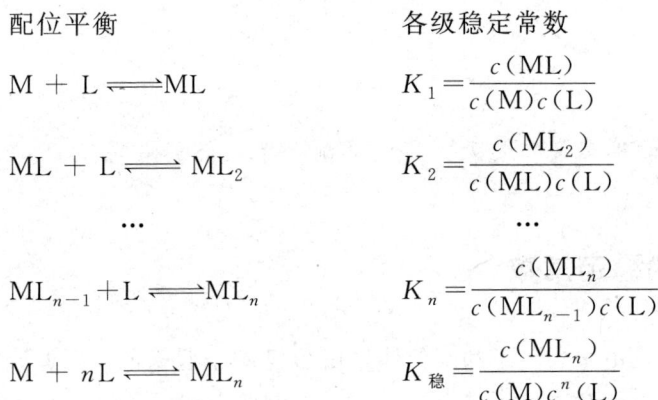

根据多重规则，得： $\qquad\qquad K_稳 = K_1 K_2 \cdots K_n$

配合物稳定性还可用累积稳定常数表示：

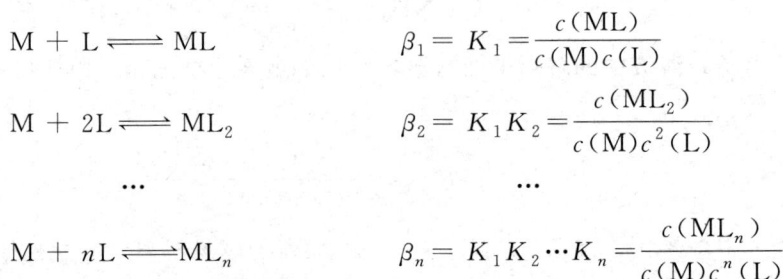

$M + L \rightleftharpoons ML$	$\beta_1 = K_1 = \dfrac{c(ML)}{c(M)c(L)}$
$M + 2L \rightleftharpoons ML_2$	$\beta_2 = K_1 K_2 = \dfrac{c(ML_2)}{c(M)c^2(L)}$
...	...
$M + nL \rightleftharpoons ML_n$	$\beta_n = K_1 K_2 \cdots K_n = \dfrac{c(ML_n)}{c(M)c^n(L)}$

在多配位体配位平衡中，逐级稳定常数的差别不大，说明各级配位成分都占有一定的比例，要计算配离子溶液中各级成分的浓度就很复杂，但在实际生产和化学工作中，一般总是加入过量的配位剂，在这种情况下则可认为溶液中主要存在最高配位数的配离子，而其他成分的配离子浓度可忽略不计，从而可使计算大大简化，而且配位剂过量时，配合物的稳定性更强。

思考交流 12-7

向含有 AgCl 沉淀的溶液中加入氨水，白色沉淀逐渐消失，为什么？

三、影响配位平衡的因素

配位平衡遵循化学平衡移动的规律，当外界条件改变时，则平衡发生移动，在新的条件下建立起新的平衡。下面就溶液的酸碱性、沉淀反应对配位平衡的影响加以讨论。

1. 配位平衡与酸碱平衡

许多配位体如 F^-、CN^-、SCN^- 和 NH_3 以及有机酸根离子，都能与 H^+ 结合生成难解离的弱酸，而使配位平衡发生移动。例如，在 $[FeF_6]^{3-}$ 溶液中存在着下列平衡：

$$[FeF_6]^{3-} \rightleftharpoons Fe^{3+} + 6F^-$$

向配位平衡体系中加酸时，F^- 与 H^+ 结合成弱酸 HF，而使 F^- 的浓度减小，平衡向解离的方向进行，配合物的稳定性相应降低。这种增大溶液的酸度而导致配离子稳定性降低的现象称为配体的酸效应。

若向体系中加碱，由于 Fe^{3+} 存在着一定程度的水解：

$$Fe^{3+} + 3H_2O \rightleftharpoons Fe(OH)_3 \downarrow + 3H^+$$

碱的加入，其中 H^+ 被中和，会促使 Fe^{3+} 进一步水解，使平衡向右移动，因而 $[FeF_6]^{3-}$ 遭到破坏，这种现象称为金属离子的水解效应。

由上可知，不论提高或降低溶液的酸度，都会使配离子的稳定性发生变化。可见配离子在水溶液中要稳定存在，对体系的酸碱度是有一定要求的。

2. 配位平衡与沉淀溶解平衡

配位平衡与沉淀溶解平衡的关系，实际上是配位剂与沉淀剂对金属离子的争夺。例如，当向含有氯化银沉淀的溶液中加入一定浓度的氨水时，沉淀即溶解。

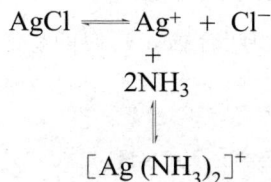

在上述溶液中加入溴化钠溶液时，有淡黄色的沉淀生成。

$$[Ag(NH_3)_2]^+ + Br^- \rightleftharpoons AgBr \downarrow + 2NH_3$$

接着在上述溶液中加入 $Na_2S_2O_3$ 溶液，AgBr 沉淀溶解；加入 KI 溶液，有 AgI 沉淀生成；再加入 KCN 溶液，AgI 沉淀消失，生成了可溶性的 $[Ag(CN)_2]^-$。其化学反应可简单表示如下：

$$AgBr + 2S_2O_3^{2-} \rightleftharpoons [Ag(S_2O_3)_2]^{3-} + Br^-$$

$$[Ag(S_2O_3)_2]^{3-} + I^- \rightleftharpoons AgI \downarrow + 2S_2O_3^{2-}$$

$$AgI + 2CN^- \rightleftharpoons [Ag(CN)_2]^- + I^-$$

转化过程为：

$$AgCl \xrightarrow{NH_3} [Ag(NH_3)_2]^+ \xrightarrow{Br^-} AgBr \xrightarrow{S_2O_3^{2-}} [Ag(S_2O_3)_2]^{3-} \xrightarrow{I^-} AgI \xrightarrow{CN^-} [Ag(CN)_2]^-$$

配离子与沉淀之间的转化，主要取决于沉淀的溶解度和配离子的稳定性。这主要通过计算配离子的 $K_稳$ 和难溶物的 K_{sp} 才能定量地阐明。计算出哪一种能使游离金属离子浓度降得更低，则平衡变向哪一方向转化。即配位剂的配位能力大于沉淀剂的沉淀能力时，沉淀溶解，生成可溶配合物；若沉淀剂的沉淀能力大于配位剂的配位能力时，配合物被破坏，生成新的沉淀。

思考交流 12-8

向含有 NH_3 和 CN^- 的溶液中加入 Ag^+，这两种配离子 $[Ag(CN)_2]^-$、$[Ag(NH_3)_2]^+$ 哪一种先生成？（提示：查它们的稳定常数）

3. 配离子之间的平衡

（1）置换配位　当同一金属离子与不同配位剂形成的配合物稳定性不同时，则可用形成稳定配合物的配位剂把较不稳定配合物中的配位剂置换出来，或同一配位剂与不同金属离子形成的配合物稳定性不同时，可用形成稳定配合物的金属离子把较不稳定配合物中的金属离子置换出来，由稳定常数较小的配合物转化为稳定常数较大的配合物，这种现象叫置换配位。

例如，向含有 $[Ag(NH_3)_2]^+$ 配离子的溶液中加入 CN^-，则 CN^- 可把 NH_3 置换出来，形成 $[Ag(CN)_2]^-$ 配离子，即：

$$[Ag(NH_3)_2]^+ + 2\,CN^- \Longrightarrow [Ag(CN)_2]^- + 2\,NH_3$$

可见，置换配位就是用形成稳定配合物的配位剂置换较不稳定配合物中的配位剂，或用形成稳定配合物的金属离子置换较不稳定配合物中的金属离子，置换配位的结果是生成更加稳定的配合物。

（2）分步配位　同型配合物，根据其稳定常数 $K_稳$ 的大小，可以比较其稳定性。例如，Ag^+ 能与 NH_3 和 CN^- 形成两种同型配合物，它们的稳定常数不同：

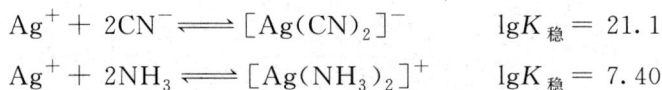

$$Ag^+ + 2CN^- \Longrightarrow [Ag(CN)_2]^- \qquad \lg K_稳 = 21.1$$
$$Ag^+ + 2NH_3 \Longrightarrow [Ag(NH_3)_2]^+ \qquad \lg K_稳 = 7.40$$

从稳定常数的大小可以看出 $[Ag(CN)_2]^-$ 配离子远比 $[Ag(NH_3)_2]^+$ 配离子稳定。两种同型配合物稳定性的不同，决定了形成配合物的先后次序。

例如，若在同时含有 NH_3 和 CN^- 的溶液中加入 Ag^+，则必定是先形成稳定性大的 $[Ag(CN)_2]^-$ 配离子，当 CN^- 与 Ag^+ 配位完全后，才可形成 $[Ag(NH_3)_2]^+$ 配离子。同样，当两种金属离子都能与同一配位体形成两种同型配合物时，其配位次序也是如此。像这种两种配位体都能与同一种金属离子形成两种同型配合物时，或两种金属离子都能与同一种配位体形成两种同型配合物时，其配位次序总是稳定常数大的配合物先生成，而稳定常数小的后配位的现象，称为"分步配位"。

但应注意：只有当两者的稳定常数 $K_稳$ 值相差足够大（10^5 倍）时，才能完全分步，否则就会交叉进行，即 $K_稳$ 大的未配位完全时，$K_稳$ 小的就已经开始发生配位反应。

学海拾贝

　　配合物应用极为普遍，已经渗透到许多自然科学领域和重工业部门。

　　1. 生物化学中的作用

　　以 Mg^{2+} 为中心的复杂配合物叶绿素，在进行光合作用时，将 CO_2、H_2O 合成为复杂的糖类，使太阳能转化为化学能加以贮存供生命之需。使血液呈红色的血红素结构是以 Fe^{2+} 为中心的复杂配合物，它与有机大分子球蛋白结合成一种蛋白质称为血红蛋白，氧合血红蛋白具有鲜红的颜色。人体生长和代谢必需的维生素 B_{12} 是 Co 的配合物，起免疫等作用的血清蛋白是 Cu 和 Zn 的配合物；植物固氮菌中的固氮酶含 Fe、Mo 的配合物等。在医药领域中，EDTA 已用作 Pb^{2+}、Hg^{2+} 等中毒的解毒剂；顺式 $[Pt(NH_3)_2Cl_2]$（又称顺铂）具有抗癌作用而用作治癌药物。

　　2. 电镀工业中的应用

　　在电镀时必须控制电镀液中的 Zn、Cu、Ni、Cr、Ag 等金属离子以很小的浓度，并使它在阴极的金属制件上源源不断地放电沉积，才能得到均匀、致密、光洁的镀层。CN^- 可以与上述金属离子形成稳定性适度的配离子。但是，由于含氰废电镀液有剧毒，容易污染环境，造成公害。近年来已逐步找到可代替氰化物作配位剂的焦磷酸盐、柠檬酸、氨三乙酸等。

　　3. 湿法冶金中的应用

　　贵金属很难氧化，但有配位剂存在时，可形成配合物而溶解。Au、Ag 等贵金属的提取就是应用这个原理。用稀的 NaCN 溶液在空气中处理已粉碎的含 Au、Ag 的矿石，Au、Ag 便可形成配合物而转入溶液：

$$4Au + 8NaCN + 2H_2O + O_2 \longrightarrow 4Na[Au(CN)_2] + 4NaOH$$

　　然后用活泼金属（如 Zn）还原，可得单质 Au 或 Ag：

$$2[Au(CN)_2]^- + Zn \longrightarrow [Zn(CN)_4]^{2-} + 2Au$$

　　4. 配位催化

　　利用配合物的形成，对反应所起的催化作用称为配位催化（络合催化），有些已应用于工业生产。例如，以 $PdCl_2$ 作催化剂，在常温常压下可催化乙烯氧化为乙醛。

　　配位催化反应具有活性高、反应条件温和（常不需要高温高压）等优点，在有机合成、高分子合成中已有重要的工业化应用。

　　再如原子能、半导体、激光材料、太阳能储存等高科技领域，环境保护、印染、鞣革等部门也都与配合物有关。配合物的研究与应用，无疑具有广阔的前景。

思政案例

中国稀土之父——徐光宪

　　徐光宪（1920—2015，图 12-2），中共党员，物理化学家，无机化学家，教育家，中国科学院院士，基于对稀土化学、配位化学和物质结构等基本规律的深刻认识，建立了具有普适性的串级萃取理论。2008 年度国家最高科学技术奖获得者，被誉为"中国稀土之父"。

1920 年，徐光宪出生在浙江绍兴。他的父亲是当地颇有名气的律师，母亲陈氏教子甚严，告诫他，家有良田千顷，不如一技在身。受到家庭的熏陶，徐光宪自幼勤奋好学，尤其是对数理化兴趣浓厚。

1937 年，抗日战争全面爆发，徐光宪辗转来到上海，自学考取了国立交通大学即上海交通大学。后留美读博，

图 12-2　徐光宪

读博期间由于抗美援朝战争的爆发，美国政府将禁止中国留学生回国。辗转回国后，到北京大学任教，为了国家需要，徐光宪甚至三次改变研究方向。1951 年，他开设物理化学课，为我国培养了第一批放射化学人才。之后又主讲物质结构课，并编写了全国第一本教材。

1972 年，北大化学系接受了分离镨和钕两种元素的任务，当时稀土分离工艺被牢牢掌握在外国人手里，徐光宪临危受命，决定采用萃取法完成分离。经过三年的努力，一举攻克镨钕两种元素分离的难关，并将这项技术用于生产实践，这一技术在当时和今天都处于国际领先水平。

徐光宪院士虽已辞世，但他敢为人先、立德树人的精神，仍激励着一代代科技工作者不断前进。

本章小结

📝 思维导图

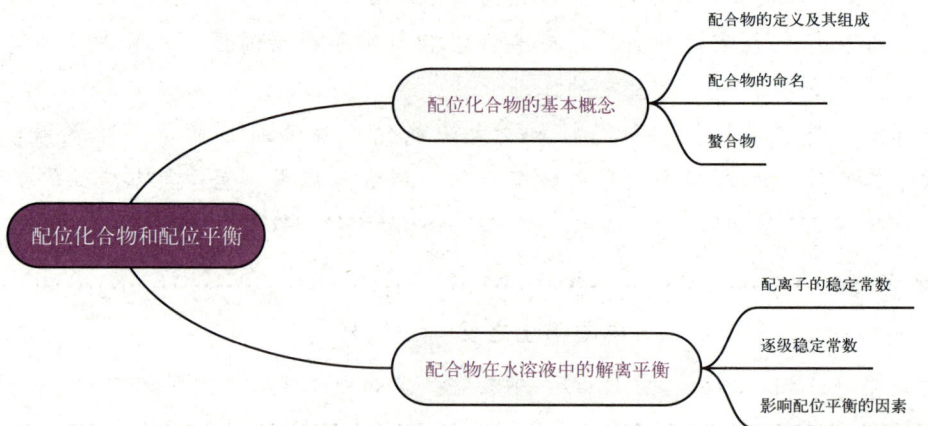

第十三章

沉淀溶解平衡

学习目标

知识目标：

1. 能解释溶度积的概念及意义。

2. 能阐述溶度积和溶解度的关系。

能力目标：

1. 能判断沉淀的生成和溶解。

2. 能分析分步沉淀和沉淀转化的原理。

素质目标：

1. 通过对沉淀溶解平衡的学习，意识到沉淀溶解平衡在化学领域、自然界以及人类活动中的重要意义。

2. 通过了解沉淀溶解平衡在生活与企业生产中的应用，培养基本化学素养。

第一节　难溶电解质的溶解平衡

学习导航

　　在一定量的水中加入少量的 NaCl 会发生溶解，若继续加 NaCl 则出现不溶解的现象。如果加入 AgCl、$CaCO_3$ 呢？为什么有些物质在水中易溶解而有些不溶？你能举一些例子吗？

　　溶解性是指一种物质溶解在另一种物质中的能力。溶解性是物质的物理性质。物质溶解性的大小跟溶质、溶剂的性质有关。任何物质的溶解都是有条件的，在一定条件下某物质的溶解量也是有限的，无限可溶解的物质不存在。

物质在水中"溶"与"不溶"是相对的，"不溶"是指难溶，没有绝对不溶的物质。NaCl 在水溶液里达到溶解平衡状态时的特征如下。

开始时：v（溶解）$>v$（结晶）

平衡时：v（溶解）$=v$（结晶）

结论：溶解平衡是一种动态平衡。

自然界中没有绝对不溶解的物质，很多通常认为不溶于水的物质在水中也有微量的溶解。通常把溶解度大于 $0.1g/100g\ H_2O$ 的物质称为**易溶物**，溶解度小于 $0.01g/100g\ H_2O$ 的物质称为**微溶物**或**难溶物**。如氯化银、硫酸钡、氢氧化铁等都是难溶电解质。溶液中难溶电解质固体与其溶解在溶液中的相应离子之间存在的平衡，称为沉淀溶解平衡。

一、沉淀溶解平衡和溶度积

在一定温度下，将难溶电解质晶体放入水中时，就发生沉淀和溶解两个过程。例如，在一定温度下，将固体氯化银放入水中，在水分子的作用下，固体表面上的 Ag^+ 和 Cl^- 受到极性水分子的吸引和撞击，就会脱离固体表面进入溶液，这个过程称为氯化银的溶解；同时，溶液中的 Ag^+ 和 Cl^- 在运动过程中又会受到固体氯化银的吸引，而重新回到固体表面，这个过程称为氯化银的沉淀（或结晶），如图 13-1 所示。当溶解速率和沉淀速率相等（或溶液达到饱和）时，体系达到如下动态平衡，

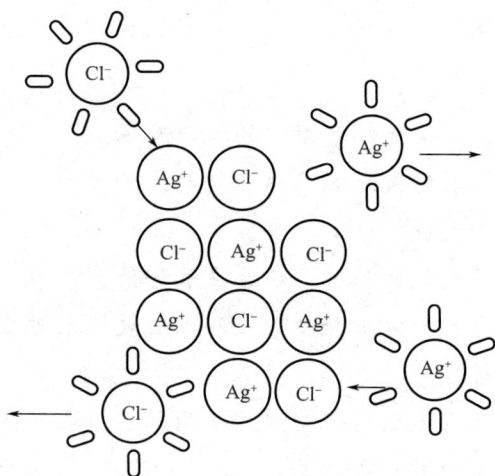

图 13-1　AgCl 的沉淀与溶解

$$AgCl（s）\Longrightarrow Ag^+ + Cl^-$$

这种平衡称为固体氯化银在水溶液中的沉淀溶解平衡。其平衡常数表达式为：

$$K_{sp}(AgCl) = c(Ag^+)c(Cl^-)$$

我们将该常数称为难溶电解质的沉淀溶解平衡的**平衡常数**。它反映了难溶电解质溶解能力的相对强弱，故称溶度积常数，简称**溶度积**。

沉淀溶解平衡是在一定条件下，难溶电解质溶解成离子的速率与溶液中离子重新结合成沉淀的速率相等，溶液中各离子的浓度保持不变的状态。

溶度积（K_{sp}）是难溶电解质的溶解平衡中，离子浓度幂的乘积。对于任一难溶电解质 A_mB_n，在一定温度下达到平衡时：

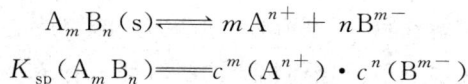

$$A_mB_n（s）\Longrightarrow mA^{n+} + nB^{m-}$$

$$K_{sp}(A_mB_n) = c^m(A^{n+}) \cdot c^n(B^{m-})$$

溶度积常数的意义是：在一定温度下，难溶电解质的饱和溶液中，其各离子浓度幂的乘积是一个常数。和其他平衡常数一样，只与难溶电解质的本性和温度有关，与沉淀的量多少和溶液中离子浓度的变化量无关。

K_{sp} 既表示难溶强电解质在溶液中溶解趋势的大小，也表示生成该难溶电解质沉淀的难易。任何难溶电解质，不管它的溶解度多么小，任何沉淀反应无论它进行得多么完全，其饱和水溶液中总有与其达成平衡的离子，而且其各离子浓度幂的乘积必为常数。只不过是难溶电解质不同，K_{sp} 值不同而已。

思考交流 13-1

$AgCl$、$Mg(OH)_2$ 哪个更难溶？能否由 K_{sp} 直接判断？是否能由 K_{sp} 数值的大小，来判断难溶电解质的溶解能力？

二、溶度积与溶解度的关系

溶度积和溶解度都可以表示物质溶解能力，二者既有区别又有联系。溶解度习惯上常用 100g 溶剂中所能溶解溶质的质量（单位：g/100g）表示。在进行溶度积和溶解度的相互换算时，需将溶解度的单位转化为物质的量浓度单位。

【例题 13-1】 已知 298K 时，$AgCl$ 的溶度积为 1.8×10^{-10}，Ag_2CrO_4 的溶度积为 1.12×10^{-12}，试通过计算比较两者溶解度的大小。

解　（1）设 $AgCl$ 的溶解度为 s_1

$AgCl$ 的沉淀溶解平衡为　　　　　$AgCl(s) \rightleftharpoons Ag^+ + Cl^-$

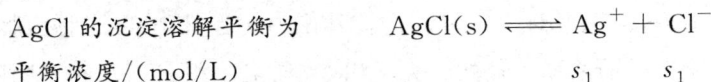

平衡浓度/(mol/L)　　　　　　　　　　　　　　s_1　　　s_1

$$K_{sp}(AgCl) = c(Ag^+)c(Cl^-) = s_1^2$$

$$s_1 = \sqrt{1.8 \times 10^{-10}} = 1.34 \times 10^{-5} \, (mol/L)$$

（2）设 Ag_2CrO_4 的溶解度为 s_2

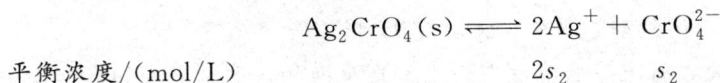

$$Ag_2CrO_4(s) \rightleftharpoons 2Ag^+ + CrO_4^{2-}$$

平衡浓度/(mol/L)　　　　　　　　　　　　$2s_2$　　　s_2

$$K_{sp}(Ag_2CrO_4) = c^2(Ag^+)c(CrO_4^{2-}) = (2s_2)^2 s_2 = 4s_2^3$$

$$s_2 = \sqrt[3]{\frac{1.12 \times 10^{-12}}{4}} = 6.54 \times 10^{-5} \, (mol/L) > s_1$$

在上例中，Ag_2CrO_4 的溶度积比 $AgCl$ 的小，但溶解度却比 $AgCl$ 的大。可见对于不同类型（例如 $AgCl$ 为 AB 型，Ag_2CrO_4 为 A_2B 型）的难溶电解质，溶度积小的，溶解度却不一定小。因而不能由溶度积直接比较其溶解能力的大小，而必须计算出其溶解度才能够比较。对于相同类型的难溶物，则可以由溶度积直接比较其溶解能力的大小。

溶度积和溶解度的联系与差别如下。

① 溶度积与溶解度概念应用范围不同，K_{sp} 只用来表示难溶电解质的溶解能力。

② K_{sp} 不受离子浓度的影响，而溶解度则不同。

③ 用 K_{sp} 比较难溶电解质的溶解能力只能在相同类型化合物之间进行，溶解度既可以比较相同类型化合物，也可以比较不同类型化合物。

第二节　溶度积规则及应用

溶度积常数及应用

学习导航

> 小孩吃糖多了会产生龋齿，你知道是什么原因造成的吗？

一、溶度积规则

在实际工作中，应用沉淀溶解平衡可以判断某溶液中有无沉淀生成或沉淀能否发生溶解。为此说明这个问题，需要引入离子积的概念。

1. 离子积

所谓离子积，是指在一定温度下，难溶电解质任意状态时，溶液中离子浓度幂的乘积，用符号 Q_i 表示。

例如：
$$BaSO_4(s) \rightleftharpoons Ba^{2+} + SO_4^{2-}$$

其离子积 $Q_i = c(Ba^{2+})c(SO_4^{2-})$，其中 $c(Ba^{2+})$ 和 $c(SO_4^{2-})$ 分别表示 Ba^{2+} 和 SO_4^{2-} 在任意状态时的浓度；而 $K_{sp}(BaSO_4) = [Ba^{2+}][SO_4^{2-}]$，其中 $[Ba^{2+}]$ 和 $[SO_4^{2-}]$ 分别表示 Ba^{2+} 和 SO_4^{2-} 在沉淀溶解平衡状态时的浓度。显然，离子积 Q_i 与溶度积 K_{sp} 具有不同的意义，K_{sp} 仅仅是 Q_i 的一个特例。

2. 溶度积规则

对于某一给定溶液，Q_i 与 K_{sp} 相比较，可得到以下结论。

① $Q_i = K_{sp}$ 是饱和溶液，达到动态平衡，无沉淀析出。

② $Q_i > K_{sp}$ 是过饱和溶液，有沉淀从溶液中析出，直至饱和，达到平衡为止。

③ $Q_i < K_{sp}$ 是不饱和溶液，无沉淀析出。若体系中有固体存在，将继续溶解直至形成饱和溶液为止。

以上规则称为溶度积规则。可以看出，通过控制离子的浓度，便可使沉淀溶解平衡发生移动，从而使平衡向着人们需要的方向转化。

思考交流 13-2

若将 0.01mol/L $MgCl_2$ 溶液和 0.01mol/L NaOH 溶液等体积混合，是否会产生沉淀？已知溶度积 $K_{sp}[Mg(OH)_2] = 1.8 \times 10^{-11}$

二、溶度积规则的应用

1. 判断沉淀的生成

根据溶度积规则，在难溶电解质中，$Q_i > K_{sp}$ 时，则沉淀生成。这是沉淀生成的必要条件。

【例题 13-2】 若将 $0.002 mol/L$ 硝酸银溶液与 $0.005 mol/L$ 氯化钠溶液等体积混合，问是否有氯化银沉淀析出？（已知氯化银的溶度积 $K_{sp} = 1.8 \times 10^{-10}$）

解　由于两种溶液等体积混合后，体积增大了一倍，而各自的浓度各减小至原来的一半，即

$$c(AgNO_3) = 0.001 mol/L, c(NaCl) = 0.0025 mol/L$$

即

$$c(Ag^+) = 0.001 mol/L, c(Cl^-) = 0.0025 mol/L$$

$$Q_i = c(Ag^+)c(Cl^-) = 0.001 \times 0.0025 = 2.5 \times 10^{-6}$$

$$K_{sp}(AgCl) = 1.8 \times 10^{-10}$$

即　　$Q_i > K_{sp}$，有沉淀析出。

思考交流 13-3

向 $CaCO_3$ 沉淀溶液中滴加盐酸，$CaCO_3$ 沉淀将逐渐消失，你知道为什么？沉淀溶解的方法有哪几种？

2. 沉淀的溶解

根据溶度积规则，沉淀溶解的必要条件是 $Q_i < K_{sp}$，即只要降低难溶电解质饱和溶液中有关离子的浓度，沉淀就可以溶解。对于不同类型的沉淀，可采用不同的方法来降低离子的浓度。常用的方法有以下几种。

（1）生成弱电解质　根据难溶电解质的组成，加入适当的试剂与溶液中某种离子结合生成水、弱酸、弱碱或气体，使平衡体系中相应离子的浓度降低，促使沉淀溶解。

例如，碳酸钙溶于盐酸的反应可表示为

$$
\begin{array}{ccccc}
CaCO_3(s) & \longrightarrow & Ca^{2+} & + & CO_3^{2-} \\
 & & & & + \\
HCl & \longrightarrow & 2Cl^- & + & 2H^+ \\
 & & & & \Updownarrow \\
 & & & & H_2CO_3 \longrightarrow CO_2 \uparrow + H_2O
\end{array}
$$

由于易分解的碳酸的生成，使溶液中 CO_3^{2-} 浓度减小，碳酸钙的沉淀溶解平衡向溶解的方向移动，结果使碳酸钙溶解在盐酸中。

一些难溶的氢氧化物，例如氢氧化镁、氢氧化铜、氢氧化铁等，与强酸作用因生成水而溶解。例如氢氧化铁溶于盐酸：

$$Fe(OH)_3(s) \Longleftrightarrow Fe^{3+} + 3OH^-$$
$$3HCl \longrightarrow 3Cl^- + 3H^+$$
$$\downarrow$$
$$3H_2O$$

由于水的生成，使难溶电解质氢氧化铁电离出的 OH^- 浓度减小，氢氧化铁的沉淀溶解平衡向溶解方向移动，故氢氧化铁可溶解在盐酸中。

（2）发生氧化还原反应　难溶电解质硫化铜不溶于盐酸，但能溶于硝酸。其原因在于硝酸具有强氧化性，能将 S^{2-} 氧化为单质硫，由于硫的析出，溶液中 S^{2-} 浓度降低，破坏了硫化铜的沉淀溶解平衡，使平衡向着沉淀溶解的方向移动，促使硫化铜溶解。反应方程式如下：

$$3CuS \Longleftrightarrow 3Cu^{2+} + 3S^{2-}$$
$$8HNO_3 \longrightarrow 6NO_3^- + 8H^+ + 2NO_3^-$$
$$\downarrow$$
$$3S\downarrow + 2NO\uparrow + 4H_2O$$

该过程的总反应式为：

$$3CuS + 8HNO_3 \longrightarrow 3Cu(NO_3)_2 + 3S\downarrow + 2NO\uparrow + 4H_2O$$

思考交流 13-4

向氯化银沉淀溶液中加入氨水，氯化银沉淀逐渐消失，原因是什么？

（3）生成难解离的配离子　难溶电解质氯化银不溶于硝酸，但是可溶于稀氨水。这是由于氯化银与氨水生成了 $[Ag(NH_3)_2]^+$ 配离子，使溶液中 Ag^+ 浓度大大减少，氯化银的沉淀溶解平衡向右移动，使沉淀溶解。反应方程式如下：

$$AgCl(s) \Longleftrightarrow Ag^+ + Cl^-$$
$$+$$
$$2NH_3$$
$$\downarrow$$
$$[Ag(NH_3)_2]^+$$

同理，溴化银能溶于硫代硫酸钠溶液、碘化银能溶于氰化钾溶液，则是由于在溶解过程中分别生成了 $[Ag(S_2O_3)_2]^{3-}$ 和 $[Ag(CN)_2]^-$ 配离子，使溶液中 Ag^+ 浓度大大降低，相应的沉淀溶解平衡因向沉淀溶解的方向移动，沉淀溶解。

思考交流 13-5

在含有相同浓度 Cl^- 和 I^- 的混合溶液中，逐滴加入硝酸银溶液，先出现白色氯化银沉淀还是先出现黄色的碘化银沉淀？

三、分步沉淀

以上讨论的是溶液中只有一种能生成沉淀的离子，而实际溶液中往往

分步沉淀

含有多种离子，随着沉淀剂的加入，各种沉淀会相继产生。例如，在含有相同浓度 Cl^- 和 I^- 的混合溶液中，逐滴加入硝酸银溶液，先是产生黄色的碘化银沉淀，而后才出现氯化银沉淀。

为什么沉淀的次序会有先后呢？可以用溶度积规则加以解释。假定溶液中 Cl^- 和 I^- 的浓度都是 $0.001mol/L$，在此溶液中加入硝酸银溶液，由于氯化银和碘化银的溶度积不同，相应沉淀开始时 Ag^+ 的浓度也不同，氯化银和碘化银沉淀开始析出时，$c(Ag^+)$ 分别为：

$$c(Ag^+)_{AgI} = \frac{K_{sp}(AgI)}{c(I^-)} = \frac{8.3 \times 10^{-17}}{0.001} = 8.3 \times 10^{-14}(mol/L)$$

$$c(Ag^+)_{AgCl} = \frac{K_{sp}(AgCl)}{c(Cl^-)} = \frac{1.8 \times 10^{-10}}{0.001} = 1.8 \times 10^{-7}(mol/L)$$

由上式可知，沉淀 I^- 所需要的 Ag^+ 浓度远比沉淀 Cl^- 所需要的 Ag^+ 浓度小得多。因此，对于同类型的难溶电解质氯化银和碘化银来说，在 Cl^- 和 I^- 浓度相同或相近的情况下，逐滴加入硝酸银溶液，将首先到达碘化银的溶度积而析出碘化银沉淀，之后才会逐渐析出溶度积较大的氯化银沉淀。

这种由于难溶电解质的溶度积（或溶解度）不同而出现先后沉淀的现象称为分步沉淀。分步沉淀是实现各种离子间分离的有效方法。

【例题 13-3】 将 $AgNO_3$ 溶液逐滴加入含有 Cl^- 和 CrO_4^{2-} 的溶液中，$c(Cl^-) = c(CrO_4^{2-}) = 0.001mol/L$。问：(1) $AgCl$ 与 Ag_2CrO_4 哪一种先沉淀？(2) 当 Ag_2CrO_4 开始沉淀时，溶液中 Cl^- 浓度为多少？

解 (1) $AgCl$ 刚沉淀时：$c(Ag^+) = \dfrac{K_{sp}(AgCl)}{c(Cl^-)} = 1.8 \times 10^{-7} mol/L$

Ag_2CrO_4 刚沉淀时：$c(Ag^+) = \sqrt{\dfrac{K_{sp}(Ag_2CrO_4)}{c(Cl^-)}} = 3.35 \times 10^{-5} mol/L$

所以 $AgCl$ 首先沉淀出来。

(2) 当溶液中刚有 Ag_2CrO_4 沉淀时，溶液中

$$c(Ag^+) = 3.35 \times 10^{-5} mol/L$$

$$c(Cl^-) = \frac{K_{sp}(AgCl)}{c(Ag^+)} = \frac{1.8 \times 10^{-10}}{3.35 \times 10^{-5}} = 5.4 \times 10^{-6}(mol/L)$$

即当 Ag_2CrO_4 开始沉淀时，Cl^- 早已沉淀完全。

思考交流 13-6

锅炉水垢中含有 $CaSO_4$，很难清除，我们可以将其转化为质地疏松且易溶于稀盐酸的 $CaCO_3$，那么水垢便容易清除了，你知道其中的道理吗？

四、沉淀的转化

由一种沉淀转变为另一种沉淀的过程，叫作沉淀的转化。例如，在白色的硫酸铅沉淀中加入铬酸钾溶液，沉淀将转化为黄色的铬酸铅。反应式如下：

难溶电解质向
配合物的转化

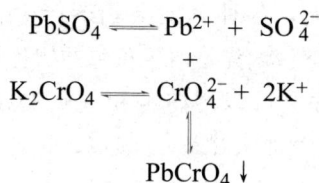

$$PbSO_4 \Longrightarrow Pb^{2+} + SO_4^{2-}$$
$$+$$
$$K_2CrO_4 \Longrightarrow CrO_4^{2-} + 2K^+$$
$$\downarrow$$
$$PbCrO_4 \downarrow$$

由于 $K_{sp}(PbCrO_4) < K_{sp}(PbSO_4)$，且 $s(PbCrO_4) < s(PbSO_4)$，当向硫酸铅饱和溶液中加入铬酸钾溶液后，CrO_4^{2-} 与 Pb^{2+} 生成了溶解度更小的铬酸铅沉淀，从而使溶液中 Pb^{2+} 浓度降低，硫酸铅的沉淀溶解平衡向右移动，发生沉淀的转化。又如锅炉锅垢中的硫酸钙，它既不溶于水，也不溶于酸，很难清除。由于 $K_{sp}(CaSO_4) = 9.1 \times 10^{-6}$，$K_{sp}(CaCO_3) = 3.36 \times 10^{-9}$，可加入碳酸钠将其除去。$CaSO_4$ 转化为 $CaCO_3$ 的反应如下：

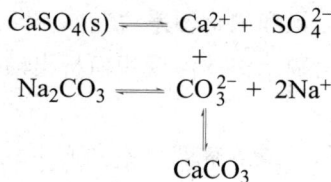

$$CaSO_4(s) \Longrightarrow Ca^{2+} + SO_4^{2-}$$
$$+$$
$$Na_2CO_3 \Longrightarrow CO_3^{2-} + 2Na^+$$
$$\downarrow$$
$$CaCO_3$$

总反应：
$$CaSO_4(s) + CO_3^{2-} \Longrightarrow CaCO_3(s) + SO_4^{2-}$$

$$K = \frac{c(SO_4^{2-})}{c(CO_3^{2-})} = \frac{K_{sp}(CaSO_4)}{K_{sp}(CaCO_3)} = \frac{9.1 \times 10^{-6}}{3.36 \times 10^{-9}} = 2.71 \times 10^3$$

反应向右进行的趋势很大，故加入沉淀剂后，易生成 $CaCO_3$，使溶液中的 Ca^{2+} 浓度逐渐降低，从而促使 $CaSO_4$ 不断溶解。

由此可见，借助适当的试剂，可将许多难溶电解质转化为更难溶的电解质。沉淀间能否发生转化及转化的程度如何，完全取决于两种沉淀的溶解度的相对大小。一般来说，溶解度较大的沉淀转化为溶解度较小的沉淀，其平衡常数较大，沉淀转化比较容易实现。反之，则沉淀转化较难实现。

📖 思政案例

身边的化学——预防小儿龋齿

龋齿病俗称虫牙、蛀牙，是细菌性疾病，多发生于学龄前儿童，是儿童常见疾病和多发病，具备发病率高、发展快等特点。目前，龋齿已被世界卫生组织列为 21 世纪世界三大重点防治疾病之一。我国儿童口腔健康状况并不乐观。龋齿容易引发牙髓炎和根尖周炎，严重的可引起牙槽骨和颌骨炎症；如果治疗不及时，便可能发展成龋洞，甚至导致牙冠完全破坏消失，最终牙齿丧失。

人体牙齿主要的无机成分是羟基磷灰石 $[Ca_5(PO_4)_3(OH)]$，其存在溶解平衡。如果我们吃过多甜食，口腔中残留的食物在酶的作用下，会分解产生酸性物质，酸性物质含大量 H^+，能结合 OH^- 使 $c(OH^-)$ 减小，羟基磷灰石的溶解平衡向溶解方向移动，结果牙齿溶解了，形成龋齿。

$$Ca_5(PO_4)_3(OH)(s) \Longrightarrow 5Ca^{2+}(aq) + 3PO_4{}^{3-}(aq) + OH^-(aq) \quad K_{sp} = 6.8 \times 10^{-37}$$

$$Ca_5(PO_4)_3F(s) \Longrightarrow 5Ca^{2+}(aq) + 3PO_4{}^{3-}(aq) + F^-(aq) \quad K_{sp} = 2.8 \times 10^{-61}$$

$$Ca_5(PO_4)_3(OH)(s) + F^-(aq) \Longrightarrow Ca_5(PO_4)_3F(s) + OH^-(aq) \quad K_{sp} = 2.43 \times 10^{24}$$

　　为了防止蛀牙，人们常使用含氟牙膏，其中的氟化物可使羟基磷灰石转化为氟磷灰石 $Ca_5(PO_4)_3F$。氟磷灰石比羟基磷灰石更能抵抗酸的侵蚀，并能抑制口腔细菌产生酸。因而能有效保护我们的牙齿，降低龋齿的发生率。

　　我们应推广龋齿相关健康教育，如加强口腔卫生宣传教育，调整小儿饮食结构，告知监护人儿童应少食甜食、酸性食物，帮助小儿养成良好的刷牙习惯及科学的刷牙方式，并叮嘱儿童多食用瓜果蔬菜对促进钙吸收、提高牙齿抗龋能力的重要性；还可定期进行口腔检查等专业的防龋干预，减少龋病发生，为儿童提供多途径多措施的龋病预防及治疗手段。

本章小结

思维导图

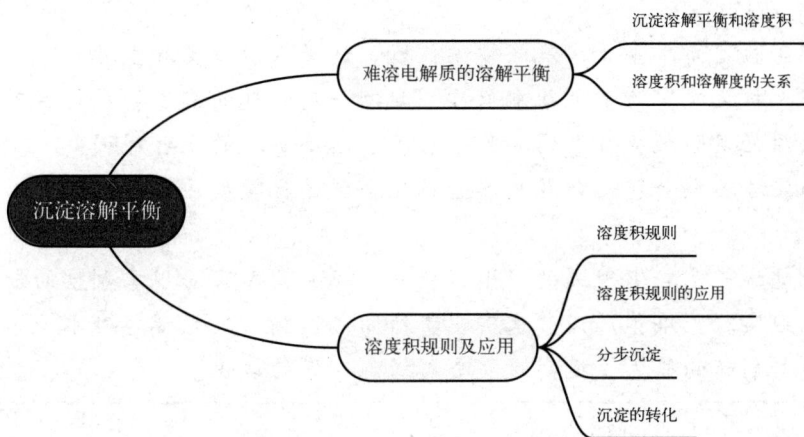

第十四章

无机化学实验

学习目标

知识目标:

1. 掌握无机化学实验常见基本操作过程, 如洗涤、加热、溶解、搅拌、过滤、蒸发、结晶、试剂取用与称量等。

2. 能解释结晶操作的原理、配制一定浓度溶液原理、酸碱滴定原理。

3. 能描述典型金属化合物与非金属化合物的化学性质。

能力目标:

1. 能处理实验室简单事故、洗涤玻璃仪器、选择仪器种类和型号。

2. 能操作无机化学实验常见基本仪器、配制一定浓度的溶液、设计酸碱滴定。

3. 能记录原始实验数据、书写实验报告单、总结实验的成败原因。

4. 能写出实验典型金属化合物与非金属化合物的化学反应。

素质目标:

1. 培养自觉遵守实验室规则的习惯、良好的职业素养及对规章制度的敬畏。

2. 通过分组实验, 培养严谨、求实、团结的工匠精神, 培养学生胆大与细致、发现与质疑、探索与创新的能力, 提高对安全与绿色环保的认识。

第一节 实验室规则、安全守则、事故处理及常用仪器

学习导航

走进无机化学实验, 你是否已经摩拳擦掌、跃跃欲试了呢? 如何把"实验"这件事干得漂亮些? 实验前需要做好哪些功课呢?

　　实验人员应具有严肃认真的工作态度，科学严谨、实事求是的工作作风，整洁的习惯，并注意培养良好的职业素养与道德。为了保证正常的实验环境与秩序，应严格遵守以下实验室规则。

　　① 进入实验室前应认真预习，明确实验目的，了解实验原理、方法与步骤。进入实验室后，首先检查和清点所需的仪器、药品是否齐全。

　　② 遵守纪律，不得无故缺席。实验时，必须保持安静，不得嬉戏打闹。集中精力，认真操作，仔细观察实验现象，并如实记录。

　　③ 随时保持实验台的整洁，用过的废纸、火柴梗、破碎的玻璃等，不要投进水池，应放入指定垃圾桶中；清洗仪器或实验过程中产生的废酸、废碱，应小心倒入废液缸内。

　　④ 爱护实验室仪器与设备，损坏仪器应及时报告、登记、补领。要注意节约水、电、药品等。

　　⑤ 取用药品，要养成看标签的习惯，避免取错药品，要严格按照规定量取用，严禁浪费。无规定用量时，应尽量少用。若不慎将药品撒落在实验台上，应立即清理干净。取用药品后，要及时盖好瓶塞，并放回原处，避免盖错瓶盖，污染药品。

　　⑥ 使用精密仪器时，应严格按照操作规程，不得任意拆装和搬动，用毕要做好使用登记。如仪器发生故障，应立即停止使用，报告指导老师以排除故障。

　　⑦ 实验结束，要清理实验台，清洗仪器，整理药品，将仪器、工具、药品放回指定位置，并摆放整齐，关好水、电，经指导老师认定合格后，方可离开实验室。

　　⑧ 值日生负责打扫和整理实验室，并检查水、电是否关好。值日生应最后离开实验室。

　　为保证实验人员人身安全和实验工作正常进行，应严格遵守以下实验室安全守则。

　　① 必须熟悉实验室中水电的开关、消防器材、急救药箱等的位置和使用方法。

　　② 不要用湿的手、物接触电源。水、电和酒精灯一经用毕，应立即关闭。点燃的火柴用完后，应立即熄灭。

　　③ 实验室内严禁饮食与吸烟。实验完毕，必须把手洗净。

　　④ 不允许将各种药品任意混合，以免发生意外。

　　⑤ 一切刺激性、有恶臭味和有毒的物质的实验，都应在通风橱中进行。需要闻某些气体的气味时，应采用"招气入鼻"式。

　　⑥ 浓酸与浓碱具有强腐蚀性，使用时避免溅到眼睛、皮肤或衣物上。稀释浓硫酸时，应将其缓慢倒入水中，边倒边搅拌，切勿相反进行，以免因局部过热使水沸腾，硫酸溅出造成灼伤。

　　⑦ 加热的试管，管口不要对着自己和他人；倾注试剂或加热液体时，不要俯视容器，以防液体溅出伤人。

　　实验室中一般事故的应急处理如下。

　　尽管指导老师一再叮嘱，但不可避免依然有同学会不慎在实验室受伤。学会一些简单处理方法，可以使创伤降低到最小。

　　(1) 玻璃割伤　将温度计旋转插入胶塞时，用力过猛，方法不当（未事先用水润湿温度计或手握温度计的位置太靠近顶端，离胶塞过远），造成误伤。应先按图 14-1 所示的方法止

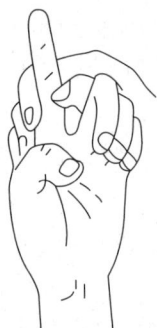

图 14-1　手指出血时
指压指动脉止血法

血，再用创可贴；必要时撒消炎粉包扎。若伤口中有玻璃碎片，挑出后，再包扎。

（2）烫伤　在使用酒精灯、电炉等作热源加热后，立即用手搬动仪器或设备，或其他情况造成烫伤。切勿用水冲洗。在烫伤处用高锰酸钾或苦味酸（一种有机物）溶液洗后擦干，然后涂上凡士林或烫伤油膏。

（3）受酸腐蚀致伤　立即用大量水冲洗，然后用饱和碳酸氢钠溶液冲洗，最后再用水冲洗。若酸液溅入眼内，先用大量水冲洗，再送医院治疗。

（4）受强碱腐蚀致伤　立即用大量水冲洗，然后用2‰醋酸溶液或硼酸溶液冲洗，最后再用水冲洗。若有碱液溅入眼内，立刻用硼酸溶液冲洗。

（5）受溴腐蚀致伤　先用甘油清洗伤口，再用水洗。

（6）吸入有毒或刺激性气体　若吸入氯气或氯化氢有毒气体，可吸入少量酒精和乙醚的混合蒸气解毒；若吸入硫化氢或一氧化碳有毒气体，立刻到室外通风处呼吸新鲜空气。切记吸入氯气不可进行人工呼吸！

（7）毒物进入口中　这种情况在实验室是绝不允许发生的。实验室的任何药品、产品，能亲口品尝吗？绝对不可以，生命只有一次！

（8）触电　立即切断电源，必要时施以人工呼吸，严重者立即送医院救治。

（9）起火　小火，用湿布或沙子灭火。火势大，用泡沫灭火器灭火。在实验室，只要按照指导老师的要求去做，一定不会发生着火事故。

无机化学实验室中的基本仪器如图 14-2 所示。

烧杯

锥形瓶

磨口锥形瓶

滴瓶

容量瓶

移液管

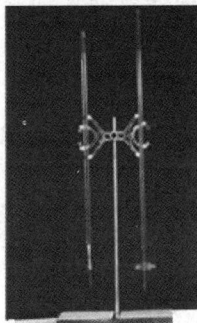
滴定管

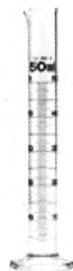
量筒

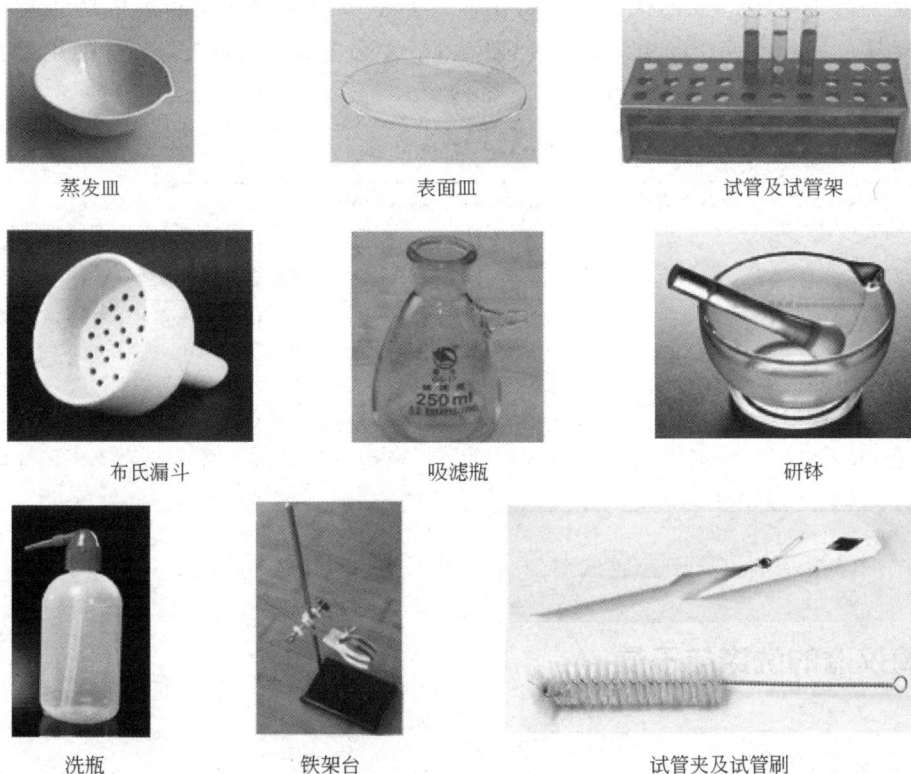

蒸发皿	表面皿	试管及试管架
布氏漏斗	吸滤瓶	研钵
洗瓶	铁架台	试管夹及试管刷

图 14-2 无机化学实验室中的基本仪器

第二节 无机化学实验基本操作

学习导航

提到巴黎卢浮宫的三件镇国之宝之一的画作《蒙娜丽莎的微笑》，你一定会想起它的作者——欧洲文艺复兴时期伟大的画家达·芬奇。达·芬奇在成为"杰出的达·芬奇"之前，有一件事妇孺皆知，就是"达·芬奇画蛋"。那么，无机化学实验有哪些基本操作呢？

一、普通化学试剂

所谓化学试剂区别于一般的化学物质之处，在于它是符合一定质量标准的纯度较高的化学物质。本来纯度要求不高的实验，你偏偏选了纯度很高的试剂，就是大材小用、奢侈浪费了。反过来，随意降低级别就会达不到实验要求。所以正确选择和使用化学试剂，会直接影响到实验成败、实验准确度以及实验成本。

化学试剂的种类多达数千种，在无机化学实验室中最常用的实际规格是"普通试剂"。普通试剂是实验室广泛使用的通用试剂，国家和相关主管部门颁布质量标准的主要有以下三个级别（表 14-1）。

表 14-1　普通试剂

试剂级别	名称	英文名称	符号	标签颜色	适用范围
一级品	优级纯	guaranteed reagent	G. R.	深绿	主体成分含量最高,杂质含量最低,适用于精密分析及科学研究工作
二级品	分析纯	analytical reagent	A. R.	金光红	主体成分含量低于优级纯试剂,杂质含量略高,主要用于一般分析测试、科学研究工作
三级品	化学纯	chemically pure	C. P.	中蓝	质量较分析纯试剂低,适用于教学或精度要求不高的分析测试工作和无机、有机化学实验

生化试剂与指示剂也属于普通试剂。

二、玻璃仪器的洗涤与干燥

1. 玻璃仪器的洗涤

为了得到正确的实验结果，实验仪器必须洗涤干净。玻璃仪器洗净的标志是："既不聚集成滴，也不成股流下"，即壁面能被水均匀地润湿成水膜而不挂水珠。一般是依据实验要求和附着在仪器上污物的性质来确定洗涤方法，常用的洗涤方法主要有以下几种。

① 使用不同形状、大小的毛刷蘸水刷洗，除去水溶污物或附着在仪器上的尘土等。

② 用水不能洗净时，可用洗衣粉水、肥皂水或洗涤灵刷洗。先用少量水将仪器内壁润湿，再加入少量洗衣粉水，用试管刷刷洗，必要时也可以再用温水短时间浸泡，然后用自来水冲洗干净，最后用蒸馏水润洗 3 次，以洗去自来水带来的杂质。

③ 用上述方法仍不能洗净的仪器，以及一些入口小、直径细的仪器（如移液管、滴定管）可用铬酸洗液洗涤（洗时，戴橡胶手套）。铬酸洗液是由等体积的浓硫酸和饱和重铬酸钾配制而成，具有很强的氧化性，对油污和有机物的去污能力特别强。洗涤时，先往仪器中倒入少量洗液，将仪器倾斜并慢慢旋转，使仪器内壁全部被洗液润湿。转几圈后，将洗液倒回原瓶。然后用自来水把仪器壁上残留的洗液洗去。

铬酸洗液的吸水性强，应随时盖严洗液瓶塞，以防吸水后降低去污能力。当洗液变为绿色时，就失效了。铬酸洗液毒性较大，所以尽量少用或不用。

④ 特殊物质的去除，应根据黏附在器壁上污物的性质，对症下药。例如碳酸氢钠，可以用稀盐酸洗去。

已经洗净的仪器，不可用布或纸擦拭，以免弄脏仪器。

2. 玻璃仪器的干燥

（1）自然晾干　将使用的仪器洗净后倒置在干燥架或格栅板上，使其自然晾干。

（2）烤干　烤干是通过加热使仪器中的水分迅速蒸发而干燥的方法，烤干法一般只适于急需用的试管的干燥。干燥时可用试管夹夹住试管，管口应略向下倾斜，用灯焰从管底处依次向管口烘烤移动加热，直至除去水珠后再将管口向上赶尽水汽（见图 14-3）。

图 14-3　烤干试管

（3）吹干　将仪器倒置沥去水分，用电吹风或气流烘干器（见图 14-4）的热风吹干。对急需使用或不适合烘干的仪器，如欲快速干燥，可在洗净的仪器内加入少量易挥发且能与水互溶的有机溶剂（如丙酮、乙醇等），转动仪器使仪器内壁润湿后，倒出溶剂（回收），然后冷风吹干。此操作应在通风橱中进行，以保安全。

（4）烘干　将洗净的仪器沥去水分，放在电热恒温干燥箱（见图 14-5、图 14-6）的隔板上，在 $105\sim110℃$ 烘干。烘干时间一般为 1h 左右。注意干燥厚壁仪器及实心玻璃塞时，要缓慢升温，以防炸裂。

图 14-4　气流烘干器　　　图 14-5　电热恒温干燥箱外观　　　图 14-6　电热恒温干燥箱内部

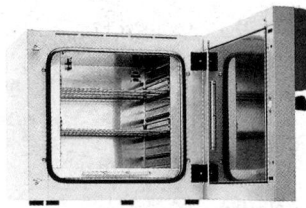

三、常用加热器具的使用

1. 酒精灯

酒精灯是玻璃制的，带有磨口灯帽。其构造见图 14-7，酒精灯的火焰温度为 $400\sim500℃$。灯焰分为外焰、内焰和焰心三部分（见图 14-8），其中外焰的温度较高，内焰的温度较低，焰心的温度最低。

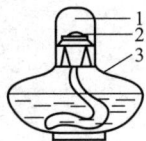

图 14-7　酒精灯的构造
1—灯帽；2—灯芯；3—灯壶

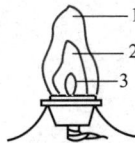

图 14-8　酒精灯的灯焰
1—外焰；2—内焰；3—焰心

使用酒精灯时，应注意以下几点。

① 点燃酒精灯前首先要检查灯壶内剩余酒精的量，保证灯壶内酒精体积占到总容量的 2/3，一般使用漏斗向灯壶内添加酒精（见图 14-9）。还要检查灯芯，将灯芯烧焦和不齐的部分修剪掉。

② 点燃酒精灯时，需用点燃的火柴或打火机，严禁用另一个酒精灯引燃，更不允许在

灯焰燃烧时添加酒精（图 14-9），以免引起火灾。

③ 加热时，使用灯焰的外焰部分。

④ 加热完毕，盖上灯帽，以防酒精挥发。严禁用嘴吹灭酒精灯。火焰熄灭后将灯帽开启，通一下气，再盖上，以免下次打不开。

2. 电炉

电炉（见图 14-10）是实验室最常用的加热器具之一，主要由电阻丝、炉盘、金属盘座三部分组成，按功率大小分不同规格。电炉正面（前面）面板上有调节旋钮，可以通过调节电压来控制电炉的温度。加热时金属容器不能触及电阻丝，否则会造成短路，发生触电事故。

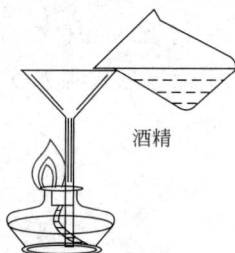

图 14-9　往酒精灯里添加酒精　　　　图 14-10　电炉

3. 水浴

当被加热的物质要求受热均匀，而温度又不能超过 373K（100℃）时，可利用水浴加热。根据实验室情况可以用图 14-11 的铜质水浴锅，水浴锅内的水量不应超过其容积的 2/3。时刻注意水浴锅内的水量，切勿烧干；没有水浴锅，可以用烧杯代替，如图 14-12 所示，可以使用电炉作为热源。条件好的实验室，使用图 14-13 这样的恒温水浴锅加热，顾名思义，它可根据需要在低于 100℃ 范围内自动控制恒温。使用时，一定在加水后方可通电；用后必须将水放掉并擦干；注意保护好自控装置。

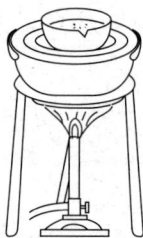

图 14-11　水浴加热 1　　　图 14-12　水浴加热 2　　　图 14-13　恒温水浴锅

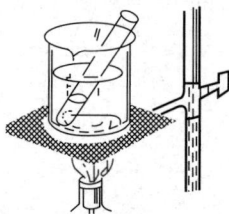

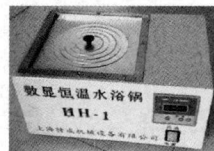

四、加热操作

试管、烧杯、烧瓶、蒸发皿、坩埚等是实验室常用的加热容器，其可以承受一定的温度，但不能骤热和骤冷。因此，加热前应将容器的外壁擦干，加热后不能突然与水或湿物接触。

对于热稳定性较强的液体（或溶液）、固体可采用直接加热操作。

加热试管中的液体时应该用试管夹夹在距试管口 1/3 或 1/4 处，试管口应稍微向上倾斜（见图 14-14），液体量不能超过试管高度的 1/3，管口不能冲人，以免溶液沸腾时溅出，造成烫伤。要先加热液体的中上部，再慢慢向下移动，然后不时地上下移动使液体各部分受热均匀。不要集中加热某一部分，以免造成局部过热而迸溅。

加热固体时，管口应略向下倾（见图 14-15），以防从固体中释放出的水蒸气冷凝成水珠后倒流到试管的灼热处导致试管炸裂。加热前期应先将整个试管预热，一般是使灯焰从试管内固体试剂的前部缓慢向后部移动，然后在有固体物质的部位加强热。

加热烧杯中的液体时，应如图 14-16 所示将烧杯放在石棉网上，所盛液体不超过烧杯容量的 1/2，并不断搅拌以防暴沸。

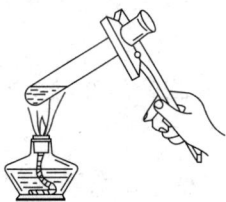

图 14-14　加热试管中液体　　　　图 14-15　加热试管中固体　　　　图 14-16　加热烧杯中液体

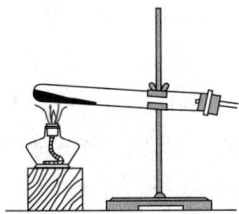

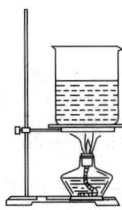

对于受热易分解及需严格控制加热温度的液体，只能采取间接加热操作，它可使被加热容器或物质受热均匀，进行恒温加热。

加热物质要求受热均匀，而温度又不超过 100 ℃时，可用水浴加热（见图 14-11）。在浴锅内盛水（一般不超过 2/3），将要加热的容器浸入水中，在一定温度下加热。也可将容器不浸入水中，而是通过水蒸气来加热，称为水蒸气浴。

除水浴外，还有水蒸气浴、油浴、沙浴和空气浴、金属（合金）浴、盐浴等加热方法。

五、化学试剂的取用与称量

通常固体试剂装在广口瓶内，液体试剂则盛在细口瓶或滴瓶中。取用试剂前，一定要核对标签，确认无误后才能取用。取下瓶塞后，应将瓶塞倒置在桌面上，防止其受到污染。取完试剂后应盖好瓶塞（绝不可盖错），并将试剂瓶放回原处，注意使标签朝外放置。试剂取用量要合适，多取的试剂不能倒回原瓶，以免污染试剂，有回收价值的，可收集在回收瓶中。任何化学试剂都不得用手直接取用。

1. 液体试剂的取用

① 从滴瓶中取用液体试剂要使用滴瓶中固定的滴管，不得用其他滴管代替。滴管必须保持垂直，避免倾斜，尤忌倒立，否则试剂将流入橡胶头内而被污染。向试管中滴加试剂时，只能将滴管下口放在试管上方滴加（见图 14-17 左图），禁止将滴管伸入试管内或与管器壁接触（见图 14-17 中图与右图），以免污染滴管。滴加完毕滴管立即插回原瓶，并将滴管中剩余液体挤回原滴瓶，不得将充有试剂的滴管放置在滴瓶中。

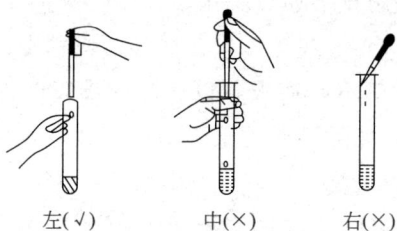

图 14-17　滴加液体方法

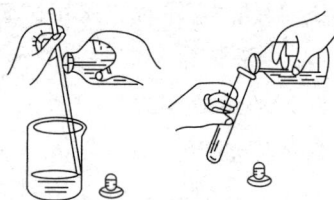

图 14-18　各种倾注法

② 从细口瓶中取用液体用倾注法（见图 14-18）。当取用的液体试剂不需定量时，一般用左手拿住容器（试管、量筒等），右手握住试剂瓶，让试剂瓶的标签朝向手心，倒出所需量试剂后，应将试剂瓶口在容器口边靠一下，再缓慢竖起试剂瓶，避免液滴沿试剂瓶外壁流下。

③ 当液体试剂用量不必十分准确时，需要估计液体量。如一般滴管的 20 滴约为 1mL；10mL 的试管中试液约占其容积的 1/5 时，则试液约为 2mL。

④ 需要较准确量取试剂时要用量筒或量杯取用，如图 14-19 所示。读数时，如图 14-20 所示，视线应与量筒内溶液弯月面最低处水平相切，偏高、偏低都不会准确。

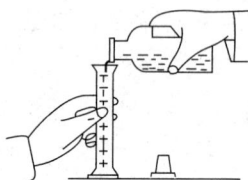

图 14-19　用量筒量取液体

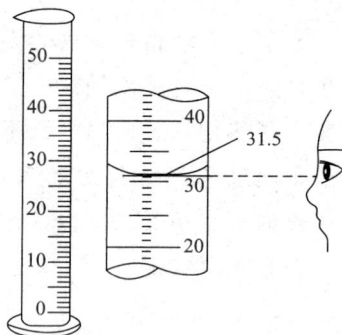

图 14-20　对量筒内液体体积读数

2. 固体试剂的取用

① 取用固体药品要用洁净干燥的药匙，应做到专匙专用，用过的药匙必须洗净干燥后存放在洁净的器皿中。

② 向试管（特别是湿试管）中加入粉末状固体时，将药品放置在药匙或对折的纸槽中，伸入平放的试管中约 2/3 处，然后竖直试管，使试剂落入试管底部，如图 14-21 所示。

图 14-21　向试管中加入粉末状固体

③ 取用块状固体时，应将试管横放，将块状药品放入管口，再使其沿管壁缓慢滑下。不得垂直悬空投入，以免碰破管底，如图 14-22 所示。

固体颗粒较大时，则应放入洁净而干燥的研钵中，研磨碎后再取用，放入的固体量不得超过研钵容量的 1/3。

④ 向烧杯、烧瓶中加入粉末状固体时，可用药匙将试剂直接放置在容器底部，尽量不要撒在器壁上，注意勿使药匙接触器壁。

3. 固体试剂的称量

（1）托盘天平　要较准确地取用一定量的固体，可用托盘天平（也叫台秤）或电子天平等进行称量。称量时应遵守天平使用规则。一般托盘天平能精确至 0.1g，其构造如图 14-23 所示。

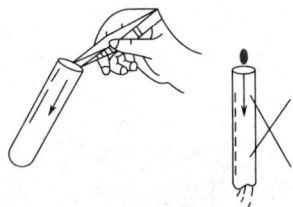

图 14-22　块状固体加入法

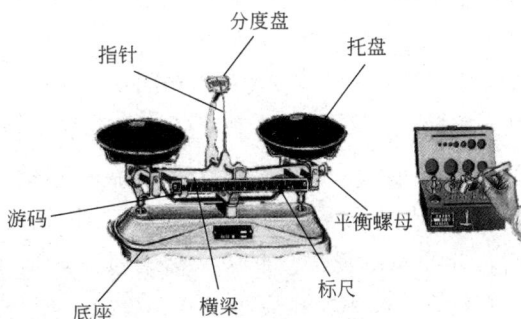

图 14-23　托盘天平的构造

使用前，应先将游码拨至刻度尺（或标尺）左端"0"处，观察指针的摆动情况。若指针在标尺左右两端摆动的距离几乎相等（此时指针休止点叫零点），表示托盘天平可用；若指针在标尺左右两端摆动的距离相差很大，则应调节零点的螺丝，调准零后方可使用。

称量时，被称量的物品放在天平左盘，砝码放在右盘（即"左物右码"），如图 14-23 所示。加砝码时，先加大砝码，再加小砝码，最后（在 10g 或 5g 以内）用游码调节，至指针在标尺左右两端摆动的距离几乎相等为止。把砝码和游码的质量加在一起，就是托盘中物品的质量了。例如，图 14-23 中物体的质量为 62.2g。

注意，不可把药品直接放在托盘内，必须放在称量纸上称量；潮湿或有腐蚀性的药品应放在已知质量的洁净干燥的烧杯（或其他容器）内称量；不可把热的物品放在托盘上称量。

称量完毕，要把砝码放回砝码盒，将游码退回"0"刻度处，将托盘天平清扫干净。

图 14-24　电子天平的外形

（2）电子天平　电子天平（图 14-24）是采用电磁力平衡的原理，应用现代电子技术设计而成。电子天平具有操作简单、性能稳定、称量快速、灵敏度高等优点。目前，一般的电子天平具有去皮（净重）称量等功能。

电子天平的操作规程如下。

使用前，把天平置于稳定的、无振动、无阳光直射和气流的工作台上。调节水平调节脚，使天平水泡位于水准器中心。

接通电源，按下"开机/关机（ON）"键，天平启动。开机过程中自动进行30s左右的自检，显示所有可能用到的功能，自动清零，进入使用状态。为了获得较精确的测量结果，天平开机预热30min后使用。

称量时，按一下"去皮/置零"键，将天平清零，等待天平显示"0.0000g"后，在秤盘上放置被测物，待称重稳定后，读取数值。

若为药品，则必须使用容器称重。先将空的容器放置在秤盘上，按一下"去皮/置零"键，将天平清零。等待天平显示"0.0000g"后，将被测物放入容器内，待称重稳定后，读取数值。

称量完毕后按"开机/关机（OFF）"键，长时间不用时断开电源。

根据所称物品不同，电子天平常用以下三种称量方法。

① 直接称量法。此法适用于对仪器的称量。可将称量物直接放在天平盘上直接称量物体的质量。例如，称量小烧杯、容量瓶、坩埚的质量等。

② 固定质量称量法。此法又称增量法，适于称量不易吸潮、在空气中能稳定存在的粉末状或小颗粒（最小颗粒应小于0.1 mg）。用药匙将药品送入小烧杯等容器中，称量，所需药品质量不够规定量，则取出烧杯，添加药品，再放入电子天平称量，直至试剂质量符合指定要求为止。取出的多余试剂应弃去，不要放回原试剂瓶中。操作时不能将试剂散落于天平盘等容器以外的地方，称好的试剂必须定量地由表面皿等容器直接转入接收容器，此即所谓"定量转移"。

③ 递减称量法。此法用于称量一定质量范围的样品或试剂。在称量过程中样品易吸水、易氧化或易与CO_2等反应时，可选此法。由于称取试样的质量是由两次称量之差求得，故也称差减法。

称量步骤如下：从干燥器中用纸带（或纸片）夹住称量瓶后取出称量瓶（注意：不要让手指直接触及称瓶和瓶盖），用纸片夹住称量瓶盖柄，打开瓶盖，用牛角匙加入适量试样（一般为称一份试样量的整数倍），盖上瓶盖。将加试样后称量瓶放入天平后，按"去皮"键。再将称量瓶从天平上取出，在接收容器的上方倾斜瓶身，用称量瓶盖轻敲瓶口上部使试样慢慢落入容器中，瓶盖始终不要离开接收器上方。当倾出的试样接近所需量（可从体积上估计或试重得知）时，一边继续用瓶盖轻敲瓶口，一边逐渐将瓶身竖直，使黏附在瓶口上的试样落回称量瓶，然后盖好瓶盖，准确称其质量（如图14-25所示）。天平显示"一"值，去掉负号，即为试样的质量。按上述方法连续递减，可称量多份试样。有时一次很难得到合乎质量范围要求的试样，可重复上述称量操作1～2次。

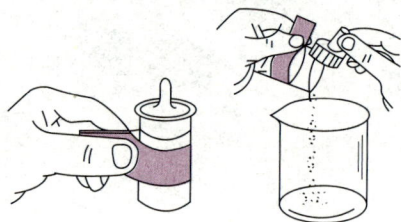

图 14-25　差减法倾倒药品

当固体试剂的用量不要求很准确时，则不必使用天平称取，而用肉眼粗略估计即可。如要求取试剂少许或米粒、绿豆粒、黄豆粒大小等，根据其要求取相当量的试剂即可。

六、过滤

过滤是固液分离最常用的操作，借助于过滤器，可使过滤物中的溶液部分通过过滤器进入接收器，固体沉淀物（或晶体）部分则留在过滤器上。过滤的方法有常压过滤、减压过滤和热过滤等。

减压过滤

在常温常压下，使用漏斗过滤的方法称为常压过滤。过滤时，沉淀在过滤器内，而溶液则通过过滤器进入容器中，所得到的溶液称为滤液，此法简捷方便，但过滤速度太慢。一般只是在某些物质用活性炭脱色时才用到。

减压过滤也称吸滤或抽滤。此方法过滤速度快，沉淀抽得较干，适合于大量溶液与沉淀的分离，但不宜过滤颗粒太小的沉淀和胶体沉淀，因颗粒太小的沉淀易堵塞滤纸或滤板孔，而胶体沉淀易穿滤。

传统的减压过滤装置（见图 14-26）由吸滤瓶、过滤器、安全瓶和减压系统四部分组成。

过滤器为布氏漏斗或玻璃砂芯滤器。布氏漏斗是瓷质的，耐腐蚀，耐高温，底部有很多小孔，使用时需衬滤纸或滤膜，且必须置于橡胶垫或装在橡胶塞上。吸滤瓶用于承接滤液。玻璃砂芯滤器常用于烘干后需要称量的沉淀的过滤，不适合用于碱性溶液，因为碱会与玻璃作用而堵塞砂芯的微孔。

安全瓶安装在减压系统与吸滤瓶之间，防止在关闭泵后，压力的改变引起自来水倒吸入吸滤瓶中，沾污滤液。

减压系统一般为小水泵或油泵。小水泵多安装在实验室的自来水龙头上。当减压系统将空气抽走时，吸滤瓶中形成负压，造成布氏漏斗的液面与吸滤瓶内具有一定的压力差，使滤液快速滤过。

目前实验室常用小型循环水真空泵（见图 14-27），其使用简单方便、过滤速度快，又能节约用水。在实验安装上，只是把图 14-26 中最右边的与水龙头连接的小水泵，换成这台仪器而已，其他地方不变。

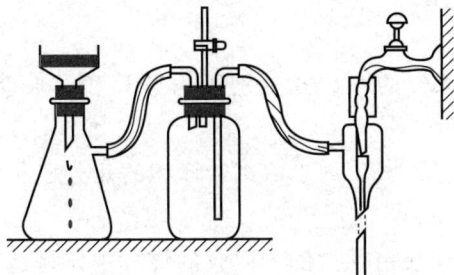

图 14-26 传统减压过滤装置　　　　图 14-27 台式循环水真空泵

实验一　仪器的认知、洗涤与抽滤操作练习

一、实验目的

1. 能熟知实验室规则和安全知识与防护，了解无机化学实验基本操作。
2. 能熟知实验室常用仪器名称、规格、用途和使用注意事项。
3. 能正确洗涤和干燥常用玻璃仪器。
4. 学会识别化学试剂以及固体药品的称量、液体药品的量取。
5. 学会使用抽滤装置进行操作。

二、仪器与试剂

仪器：化学实验常用仪器一套，托盘天平，电子天平，小滴瓶，试管刷。

药品：粗食盐，NaCl（分析纯），硫酸铜（$CuSO_4$）晶体，洗涤剂。

三、实验步骤

1. 熟悉实验室

熟悉实验室内水、电等线路的走向，了解实验室规则及安全知识。

2. 实验仪器

认领并清点仪器，并按要求整齐摆放在实验橱内。

3. 玻璃仪器的洗涤

① 取 2 支试管，用自来水冲洗，用试管刷刷洗。刷洗时，用力不要过猛，以免将试管插破。洗毕，将试管倒置，观察洗净程度。

再用洗衣粉水洗刷器壁内外，用自来水冲洗，观察洗净程度。最后用蒸馏水冲洗 2～3 次，每次用水 2～3mL。

② 用上述方法洗涤烧杯、量筒、锥形瓶、表面皿。

4. 加热操作

① 观察酒精灯的构造，并试验火焰各部分的温度。把三根火柴分别插入焰心、内焰和外焰中，观察火柴燃烧情况有何不同。

② 加热试管中的液体。在试管中加入 1/3 的水，擦干试管外壁，按操作规程加热至沸。

③ 加热试管中的固体。在干燥的试管中放几粒硫酸铜晶体，管口略向下倾斜，用试管夹夹住或将试管固定在铁架台上，按操作规程加热。待晶体变为白色时，停止加热。当试管冷却至室温时，加入 3～5 滴水，观察颜色的变化。

5. 试剂的取用与称量

① 选择适宜的量筒，分别量取 5mL 和 30mL 的水，并分别倾入试管和沿玻璃棒倾入 100mL 烧杯中。

② 量取 1mL 的水，倾入试管中，观察并估量 1mL 的水占试管体积的几分之几。

③ 分别用托盘天平称取 1g、6g、12g 粗食盐。

④ 取 6g 称好粗食盐倒入 100mL 烧杯中，其余粗食盐倒入回收的烧杯中。将这 6g 粗食盐加 30mL 蒸馏水溶解（搅拌，直至看不到食盐颗粒）。再安装抽滤装置进行抽滤。注意观察滤纸上留下什么，滤液又是什么物质？

思考： 食盐去哪儿了？还能把它找回来吗？

第三节 溶液的配制

学习导航

在实验室如何配制一定浓度的溶液呢？

容量瓶的使用

容量瓶是用来配制准确浓度的溶液或准确地稀释溶液的精密量器。它是一个细颈梨形平底玻璃瓶（见图14-28），带有磨口塞，瓶颈上有环形标线，一般表示在20℃时液体充满标线时的准确容量。常见规格有100mL、250mL、500mL等。

图 14-28　容量瓶

1. 容量瓶的准备

（1）试漏　容量瓶在使用前应先检查是否漏水，方法是加水至容量瓶的标线附近，用滤纸擦干瓶口，盖好瓶塞，左手按住瓶塞，右手指尖顶住瓶底边缘，倒立2min（图14-28）。将瓶直立，用滤纸检查周围是否有水渗出，如不漏水，把瓶塞旋转180°后，再试漏，仍不漏水，即可使用。使用容量瓶时，不要将其玻璃磨口塞随便取下放在桌上，以免沾污或搞错，可用橡皮筋或细绳将瓶塞系在瓶颈上。

（2）洗涤　先用洗液清洗，再用自来水冲洗，最后用蒸馏水润洗三遍。注意绝对不能用毛刷刷洗。

首先根据污物的性质，污染的程度，选择合适的洗涤剂和洗涤方法。用铬酸洗涤液洗涤时，倒入10～20mL，边转动边向瓶口倾斜，至洗涤液布满全部内壁，放置数分钟后，将洗涤液由上口慢慢倒回原来装洗涤液的瓶中。倒出时，应边倒边旋转，使洗涤液在流经瓶颈时布满全颈。然后用自来水充分洗净，向外倒水时，顺便冲洗瓶塞。用自来水洗后，再用蒸馏水润洗3次，根据容量瓶大小决定水用量，250 mL 容量瓶大约用水 80mL、20mL 及 20mL。润洗时，应盖好瓶盖，充分振荡。洗完后立即将瓶塞好，以免有灰尘落入或瓶塞被玷污。

2. 使用容量瓶配制溶液

容量瓶经常用于以固体或液体物质（基准试剂或试样）准确配制溶液。

（1）溶解　先把准确称量好的固体放在烧杯中，沿烧杯壁加入适量水，在搅拌下使固体完全溶解。

注意：溶解固体物质时可以适当加热，但必须降至室温后再往容量瓶中转移溶液。

（2）溶液转移（见图14-29）　左手拿烧杯，右手拿玻璃棒，接近容量瓶口时，迅速将玻璃棒伸入容量瓶中，玻璃棒不要接触瓶口，下端靠住瓶颈内壁距瓶口2～3cm，并将烧杯嘴边缘紧贴玻璃棒中下部，倾斜烧杯使溶液完全顺玻璃棒流下。溶液全部流完后，将烧杯沿玻璃棒轻轻向上提，同时直立，使附着在玻璃棒与烧杯嘴之间的溶液回流到烧杯中。玻璃棒放回烧杯，注意不要放在烧杯的尖嘴处。残留在烧杯内和玻璃棒上的少量溶液要用洗瓶自上而下吹洗 3～4 次，每次用水 5～10mL，每次洗涤液需按上述方法完全转移入容量瓶中。

（3）定容　完成定量转移后，加水至容量瓶容积的 2/3～3/4，先用右手食指及中指夹住容量瓶瓶盖的扁头，然后拇指在前，中指及食指在后拿住容量瓶瓶颈标线以上处。拿起容量瓶按水平方向摇动几圈，使溶液初步混匀。

平摇时，不要全手握住瓶颈，更不要拿标线以下地方，以免受热时体积发生变化。如果容量瓶很大（2000mL 以上），可同时用左手指尖托住瓶底边缘。

平摇后把容量瓶平放在台面上，继续加水至距标线 0.5～1cm 处。静置 1～2min，使附着在瓶颈内壁的水流下。用细而长的滴管加水至标线。加水时要平视标线，滴管伸入瓶颈使管口尽量接近但不要接触液面，随着液面上升，滴管也应随之提起，直到弯月面下缘最低点与标线刚好相切为止。

（4）摇匀　定容后，盖好瓶塞。左手拇指在前，中指、无名指及小拇指在后拿住瓶颈标线以上部分，以食指顶住瓶塞，用右手指尖顶住瓶底边缘，将容量瓶倒转，使气泡上升到顶部，此时将瓶振荡。再倒转过来，仍使气泡上升到顶部，如此反复 10～20 次（见图 14-30）。在振荡过程中，瓶塞应打开数次，以使其周围的溶液流下，再继续翻转振荡，数次后，再将瓶盖提起，最后继续翻转振荡数次即可。

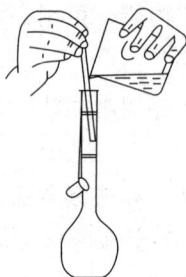

图 14-29　往容量瓶中转移溶液　　　图 14-30　容量瓶上下翻转

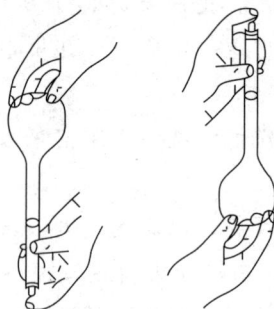

使用容量瓶注意事项如下。

① 如将浓溶液稀释，则用吸量管吸取一定体积的该溶液，放入容量瓶中后，按上述方法稀释至标线。

② 配好的溶液如果需要保存，应移入磨口试剂瓶中，不要用容量瓶存放药品。

③ 容量瓶不得在烘箱中烘烤（容量瓶一般无需干燥），也不能用任何加热的办法（包括用热水温热）来加速溶解。容量瓶长期不用时，可在瓶口处夹一张小纸条，以防粘连。

实验二　溶液的配制

一、实验目的

1.学会配制一定质量分数溶液的方法。

2.学会配制一定物质的量浓度溶液的方法。

3.复习容量瓶使用方法，并熟练称量与量取药品。

二、仪器和药品

仪器：容量瓶，烧杯，量筒，玻璃棒，托盘天平（或电子天平）。

药品：Na_2CO_3（固），NaCl（分析纯），浓硫酸（98%），$CuSO_4 \cdot 5H_2O$。

三、实验内容

1.质量分数溶液的配制

（1）9%NaCl溶液的配制——由固体配溶液

① 计算配制100g 9% NaCl溶液需要NaCl固体的质量和水的质量。

② 托盘天平上称取所需要的NaCl，倒入烧杯中。

③ 用量筒量取所需蒸馏水（水的密度按1g/mL计）倒入装有NaCl固体的烧杯中，用玻璃棒搅拌，使固体溶解，这样就制成100g 9% NaCl溶液了。尝尝有多咸吧。

（2）75%酒精溶液的配制——由液体配溶液

由两种已知浓度溶液（或用溶剂稀释原溶液）配制液体的秘诀如下。

请看图14-31。

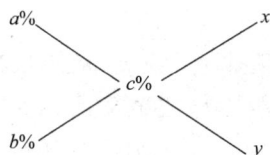

图 14-31　对角线法配溶液　　　　图 14-32　配 75%酒精

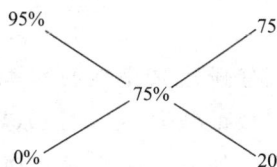

图14-31中，a%为浓溶液的质量分数；b%为稀溶液质量分数（如为水，b=0）；c%为要配制的溶液的质量分数；x是所需浓溶液的质量；y是所需稀溶液的质量。依照两条对角线，x、c、b和y、c、a的关系分别为：x＝c−b，y＝a−c。

要配制75%医用酒精怎么办呢？如图14-32所示。

这样，只要称取75份浓度为95%的酒精和20份水（即按15∶4的质量比），将它们混合在一起，即成为浓度为75%的酒精。

配制75%医用酒精的步骤如下。

① 计算配制75%酒精溶液需要95%的酒精和20份水的质量之比，然后分别换算成相应的体积。

② 用量筒量取所需95%的酒精和20份水的体积，倒入烧杯中，用玻璃棒搅拌均匀，这样就制成75%的酒精了。

2.物质的量浓度溶液的配制

（1）配制50mL 3mol/L H_2SO_4溶液（粗配）

① 计算配制50mL 3mol/L H_2SO_4溶液需要浓硫酸的体积（浓硫酸密度为1.84g/mL，查出质量分数为98%）。

② 用量筒量取所需的浓硫酸，沿玻璃棒倒入已经盛有40mL蒸馏水的烧杯中，用少量水将量筒洗2～3次，洗液并入烧瓶中，用玻璃棒慢慢搅动，使其混合均匀，冷至室温后，

转移至 100mL 试剂瓶中，用蒸馏水稀释至所需体积，摇匀。

（2）配制 50mL 1mol/L $CuSO_4$ 溶液（准确配制）

① 计算配制 50mL 1mol/L CuSO 溶液需要 $CuSO_4 \cdot 5H_2O$ 的质量。

② 在电子天平上称取所需 $CuSO_4 \cdot 5H_2O$ 的质量（称准至 0.0001g）放入烧杯中。

③ 往盛有 $CuSO_4 \cdot 5H_2O$ 的烧杯中加入 40mL 蒸馏水的烧杯中，用少量水将量筒洗 2～3 次，洗液并入烧杯中，用玻璃棒慢慢搅动，使其混合均匀，冷至室温后，转移至 50mL 容量瓶中，用蒸馏水稀释至刻度，摇匀。

如果觉得文字有些烦琐，可参看图 14-33，也许会感觉简洁一些。

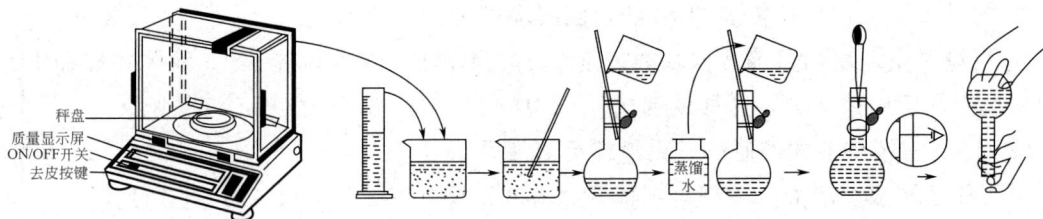

图 14-33　用容量瓶配制溶质为固体的溶液过程

四、危险品

由于浓硫酸既是强酸又是强脱水剂，处理时必须非常小心。稀释浓硫酸是一个大量放热的过程，其释放的热量足以导致烧伤。因此，在稀释浓硫酸时，必须采用酸入水的方式，边搅拌边缓慢加入（如所需溶液的浓度大于 6mol/L，则稀释用的烧杯需要浸没在碎冰中）。

五、废物处理

废浓硫酸，用水稀释后，加 $NaHCO_3$ 溶液处理，再用水冲入下水道。

第四节　酸碱滴定

学习导航

在旧时，神汉、巫婆常借助一些"斩妖术"之类的鬼把戏进行造谣、诈骗活动。所谓的斩妖术，是用沾"水"（实为 Na_2CO_3）的剑往身上糊着黄表纸（实含"姜黄"）的草人刺去，立即"鲜血淋漓"。其实，这就是当溶液的酸、碱性发生变化时，引起指示剂颜色变化引起的。如果可以穿越时空，你会义正词严、有理有据地揭穿他们的花招吗？

一、移液管的使用

吸量管是用于准确移取一定体积溶液的量出式玻璃量器，分为分度吸量管和单标线吸量管两类。单标线吸量管习惯称为移液管。

移液管中间有一膨大部分，上端管颈处刻有一条标线，是所移取的准确体积的标志。常用的移液管有 5mL、10mL、25mL 和 50mL 等规格。

移液管所移取的体积可以准确到 0.01mL。

1. 洗涤

使用前，先检查移液管管尖、管口有无破损，如无破损再进行洗涤。移液管的外壁可用软毛刷沾洗涤液洗涤，移液管的内壁则用铬酸洗涤液润洗后再用自来水充分冲洗干净，最后用蒸馏水润洗内壁三次。

（1）铬酸洗涤液润洗　右手拇指和中指、无名指拿住移液管（图 14-34）管颈标线以上的部位，将移液管下端伸入盛有铬酸洗液的细口瓶中，左手执洗耳球，排出空气后紧按在管口上，借吸力缓缓将洗液吸入，直至液面达到移液管球部的 1/3 处，用右手食指按住管口，取出后，将管平放。左右两手的拇指及食指分别拿住移液管上端标线以内和另一端球部以下，使其一边旋转一边向上口倾斜，当洗液流至距上口 2～3cm 时，直立移液管，将洗液由下口放出。

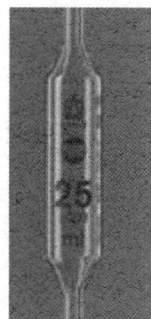

(a) 移液管中间部分　　(b) 移液管架

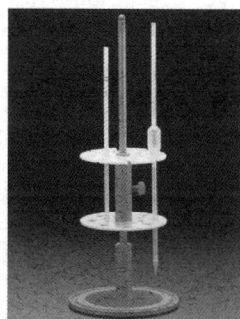

图 14-34　移液管

（2）自来水洗涤干净　在烧杯中放入自来水，用同样的方法将移液管润洗干净，洗涤次数 3 次以上，此时内壁应完全润湿不挂水珠。

（3）蒸馏水润洗 3 次　在烧杯中放入蒸馏水，用上述方法润洗移液管 3 次。

2. 吸取溶液

（1）用待吸溶液润洗移液管　取一小烧杯，用待吸溶液润洗 3 次。然后将待吸溶液倒入小烧杯中，用待吸溶液将移液管润洗 3 次（洗法、用量同前）。润洗第三次后用滤纸将移液管下端外壁擦干，并将管口内溶液吸干。

（2）吸液　将润洗好的移液管插入装有待吸溶液的细口瓶或容量瓶中［见图 14-35（a）、(b)］。移液管下端伸入液面以下 1～2cm，不应伸入太多，以免管口外壁附着溶液过多；也不应伸入太少，以免液面下降后而吸空。用洗耳球缓缓将溶液吸上，当液体上升到刻度以上 5～10mm 时，迅速用右手食指堵住管口取出移液管，用滤纸擦拭管口外壁溶液。左手执一洁净烧杯使之成 45°倾斜，右手三指执移液管使其下口尖端靠住杯壁。微微放松食指，使液面缓缓下降。平视标线直到弯月面刚好与之相切，立即按紧食指，使溶液不再流出，取出移液管放入准备接受溶液的锥形瓶中，使其出口尖端靠住瓶壁并保持垂直，锥形瓶倾斜 45°。抬起食指，使溶液自由地顺壁自然流下［见图 14-35（c）］。待溶液全部流尽后，等候 15s，取出。此时所放出的溶液的体积即等于移液管上所标示的体积。

在任溶液自然放出时，最后因毛细作用总有一小部分溶液留在管口不能落下，此时绝对不可用外力将其震出或吹出，因为在检定移液管时就没有把这一点溶液放出［见图 14-35（d）］。

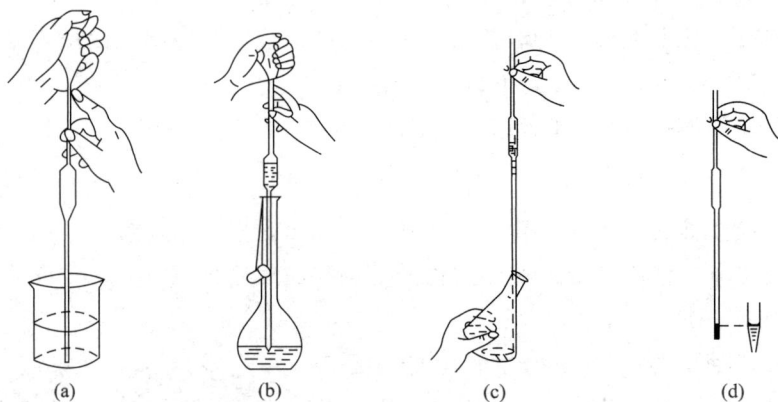

图 14-35　移液管的使用

（a）、（b）用移液管吸取液体；（c）放出液体；（d）留在移液管中的液体

　　移液管用毕，应立即放在移液管架上。如短时期内不用它吸取同一溶液，应立即用自来水洗涤干净。

二、滴定管的使用

　　滴定管是滴定时准确测量放出标准滴定溶液体积的玻璃量器，主要用于测量从滴定管中流出液体的体积，它是"量出式"量器，上面标有"Ex"字样。

1. 滴定管的分类和规格

　　（1）按颜色分　无色滴定管和棕色滴定管。

　　（2）按旋塞分　玻璃材质和聚四氟乙烯材质旋塞滴定管。

　　（3）按用途分　酸式滴定管和碱式滴定管。

　　（4）按容量分　常量和微量滴定管。

　　常用的常量滴定管的容积为 50mL，最小刻度是 0.1mL，可估读到 0.01 mL。

　　在教学、生产和科研中常用的是酸式滴定管和碱式滴定管（见图 14-36）。

　　酸式滴定管也称具塞滴定管；碱式滴定管也称无塞滴定管。

　　酸式滴定管适用于装酸性、中性及氧化性溶液，不适于装碱性溶液，因为碱能腐蚀玻璃，时间过久，旋塞便无法转动。碱式滴定管适用于装碱性和非氧化性溶液，不能装氧化性溶液如高锰酸钾、硝酸银、碘溶液等。

2. 滴定管的准备

　　（1）滴定管的检查　滴定管使用前应做下列检查工作。

　　① 酸式管旋塞是否匹配，管尖和管口是否完好无损。

　　② 碱式管的胶管孔径与玻璃珠大小是否合适，胶管是否有孔洞、裂纹和硬化，管尖和管口是否完好无损。

　　（2）涂凡士林　酸式滴定管在使用前，为使玻璃旋塞旋转灵活而又不致漏水，一般需在

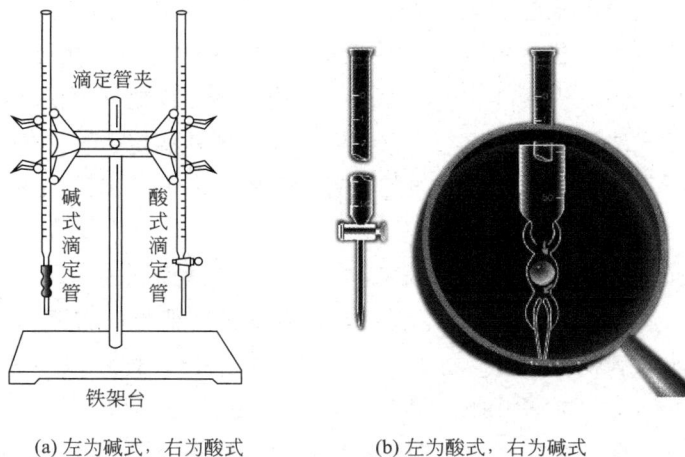

图 14-36　酸碱滴定管

旋塞上涂一层凡士林。

方法是：把滴定管平放在台面上，先取下旋塞上的小橡胶圈，再取出旋塞，将旋塞及塞槽分别用滤纸擦干净，用手指蘸少量凡士林擦在旋塞通孔的两侧，沿圆周涂上薄薄一层，然后将旋塞插入塞槽，向同一方向不断转动旋塞，直到旋塞全部呈透明状。最后，抵住旋塞柄，在小端上套上橡胶圈（见图 14-37）。

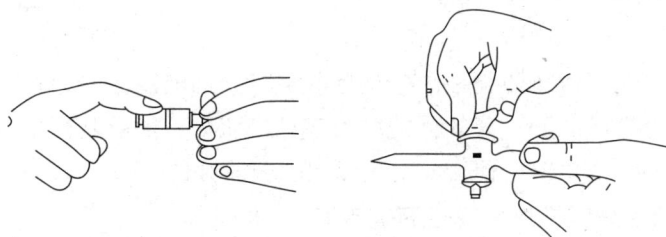

图 14-37　旋塞涂油和转动

注意：凡士林不可涂得太多，否则容易堵塞旋塞孔；也不能涂得太少，以免漏液、旋塞转动不灵活或出现纹路。

（3）试漏　往酸式滴定管中充水至"0"刻度以上，排出滴定管出口管内的气泡，并调液面至"0"刻度附近，关闭旋塞，然后夹在滴定台上。用滤纸擦干旋塞两侧的水，并用干净烧杯碰除管尖悬挂的液滴，静置约 2min，仔细观察管尖或旋塞周围有无水渗出，然后把旋塞转动 180°，重新检查。若前后 2 次均无水渗出，旋塞转动也灵活，即可使用。

碱式滴定管若胶管不老化，玻璃球大小合适，一般不漏水。

注意：如果酸式滴定管旋塞孔被凡士林堵住，可以取下旋塞，用细铜丝疏通。如果是管尖堵塞，可将管插入热水中温热片刻，打开旋塞，让水流把溶化的凡士林带出。

（4）洗涤　洗涤标准：滴定管内壁不挂水珠；溶液从滴定管流下时，在管壁形成均匀的水膜。

清洗过程：先用洗液清洗，再用自来水冲洗，最后用蒸馏水润洗 3 遍。

① 首先根据污物的性质，污染的程度，选择合适的洗涤剂和洗涤方法。

如用铬酸洗涤液洗涤酸式管，关闭好旋塞后，倒入 10mL 洗涤液，一只手拿住滴定管上端无刻度处，另一只手拿住旋塞上部无刻度处，边转动边向管口倾斜，使洗涤液布满全管。然后开启旋塞使洗涤液从下口处放出少许，再旋转从上口放回原洗涤液瓶中。

若用铬酸洗涤液浸洗碱式滴定管，可以把滴定管倒置在滴定台上，插入洗涤液中，用洗耳球把洗涤液吸上，直到临近胶管处，如此放置数分钟以后，放出洗涤液。

② 用自来水洗涤干净。

③ 用自来水洗涤干净后用蒸馏水润洗 3 次。具体方法如下。

在滴定管中加入蒸馏水 10mL，持平管身，左手拿旋塞部分，右手拿上端无刻度处，边转边向管口倾斜使水布满全管，然后将大部分水从上口放出，再将一小部分水从下口放出；第二次及第三次各 5mL，先清洗内壁，然后水从下口放出。

注意：不要在打开旋塞时将水从上端管口倒出，这样很容易使凡士林冲入滴定管。

3. 酸式滴定管滴定操作——用盐酸溶液滴定氢氧化钠溶液

（1）润洗　在装入待装的盐酸溶液之前，滴定管应用摇匀的盐酸溶液洗涤 3 次（用量为 10mL、5mL、5mL），洗涤方法同蒸馏水。

（2）装入溶液，驱赶气泡　将盐酸溶液直接倒入滴定管至"0"刻度以上，右手拿住滴定管上部无刻度处，左手迅速打开旋塞使溶液冲出，从而赶走气泡。

（3）调零点　赶走空气后，将溶液初调到"0"刻度以上 5mm 处，放在滴定台上，静置 1~2min，取下滴定管再调到 0.00 处，即为初读数。

（4）滴定操作

① 调好液面后，先用洁净的烧杯内壁粘落管尖悬挂的液滴。

② 由碱式滴定管放出 20mL 氢氧化钠溶液于锥形瓶中，加甲基橙指示剂 2 滴。

③ 调节滴定管的高低位置，使滴定管管尖距锥形瓶口上方 1cm，滴定时使滴定管下端深入锥形瓶口约 1cm，这时锥形瓶底离滴定台面 2~3cm。

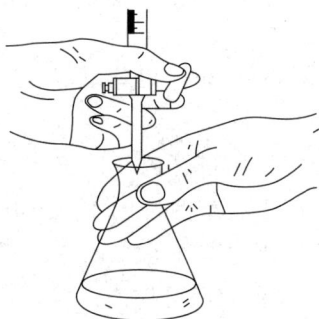
图 14-38　酸式滴定管使用方法

④ 滴定时注意规范手型，酸式滴定管旋塞柄在右，左手控制滴定管的旋塞，大拇指在前，食指和中指在后，手指略微弯曲，轻轻向内扣住旋塞，转动旋塞时要注意不要用力往外推，掌心不能碰住旋塞小端部分，防止把旋塞顶出造成漏液；也不要过分往里扣，以免造成活塞转动不灵活。用右手的拇指、食指和中指拿住锥形瓶（见图 14-38）。

⑤ 慢慢打开旋塞，摇动锥形瓶。摇动时要手腕用力，以同一方向作圆周运动，在整个滴定过程中，左手不能离开旋塞任溶液自流，摇动锥形瓶时要注意勿使瓶口碰滴定管口。

注意滴定的速度，开始时每秒 3~4 滴，即一滴连一滴地滴，称为连珠式滴入；滴定时眼睛始终要观察的是溶液的滴落点。滴落点周围出现暂时性颜色变化，这个颜色变化一般立即消失，随着离终点越来越近，颜色消失越慢，当离终点很近时，颜色可以暂时扩散到全部溶液，但溶液转动一两圈才会消失。此时，应改为滴 1 滴摇几下。等到必须摇 2~3 圈颜色才能完全消失时，表明离终点已经很近，此时要半滴、1/4 滴加入。方法是用锥形瓶碰下滴定管管尖悬滴的半滴或 1/4 滴，用少量蒸馏水冲洗锥形瓶内壁，每加入半滴或 1/4 滴溶液，即摇动锥形瓶，直至刚好出现到达终点应有的颜色而又不再消失为止。

用盐酸溶液滴定氢氧化钠溶液时，用甲基橙作指示剂，终点前颜色为黄色，终点颜色为橙色，若终点滴过，颜色呈红色。

⑥ 到达终点后，等待 1~2min，再读数。

（5）读数方法　读数时，取下滴定管，用右手大拇指和食指捏住管上部无刻度处（或液面上方），其他手指从旁辅助，使管身垂直。

读数时，对无色或浅色溶液应读弯月面下缘实线最低点，视线与此液面成水平；记录下读数（见图 14-39）。

溶液颜色太深、下缘不易观察时，可以读视线与液面两侧最高点呈水平处的刻度。

4. 碱式滴定管滴定操作——用氢氧化钠溶液滴定盐酸溶液

（1）润洗　在装入待装的氢氧化钠溶液之前，滴定管应用摇匀的氢氧化钠溶液洗涤 3 次（用量为 10mL、5mL、5mL），洗涤方法同蒸馏水。

（2）装入溶液，驱赶气泡　将氢氧化钠溶液直接倒入滴定管至"0"刻度以上，右手拿住滴定管上部无刻度处，并使管倾斜 120°，左手食指将管尖翘起，拇指、中指挤压球中间偏上部，使溶液从出管口迅速流出，赶走气泡（见图 14-40）。

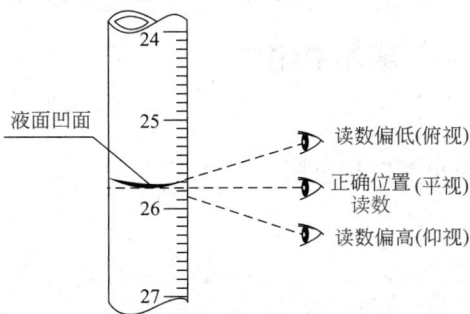

图 14-39　滴定管读数方法　　　　图 14-40　碱式滴定管排除气泡方法

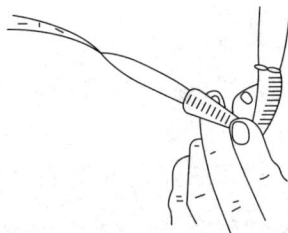

（3）调零点　赶走空气后，将溶液初调到"0"刻度以上 5mm 处，放在滴定台上，静置 1~2min，取下滴定管再调到 0.00 处，即为初读数。

（4）滴定操作

① 调好液面后，先用洁净的烧杯内壁粘落管尖悬挂的液滴。

② 由酸式滴定管放出 20mL 盐酸溶液于锥形瓶中，加酚酞指示剂 2 滴。

③ 调节滴定管的高低位置，使滴定管管尖距锥形瓶口上方 1cm，滴定时使滴定管下端深入锥形瓶口约 1cm，这时锥形瓶底离滴定台面 2~3cm。

④ 滴定时注意规范手型，使用碱式滴定管时，无名指和小拇指夹住尖嘴，使出口管垂直不摆动，左手拇指在管前，食指在管后，捏执胶管玻璃珠中部偏上处，挤压玻璃球，使玻璃珠旁边形成空隙，溶液从缝隙处流出（见图 14-41）。

注意不能使玻璃珠上下移动，更不能挤玻璃珠下部的胶管，以免手松开时空气进入而形成气泡。

图 14-41　碱式滴定管使用方法

⑤ 滴定时控制好滴定的速度，开始时，滴落点无可见颜色变化，这时可采用连珠式滴定；快到终点时，速度放慢，要 1 滴、1 滴加入；马上到终点，要半滴、1/4 滴加入。半滴、1/4 滴操作与酸式滴定管相同。

用氢氧化钠溶液滴定盐酸溶液时，用酚酞作指示剂，终点颜色为浅粉红色，若终点滴过，颜色呈深粉红色。

⑥ 到达终点后，等待 1～2min，再读数。读数方法与酸式滴定管相同。记录下读数。

三、收尾工作

滴定管用毕，倒去剩余的溶液，用自来水冲净后倒置夹在滴定台上。

滴定还应注意以下几点。

① 滴定最好在"0"或接近"0"刻度的任一刻度开始。不要从滴定管中间滴起，因为滴定管刻度并不是十分均匀的，每次都从上端开始，可以消除因上下刻度不匀所造成的误差。

② 标准滴定溶液不宜长期装在滴定管中，强碱溶液腐蚀玻璃，用后应立即洗净。

实验三　酸碱滴定基本操作

一、实验目的

1.了解酸碱滴定法测定溶液浓度的原理及指示剂变色范围。

2.初步练习滴定操作。

3.学会移液管、滴定管的洗涤与使用。

二、实验原理

利用酸碱中和反应，可以测定酸或碱溶液的浓度。用已知浓度的酸或碱溶液中和一定体积未知浓度的碱或酸的待测液，根据酸碱反应的物质的量之比，可计算待测液的浓度。

例如：
$$NaOH + HCl = NaCl + H_2O$$
则
$$c(NaOH)V(NaOH) = c(HCl)V(HCl)$$
$$c(HCl) = \frac{c(NaOH)V(NaOH)}{V(HCl)}$$

中和反应的终点可以用酸碱指示剂的变色来确定。一般用强酸滴定强碱时，可取甲基橙作指示剂；用强碱滴定强酸时，可取酚酞作指示剂。

三、仪器和药品

仪器：酸式滴定管，碱式滴定管，滴定管夹和滴定台，25mL 移液管，250mL 锥形瓶，洗耳球，100mL 烧杯。

药品：0.1mol/L HCl，0.1mol/L NaOH，酚酞指示剂，甲基橙指示剂。

四、实验步骤

1.酸滴碱

① 准备酸式滴定管一支，洗净，装入未知浓度的盐酸溶液，赶走滴定管下端的气泡，将液面调至 0.00 刻度。

② 准备一个干净的锥形瓶，用 25.00mL 移液管从盛有 0.1mol/L NaOH 溶液的试剂瓶中移取 NaOH 溶液 25.00mL，转移到锥形瓶中。然后在锥形瓶中滴入 2 滴甲基橙指示剂，看到颜色由无色变为黄色。

③ 滴定开始，从滴定管中逐渐滴下盐酸溶液，直到一滴溶液滴入锥形瓶中，溶液由黄色变为橙色，且 30s 内不褪色，即可认为到达滴定终点，停止滴定。

④ 读取酸式滴定管上的读数，并记录。

平行做三次，填表 14-2。

表 14-2　未知盐酸浓度的确定

项　目	1	2	3
消耗 HCl 的体积/mL			
代入公式计算 $c(HCl)=\dfrac{c(NaOH)V(NaOH)}{V(HCl)}$ 计算结果 保留至小数点后四位			
c 平均值/(mol/L)			

2.碱滴酸

① 准备碱式滴定管一支，洗净，装入未知浓度的氢氧化钠溶液，赶走滴定管下端的气泡，将液面调至 0.00 刻度。

② 准备一个干净的锥形瓶，用 25.00mL 移液管移取 0.1mol/L HCl 溶液，转移到锥形瓶中。然后在锥形瓶中滴入 2 滴酚酞指示剂。

③ 滴定开始，从滴定管中逐渐滴下氢氧化钠溶液，直到一滴溶液滴入锥形瓶中，溶液由红色变为粉红色（或浅粉色），且 30s 内不褪色，即可认为到达滴定终点，停止滴定。

④ 读取碱式滴定管上的读数，并记录。

平行做三次，填入表 14-3。

表 14-3　未知氢氧化钠浓度的确定

项　目	1	2	3
消耗 NaOH 的体积/mL			
代入公式计算 $c(NaOH)=\dfrac{c(HCl)V(HCl)}{V(NaOH)}$ 计算结果 保留至小数点后四位			
c 平均值/(mol/L)			

第五节　金属及其重要化合物的性质

学习导航

俗话说"水火不相容"，是说水能灭火。你看到过"用水点火"的事情吗？某些金属离子遇到氢氧根会有什么奇迹发生？医生诊断病人胃肠病时给病人服用的"钡餐"，是用硫酸钡的粉末调成的糊状物，钡餐进入肠胃，再进行"造影"。钡离子是有毒的，可是人服了那么多硫酸钡为什么不会中毒？常说的氧化剂高锰酸钾、重铬酸钾会发生哪些颜色的变化？

一、金属钠的性质

钠，通常保存在煤油里。从煤油里取出来，用小刀切开，发现它是一种柔软的、闪着银色光泽的金属，暴露在空气中几秒切面就会变白，如果暴露在水中，会迅速与水反应，释放出氢气，在水面上形成熔融的钠火球，甚至发生爆炸。所以，一般我们取用很小的钠块，比如，只有绿豆粒大小，这样就不会有危险了。钠如果着火了，就用沙土扑灭。

用化学方程式表达就是：

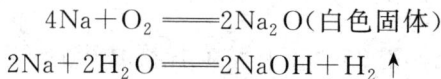

$$4Na+O_2 \xrightarrow{\quad\quad} 2Na_2O（白色固体）$$
$$2Na+2H_2O \xrightarrow{\quad\quad} 2NaOH+H_2\uparrow$$

二、铝、铜、铁氢氧化物的生成与性质

铝和氢氧化铝都是两性的，既可以和酸反应，也可以和碱反应。无水氯化铝固体遇到水会爆炸，所以在实验室用到的氯化铝的溶液，是用六水合氯化铝晶体配成的。

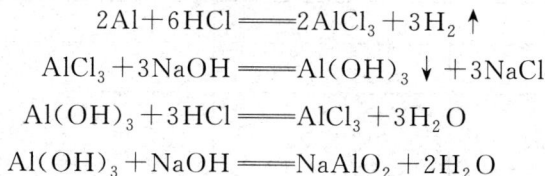

氢氧化铝的
生成与两性

$$2Al+6HCl \xrightarrow{\quad\quad} 2AlCl_3+3H_2\uparrow$$
$$AlCl_3+3NaOH \xrightarrow{\quad\quad} Al(OH)_3\downarrow+3NaCl$$
$$Al(OH)_3+3HCl \xrightarrow{\quad\quad} AlCl_3+3H_2O$$
$$Al(OH)_3+NaOH \xrightarrow{\quad\quad} NaAlO_2+2H_2O$$

偏铝酸钠在水溶液中都是以 $Na[Al(OH)_4]$ 的形式存在，只不过是为了方便，把它简写成 $NaAlO_2$。但它的实际组成是 $Na[Al(OH)_4]$。就像氢离子（H^+）实际上是水合氢离子一样。

当用 $AlCl_3$ 与 $NaOH$ 反应来制备 $Al(OH)_3$ 沉淀时，$NaOH$ 千万不可过量，过量的结

果就是生成的 $Al(OH)_3$ 沉淀继续与 $NaOH$ 反应，这样就观察不到 $Al(OH)_3$ 沉淀的生成了。

$$AlCl_3 + 4NaOH =\!=\!= NaAlO_2 + 3NaCl + 2H_2O$$

铜的氢氧化物颜色是很漂亮的一种蓝色，牢牢记住就行了。

$$CuSO_4 + 2NaOH =\!=\!= Cu(OH)_2 \downarrow + Na_2SO_4$$

铁的氢氧化物很有特点，氢氧化亚铁 $Fe(OH)_2$ 为白色固体，易被空气氧化生成红褐色的氢氧化铁 $Fe(OH)_3$。所以，有铁的氢氧化物生成的反应，你会看到瞬息万变的现象。

$$FeSO_4 + 2NaOH =\!=\!= Fe(OH)_2 \downarrow + Na_2SO_4$$

$$4Fe(OH)_2 + 2H_2O + O_2 =\!=\!= 4Fe(OH)_3$$

$$白色 \quad \rightarrow \quad 灰绿色 \quad \rightarrow \quad 红褐色$$

$$FeCl_3 + 3NaOH =\!=\!= Fe(OH)_3 \downarrow + 3NaOH$$

$$红褐色$$

三、钙、钡难溶盐的生成与性质

钙与钡的难溶盐常见的有 $CaCO_3$、$BaCO_3$、$BaSO_4$。首先，它们都难溶于水，但耐酸性不同。大理石的主要成分是 $CaCO_3$，许多以大理石为原料做成的文物古迹被酸雨侵蚀得面目全非，这是谁在作怪？当然是酸雨中的"酸"了。所以，二者的碳酸盐会溶于酸，而 $BaSO_4$ 可以叫作"钡（或钙）坚强了"，不溶于酸。

$$CaCl_2 + Na_2CO_3 =\!=\!= CaCO_3 \downarrow + 2NaCl$$

$$BaCl_2 + Na_2CO_3 =\!=\!= BaCO_3 \downarrow + 2NaCl$$

$$CaCO_3 + 2HAc =\!=\!= Ca(Ac)_2 + CO_2 \uparrow + H_2O$$

$$BaCl_2 + Na_2SO_4 =\!=\!= BaSO_4 \downarrow 2NaCl$$

四、高锰酸钾与重铬酸钾的强氧化性

酸性条件下高锰酸钾的强氧化性

高锰酸钾与重铬酸钾均是在酸性条件下，氧化性更强些。所以，二者一旦遇到具有还原性的草酸，反应不仅有颜色的变化，还有二氧化碳气体生成。

$$2KMnO_4 + 5H_2C_2O_4 + 3H_2SO_4 =\!=\!= K_2SO_4 + 2MnSO_4 + 10CO_2 \uparrow + 8H_2O$$

$$紫色 \qquad\qquad\qquad\qquad\qquad 无色或浅肉色$$

$$2K_2Cr_2O_7 + 6H_2C_2O_4 + 8H_2SO_4 =\!=\!= 2K_2SO_4 + 2Cr_2(SO_4)_3 + 12CO_2 \uparrow + 14H_2O$$

$$橙红色 \qquad\qquad\qquad\qquad\qquad\qquad\qquad 暗绿色$$

实验四　金属及其重要化合物的性质

一、实验目的

1.掌握钠的活泼性、铝的两性。

2.掌握铝、铜、铁的氢氧化物的生成与性质。

3.掌握钙、钡难溶盐的生成与性质。

4.认识高锰酸钾与重铬酸钾的强氧化性。

二、仪器和药品

仪器：试管、滴瓶。

药品：钠、铝、浓 HNO_3、H_2SO_4（2.0mol/L）、HAc（2.0mol/L）、HCl（2.0mol/L）、$AlCl_3$（0.1mol/L）、NaOH（2.0mol/L，30%）、$CaCl_2$（0.1mol/L）、$BaCl_2$（0.1mol/L）、Na_2SO_4（0.1mol/L）、Na_2CO_3（0.1mol/L）、$CuSO_4$（0.1mol/L）、$FeSO_4$（0.1mol/L）、$FeCl_3$（0.1mol/L）、$KMnO_4$（0.01mol/L）、$K_2Cr_2O_7$（0.01mol/L）。

注：如无特别标注，本次实验试剂浓度单位为 mol/L。

三、实验内容

1.钠的性质

（1）钠与氧的作用 用镊子夹取一小块金属钠，用滤纸吸干其表面的煤油，用小刀切开，观察新断面的颜色，并继续观察钠块放置在空气中新断面颜色的变化，写出化学方程式解释原因。

（2）钠与水反应 取绿豆粒大小的金属钠，用滤纸吸干其表面的煤油，放入盛有水的小烧杯中（事先滴入 1 滴酚酞），再盖上一个合适的漏斗（倒扣在烧杯上）。观察有什么现象发生，写出反应方程式。

2.铝的性质

在两支试管中各加入一小块铝片，分别加入 2mL 2mol/L HCl 溶液和 2mL 30% NaOH 溶液，观察有什么现象发生，写出反应方程式。

3.氢氧化铝的生成与两性

在两支试管中各加入 2mL 0.1mol/L $AlCl_3$ 溶液，逐滴滴加 30% NaOH 溶液，观察白色胶状沉淀的生成。然后再分别滴加 2mol/L HCl 溶液和 30% NaOH 溶液，观察沉淀是否溶解，写出反应方程式。

4.氢氧化铜的生成

取一支试管加入 2mL 0.1mol/L $CuSO_4$ 溶液，滴加 2mol/L NaOH 溶液，观察 $Cu(OH)_2$ 沉淀的颜色，写出反应方程式。

5.氢氧化亚铁、氢氧化铁的生成与性质

① 在试管里注入少量新制备的硫酸亚铁溶液，再向其中滴入几滴煤油，用胶头滴管吸取氢氧化钠溶液，将滴管尖端插入试管里溶液液面下，逐滴滴入氢氧化钠溶液，观察现象。另外，为使氢氧化亚铁的制备成功，先将硫酸亚铁溶液加热，除去溶解的氧气。观察到，滴入溶液到硫酸亚铁溶液中有白色絮状沉淀生成。白色沉淀放置一段时间，振荡后迅速变成灰绿色，最后变成红褐色。用化学方程式解释原因。

② 在试管中加入 1mL 0.1mol/L $FeCl_3$ 溶液，并滴加 2mol/L NaOH 溶液，观察现象，写出反应方程式。

6.碳酸钙、碳酸钡、硫酸钡的生成与性质

① 取两支试管，分别加入 1mL 0.1mol/L $CaCl_2$、$BaCl_2$ 溶液，再各加入 1mL 0.1mol/L

Na_2CO_3 溶液，观察现象。试验产物对 2mol/L HAc 溶液的作用。写出反应方程式。

② 取一支试管，加入 1mL 0.1mol/L $BaCl_2$ 溶液，再各加入 1mL 0.1mol/L Na_2SO_4 溶液，观察产物的颜色和状态。试验产物对 2mol/L HNO_3 溶液的作用。写出反应方程式。

7.高锰酸钾与重铬酸钾的强氧化性

① 取一支试管，加入 1mL 0.01mol/L $KMnO_4$ 溶液，再加入 2mol/L H_2SO_4 溶液和 1mL 水，然后加入少许草酸晶体，振荡试管，观察反应现象，写出反应方程式。

② 取一支试管，加入 10 滴 0.01mol/L $K_2Cr_2O_7$ 溶液，再加入 1mL 2mol/L H_2SO_4 溶液，然后加入黄豆粒大小的草酸晶体，振荡试管，观察溶液颜色的变化，写出反应方程式。

四、危险品

① 大量的金属钠遇水会引起爆炸，通常把它保存在煤油里，放在阴凉处。使用时，应在煤油中切成小块，用镊子夹取，并用滤纸把煤油吸干。金属钠切勿与皮肤接触。

② $K_2Cr_2O_7$ 有毒，对农作物、微生物的毒害也很大。

五、废物处理

① 未用完的金属钠碎屑不能乱丢，可加入少量酒精，使其缓慢分解。

② 国家规定排放铬（Ⅵ）废液的最大允许浓度是 $5×10^{-4}g/L$。实验室中的铬废液应倒入废液缸统一处理。

第六节 非金属及其重要化合物的性质

学习导航

　　自来水中都含有一定量的氯离子，水质检验部门如何化验分析其含量是否达标呢？基本方法是什么？卤素单质之间谁更厉害些呢？医疗上常用 3% 的双氧水进行伤口或中耳炎消毒，不法商贩却用它来浸泡水发食品及病鸡、鸭或猪肉，再添加人工色素出售。双氧水有什么功能呢？公园里美丽的喷泉会使人流连忘返，想一饱眼福吗？来看这一节内容吧。

一、卤离子的检验

　　如何区别自来水与蒸馏水，其中一个办法就是检验是否含有 Cl^-，因为自来水中含有少量的 Cl^-。如何检验 Cl^- 以及与它在同一主族的 Br^- 和 I^-？我们借助于 $AgNO_3$ 溶液以及 HNO_3 溶液。原因是：

$$Ag^+ + Cl^- \rightleftharpoons AgCl\downarrow \text{（白色沉淀）}$$

$$Ag^+ + Br^- \rightleftharpoons AgBr\downarrow \text{（浅黄色沉淀）}$$

$$Ag^+ + I^- = AgI\downarrow（黄色沉淀）$$

之所以加入 HNO_3 溶液，是为了排除一些杂质离子，比如 CO_3^{2-}、SO_4^{2-} 等的干扰。

二、卤素单质之间的置换反应

卤素单质之间的氧化能力由强到弱为：

$$F_2 > Cl_2 > Br_2 > I_2$$

以下化学反应也证明如此：

$$2KBr + Cl_2 = 2KCl + Br_2$$
$$2KI + Br_2 = 2KBr + I_2$$

三、实验室制氨气以及"喷泉实验"

实验室制备氨气的原理是用固体氯化铵和固体消石灰加热：

$$2NH_4Cl + Ca(OH)_2 \xrightarrow{\triangle} CaCl_2 + 2NH_3\uparrow + 2H_2O$$

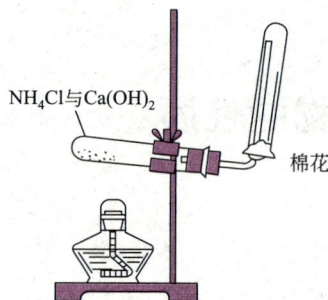

NH₄Cl与Ca(OH)₂

棉花

图 14-42　实验室制氨气装置

实验室制氨气装置如图 14-42 所示。

氨气为什么可以做成喷泉实验呢？见彩图 3。回顾氨气的性质：无色；有刺激性气味的气体；标准状况下密度小于空气，为 0.771g/L，极易溶于水（常温常压下 1 体积水溶解约 700 体积氨气）。

我们就是利用氨气迅速溶于水，使瓶内压强迅速减小，利用外界大气压把水压入烧瓶，这样的性质做喷泉实验。

滴加几滴酚酞的目的是检验氨气的碱性。

喷泉实验证明：氨气极易溶于水且溶于水显碱性。

四、过氧化氢的氧化性与还原性

过氧化氢又名双氧水，是一种无公害的强氧化剂，有很强的杀菌能力，使用范围日益扩大。医疗上常用 3％ 的双氧水进行伤口或中耳炎消毒。

作为漂白剂，由于其反应时间短、白度高、放置久而不返黄、对环境污染小、废水便于处理等优点，用于布匹、纸浆等的漂白。

在实验室中，H_2O_2 与 KI 的反应中，显示其氧化性的一面，一旦遇到了强氧化剂高锰酸钾，H_2O_2 则表现为还原性。

$$H_2O_2 + 2KI + H_2SO_4 = I_2 + K_2SO_4 + 2H_2O$$
$$2KMnO_4 + 5H_2O_2 + 3H_2SO_4 = K_2SO_4 + 2MnSO_4 + 5O_2\uparrow + 8H_2O$$

实验五　非金属及其重要化合物的性质

一、实验目的

1. 掌握卤离子的检验方法及卤素单质的置换反应。

2. 了解氨气的实验室制法及其喷泉实验。

3. 认识双氧水的氧化性与还原性。

二、仪器和药品

仪器：试管、滴瓶、圆底烧瓶、导管、烧杯、酒精灯。

药品：NaCl（0.1mol/L）、KBr（0.1mol/L）、KI（0.1mol/L）、CCl_4、$AgNO_3$（0.1mol/L）、HNO_3（3.0mol/L）、NH_4Cl（固）、$Ca(OH)_2$（固）、H_2SO_4（2.0mol/L）、H_2O_2（3%）、$KMnO_4$（0.01mol/L）、淀粉溶液。

注：如无特别标注，本次实验试剂浓度单位为 mol/L。

三、实验内容

1. 卤离子的检验

① 往试管中加入 1mL 0.1mol/L NaCl 溶液，然后加入 2 滴 0.1mol/L $AgNO_3$ 溶液，观察沉淀的颜色。弃去上层清液，在沉淀中加入 5 滴 3mol/L HNO_3 溶液，振荡，观察沉淀是否溶解。写出有关反应方程式。

② 往试管中加入 1mL 0.1mol/L KBr 溶液，然后加入 2 滴 0.1mol/L $AgNO_3$ 溶液，观察浅黄色 AgBr 沉淀的生成。弃去上层清液，在沉淀中加入 5 滴 3mol/L HNO_3 溶液，振荡，观察沉淀是否溶解。写出有关反应方程式。

③ 往试管中加入 1mL 0.1mol/L KI 溶液，然后加入 2 滴 0.1mol/L $AgNO_3$ 溶液，观察黄色 AgI 沉淀的生成。弃去上层清液，在沉淀中加入 5 滴 3mol/L HNO_3 溶液，振荡，观察沉淀是否溶解。写出有关反应方程式。

2. 卤素间的置换

① 在试管中加 2 滴 0.1mol/L KBr 溶液和 5 滴 CCl_4，然后滴加氯水，边加边振荡。观察 CCl_4 层中的颜色。

② 在试管中加 5 滴 0.1mol/L KI 溶液，再滴加 1～2 滴淀粉溶液，最后滴加溴水，观察析出的碘使溶液由无色变为蓝色。

3. 实验室制氨气以及"喷泉实验"

用一支干燥的大试管，装入研细的氢氧化钙和氯化铵固体各 3g（事先混合均匀），按图 14-43 装置好。加热，用向下排气法使氨气进入喷泉烧瓶。用手挤压瓶口滴管胶头，使少量水进入倒置的烧瓶，然后打开下面止水夹，下面烧杯的水中先滴加少量酚酞溶液轻轻搅拌均匀，观察现象。说明原因，写出反应方程式。

4. 双氧水的氧化性与还原性

① 在试管中加入 1mL 0.1mol/L KI 溶液，1mL 2.0mol/L H_2SO_4 溶液，和 3～5 滴淀粉溶液，然后滴加 2mL 左右的 3% H_2O_2 溶液，观察溶液颜色的变化。写出有关反应方程式。

② 在试管中加入 1mL 0.01mol/L $KMnO_4$ 溶液，1mL 2.0mol/L H_2SO_4 溶液，然后滴加 2mL 左右的 3% H_2O_2 溶液，观察溶液紫色褪去。写出有关反应方程式。

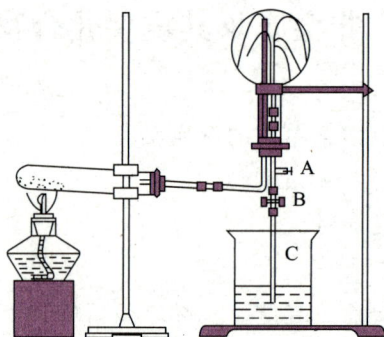

图 14-43 实验室制氨气及喷泉实验一体化装置

四、危险品

① 氨气对呼吸系统各部分都有刺激作用并可严重刺激眼睛。氨气也可导致皮肤烧伤，且被吸入后有毒性。氨气与空气混合后可引发爆炸，需远离火星或明火。

喷泉实验只能使用圆底烧瓶进行，平底烧瓶或锥形瓶强度不够，在实验产生的压强下可能会破碎。

② 液溴有很强的腐蚀性，能灼伤皮肤，严重时会使皮肤溃烂（使用时要戴橡胶手套）。溴水的腐蚀性比液溴弱，但也要用吸管吸取，不要碰到皮肤上，若不慎碰到溴水，可用水冲，再用酒精洗。

五、废物处理

① 废液需用水冲入下水道。

② 液溴的剩余液，应先用水稀释，再加 Na_2CO_3 溶液处理，用水冲入下水道。

第七节　原　电　池

学习导航

现在的你一定离不开"电池"，不然关掉手机一个月，你会发现有与世隔绝之感。你知道电池是如何为你服务的吗？在电池里面化学能如何转化为电能呢？

原电池是利用氧化还原反应把化学能转换为电能的装置。两块通过导线相连的活动性不同的金属与电解质溶液可组成原电池。

实验六　原电池实验

一、实验目的

1. 掌握氧化还原反应与原电池的关系。

2. 熟悉原电池的工作原理。

二、仪器和药品

仪器：导线（带夹子），灵敏电流计，电极（锌片、铜片），KCl 盐桥（1.0），烧杯。

药品：$CuSO_4$（1.0mol/L），$ZnSO_4$（1.0mol/L），西红柿，苹果，橘子。

注：如无特别标注，本次实验试剂浓度单位为 mol/L。

三、实验装置

如图 14-44 所示。

四、实验步骤

如图，在两烧杯中分别盛有 1.0mol/L $CuSO_4$ 溶液、1.0mol/L $ZnSO_4$ 溶液，两烧杯之间的 U 形管为饱和氯化钾溶液的盐桥。

用导线连接灵敏电流计的两端后，再与溶液中的锌片和铜片相连接，观察电流计的指针是否偏转，判断导线中有无电流通过。

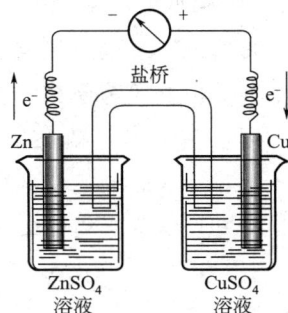

图 14-44　铜锌原电池装置

注意：

① 铜片面积大一些，便于观察。锌片纯一些，可以减少锌片上的气泡。

② 电流计可以用发光二极管或导电仪代替，用发光来检测电流通过。

③ 可做成趣味小实验：用西红柿、苹果、橘子分别代替电解质溶液。只需在连接电流计后，将导线的两端直接插入这些水果中。观察电流计的指针是否偏转。

第八节　无机化学综合制备实验

学习导航

实验室与企业生产还有多少距离？如何在实验室掌握最基本的物质制备技术？

物质的制备技术是化学实验中比较重要的内容之一，它是由较简单的无机物或有机物通过化学反应得到较复杂的无机物或有机物的过程，通过物质的制备，可进一步了解怎样以最基本的原料得到生产和日常生活中所必需的化工产品。因此，物质的制备技术在化工生产中具有重要的意义。

物质制备的步骤：首先要明确实验目标，理解实验原理，设计物质制备的反应条件，确定合理的制备路线，然后选择反应装置，找出粗产品的后处理方案（如回收、提纯）。接下来就是真正实验了！

实验七　硫酸亚铁铵的制备

一、实验目的

1.掌握硫酸亚铁铵的制备原理和方法。

2.能较熟练地使用水浴加热，掌握蒸发、结晶、减压过滤等基本操作。

3.学习用目视比色法检验产品质量。

二、实验原理

硫酸亚铁铵，俗称摩尔盐，是一种复盐，为浅蓝绿色透明晶体，溶于水，不溶于乙醇，存放时不易被空气中的氧气氧化，比一般的亚铁盐稳定。由于制造工艺简单，容易得到较纯净的晶体，而且价格低廉，被广泛应用。工业上常用作废水处理的混凝剂，在农业上既是农药又是肥料，硫酸亚铁铵是实验室中常用的试剂，在定量分析中常用它来制备亚铁离子的标准溶液。

本实验以铁粉为原料，与稀硫酸常温反应得到硫酸亚铁，再用等物质的量的硫酸铵与之混合。由于硫酸铵、硫酸亚铁和硫酸亚铁铵在水中的溶解度不同，在一定温度范围内，$(NH_4)_2SO_4 \cdot FeSO_4 \cdot 6H_2O$ 的溶解度比其他组分的溶解度都小（见表 14-4），所以可以经蒸发、冷却、结晶后得到较高纯度的硫酸亚铁铵。反应式如下：

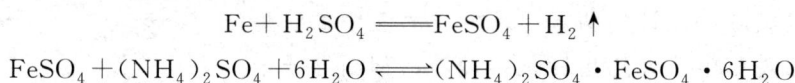

$$Fe + H_2SO_4 \Longrightarrow FeSO_4 + H_2\uparrow$$

$$FeSO_4 + (NH_4)_2SO_4 + 6H_2O \Longrightarrow (NH_4)_2SO_4 \cdot FeSO_4 \cdot 6H_2O$$

表 14-4　三种盐的溶解度　　　　　　单位：g/(100g H_2O)

盐	温度/℃						
	0	10	20	30	40	50	70
$FeSO_4 \cdot 7H_2O$	15.6	20.5	26.5	32.9	40.2	48.6	56.0
$(NH_4)_2SO_4$	70.6	73.0	75.4	78.0	81.6	84.5	91.9
$(NH_4)_2SO_4 \cdot FeSO_4 \cdot 6H_2O$	12.5	17.2	21.2	24.5	33.0	40.0	38.5

由于 $FeSO_4$ 在弱酸性溶液中容易发生水解和氧化，所以在制备过程中应使溶液保持较强的酸性并控制反应温度。

硫酸亚铁铵产品的纯度可用氧化还原滴定法进行测定。硫酸亚铁铵产品中的杂质主要是 Fe^{3+}，产品的等级也常以 Fe^{3+} 含量的多少来确定。本实验采用目视比色法对 Fe^{3+} 含量进行限量分析，将试样溶液分别与硫酸亚铁铵标准溶液作对比，以确定杂质 Fe^{3+} 含量范围。这种检定方法，通常称为限量分析法。

三、试剂与仪器

1.试剂

① 铁粉。

② 硫酸溶液：$c(H_2SO_4) = 3mol/L$。

③ 浓硫酸：化学纯。

④ 盐酸溶液：$c(HCl) = 2mol/L$。

⑤ 硫氰酸钾溶液：$c(KSCN) = 1mol/L$。

⑥ 硫酸铵：化学纯。

⑦ 无水乙醇：化学纯。

⑧ 十二水硫酸亚铁铵：分析纯。

2.仪器

台秤、分析天平、电炉、水浴锅、抽滤装置、100 mL 烧杯、蒸发皿、表面皿、比色架、25mL 具塞比色管、pH 试纸。

四、实验步骤

1. 硫酸亚铁的制备

称取 4g 铁粉，放入 250mL 锥形瓶中，分三次缓慢加入 30mL 硫酸溶液 $[c(H_2SO_4)=3mol/L]$，10min 内添加完毕，反应片刻，待气泡减少后，置于水浴中加热。加热 5min 后加入 10～15mL 蒸馏水（加水的目的是保证溶液体积，防止水蒸发后硫酸亚铁晶体析出；水不要一次加入，最好分次加入），继续水浴加热 10min。然后，趁热减压抽滤，滤液转移至蒸发皿中。

硫酸亚铁的制备

2. 硫酸亚铁铵的制备

根据反应式，计算溶液中硫酸亚铁理论产量，再按关系式 $n[(NH_4)_2SO_4]:n(FeSO_4)=1:1$，计算出所需硫酸铵的质量。将硫酸铵与硫酸亚铁溶液混合，搅拌直至硫酸铵完全溶解。水蒸气浴，蒸发浓缩至液体表面出现晶膜为止，自然冷却至室温，硫酸亚铁铵晶体充分析出，减压抽滤，用无水乙醇洗涤晶体两次，尽量抽干，将晶体转移至表面皿晾干。观察晶体的颜色和形状。称其质量，按下式计算产率。

硫酸亚铁铵的制备

$$产率=\frac{硫酸亚铁铵实际产量}{硫酸亚铁铵理论产量}\times100\%$$

3. Fe^{3+} 限量分析

（1）标准色阶的配制　称取 0.4317g 十二水硫酸亚铁铵溶于少量水中，加入 1.3mL 浓硫酸，定量移入 500mL 容量瓶中，稀释至刻度，摇匀。此即 0.10mg/mL Fe^{3+} 标准溶液。

F^{3+} 的限量分析

取三支 25mL 具塞比色管，按顺序编号，依次加入已配制好的 Fe^{3+} 标准溶液 0.5mL、1.0mL、2.0mL，再分别加入 2mL 盐酸溶液 $[c(HCl)=2mol/L]$ 和 1mL 硫氰酸钾溶液 $[c(KSCN)=1mol/L]$，再加无氧纯水至 25mL 刻度，摇匀。

一级标准含 Fe^{3+} 0.05mg、二级标准含 Fe^{3+} 0.10mg、三级标准含 Fe^{3+} 0.20mg。

（2）样品测定　称取 1.0g 产品于 25mL 具塞比色管中，用 15mL 无氧纯水溶解，加入 2mL 盐酸溶液 $[c(HCl)=2mol/L]$ 和 1mL 硫氰酸钾溶液 $[c(KSCN)=1mol/L]$，再加无氧纯水至 25mL 刻度线，摇匀后与标准色阶比较，确定 Fe^{3+} 含量（试剂等级）。

五、实验提要

① 通过用眼睛观察，比较溶液颜色深浅来确定物质含量的方法叫作目视比色法。其中最常用的是标准色阶法，它是将被测试样溶液和一系列已知浓度的标准溶液在相同条件下显色，当试液与某一标准溶液的厚度相等、颜色深浅度相同时，二者的浓度相等。

② 铁粉与硫酸溶液的反应，开始时反应剧烈，要控制温度不宜过高，以防反应液溅出。

③ 制备硫酸亚铁铵时，切忌用直火加热，宜采用水浴加热。否则 Fe^{2+} 易被氧化，生成大量 Fe^{3+}，而使溶液变成棕红色。

实验八　碳酸钠的制备

一、实验目的

1. 掌握利用盐的溶解度差异、复分解反应原理来制备无机化合物的方法。
2. 掌握温控、灼烧、抽滤及洗涤等基本操作。

二、实验原理

碳酸钠俗称纯碱，其工业制法称联合法，是将氨和二氧化碳通入氯化钠溶液中，生成碳酸氢钠。经过高温灼烧，碳酸氢钠失去二氧化碳和水，生成碳酸钠，主要反应方程式为：

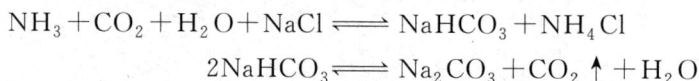

$$NH_3 + CO_2 + H_2O + NaCl \Longrightarrow NaHCO_3 + NH_4Cl$$

$$2NaHCO_3 \Longrightarrow Na_2CO_3 + CO_2\uparrow + H_2O$$

本实验是直接利用碳酸氢铵和氯化钠发生复分解反应来制取碳酸氢钠，反应方程式为：

$$NH_4HCO_3 + NaCl \Longrightarrow NaHCO_3 + NH_4Cl$$

反应体系是一个复杂的由碳酸氢铵、氯化钠、碳酸氢钠和氯化铵组成的四元交互体系，这些盐在水中的溶解度互相影响。必须根据其在水中不同温度下的溶解度差异，选择最佳操作条件。

由表 14-5 可以看出，在四种盐混合溶液中，各种温度下，碳酸氢钠的溶解度都是最小的。温度超过 35℃会引起碳酸氢铵的分解，故反应温度不可超过 35℃；温度过低又会影响碳酸氢铵的溶解，从而影响碳酸氢钠的生成，故反应温度又不宜低于 30℃。因此控制温度在 30～35℃条件下反应制备碳酸氢钠是比较适宜的。

表 14-5　四种盐在不同温度下的溶解度　　　　单位：g/(100g H₂O)

盐	温度/℃							
	0	10	20	30	40	50	60	70
NaCl	35.7	35.8	36.0	36.3	36.6	37.0	37.3	37.8
NH_4HCO_3	11.9	15.8	21.0	27.0	—	—	—	←
NH_4Cl	29.4	33.3	37.2	41.4	45.8	50.4	55.2	60.2
$NaHCO_3$	6.9	8.2	9.6	11.1	12.7	14.5	16.4	—

三、试剂和仪器

1. 试剂

① 氯化钠：化学纯。

② 碳酸氢铵：化学纯。

2. 仪器

恒温水浴、布氏漏斗、抽滤瓶、抽滤系统、研钵、蒸发皿、调温电炉、台秤。

四、实验步骤

碳酸钠的制备如下。

（1）中间产物碳酸氢钠制备　称取 14g 氯化钠于 100mL 锥形瓶中，加入蒸馏水 50mL 溶解后，置于恒温水浴上加热，温度控制在 30～35℃之

碳酸氢钠的制备

间，同时称取碳酸氢铵 20g。不断平摇锥形瓶，将碳酸氢铵间隔 2min 分 4 次慢慢加入氯化钠溶液中，反应过程用胶塞密封锥形瓶口。继续充分搅拌并保持在此温度下反应 20min。静置 5min 后减压抽滤，得到碳酸氢钠晶体。

（2）碳酸钠制备　将中间产物碳酸氢钠转移到蒸发皿中，置于调温电炉上加热，同时用玻璃棒不断翻搅，使固体受热均匀，防止结块。开始加热时可适当采用低温，5 min 后改用高温，灼烧至得到干燥的白色细粉末状产品。将蒸发皿置于石棉网上冷却到室温，在台秤上称量并记录产品的质量。

碳酸钠的制备

碳酸钠产品的产率按下式计算：

$$碳酸钠产品产率 = \frac{m(Na_2CO_3) \times 2M(NaCl)}{m(NaCl) \times M(Na_2CO_3)} \times 100\%$$

式中　$m(Na_2CO_3)$——碳酸钠产品的质量，g；

$\qquad m(NaCl)$——氯化钠原料的质量，g；

$\qquad M(Na_2CO_3)$——碳酸钠的摩尔质量，g/mol[$M(Na_2CO_3) = 105.99g/mol$]；

$\qquad M(NaCl)$——氯化钠的摩尔质量，g/mol[$M(NaCl) = 58.44g/mol$]。

实验九　三草酸根合铁（Ⅲ）酸钾的制备

一、实验目的

1.了解三草酸根合铁（Ⅲ）酸钾的制备，用化学平衡原理指导配合物的制备，加深对三价铁和二价铁化合物性质的了解。

2.试验三草酸根合铁（Ⅲ）酸钾的光化学性质。

三草酸合铁（Ⅲ）酸钾的制备

二、实验原理

三草酸根合铁（Ⅲ）酸钾 $K_3[Fe(C_2O_4)_3] \cdot 3H_2O$ 是一种绿色的单斜晶体，溶于水（0℃时溶解度为 4.7g/100g 水；100℃时溶解度为 117.7g/100g 水）而不溶于乙醇。本实验为了制备三草酸根合铁（Ⅲ）酸钾晶体，首先利用硫酸亚铁铵与草酸反应制备出草酸亚铁：

$$(NH_4)_2Fe(SO_4)_2 \cdot 6H_2O + H_2C_2O_4 \Longrightarrow FeC_2O_4 \cdot 2H_2O + (NH_4)_2SO_4 + H_2SO_4 + 4H_2O$$

然后在草酸根离子的存在下，用过氧化氢将草酸亚铁氧化为草酸高铁化合物，加入乙醇后，它便从溶液中形成 $K_3[Fe(C_2O_4)_3] \cdot 3H_2O$ 晶体析出，反应式可写为：

$$2FeC_2O_4 \cdot 2H_2O + H_2O_2 + 3K_2C_2O_4 + H_2C_2O_4 \Longrightarrow 2K_3[Fe(C_2O_4)_3] \cdot 3H_2O$$

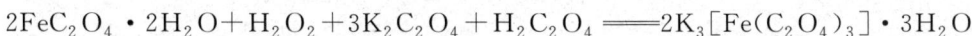

三草酸根合铁（Ⅲ）酸钾极易感光，室温下光照变黄色，进行下列光化学反应：

$$2[Fe(C_2O_4)_3]^{3-} \Longrightarrow 2FeC_2O_4 + 3C_2O_4^{2-} + 2CO_2$$

它在日光直射或强光下分解生成的 FeC_2O_4 遇铁氰化钾生成腾氏蓝，反应为：

$$3FeC_2O_4 + K_3[Fe(CN)_6] \Longrightarrow Fe_3[Fe(CN)_6]_2 + 3K_2C_2O_4$$

因此，在实验室中可做成感光纸，进行感光实验。另外，由于它具有光化学活性，能定量进行光化学反应，常用作化学光量计。

三、仪器与试剂

仪器：烧杯，锥形瓶，布氏漏斗，吸滤瓶，水循环真空泵。

试剂：$(NH_4)_2Fe(SO_4)_2 \cdot 6H_2O$ 固体 5.0g，硫酸（3mol/L），草酸溶液（1 mol/L），饱和草酸钾溶液，95％乙醇。

四、实验步骤

1.草酸亚铁的制备

称取 5.0g $(NH_4)_2Fe(SO_4)_2 \cdot 6H_2O$ 固体放入 200mL 烧杯中，加入 20mL 蒸馏水和 5 滴 3mol/L H_2SO_4，加热使其溶解。然后加入 25mL 1mol/L $H_2C_2O_4$ 溶液，加热至沸不断搅拌，便得黄色晶体 $FeC_2O_4 \cdot 2H_2O$，静置沉降后用倾析法弃去上层溶液。往沉淀上加 20mL 蒸馏水，搅拌并温热，静置，再弃去清液（尽可能把清液倾干净些）。

2.三草酸根合铁（Ⅲ）酸钾的制备

在上述沉淀中加入 15mL $K_2C_2O_4$ 饱和溶液，水浴加热至约 40℃，用滴管慢慢加 20mL 3％H_2O_2 溶液，不断搅拌并保持温度在 40℃左右，此时会产生氢氧化铁沉淀。将溶液加热至沸，不断搅拌，一次加入 5mL 1mol/L $H_2C_2O_4$ 溶液，然后再滴加 $H_2C_2O_4$ 溶液，并保持接近沸腾的温度，直至体系变成绿色透明溶液。稍冷后，向溶液中加入 10mL95％乙醇，继续冷却，即有晶体析出，减压过滤，产品在 70～80℃ 干燥，称重。也可将棉线绳加入 10mL95％乙醇的清液中，用表面皿盖住烧杯暗处放置到第二天，即有晶体在棉线绳上析出，用倾析法分离出晶体，干燥，称重。

3.三草酸根合铁（Ⅲ）酸钾的性质

① 将少许产品放在表面皿上，在日光下观察颜色变化，与放在暗处的晶体进行比较。

② 制感光纸：按三草酸根合铁（Ⅲ）酸钾 0.3g、铁氰化钾 0.4g，加水 5mL 的比例配成溶液，涂在纸上即成感光纸（黄色）。附上图案，在日光下直射数秒，曝光部分呈深蓝色，被遮盖的没有曝光部分即显影出图案来。

③ 配感光液：取 0.3～0.5g 三草酸根合铁（Ⅲ）酸钾，加水 5mL 配成溶液，用滤纸条做成感光纸。同上操作去掉图案，用约 3.5％铁氰化钾溶液润湿或漂洗即显影出图案来。

* 第九节　高职技能大赛中的无机制备模块

世界技能大赛由世界技能组织举办，被誉为“技能奥林匹克”，是世界技能组织成员展示和交流职业技能的重要平台。

为全方位对标世界技能大赛建设标准、稳步夯实基地基础学科建设，积极践行“传承工匠精神，成就技能报国”理念，我国教育部于 2012 年开始举办全国职业院校技能大赛。

化学实验技术赛项，结合现代职业教育理念，除了体现“知识够用，理实一体，职业素养”的思想外，还将“健康、安全、环保”（即 HSE）的职业理论融入赛项当中，旨在引领化学实训教学，推动“以赛促教，以赛促学，学赛结合”的教学模式与课堂革命。

现结合我国教育部 2022 年举行的全国职业院校技能大赛"高职组化学实验技术赛项"做如下简介，重点介绍无机制备模块。

一、比赛模块及时间安排

竞赛项目各模块及时间分配见表 14-6。

表 14-6 竞赛项目各模块及时间分配表

模块编号	模块名称	项目名称	竞赛时间/min
A	无机化工产品的制备及质量评价	硫酸亚铁铵的制备及质量评价	360（其中产品制备操作150min、质量检验操作210min）
B	有机化工产品的合成及质量评价	乙酸乙酯的合成及质量评价	340
总计			700

二、各模块考核内容

1.模块 A：硫酸亚铁铵的制备及质量评价

考核内容：

(1) 安全健康环保　　(2) 理论基础　　　(3) 仪器设备准备

(4) 溶液配制　　　　(5) 无机物制备　　(6) 产率计算

(7) 标准工作曲线制作　(8) 纯度分析　　　(9) 文明操作

(10) 质量评价

2.模块 B：乙酸乙酯的合成及质量评价

考核内容：

(1) 安全健康环保　　(2) 理论基础　　　(3) 实验装置搭建

(4) 反应物用量计算　(5) 有机物合成　　(6) 产品分离提纯

(7) 产率计算　　　　(8) 含量分析　　　(9) 文明操作

(10) 质量评价　　　 (11) 结果报告

三、无机制备模块样题

A 模块：硫酸亚铁铵的制备及质量评价

1.健康和安全　请分析本模块是否涉及健康和安全问题，如有，请写出相应预防措施。

2.环境保护　请问本模块在产品制备中，是否会产生环境问题？如有，请写出相关环境保护措施。

3.基本原理　铁能溶于稀硫酸生成硫酸亚铁，但亚铁盐通常不稳定，在空气中易被氧化。若往硫酸亚铁溶液中加入与硫酸亚铁等物质的量（以 mol 计）的硫酸铵，可生成一种含有结晶水、不易被氧化、易于存储的复盐——硫酸亚铁铵晶体。

产品等级分析可采用限量分析——目测比色法，该方法基于酸性条件下，三价铁离子可以与硫氰酸根离子生成红色配合物，将产品溶液与标准色阶进行比较，可以评判产品溶液中三价铁离子的含量范围，以确定产品等级。

产品纯度分析可采用1,10-菲啰啉分光光度法，该方法基于特定pH条件下，二价铁离子可以与1,10-菲啰啉生成有色配合物。依据朗伯-比尔定律（Lambert-Beer law），可以通过测定该配合物最大吸收波长处的吸光度，计算二价铁离子含量，判定产品纯度。

三种硫酸盐的溶解度见表14-7。

表 14-7　三种硫酸盐的溶解度　　　　　单位：$g/100g\ H_2O$

温度/℃	$FeSO_4$	$(NH_4)_2SO_4$	$(NH_4)_2SO_4 \cdot FeSO_4 \cdot 6H_2O$
10	20.5	73.0	18.1
20	26.6	75.4	21.2
30	33.2	78.0	24.5
50	48.6	84.5	31.3
70	56.0	91.0	38.5

4.目标

① 准备实验方案所需的溶液。

② 根据实验方案制备复盐硫酸亚铁铵晶体。

③ 计算硫酸亚铁铵的产率（％）。

④ 评判硫酸亚铁铵的产品等级。

⑤ 测定硫酸亚铁铵的产品纯度。

⑥ 完成报告。

完成工作的总时间是360分钟，分为两个考核阶段：包括制备操作和产品等级鉴定（150分钟）、产品纯度分析和工作报告（210分钟）。

产品等级鉴定由3名专项裁判共同完成，选手配制好待测样品并填写送样单，由工作人员统一送至裁判组进行产品等级判断。

5.实验操作的仪器设备、试剂

仪器设备、试剂清单见表14-8。

表 14-8　仪器设备、试剂清单

	电子天平(精度0.01g,0.0001g)
	电炉(配石棉网)
	水浴装置
主要设备	通风设备
	减压抽滤装置
	紫外-可见分光光度计(配备1cm石英比色皿2个)

续表

玻璃器皿	烧杯(50mL、100mL)
	量筒(5mL、10mL、25mL、100mL)
	普通漏斗
	蒸发皿
	表面皿
	抽滤瓶
	布氏漏斗
	分刻度吸量管(2mL、5mL)
	比色管(25mL)
	容量瓶(100mL、250mL)
	实验室常见其他玻璃仪器
药品试剂	铁原料(还原铁粉、废铁屑或纯铁颗粒)
	碳酸钠
	硫酸铵
	硫酸
	无水乙醇
	盐酸
	氢氧化钠
	硫氰化钾溶液
	氨基乙酸
	氨三乙酸
	1,10-菲啰啉盐酸盐(盐酸邻菲啰啉)
	铁(Ⅱ)离子储备溶液
	铁(Ⅲ)离子标准溶液
	去离子水
	除氧水(去离子水热力除氧)

6. 第一阶段的解决方案

(1) 溶液准备　按赛题要求配制指定的实验试剂溶液。

(2) 产品制备

① 原料净化。取用一定量的废铁屑于烧杯，加入一定体积的碳酸钠溶液，加热煮沸一定时间，以除去废料上的油污。倾泻倒去碳酸钠溶液后，所得铁屑用去离子水洗至中性，最后用适量无水乙醇洗涤，晾干备用。

② 硫酸亚铁的制备。称取一定质量的净化铁原料于锥形瓶，加入一定体积的硫酸溶液，水浴加热至不再有气泡放出，动态调控反应温度以确保反应过程温和。反应结束后，用硫酸溶液调节 pH 不大于 1，趁热过滤至蒸发皿中。

未反应完的铁原料用滤纸吸干后称量，以此计算已被溶解的铁量。

③ 硫酸亚铁铵的制备。根据反应生成硫酸亚铁的量，按反应方程式计算并称取所需硫酸铵的质量。在室温下将硫酸铵配成饱和溶液，然后加入盛有硫酸亚铁溶液的蒸发皿中（或缓缓加入固体硫酸铵），混合均匀并用硫酸溶液调节 pH 不大于 1。

所得混合溶液用沸水浴或蒸汽浴加热浓缩，至溶液表面刚出现结晶薄层为止。静置自然冷却至室温，待硫酸亚铁铵晶体完全析出。

减压过滤，用少量无水乙醇洗涤晶体，取出晶体，用滤纸吸除晶体表面残留的水和乙醇，滤液回收。

称量晶体质量，计算产率。产品保存在自封袋或称量瓶中，备用。

（3）产品等级分析

称取 0.50g 硫酸亚铁铵产品，置于 25mL 比色管中，加入一定体积的除氧水溶解晶体，然后加入一定体积的盐酸溶液和硫氰化钾溶液，最后用去除氧水定容，摇匀。

同法平行配制三份。

选手填写待测样品送样单，由专项裁判组将样品与标准色阶进行目视比色，并根据表 14-9 确定产品等级。

表 14-9 产品等级

规格等级	一级	二级	三级
Fe^{3+} 含量/(mg/g)	<0.1	0.1～0.2	0.2～0.4

本章小结

思维导图

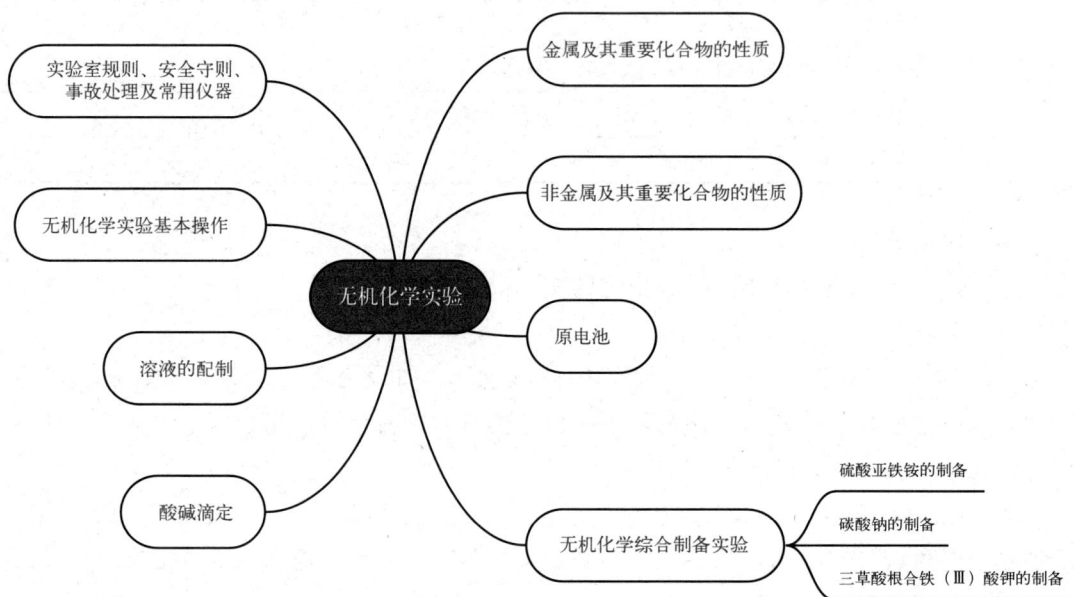

附　录

附录1　弱酸弱碱在水中的电离常数（298.15K）

1. 弱酸

名　称	化学式	酸电离常数 K_a	pK_a
醋酸	HAc	$K_a = 1.76 \times 10^{-5}$	4.75
碳酸	H_2CO_3	$K_{a_1} = 4.30 \times 10^{-7}$	6.37
		$K_{a_2} = 5.61 \times 10^{-11}$	10.25
草酸	$H_2C_2O_4$	$K_{a_1} = 5.90 \times 10^{-2}$	1.23
		$K_{a_2} = 6.40 \times 10^{-5}$	4.19
亚硝酸	HNO_2	$K_{a_1} = 5.13 \times 10^{-4}$	3.29
磷酸	H_3PO_4	$K_{a_1} = 7.5 \times 10^{-3}$	2.12
		$K_{a_2} = 6.31 \times 10^{-8}$	7.2
		$K_{a_3} = 4.36 \times 10^{-13}$	12.36
亚硫酸	H_2SO_3	$K_{a_1} = 1.26 \times 10^{-2}$	1.90
		$K_{a_2} = 6.31 \times 10^{-8}$	7.20
硫酸	H_2SO_4	$K_a = 1.20 \times 10^{-2}$	1.92
硫化氢	H_2S	$K_{a_1} = 1.32 \times 10^{-7}$	6.88
		$K_{a_2} = 1.2 \times 10^{-13}$	12.92
氢氰酸	HCN	$K_a = 6.17 \times 10^{-10}$	9.21
硼酸	H_3BO_3	$K_a = 5.8 \times 10^{-10}$	9.24
铬酸	H_2CrO_4	$K_{a_1} = 1.8 \times 10^{-1}$	0.74
		$K_{a_2} = 3.20 \times 10^{-7}$	6.49
氢氟酸	HF	$K_a = 6.61 \times 10^{-4}$	3.18
过氧化氢	H_2O_2	$K_a = 2.4 \times 10^{-12}$	11.62
次氯酸	HClO	$K_a = 3.02 \times 10^{-8}$	7.52
次溴酸	HBrO	$K_a = 2.06 \times 10^{-9}$	8.69
次碘酸	HIO	$K_a = 2.3 \times 10^{-11}$	10.64
碘酸	HIO_3	$K_a = 1.69 \times 10^{-1}$	0.77
砷酸	H_3AsO_4	$K_{a_1} = 6.31 \times 10^{-3}$	2.20
		$K_{a_2} = 1.02 \times 10^{-7}$	6.99
		$K_{a_3} = 6.99 \times 10^{-12}$	11.16
亚砷酸	H_3AsO_3	$K_a = 6.0 \times 10^{-10}$	9.22

续表

名　称	化学式	酸电离常数 K_a	pK_a
铵离子	NH_4^+	$K_a = 5.56 \times 10^{-10}$	9.25
质子化六亚甲基四胺	$(CH_2)_6N_4H^+$	$K_a = 7.1 \times 10^{-6}$	5.15
甲酸	$HCOOH$	$K_a = 1.77 \times 10^{-4}$	3.75
氯乙酸	$ClCH_2COOH$	$K_a = 1.40 \times 10^{-3}$	2.85
质子化氨基乙酸	$^+NH_3CH_2COOH$	$K_{a_1} = 4.5 \times 10^{-3}$	2.35
		$K_{a_2} = 1.67 \times 10^{-10}$	9.78
邻苯二甲酸	$C_6H_4(COOH)_2$	$K_{a_1} = 1.12 \times 10^{-3}$	2.95
		$K_{a_2} = 3.91 \times 10^{-6}$	5.41
d-酒石酸	$HOOC(OH)CH\text{-}CH(OH)COOH$	$K_{a_1} = 9.1 \times 10^{-4}$	3.04
		$K_{a_2} = 4.3 \times 10^{-5}$	4.37
柠檬酸	$(HOOCCH_2)_2C(OH)COOH$	$K_{a_1} = 7.1 \times 10^{-4}$	3.15
		$K_{a_2} = 1.68 \times 10^{-5}$	4.77
		$K_{a_3} = 4.0 \times 10^{-7}$	6.40
苯酚	C_6H_5OH	$K_a = 1.2 \times 10^{-10}$	9.92
对氨基苯磺酸	$H_2NC_6H_4SO_3H$	$K_{a_1} = 2.6 \times 10^{-1}$	0.59
		$K_{a_2} = 7.6 \times 10^{-4}$	3.12
琥珀酸	$H_2C_4H_4O_4$	$K_{a_1} = 6.5 \times 10^{-5}$	4.19
		$K_{a_2} = 2.7 \times 10^{-6}$	5.57
乙二胺四乙酸（EDTA）	H_6Y^{2+}	$K_{a_1} = 1.3 \times 10^{-1}$	0.89
	H_5Y^+	$K_{a_2} = 3.0 \times 10^{-2}$	1.52
	H_4Y	$K_{a_3} = 1.0 \times 10^{-2}$	2.00
	H_3Y^-	$K_{a_4} = 2.1 \times 10^{-3}$	2.68
	H_2Y^{2-}	$K_{a_5} = 6.9 \times 10^{-7}$	6.16
	HY^{3-}	$K_{a_6} = 5.5 \times 10^{-11}$	10.26

2. 弱碱

名称	化学式	碱解离常数 K_b	pK_b
氨水	$NH_3 \cdot H_2O$	$K_b = 1.79 \times 10^{-5}$	4.75
联胺	N_2H_4	$K_b = 8.91 \times 10^{-7}$	6.05
羟氨	NH_2OH	$K_b = 9.12 \times 10^{-9}$	8.04
氢氧化铅	$Pb(OH)_2$	$K_{b_1} = 9.6 \times 10^{-4}$	3.02
		$K_{b_2} = 3 \times 10^{-8}$	7.52
氢氧化锂	$LiOH$	$K_b = 6.31 \times 10^{-1}$	0.20
氢氧化铍	$Be(OH)_2$	$K_{b_1} = 1.78 \times 10^{-6}$	5.75
	$BeOH^+$	$K_{b2} = 2.51 \times 10^{-9}$	8.60
氢氧化铝	$Al(OH)_3$	$K_{b_1} = 5.01 \times 10^{-9}$	8.30
	$Al(OH)^{2+}$	$K_{b_2} = 1.99 \times 10^{-10}$	9.70
氢氧化锌	$Zn(OH)_2$	$K_b = 7.94 \times 10^{-7}$	6.10
乙二胺	$H_2NC_2H_4NH_2$	$K_{b_1} = 8.5 \times 10^{-5}$	4.07
		$K_{b2} = 7.1 \times 10^{-8}$	7.15
六亚甲基四胺	$(CH_2)_6N_4$	$K_b = 1.4 \times 10^{-9}$	8.85
尿素	$CO(NH_2)_2$	$K_b = 1.5 \times 10^{-14}$	13.82

附录 2 相对分子质量

化合物	相对分子质量	化合物	相对分子质量
AgBr	187.78	$C_9H_8O_4$（乙酰水杨酸）	180.2
AgCl	143.32	$(CH_2)_6N_4$（六亚甲基四胺）	140.2
AgI	234.77	CCl_4	153.82
$AgNO_3$	169.87	CuO	79.84
Al_2O_3	101.96	Cu_2O	143.09
As_2O_3	197.84	$CuCl_2$	134.45
Ag_2CrO_4	331.73	CuI	190.45
$AlCl_3$	133.34	$CuSO_4 \cdot 5H_2O$	249.68
$Al(OH)_3$	78.00	FeO	71.85
$Al_2(SO_4)_3$	342.15	KH_2PO_4	136.09
$BaCl_2 \cdot 2H_2O$	244.28	$KHSO_4$	136.16
$BaCO_3$	197.34	KI	166.00
BaC_2O_4	225.35	KIO_3	214.00
$BaCrO_4$	253.32	$KIO_3 \cdot HIO_3$	389.91
BaO	153.34	$KMnO_4$	158.03
$Ba(OH)_2 \cdot 8H_2O$	351.36	KNO_2	85.10
$BaSO_4$	233.40	KNO_3	101.1
$CaCO_3$	100.09	K_2O	94.2
CaO	56.08	K_2SO_4	174.25
CaC_2O_4	128.10	K_2PtCl_6	486.00
$Ca(OH)_2$	74.09	$KHC_8H_4O_4$（邻苯二钾酸氢钾）	204.44
CO_2	44.01	$KHC_4H_4O_6$（酒石酸氢钾）	188.18
$CaCl_2$	110.98	$MgCO_3$	84.31
CaF_2	78.08	$MgCl_2$	95.21
$CaSO_4$	136.14	$MgCl_2 \cdot 6H_2O$	203.3
$Ca_3(PO_4)_2$	310.17	MgC_2O_4	112.33
CH_3COOH	60.05	$MgSO_4 \cdot 7H_2O$	246.47
CH_3OH	32.04	$MgNH_4PO_4 \cdot 6H_2O$	245.41
CH_3COCH_3	58.08	MgO	40.3
C_6H_5COOH	122.12	$Mg(OH)_2$	58.32
C_6H_5COONa	144.11	MnO_2	86.94
CH_3COONH_4	77.08	MnS	87.00
CH_3COONa	82.03	$MnSO_4$	151.00
C_6H_5OH	94.11	NO	30.01
$CO(NH_2)_2$（尿素）	60.05	NO_2	46.01

续表

化合物	相对分子质量	化合物	相对分子质量
NH_3	17.03	$KClO_4$	138.55
NH_4Cl	53.49	KCN	65.12
$NH_3 \cdot H_2O$	35.05	$KSCN$	97.18
Fe_2O_3	159.69	$NaHCO_3$	84.01
$Fe(OH)_3$	106.87	$Na_2C_2O_4$	134.00
FeS	87.91	Na_2O	61.98
$FeSO_4$	151.91	$NaOH$	40.00
$FeSO_4 \cdot 7H_2O$	278.01	K_2CrO_4	194.2
$(NH_4)_2SO_4 \cdot FeSO_4 \cdot 6H_2O$	392.13	$K_2Cr_2O_7$	294.19
H_3BO_3	61.83	Na_2SO_4	142.04
HBr	80.91	Na_2S	78.04
HCN	27.03	$Na_2S_2O_3$	158.1
$HCOOH$	46.03	$Na_2S_2O_3 \cdot 5H_2O$	248.17
H_2CO_3	62.02	$PbCl_2$	278.11
$H_2C_2O_4$	90.04	$PbCrO_4$	323.19
$H_2C_2O_4 \cdot 2H_2O$	126.06	PbI_2	461.01
HCl	36.46	KOH	56.11
HF	20.01	$(NH_4)_2SO_4$	132.13
HI	127.91	NH_4SCN	76.12
$HClO_4$	100.46	$(NH_4)_3PO_4 \cdot 12MoO_3$	1876.35
HNO_3	63.01	$Na_2B_4O_7$	201.22
HNO_2	47.01	$Na_2B_4O_7 \cdot 10H_2O$	381.37
H_2O	18.02	$NaBr$	102.89
H_2O_2	34.01	$NaCl$	58.44
H_3PO_4	98.00	Na_2CO_3	105.99
H_2S	34.08	PbO	223.2
H_2SO_4	98.08	PbO_2	239.2
H_2SO_3	82.07	PbS	239.26
$HgCl_2$	271.5	P_2O_5	141.95
Hg_2Cl_2	472.09	SO_2	64.06
HgO	216.59	SO_3	80.06
HgS	232.65	SiO_2	60.08
$HgSO_4$	296.65	$ZnCO_3$	125.39
$KAl(SO_4)_2 \cdot 12H_2O$	474.38	$ZnCl_2$	136.29
KBr	119.00	ZnO	81.38
$KBrO_3$	167.00	ZnS	97.44
K_2CO_3	138.21	$ZnSO_4$	161.44
KCl	74.55	$ZnSO_4 \cdot 7H_2O$	287.55
$KClO_3$	122.55		

附录3　一些常见难溶化合物的溶度积常数(298.15K)

化合物	溶度积 K_{sp}	化合物	溶度积 K_{sp}	化合物	溶度积 K_{sp}
醋酸盐		铬酸盐		草酸盐	
$AgAc$	1.94×10^{-3}	Ag_2CrO_4	1.12×10^{-12}	$CaC_2O_4 \cdot H_2O$	4×10^{-9}
卤化物		$Ag_2Cr_2O_7$	2.0×10^{-7}	CuC_2O_4	4.43×10^{-10}
$AgBr$	5.0×10^{-13}	$BaCrO_4$	1.2×10^{-10}	$FeC_2O_4 \cdot 2H_2O$	3.2×10^{-7}
$AgCl$	1.8×10^{-10}	$CaCrO_4$	7.1×10^{-4}	$Hg_2C_2O_4$	1.75×10^{-13}
AgI	8.3×10^{-17}	$CuCrO_4$	3.6×10^{-6}	$MgC_2O_4 \cdot 2H_2O$	4.83×10^{-6}
BaF_2	1.84×10^{-7}	Hg_2CrO_4	2.0×10^{-9}	$MnC_2O_4 \cdot 2H_2O$	1.70×10^{-7}
CaF_2	5.3×10^{-9}	$PbCrO_4$	2.8×10^{-13}	PbC_2O_4	8.51×10^{-10}
$CuBr$	5.3×10^{-9}	$SrCrO_4$	2.2×10^{-5}	$SrC_2O_4 \cdot H_2O$	1.6×10^{-7}
$CuCl$	1.2×10^{-6}	氢氧化物		$ZnC_2O_4 \cdot 2H_2O$	1.38×10^{-9}
CuI	1.1×10^{-12}	$AgOH$	2.0×10^{-8}	硫酸盐	
Hg_2Cl_2	1.3×10^{-18}	$Al(OH)_3$(无定形)	1.3×10^{-33}	Ag_2SO_4	1.4×10^{-5}
Hg_2I_2	4.5×10^{-29}	$Be(OH)_2$(无定形)	1.6×10^{-22}	$BaSO_4$	1.1×10^{-10}
HgI_2	2.9×10^{-29}	$Ca(OH)_2$	5.5×10^{-6}	$CaSO_4$	9.1×10^{-6}
$PbBr_2$	6.60×10^{-6}	$Cd(OH)_2$	5.27×10^{-15}	Hg_2SO_4	6.5×10^{-7}
$PbCl_2$	1.6×10^{-5}	$Co(OH)_2$(粉红色)	1.09×10^{-15}	$PbSO_4$	1.6×10^{-8}
PbF_2	3.3×10^{-8}	$Co(OH)_2$(蓝色)	5.92×10^{-15}	$SrSO_4$	3.2×10^{-7}
PbI_2	7.1×10^{-9}	$Co(OH)_3$	1.6×10^{-44}	硫化物	
SrF_2	4.33×10^{-9}	$Cr(OH)_2$	2×10^{-16}	Ag_2S	6.3×10^{-50}
碳酸盐		$Cr(OH)_3$	6.3×10^{-31}	CdS	8.0×10^{-27}
Ag_2CO_3	8.45×10^{-12}	$Cu(OH)_2$	2.2×10^{-20}	CoS(α-型)	4.0×10^{-21}
$BaCO_3$	5.1×10^{-9}	$Fe(OH)_2$	8.0×10^{-16}	CoS(β-型)	2.0×10^{-25}
$CaCO_3$	3.36×10^{-9}	$Fe(OH)_3$	4×10^{-38}	Cu_2S	2.5×10^{-48}
$CdCO_3$	1.0×10^{-12}	$Mg(OH)_2$	1.8×10^{-11}	CuS	6.3×10^{-36}
$CuCO_3$	1.4×10^{-10}	$Mn(OH)_2$	1.9×10^{-13}	FeS	6.3×10^{-18}
$FeCO_3$	3.13×10^{-11}	$Ni(OH)_2$(新制备)	2.0×10^{-15}	HgS(黑色)	1.6×10^{-52}
Hg_2CO_3	3.6×10^{-17}	$Pb(OH)_2$	1.2×10^{-15}	HgS(红色)	4×10^{-53}
$MgCO_3$	6.82×10^{-6}	$Sn(OH)_2$	1.4×10^{-28}	MnS(晶形)	2.5×10^{-13}
$MnCO_3$	2.24×10^{-11}	$Sr(OH)_2$	9×10^{-4}	NiS	1.07×10^{-21}
$NiCO_3$	1.42×10^{-7}	$Zn(OH)_2$	1.2×10^{-17}	PbS	8.0×10^{-28}
$PbCO_3$	7.4×10^{-14}	草酸盐		SnS	1×10^{-25}
$SrCO_3$	5.6×10^{-10}	$Ag_2C_2O_4$	5.4×10^{-12}	SnS_2	2×10^{-27}
$ZnCO_3$	1.46×10^{-10}	BaC_2O_4	1.6×10^{-7}	ZnS	2.93×10^{-25}

续表

化合物	溶度积 K_{sp}	化合物	溶度积 K_{sp}	化合物	溶度积 K_{sp}
磷酸盐		磷酸盐		其他盐	
Ag_3PO_4	1.4×10^{-16}	$Zn_3(PO_4)_2$	9.0×10^{-33}	$KHC_4H_4O_6$（酒石酸氢钾）	3×10^{-4}
$AlPO_4$	6.3×10^{-19}	其他盐		$Al(8\text{-}羟基喹啉)_3$	5×10^{-33}
$CaHPO_4$	1×10^{-7}	$[Ag^+][Ag(CN)_2^-]$	7.2×10^{-11}	$K_2Na[Co(NO_2)_6] \cdot H_2O$	2.2×10^{-11}
$Ca_3(PO_4)_2$	2.0×10^{-29}	$Ag_4[Fe(CN)_6]$	1.6×10^{-41}		
$Cd_3(PO_4)_2$	2.53×10^{-33}	$Cu_2[Fe(CN)_6]$	1.3×10^{-16}	$Na(NH_4)_2[Co(NO_2)_6]$	4×10^{-12}
$Cu_3(PO_4)_2$	1.40×10^{-37}	$AgSCN$	1.03×10^{-12}	$Ni(丁二酮肟)_2$	4×10^{-24}
$FePO_4 \cdot 2H_2O$	9.91×10^{-16}	$CuSCN$	4.8×10^{-15}	$Mg(8\text{-}羟基喹啉)_2$	4×10^{-16}
$MgNH_4PO_4$	2.5×10^{-13}	$AgBrO_3$	5.3×10^{-5}	$Zn(8\text{-}羟基喹啉)_2$	5×10^{-25}
$Mg_3(PO_4)_2$	1.04×10^{-24}	$AgIO_3$	3.0×10^{-8}		
$Pb_3(PO_4)_2$	8.0×10^{-43}	$Cu(IO_3)_2 \cdot H_2O$	7.4×10^{-8}		

附录4　部分酸碱盐溶解性表(20℃)

注："溶"表示易溶于水；"微"表示微溶于水；"不"表示不溶于水；"挥"表示易挥发；"一"表示该物质不存在，遇到水就分解了。

阳离子	阴离子				
	OH^-	NO_3^-	Cl^-	SO_4^{2-}	CO_3^{2-}
H^+		溶、挥	溶、挥	溶	溶、挥
NH_4^+	溶、挥	溶	溶	溶	溶
K^+	溶	溶	溶	溶	溶
Na^+	溶	溶	溶	溶	溶
Ba^{2+}	溶	溶	溶	不	不
Ca^{2+}	微	溶	溶	微	不
Mg^{2+}	不	溶	溶	溶	微
Al^{3+}	不	溶	溶	溶	一
Mn^{2+}	不	溶	溶	溶	不
Zn^{2+}	不	溶	溶	溶	不
Fe^{2+}	不	溶	溶	溶	不
Fe^{3+}	不	溶	溶	溶	一
Cu^{2+}	不	溶	溶	溶	一
Ag^+	一	溶	不	微	不

参 考 文 献

［1］课程研究所与化学课程研究中心.化学九年级上、下册.北京：人民教育出版社，2011.

［2］寇元.魅力化学.北京：北京大学出版社，2010.

［3］王宝仁.无机化学（实训篇）.3版.大连：大连理工大学出版社，2014.

［4］池利民.无机及分析化学.南昌：江西科学出版社，2011.

［5］［美］Bassam Z. Shakhashiri.化学演示实验——化学教师手册.王冠博，等译.北京：北京大学出版社，2013.

［6］［日］原光雄.近代化学的奠基者.黄静译.北京：科学出版社，1986.

［7］［日］紫藤贞昭.化学史话.孙晓云，等译.石家庄：河北教育出版社，1993.

［8］方洲.500个化学奥秘.北京：华语教学出版社，2004.

［9］工科中专化学教材组.化学.3版.北京：高等教育出版社，1989.

［10］辛述元.无机及分析化学实验.3版.北京：化学工业出版社，2016.

［11］人民教育出版社课程教材研究所化学课程教材研究开发中心.化学1（必修）.北京：人民教育出版社，2004.

［12］［保加利亚］卡·马诺夫.著名化学家小传.潘同珑，等译.天津：天津人民出版社，1979.

［13］赵玉娥.基础化学.3版.北京：化学工业出版社，2015.

［14］王静，林俊杰.无机化学.4版.北京：化学工业出版社，2022.

［15］胡伟光.无机化学（三年制）.4版.北京：化学工业出版社，2023.

［16］侯新初.无机化学.北京：中国医药科技出版社，2002.

［17］赵志才.药用化学基础.北京：化学工业出版社，2020.

元素周期表

IUPAC 2013

氧化态为单质的氧化态为0，未列入；常见的为红色）
以 $^{12}C=12$ 为基准的原子量
（注▲的是半衰期最长同位素的原子量）

s区元素	p区元素
d区元素	ds区元素
f区元素	稀有气体

说明示例：
95 — 原子序数（红色的为放射性元素）
Am — 元素符号（红色的为人造元素）
镅 — 元素名称（注▲的为人造元素）
$5f^77s^2$ — 价层电子构型
243.06138(2)▲

电子层：K L M N O P Q

族／周期	1 IA	2 IIA	3 IIIB	4 IVB	5 VB	6 VIB	7 VIIB	8	9 VIIIB(VIII)	10	11 IB	12 IIB	13 IIIA	14 IVA	15 VA	16 VIA	17 VIIA	18 VIIIA(0)
1	1 H 氢 $1s^1$ 1.008																	2 He 氦 $1s^2$ 4.002602(2)
2	3 Li 锂 $2s^1$ 6.94	4 Be 铍 $2s^2$ 9.0121831(5)											5 B 硼 $2s^22p^1$ 10.81	6 C 碳 $2s^22p^2$ 12.011	7 N 氮 $2s^22p^3$ 14.007	8 O 氧 $2s^22p^4$ 15.999	9 F 氟 $2s^22p^5$ 18.998403163(6)	10 Ne 氖 $2s^22p^6$ 20.1797(6)
3	11 Na 钠 $3s^1$ 22.98976928(2)	12 Mg 镁 $3s^2$ 24.305											13 Al 铝 $3s^23p^1$ 26.9815385(7)	14 Si 硅 $3s^23p^2$ 28.085	15 P 磷 $3s^23p^3$ 30.973761998(5)	16 S 硫 $3s^23p^4$ 32.06	17 Cl 氯 $3s^23p^5$ 35.45	18 Ar 氩 $3s^23p^6$ 39.948(1)
4	19 K 钾 $4s^1$ 39.0983(1)	20 Ca 钙 $4s^2$ 40.078(4)	21 Sc 钪 $3d^14s^2$ 44.955908(5)	22 Ti 钛 $3d^24s^2$ 47.867(1)	23 V 钒 $3d^34s^2$ 50.9415(1)	24 Cr 铬 $3d^54s^1$ 51.9961(6)	25 Mn 锰 $3d^54s^2$ 54.938044(3)	26 Fe 铁 $3d^64s^2$ 55.845(2)	27 Co 钴 $3d^74s^2$ 58.933194(4)	28 Ni 镍 $3d^84s^2$ 58.6934(4)	29 Cu 铜 $3d^{10}4s^1$ 63.546(3)	30 Zn 锌 $3d^{10}4s^2$ 65.38(2)	31 Ga 镓 $4s^24p^1$ 69.723(1)	32 Ge 锗 $4s^24p^2$ 72.630(8)	33 As 砷 $4s^24p^3$ 74.921595(6)	34 Se 硒 $4s^24p^4$ 78.971(8)	35 Br 溴 $4s^24p^5$ 79.904	36 Kr 氪 $4s^24p^6$ 83.798(2)
5	37 Rb 铷 $5s^1$ 85.4678(3)	38 Sr 锶 $5s^2$ 87.62(1)	39 Y 钇 $4d^15s^2$ 88.90584(2)	40 Zr 锆 $4d^25s^2$ 91.224(2)	41 Nb 铌 $4d^45s^1$ 92.90637(2)	42 Mo 钼 $4d^55s^1$ 95.95(1)	43 Tc 锝 $4d^55s^2$ 97.90721(3)▲	44 Ru 钌 $4d^75s^1$ 101.07(2)	45 Rh 铑 $4d^85s^1$ 102.90550(2)	46 Pd 钯 $4d^{10}$ 106.42(1)	47 Ag 银 $4d^{10}5s^1$ 107.8682(2)	48 Cd 镉 $4d^{10}5s^2$ 112.414(4)	49 In 铟 $5s^25p^1$ 114.818(1)	50 Sn 锡 $5s^25p^2$ 118.710(7)	51 Sb 锑 $5s^25p^3$ 121.760(1)	52 Te 碲 $5s^25p^4$ 127.60(3)	53 I 碘 $5s^25p^5$ 126.90447(3)	54 Xe 氙 $5s^25p^6$ 131.293(6)
6	55 Cs 铯 $6s^1$ 132.90545196(6)	56 Ba 钡 $6s^2$ 137.327(7)	57~71 La~Lu 镧系	72 Hf 铪 $5d^26s^2$ 178.49(2)	73 Ta 钽 $5d^36s^2$ 180.94788(2)	74 W 钨 $5d^46s^2$ 183.84(1)	75 Re 铼 $5d^56s^2$ 186.207(1)	76 Os 锇 $5d^66s^2$ 190.23(3)	77 Ir 铱 $5d^76s^2$ 192.217(3)	78 Pt 铂 $5d^96s^1$ 195.084(9)	79 Au 金 $5d^{10}6s^1$ 196.966569(5)	80 Hg 汞 $5d^{10}6s^2$ 200.592(3)	81 Tl 铊 $6s^26p^1$ 204.38	82 Pb 铅 $6s^26p^2$ 207.2(1)	83 Bi 铋 $6s^26p^3$ 208.98040(1)	84 Po 钋 $6s^26p^4$ 208.98243(2)▲	85 At 砹 $6s^26p^5$ 209.98715(5)▲	86 Rn 氡 $6s^26p^6$ 222.01758(2)▲
7	87 Fr 钫 $7s^1$ 223.01974(2)▲	88 Ra 镭 $7s^2$ 226.02541(2)▲	89~103 Ac~Lr 锕系	104 Rf 𬬻 $6d^27s^2$ 267.122(4)▲	105 Db 𬭊 $6d^37s^2$ 270.131(4)▲	106 Sg 𬭳 $6d^47s^2$ 269.129(3)▲	107 Bh 𬭛 $6d^57s^2$ 270.133(2)▲	108 Hs 𬭶 $6d^67s^2$ 270.134(2)▲	109 Mt 䥑 $6d^77s^2$ 278.156(5)▲	110 Ds 𫟼 $6d^87s^2$ 281.165(4)▲	111 Rg 𬬭 $6d^97s^2$ 281.166(6)▲	112 Cn 鿔 $6d^{10}7s^2$ 285.177(4)▲	113 Nh 鿭 286.182(5)▲	114 Fl 𫓧 289.190(4)▲	115 Mc 镆 289.194(6)▲	116 Lv 𫟷 293.204(4)▲	117 Ts 鿬 293.208(6)▲	118 Og 鿫 294.214(5)▲

镧系 ★

57 La 镧 $5d^16s^2$ 138.90547(7)	58 Ce 铈 $4f^15d^16s^2$ 140.116(1)	59 Pr 镨 $4f^36s^2$ 140.90766(2)	60 Nd 钕 $4f^46s^2$ 144.242(3)	61 Pm 钷 $4f^56s^2$ 144.91276(2)▲	62 Sm 钐 $4f^66s^2$ 150.36(2)	63 Eu 铕 $4f^76s^2$ 151.964(1)	64 Gd 钆 $4f^75d^16s^2$ 157.25(3)	65 Tb 铽 $4f^96s^2$ 158.92535(2)	66 Dy 镝 $4f^{10}6s^2$ 162.500(1)	67 Ho 钬 $4f^{11}6s^2$ 164.93033(2)	68 Er 铒 $4f^{12}6s^2$ 167.259(3)	69 Tm 铥 $4f^{13}6s^2$ 168.93422(2)	70 Yb 镱 $4f^{14}6s^2$ 173.045(10)	71 Lu 镥 $4f^{14}5d^16s^2$ 174.9668(1)

锕系 ★

89 Ac 锕 $6d^17s^2$ 227.02775(2)▲	90 Th 钍 $6d^27s^2$ 232.0377(4)	91 Pa 镤 $5f^26d^17s^2$ 231.03588(2)	92 U 铀 $5f^36d^17s^2$ 238.02891(3)	93 Np 镎 $5f^46d^17s^2$ 237.04817(2)▲	94 Pu 钚 $5f^67s^2$ 244.06421(4)▲	95 Am 镅 $5f^77s^2$ 243.06138(2)▲	96 Cm 锔 $5f^76d^17s^2$ 247.07035(3)▲	97 Bk 锫 $5f^97s^2$ 247.07031(4)▲	98 Cf 锎 $5f^{10}7s^2$ 251.07959(3)▲	99 Es 锿 $5f^{11}7s^2$ 252.0830(3)▲	100 Fm 镄 $5f^{12}7s^2$ 257.09511(5)▲	101 Md 钔 $5f^{13}7s^2$ 258.09843(3)▲	102 No 锘 $5f^{14}7s^2$ 259.10100(7)▲	103 Lr 铹 $5f^{14}6d^17s^2$ 262.110(2)▲

高等职业教育教材

无机化学

第二版

课后习题及实验报告

王　萍　赵志才　张志艳　主编

化学工业出版社

·北京·

第一章　走进化学世界

第一节　化学的含义

一、填空题

    1. 化学是研究_____的一门科学。

    2. 物质与物体是有区别的，例如：铁块是_____，而铁是_____。

二、简答题

    1. 简述你理解的"化学"。

    2. 简述"化学"学科与"物理"学科之间的联系。

第二节　化学与生活

一、填空题

    1. 化学帮助人类解决了_____的问题；化学帮助人类对抗_____；化学改变了我们的_____；化学的未来是_____。

    2. 侯氏制碱法的创始人是_____，他是我国著名的科学家，杰出的化工专家，他发扬中华儿女"兼善天下"的风格，撰写了专业书籍《_____》，将制碱经验公之于世。

二、简答题

    1. 简述你知道的"生活中的化学"。

    2. 化学是 21 世纪最实用、最富有创造性的"中心科学"，请你从衣、食、住、行几方面谈谈化学对人类生活产生的巨大影响。

第三节　化学的起源

一、填空题

1.虽然炼丹家、炼金术士们均以失败告终，但那些探索方法为化学的发展积累了丰富的＿＿＿＿＿＿＿＿＿＿；我国明代著名医学家李时珍在其药学巨著《本草纲目》中记载了许多化学鉴定的＿＿＿＿＿＿＿＿＿＿。

2.英国化学家罗伯特·波义耳提出了＿＿＿＿＿＿＿＿；法国化学家拉瓦锡提出了＿＿＿＿＿＿＿＿；英国化学家、物理学家道尔顿提出了＿＿＿＿＿＿＿＿；意大利科学家阿伏伽德罗提出了＿＿＿＿＿＿＿＿；1828年德国化学家韦勒由无机物合成了尿素，有机化学开始萌芽。作为科学，化学的诞生是以明确提出元素、分子、有机和无机等概念为标志的。

二、简答题

1.哪位科学家的事迹打动了你？简单叙述一下。

2.你认为是谁推动了化学的日益进步，简述理由。

第四节　物质的变化与性质

一、填空题

1.当外界条件改变时，物质的性质也会随之改变。因此，描述物质性质时往往需要注明条件，比如＿＿＿＿＿、＿＿＿＿＿＿＿＿等。

2.2024年我国龙年春晚一首歌曲《上春山》火遍大江南北，其中"东风拂人面落花作簪"中的"落花作簪"属于＿＿＿＿＿＿＿＿＿＿。（选填：化学变化或物理变化）

二、简答题

1.简述你对"结构决定性质，性质反映结构"这个化学规律的理解。

2.请研究调查节日中燃放烟花的制作原料、制作过程及其涉及的化学变化。

课堂笔记

第一章　走进化学世界　章节测验

一、填空题（30分，每空3分）

1.＿＿＿＿＿＿＿＿＿＿称为物理变化，＿＿＿＿＿＿＿＿＿＿＿＿称为化学变化，化学变化的特征是＿＿＿＿＿＿＿＿＿＿＿＿。

2.化学变化中一定有物理变化，物理变化中＿＿＿＿＿＿＿有化学变化。

3.＿＿＿＿＿＿＿＿＿＿称为物理性质，如＿＿＿＿＿＿＿＿＿＿＿＿；＿＿＿＿＿＿＿＿＿称为化学性质，如＿＿＿＿＿＿＿＿＿＿。

4.近几年我国很多地区在开展"煤改气""煤改电"的代煤工作。天然气和电力作为清洁能源，相对于燃煤这种传统的取暖方式，对环境的污染及人体健康的危害更少。取暖、做饭用煤时容易发生煤气中毒的事故。下面是一段关于煤气（其主要成分是一氧化碳，化学式：CO）的描述，"在标准状况下，一氧化碳难溶于水，密度为1.25g/L，比空气密度略小。一氧化碳有剧毒，因为它能与血液中的血红蛋白结合，使人体缺氧。一氧化碳能在空气中燃烧生成二氧化碳。在冶金工业上，通常用一氧化碳作为还原剂，将铁矿石中的碳元素还原出来。"这段话中体现一氧化碳物理性质的词是＿＿＿＿＿＿＿＿＿＿＿＿＿＿；体现一氧化碳化学性质的词是＿＿＿＿＿＿＿＿＿＿＿＿＿。

二、判断题（下列说法正确的在括号内画"√"，错误的画"×"）（20分，每题4分）

1.冰雪融化是化学变化。　　　　　　　　　　　　　　　　　　　　（　　）

2.煤气中毒是因为煤气中含有甲烷。　　　　　　　　　　　　　　　（　　）

3.在消防知识中有一个词叫作"物理性爆炸"，是指在没有发生化学反应的情况下发生的爆炸，因此厨房中因燃气泄漏而发生的爆炸属于物理性爆炸。　　　　　（　　）

4.化学的研究对象是物体。　　　　　　　　　　　　　　　　　　　（　　）

5.一些科普读物中常见的语汇，如"绿色食品"，它与相关物质的颜色没有必然联系。
　　　　　　　　　　　　　　　　　　　　　　　　　　　　　　　（　　）

三、单选题（20分，每题4分）

1.下列变化中有一种变化与其他三种变化的类型不同，这种变化是（　　）。

A.汽油挥发　　　　B.粉碎矿石　　　　C.水变成冰　　　　D.木材燃烧

2.下列变化属于物理变化的是（　　）。

A.食物腐败　　　　B.钢铁生锈　　　　C.煤气爆炸　　　　D.锅炉爆炸

3.下列变化属于化学变化的是（　　）。

A.灯泡发光　　　　B.空气液化　　　　C.光合作用　　　　D.海水晒盐

4.人类生活需要能量，下列能量主要由化学变化产生的是（　　）。

A. 电熨斗通电产生的能量　　　　　　　B. 电灯通电发出的光

C. 水电站利用水力产生的电　　　　　　D. 液化石油气燃烧放出的能量

5. 下列有关物质的变化为化学变化的是（　　　　）。

①酒精挥发　　②白糖溶于水　　③食物腐烂　　④铁矿石炼铁　　⑤汽车胎爆炸　　⑥电灯发光

A. ①③　　　　　　　B. ③④　　　　　　　C. ②③　　　　　　　D. ④⑤

四、简答题（30分，每题15分）

1. 举例说明化学与生活的联系。

2. 举例说明化学与所学专业之间的联系。

纠错栏

_____

_____

_____

_____

_____

_____

_____

_____

_____

_____

_____

_____

_____

第二章   物质结构

第一节   物质构成的奥秘

一、填空题

1. 糖放到水中就消失不见以及我们能闻到花的香味都是分子_____的结果。

2. 在受热情况下，分子能量_____，运动速度_____。

3. 钠原子的相对原子质量是_____，氯原子的相对原子质量是_____。

二、判断题（下列说法正确的在括号内画"√"，错误的画"×"）

1. 物质的热胀冷缩是一种化学变化。   （   ）

2. 1个水分子由2个氢气分子和1个氧气分子构成。   （   ）

3. 氧原子的相对原子质量是16g。   （   ）

三、选择题

1. 氧原子的原子序数是（   ）。

A. 16   B. 6   C. 8   D. 12

2. 碳是由（   ）构成的物质。

A. 质子   B. 中子   C. 原子   D. 分子

3. 电子带（   ）电荷。

A. 正   B. 负   C. 不带电   D. 无法判断

四、简答题

用分子的观点解释下列现象：

1. 1984年，印度博帕尔异氰酸酯泄漏，致使60多万人中毒。

2. 50mL水与50mL乙醇混合体积小于100mL。

第二节   原子核外电子的排布

一、填空题

1. 在多电子原子中，电子在原子核外是_____运动的。

2. 在离原子核近的区域，能量＿＿＿＿＿；在离原子核较远的区域，能量＿＿＿＿＿。

3. 在多电子原子的原子核外，＿＿＿＿＿的电子通常在离核近的区域内运动，＿＿＿＿＿＿＿＿＿的电子在离核较远的区域内运动。

二、判断题（下列说法正确的在括号内画"√"，错误的画"×"）

1. 无论哪一种原子，原子核外的电子能量都是相同的。　　　　　　　　　　（　　　）

2. 在原子核外的每个电子层中容纳的电子数是一样的。　　　　　　　　　（　　　）

三、选择题

1. 原子序数为 17 的原子是（　　　　）。

A. 氧原子　　　　　　　　　　　　　　B. 氮原子

C. 钠原子　　　　　　　　　　　　　　D. 氯原子

2. 第二电子层最多容纳（　　　）个电子。

A. 2　　　　　　B. 6　　　　　　C. 8　　　　　　D. 18

3. 最外层最多容纳（　　　）个电子。

A. 2　　　　　　B. 8　　　　　　C. 18　　　　　　D. 32

四、简答题

依据原子核外电子的排布规律，请完成 $_{18}Ar$、$_{20}Ca$ 的原子结构示意图。

第三节　门捷列夫和元素周期表

一、填空题

1. 元素是具有＿＿＿＿＿＿＿＿＿＿＿＿＿＿＿＿＿的同一类原子的总称。

2. 1869 年，＿＿＿＿＿＿＿＿＿＿＿发现了元素周期律，提出了世界上第一张元素周期表。

3. 在元素周期表中，一横行称为一个＿＿＿＿＿＿＿，一列称为一个＿＿＿＿＿＿＿。

二、判断题（下列说法正确的在括号内画"√"，错误的画"×"）

1. 1 个水分子由 2 个氢元素和 1 个氧元素构成。　　　　　　　　　　　（　　　）

2. 某元素的最外层有 2 个电子，则此元素一定属于ⅡA 族。　　　　　　（　　　）

3. 同一周期从左至右，主族元素原子失电子能力逐渐增强，得电子能力逐渐减弱。

　　　　　　　　　　　　　　　　　　　　　　　　　　　　　　　　　（　　　）

三、选择题

1. 某原子的原子核外有三个电子层，M 层电子数是 L 层电子数的一半，则该原子是（　　　　）。

A. Li　　　　　　B. Si　　　　　　C. Al　　　　　　D. K

2. 排在元素周期表的第三周期第ⅤA 的元素是（　　　　）。

A. C　　　　　　B. N　　　　　　C. P　　　　　　D. S

3.原子结构中，最外层电子数是 1 的原子是（　　　）。

A.非金属原子　　　　　　　　　　　B.金属原子

C.不能确定　　　　　　　　　　　　D.稀有气体原子

四、请用＞或＜连接下列各组化合物

1.碱性强弱：$Ca(OH)_2$（　　　　）$Mg(OH)_2$　　2.酸性强弱：H_2CO_3（　　　　）H_2SiO_3

3.碱性强弱：KOH（　　　　）$Mg(OH)_2$　　　　4.酸性强弱：H_2CO_3（　　　　）HNO_3

第四节　化学世界中的阳离子与阴离子

一、填空题

将下列物质按照构成物质的粒子种类（原子、分子、离子）归类：

He、Ne、Hg、Fe、C、Si、H_2、O_2、CO_2、H_2O、$NaCl$、$NaOH$

1.由原子直接构成的物质：＿＿＿＿＿＿＿＿＿＿＿＿＿＿＿＿＿＿＿＿＿＿＿＿＿＿＿＿＿＿＿

2.由分子构成的物质：＿＿＿＿＿＿＿＿＿＿＿＿＿＿＿＿＿＿＿＿＿＿＿＿＿＿＿＿＿＿＿＿＿

3.由离子构成的物质：＿＿＿＿＿＿＿＿＿＿＿＿＿＿＿＿＿＿＿＿＿＿＿＿＿＿＿＿＿＿＿＿＿

二、判断题（下列说法正确的在括号内画"√"，错误的画"×"）

1.活泼金属元素的原子如钠原子，易得电子变成阴离子。　　　　　　　　　　　（　　　）

2.硫酸根是一种阳离子。　　　　　　　　　　　　　　　　　　　　　　　　　（　　　）

三、选择题

1.某阳离子的结构示意图为 （+x） 2 8 ，则 x 的数值可能是（　　　）。

A.9　　　　　　　　B.10　　　　　　　　C.12　　　　　　　　D.17

2.若 R 元素的一种粒子的结构示意图为 （+8） 2 6 ，则下列说法中正确的是（　　　）。

A.该粒子的核外有 3 个电子层　　　　　　B.R 元素是非金属元素

C.该粒子是阳离子　　　　　　　　　　　　D.该粒子的最外层有 8 个电子

四、简答题

为什么将稀有气体称为"惰性气体"？

第五节　化学式

一、填空题

1.写出下列物质的化学式

（1）4个二氧化碳分子＿＿＿＿＿＿；（2）7个铁原子＿＿＿＿＿＿；

（3）1个氧分子＿＿＿＿＿＿；（4）5个硫原子＿＿＿＿＿＿。

2.某元素 X 的核电荷数为13，Y 元素的核电荷数为17，则两种元素所形成物质的化学式为＿＿＿＿＿＿。

二、判断题（下列说法正确的在括号内画"√"，错误的画"×"）

1.石油是一种纯净物。　　　　　　　　　　　　　　　　　　　（　　）

2.氧化铁的化学式是 FeO。　　　　　　　　　　　　　　　　　（　　）

3.氯化钠的化学式是 $ClNa$。　　　　　　　　　　　　　　　　（　　）

4.在 SO_3 和 H_2S 中，硫元素的化合价相等。　　　　　　　　（　　）

三、选择题

下列物质中：①KCl，②Na_2O，③H_2CO_3，④葡萄糖，⑤SiO_2，⑥$NaHCO_3$，⑦NH_3，⑧Fe，⑨澄清石灰水，⑩金刚石

属于化合物的是＿＿＿＿＿＿；属于单质的是＿＿＿＿＿＿；属于混合物的是＿＿＿＿＿＿。

四、根据离子化合价写出化学式。

离子	H^+	Na^+	Zn^{2+}	Fe^{2+}	Fe^{3+}
O^{2-}					
Cl^-					
SO_4^{2-}					
NO_3^-					
OH^-					

第六节　离子键

一、填空题

1.微粒 A 是＿＿＿＿＿；微粒 B 是＿＿＿＿＿；微粒 C 是＿＿＿＿＿。

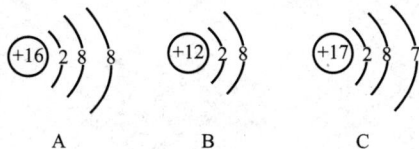

A　　　　　B　　　　　C

2.根据下列几种粒子的结构示意图，用微粒的序号填空：

① (+8) 2 6　　② (+16) 2 8 8　　③ (+16) 2 8 6　　④ (+11) 2 8 1　　⑤ (+11) 2 8　　⑥ (+10) 2 8

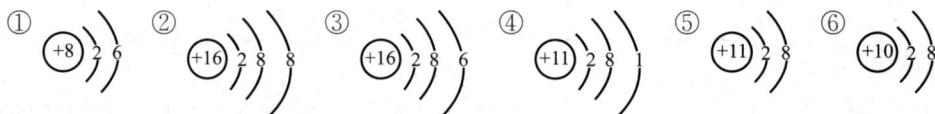

属于原子的是＿＿＿＿＿＿＿＿；属于阳离子的是＿＿＿＿＿＿，离子符号是＿＿＿＿＿＿；属于阴离子的是＿＿＿＿＿＿，离子符号是＿＿＿＿＿。

二、判断题（下列说法正确的在括号内画"√"，错误的画"×"）

1. 含有离子键的化合物一定是离子化合物。　　　　　　　　　　　　　（　　　）

2. 非金属元素形成的化合物中不可能存在离子键。　　　　　　　　　　（　　　）

三、选择题

1. 以下物质中属于离子化合物的是（　　　）。

A. O_2　　　　　　B. NH_4Cl　　　　　　C. H_2O　　　　　　D. NH_3

2. A 和 B 两种元素能形成 AB_2 型离子化合物，则 A 和 B 原子的原子序数可能是（　　　）。

A. 6 和 8　　　　　B. 11 和 6　　　　　C. 20 和 10　　　　　D. 20 和 17

四、简答题

什么是离子键？

第七节　共价键

一、填空题

1. 在 O_2 分子中，氧原子之间是＿＿＿＿＿＿＿键（填"极性"或"非极性"），而 H_2O 分子中，氢原子与氧原子之间是＿＿＿＿＿＿键（填"极性"或"非极性"）。

2. 下列变化中：①干冰升华，②硝酸钾熔化，③K_2SO_4 熔融，④氯化氢溶于水，⑤蔗糖溶于水，⑥HI 分解。用序号填空。

未破坏化学键的是＿＿＿＿＿＿＿＿＿＿＿；仅离子键被破坏的是＿＿＿＿＿＿＿＿＿＿＿；

仅共价键被破坏的是＿＿＿＿＿＿＿＿＿。

二、判断题（下列说法正确的在括号内画"√"，错误的画"×"）

1. Na_2O_2 中只存在离子键，因此 Na_2O_2 是离子化合物。　　　　　（　　　）

2. 由非金属元素组成的化合物一定是共价化合物。　　　　　　　　　　（　　　）

三、选择题

1. 下列物质中属于共价化合物的是（　　　）。

A. NaOH　　　　　B. NH_4Cl　　　　　C. H_2O　　　　　　D. H_2SO_4

2. 下列物质中既含离子键又含共价键的是（　　　）。

A. Cl_2　　　　　　B. NaOH　　　　　　C. HCl　　　　　　D. CO_2

3.下列物质含有极性共价键的是（　　　　）。

A. I_2　　　　　　　B. $MgCl_2$　　　　　　　C. KBr　　　　　　　D. H_2O

四、简答题

1. 什么是共价键？

2. 非极性共价键与极性共价键有什么区别？

课堂笔记

_____

_____

_____

_____

_____

_____

_____

_____

_____

_____

_____

_____

_____

_____

_____

_____

第二章 物质结构 章节测验

一、填空题（20分，每空1分）

1. 原子由_____和_____构成，原子核由_____和_____构成。

2. 原子失去电子后，就带有_____电荷，成为_____离子；原子得到电子后，就带有_____电荷，成为_____离子。

3. 原子序数为17的元素名称为_____，其元素符号为_____，其原子结构示意图为_____。

4. 最近，科学家研究发现，某些食品中使用的苏丹红Ⅰ号可能致癌。苏丹红Ⅰ号的化学式为$C_{16}H_{12}N_2O$，它是由_____种元素组成的，其中氮、氧元素的质量比为_____。

5. 氯化钠由_____和_____两种离子构成。

6. 硫元素的原子结构示意图为 (+16) 2 8 6，该元素的原子核外有_____个电子层，它属于_____元素（填"金属"或"非金属"），其化学性质比较活泼，在化学反应中易_____（填"得"或"失"）电子形成_____离子，该离子与Na^+形成化合物的化学式为_____。

二、判断题（下列说法正确的在括号内画"√"，错误的画"×"）（20分，每题2分）

1. 在日常生活中，我们常常会遇到"加碘食盐"、"加铁酱油"，这里出现的碘、铁是指碘原子、铁原子。 （　　）

2. 碳和二氧化碳都是分子构成的物质。 （　　）

3. 金属元素跟非金属元素化合时，金属元素显正价，非金属元素显负价。 （　　）

4. 化合物由同种元素组成，而单质由不同种元素组成。 （　　）

5. 原子序数为10的元素是钠，其相对原子质量为23。 （　　）

6. 过氧化氢（H_2O_2）中含有离子键。 （　　）

7. 1个过氧化氢分子中含有2个氢元素和2个氧元素。 （　　）

8. 不同种元素最本质的区别是中子数不同。 （　　）

9. 地壳中含量最多的元素是硅。 （　　）

10. 加热水有水蒸气生成说明分子在化学反应中还可以再分。 （　　）

三、单选题（20分，每题2分）

1. 下列家庭实验中不涉及化学变化的是（　　）。

A. 用熟苹果催熟青香蕉　　　　　　　B. 用少量食醋除去水壶中的水垢

C. 用糯米、酒曲和水制甜酒酿　　　　　　D. 提纯混有少量泥沙的食盐

2. 物质的下列性质中，属于化学性质的是（　　）。

　　A. 颜色、状态　　　　B. 密度、硬度　　　　C. 熔点、沸点　　　　D. 氧化性、可燃性

3. 原子序数为 94 的钚（Pu）是一种核原料，该元素的原子的质子数和中子数之和为 239，下列关于该原子的说法不正确的是（　　）。

　　A. 中子数为 145　　　B. 核外电子数为 94　　　C. 质子数为 94　　　D. 核电荷数为 239

4. 某元素的原子结构示意图为 (+x) 2 8 18 6，对该元素的认识正确的是（　　）。

　　A. 该元素的原子核内质子数是 34　　　　　　B. 该元素是金属元素

　　C. 该元素原子的最外层电子数是 2　　　　　　D. 该元素位于元素周期表中的第六周期

5. 人体缺乏（　　）会引起甲状腺疾病。

　　A. 钙　　　　　　　　B. 铁　　　　　　　　C. 碘　　　　　　　　D. 锌

6. 下列化学式中，书写不正确的是（　　）。

　　A. 氧化钙（OCa）　　　　　　　　　　　　B. 氧化镁（MgO）

　　C. 氯化亚铁（$FeCl_2$）　　　　　　　　　　D. 三氧化硫（SO_3）

7. 据报道，"第三代"瓷珠圆珠笔问世。该圆珠笔的球珠由氧化锆（化学式 ZrO_2）陶瓷材料制成，这种材料的应用使球珠的耐腐蚀、耐磨性得到了提高，从而填补了国内空白。在氧化锆中锆元素的化合价为（　　）。

　　A. +1　　　　　　　　B. +2　　　　　　　　C. +3　　　　　　　　D. +4

8. 燃烧爆竹产生一种污染物，其元素的质量比为 1∶1，该污染物是（　　）。

　　A. H_2O　　　　　　B. CO　　　　　　　　C. SO_2　　　　　　D. NO_2

9. 下列分子中易溶于水的是（　　）。

　　A. CH_4　　　　　　B. NH_3　　　　　　C. O_2　　　　　　　D. I_2

10. 下列元素属于第一主族元素的是（　　）。

　　A. K　　　　　　　　B. Cl　　　　　　　　C. Mg　　　　　　　　D. Ag

四、简答题（20分，每题4分）

1. 香水、汽油为什么要密闭保存？

2. 写出氮、氯、氧、硫、磷、钠、镁、铜的元素符号。

3. 请写出下列示意图的元素名称。

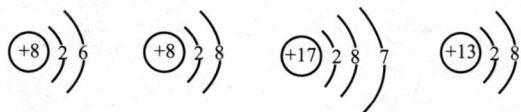

4.写出下列物质的化学式。

铜、磷、氨气、四氧化三铁、氯化钠

5.下列分子中，哪些是极性分子，哪些是非极性分子，哪些易溶于水？

CO_2　N_2　H_2S　HBr　H_2O　NO　NaCl　NH_3

五、计算题（20分，每题10分）

1.试确定氯酸钾（$KClO_3$）中氯元素的化合价。

2.150kg的硝酸铵中含有氮元素的质量是多少？

纠错栏

＿＿

＿＿

＿＿

＿＿

＿＿

＿＿

＿＿

＿＿

第三章　化学方程式

第一节　质量守恒定律

一、填空题

某化合物在氧气中燃烧后只生成二氧化碳和水，判断该化合物中一定含有＿＿元素，可能含有＿＿元素。

二、判断题（下列说法正确的在括号内画"√"，错误的画"×"）

1. 煤燃烧后剩余的煤渣比较轻，因此不符合质量守恒定律。　　　　　　（　　）

2. 一定量的水的质量与全部蒸发后所生成的水蒸气的质量相等，因此符合质量守恒定律。　　　　　　　　　　　　　　　　　　　　　　　　　　　（　　）

三、选择题

1. 在 A＋B ═══ C＋2D 的反应中，5 克 A 和一定的 B 恰好完全反应，生成 3 克 C 和 10 克 D。若消耗 16 克 B，可生成 D 的质量是（　　）。

A.8 克　　　　　　　B.7 克　　　　　　　C.20 克　　　　　　　D.10 克

2. 下列现象不能用质量守恒定律解释的是（　　）。

A. 蜡烛燃烧时慢慢变短　　　　　　B. 白磷在密闭容器中燃烧质量不变

C. 铁钉生锈后质量增加　　　　　　D. 水结冰质量不变

四、简答题

用质量守恒定律解释能否点石成金。

第二节　化学方程式概述

一、填空题

1. 根据质量守恒定律，4g 碳和 4g 氧气充分反应后，生成二氧化碳的质量是＿＿＿＿＿＿＿＿＿＿＿＿＿。

2. 发射卫星的火箭用联氨（N_2H_4）作燃料，以 N_2O_4 为氧化剂，燃烧的尾气由氮气和水蒸气组成，该反应的化学方程式为＿＿＿＿＿＿＿＿＿＿＿＿＿＿＿＿＿＿＿＿＿＿＿。

二、判断题（下列说法正确的在括号内画"√"，错误的画"×"）

1. 化学反应前后，分子的数目不变。　　　　　　　　　　　　　　　（　　）

2.化学反应前后，原子的数目不变。　　　　　　　　　　　　　　　　　　（　　）

三、选择题

1.下列反应属于化合反应的是（　　）。

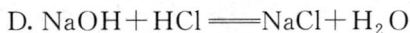

A. $H_2O \xrightarrow{\text{通电}} H_2\uparrow + O_2\uparrow$　　　　　　　B. $NH_4HCO_3 \xrightarrow{\triangle} NH_3\uparrow + CO_2\uparrow + H_2O$

C. $2H_2 + O_2 \xrightarrow{\text{点燃}} 2H_2O\uparrow$　　　　　　　D. $NaOH + HCl == NaCl + H_2O$

2.下列化学方程式书写错误的是（　　）。

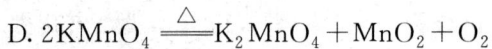

A. $Mg + O_2 \xrightarrow{\text{点燃}} MgO_2$　　　　　　　B. $H_2O \xrightarrow{\text{通电}} H_2\uparrow + O_2\uparrow$

C. $Cu(OH)_2 \xrightarrow{\triangle} CuO\downarrow + H_2O$　　　　　　　D. $2KMnO_4 \xrightarrow{\triangle} K_2MnO_4 + MnO_2 + O_2$

四、简答题

写出化学方程式并配平。

1.氯酸钾（$KClO_3$）在二氧化锰（MnO_2）催化下加热生成氯化钾和氧气。

2.氯化钡（$BaCl_2$）与硫酸钠（Na_2SO_4）反应生成硫酸钡（$BaSO_4$）沉淀与氯化钠（$NaCl$）。

第三节　化学方程式的应用

一、填空题

1.在化学反应中，反应物与生成物之间的质量比是成＿＿＿＿＿关系。

2.某纯净物 X 在空气中完全燃烧，反应的化学方程式为：

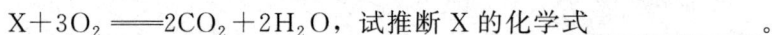

$X + 3O_2 == 2CO_2 + 2H_2O$，试推断 X 的化学式＿＿＿＿＿。

二、判断题（下列说法正确的在括号内画"√"，错误的画"×"）

1.书写化学方程式时，只要将反应物和生成物写出即可，不需要配平。　　（　　）

2. $2H_2 + O_2 \xrightarrow{\text{点燃}} 2H_2O$，此反应中 H_2 与 O_2 的质量之比为 2∶1。　　（　　）

三、选择题

1.将铜投入浓硝酸中，产生有刺激性气味的气体，该气体可能是（　　）。

A. CO_2　　　　　B. H_2　　　　　C. HCl　　　　　D. NO_2

2.在密闭的容器中加热蔗糖产生炭黑和水，这一实验说明了（　　）。

A. 蔗糖是炭黑和水组成的纯净物

B. 蔗糖是炭黑和水组成的混合物

C. 蔗糖分子是由碳元素和水分子构成的

D. 蔗糖是由碳元素、氢元素和氧元素组成的

四、计算题

实验室用 4g 铁粉与稀 H_2SO_4 反应制备硫酸亚铁，需要 H_2SO_4 多少克？

课堂笔记

第三章　化学方程式　章节测验

一、填空题（10 分，每空 5 分）

1. 某化合物 X 燃烧时发生的反应为：$2X+5O_2=4CO_2+2H_2O$，根据质量守恒定律，可判断 X 的化学式为＿＿＿＿＿＿＿＿。

2. 高铁酸钾（K_2FeO_4）是一种新型高效的水处理剂，可用于自来水的消毒和净化，高铁酸钾受热易分解：$4K_2FeO_4 \xrightarrow{\triangle} 2X+4K_2O+3O_2\uparrow$，则 X 的化学式为＿＿＿＿＿＿＿＿。

二、判断题（下列说法正确的在括号内画"√"，错误的画"×"）（25 分，每题 5 分）

1. 通过化学变化只能改变物质的种类，不能改变物质的总质量。　　　　（　　）

2. 水结成冰，质量不变，此变化过程遵守质量守恒定律。　　　　　　（　　）

3. 镁条燃烧后质量增加了说明此反应不遵守质量守恒定律。　　　　　（　　）

4. 某有机物完全燃烧后，生成物中含有 CO_2、H_2O 和 SO_2，说明该有机物一定含有碳、氢、氧、硫四种元素。　　　　　　　　　　　　　　　　　　　　　（　　）

5. 化学方程式表明了参加化学反应的各微粒之间的数量关系。　　　　（　　）

三、单选题（25 分，每题 5 分）

1. 下列说法正确的是（　　）。

A. 根据质量守恒定律，1L 氢气和 1L 氧气反应能生成 2L 水

B. 蜡烛完全燃烧后，蜡烛没有了，这违背了质量守恒定律

C. 只有固体、液体间反应遵守质量守恒定律

D. 铁在 O_2 中燃烧，生成 Fe_3O_4 的质量等于参加反应的铁丝与氧气的质量之和

2. 化学反应前后，一定不变的是（　　）。

①分子种类　②原子种类　③分子数目　④原子数目　⑤各物质的质量总和

A. ①③⑤　　　　　B. ①②⑤　　　　　C. ②④⑤　　　　　D. ②③⑤

3. 已知在一定条件，硫酸铵分解的化学方程式为：

$3(NH_4)_2SO_4 == xNH_3\uparrow+N_2\uparrow+6H_2O$，根据质量守恒定律判断上式中 x 为（　　）。

A. 1　　　　　　　B. 2　　　　　　　C. 3　　　　　　　D. 4

4. 化学方程式：$2H_2+O_2 \xrightarrow{点燃} 2H_2O$ 的读法中不正确的是（　　）。

A. 氢气与氧气在点燃的条件下生成了水

B. 每两个氢分子和一个氧分子反应生成两个水分子

C. 每 4 份质量的氢气和 32 份质量的氧气反应生成 36 份质量的水

D. 两个氢分子加一个氧分子等于两个水分子

班级______ 姓名______ 学号______ 成绩______

5. 黑火药是我国四大发明之一，黑火药的爆炸反应可用化学方程式 $2KNO_3 + 3C + S \xlongequal{点燃} K_2S + N_2 + 3X$ 表示，则 X 的化学式为（　　）。

A. CO　　B. CO_2　　C. NO　　D. SO_2

四、计算题（40 分，每题 20 分）

1. 32 克硫粉在 48 克氧气中燃烧反应可以生成多少克二氧化硫（SO_2）气体？

2. 在实验室中，用 MnO_2 作催化剂，加热分解 12.25 克氯酸钾（$KClO_3$），可得到多少克的氧气？同时生成氯化钾多少克？制取 4.8 克氧气，需要氯酸钾多少克？

纠错栏

第四章　物质的量

第一节　物质的量的含义

一、填空题

1.（用 kg、km、s、mol 填空）

（1）马拉松长跑是国际上非常普及的长跑比赛项目，其全程是 42.195＿＿＿＿＿。

（2）开机速度是计算机性能给使用者留下的第一印象。近几年信息技术快速迭代，国产操作系统开机时长一步步缩短，终于在 2022 年实现 14＿＿＿＿＿飞跃。

（3）2024 年 1 月 11 日演员贾玲发布微博称，一直在为新电影《热辣滚烫》努力，为完美演绎剧中角色，瘦了整整 50＿＿＿＿＿＿＿。

（4）1＿＿＿＿＿ H_2O 中含有 2＿＿＿＿ H 和 1＿＿＿＿ O。

2.物质的量表示的是＿＿＿＿＿＿＿＿＿＿＿＿＿＿＿＿＿＿＿，单位是＿＿＿＿＿＿＿，符号是＿＿＿＿＿＿＿。

二、判断题（下列说法正确的在括号内画"√"，错误的画"×"）

1.1 摩尔氢。　　　　　　　　　　　　　　　　　　　　　　　　　　　　　（　　　）

2.1mol CO_2。　　　　　　　　　　　　　　　　　　　　　　　　　　　（　　　）

3.1 摩尔大米。　　　　　　　　　　　　　　　　　　　　　　　　　　　　（　　　）

4.物质的量所指的"粒子"是分子、原子、离子、质子、中子、电子等微观粒子或是这些粒子的特定组合。　　　　　　　　　　　　　　　　　　　　　　　　　　　　　（　　　）

三、选择题

1.国际单位制中表示含有一定数目粒子的集合体的物理量是（　　　）。

A. 物质的质量　　　　B. 物质量　　　　　　C. 物质的量　　　　　　D. 个数

2.物质的量是将（　　　）和宏观可称量的物质联系起来的桥梁。

A. 分子　　　　　　　B. 原子　　　　　　　C. 电子　　　　　　　　D. 微观粒子

四、简答题

1.为什么不能说 1 摩尔苹果？

2.物质的量表示的是微粒的个数吗？

第二节　物质的量的标准

一、填空题

1.国际上制定的 1mol 的标准是_____

_____。

2.1mol 物质含有_____（常数）个微粒，该常数的近似值是_____，该常数的符号是_____。

二、判断题（下列说法正确的在括号内画"√"，错误的画"×"）

1.1mol H_2O 就是 1 个 H_2O。 　　　　　　　　　　　　　　　　　　（　　）

2.3mol NH_3 中含有 3mol N 原子和 9mol H 原子。 　　　　　　　　　　（　　）

3.阿伏伽德罗常数是意大利科学家阿伏伽德罗发明的。 　　　　　　　　（　　）

三、选择题

1.$6.02×10^{23}$ 个碳原子大约是（　　）摩尔碳原子

A. 1　　　　　　　B. 0.5　　　　　　　C. 2　　　　　　　D. 无数

2.0.5mol 的 Na^+ 大约是（　　）个 Na^+

A. 0.5　　　　　　B. 1　　　　　　　C. $6.02×10^{23}$　　　D. $3.01×10^{23}$

3.1mol O_2 含有（　　）O。

A. 0.5mol　　　　B. 1mol　　　　　　C. 2mol　　　　　　D. $1.204×10^{24}$ 个

四、简答题

1.1mol 标准制定的意义是什么？

2.$6.02×10^{23}$ 个 OH^- 是多少摩尔 OH^-？

第三节　物质的量与摩尔质量

一、填空题

1._____叫作摩尔质量，符号为_____，常用单位为_____。

2.摩尔质量在数值上等于它的_____。

3.物质的量（n）、质量（m）与摩尔质量（M）之间存在的关系，用公式表示是_____

_____。

4.氧原子的相对原子质量是_____，氧原子的摩尔质量是_____；氧气分子的相对分子质量是＿＿＿＿，氧气分子的摩尔质量是＿＿＿＿。

5. ＿＿＿g 氢气与 9.8g H_2SO_4 所含氢原子数相同。

6. 写出下列物质的摩尔质量，注意标明单位。

Mg＿＿＿＿＿＿；Cl_2＿＿＿＿＿＿；P＿＿＿＿＿＿；

K_2SO_4＿＿＿＿＿＿；$CaCO_3$＿＿＿＿＿＿；蔗糖（$C_{12}H_{22}O_{11}$）＿＿＿＿＿＿。

7. 求下列物质的物质的量，写出过程，标明单位。

32g S＿＿＿＿＿＿；0.5kg Al＿＿＿＿＿＿；

1kg CO_2＿＿＿＿＿＿；500g NaCl＿＿＿＿＿＿。

8. 求下列物质的质量，写出过程，标明单位。已知物质的量均为 0.25mol。

NaCl＿＿＿＿＿＿；Na_2CO_3＿＿＿＿＿＿；

Na_2SO_4＿＿＿＿＿＿；Na_3PO_4＿＿＿＿＿＿；

$Na_2Cr_2O_7$＿＿＿＿＿＿。

二、判断题（下列说法正确的在括号内画"√"，错误的画"×"）

1. 1mol N_2 的质量是 28g。　　　　　　　　　　　　　　　（　　）

2. NaOH 的摩尔质量是 40g/mol。　　　　　　　　　　　　　（　　）

3. 16g O_2 的物质的量为 0.5。　　　　　　　　　　　　　　（　　）

三、选择题

1. 0.5mol H_2SO_4 的质量为（　　　）。

A. 98g　　　　　　　B. 49g　　　　　　　C. 98　　　　　　　D. 49

2. 含 0.4mol Cl 的 $MgCl_2$ 是（　　　）mol。

A. 0.4　　　　　　　B. 0.2　　　　　　　C. 0.8　　　　　　　D. 0.1

3. 1mol H_2 与 2mol He 具有相同的（　　　）。

A. 质子数　　　　　B. 分子数　　　　　C. 原子数　　　　　D. 质量

四、计算题

1. 1 滴水含有多少个水分子？（提示：1mL 水约 25 滴）

2. 4g 铁粉与足量稀硫酸反应，生成多少摩尔的硫酸亚铁？

课堂笔记

第四章　物质的量　章节测验

一、填空题（20分，每空4分）

1.1g O_2 的粒子数是＿＿＿＿＿＿＿；1mol O_2 的粒子数是＿＿＿＿＿＿＿。

2.0.5mol Na_2SO_4 中含有 Na^+ 的数目是＿＿＿＿＿＿＿。

3.36g H_2O 的物质的量是＿＿＿＿＿＿＿mol。

4.在实验室加热氯酸钾和二氧化锰的混合物制取氧气，制 0.9mol 氧气需要氯酸钾的物质的量是＿＿＿＿＿＿＿。

二、判断题（下列说法正确的在括号内画"√"，错误的画"×"）（20分，每题4分）

1.0.5mol 的电子与 0.5mol 的 OH^- 粒子数相等。　　　　　　　　　　（　　）

2.1mol H_2 含有 $6.02×10^{23}$ 个氢原子。　　　　　　　　　　　　　　（　　）

3.物质的量的国际单位是摩尔。　　　　　　　　　　　　　　　　　　　（　　）

4.32g 硫粉的物质的量为 0.5mol。　　　　　　　　　　　　　　　　　　（　　）

5.1g 液态二氧化碳与 1g 二氧化碳气体所含的分子数相同。　　　　　　（　　）

三、单选题（20分，每题4分）

1.4g H_2 与 4g O_2，下列说法正确的是（　　　）。

A. 分子数相同　　　　　　　　　　　　B. 物质的量相同

C. H_2 的分子数较多　　　　　　　　　D. O_2 的分子数较多

2.下列关于物质的量的叙述中，错误的是（　　　）。

A. 1mol 任何物质都含有 $6.02×10^{23}$ 个粒子

B. 0.012kg ^{12}C 中含有约 $6.02×10^{23}$ 个碳原子

C. 1mol 水含有 2mol 氢和 1mol 氧

D. 1mol H_2 含有 2mol 氢原子

3.物质在相互反应时（　　　）。

A. 它们的质量一定相等

B. 它们的物质的量一定相等

C. 它们的质量比等于方程式中化学计量数之比

D. 它们物质的量比等于方程式中化学计量数之比

4.下列物质中含氧原子数目最多的是（　　　）。

A. $3.01×10^{23}$ 个 O_2 分子　　　　　　B. 45g H_2O

C. 0.5mol SO_3　　　　　　　　　　　D. 1mol CO_2

5.下列叙述不正确的是（　　　）。

A. 1mol 氧气　　　　B. 1mol 氧　　　　　C. 1mol 氧原子　　　　D. 1mol O

四、计算题（40 分，每题 20 分）

1. 质量为 125g $CuSO_4 \cdot 5H_2O$，它的物质的量是多少？与多少克无水硫酸铜 $CuSO_4$ 的物质的量相等？

2. 6.4g Zn 与足量稀盐酸反应，能生成多少摩尔氯化锌？

纠错栏

＿＿＿

＿＿＿

＿＿＿

＿＿＿

＿＿＿

＿＿＿

＿＿＿

＿＿＿

＿＿＿

第五章　溶液

第一节　溶液的含义

一、填空题

1.填写下列溶液中的溶质与溶剂

	硫酸铜溶液	稀硫酸	75％医用酒精	油脂溶解在汽油里	盐酸	CO_2水溶液
溶质						
溶剂						

2.溶质是指＿＿＿＿＿＿＿＿＿＿＿＿＿＿；溶剂是指＿＿＿＿＿＿＿＿；溶液由＿＿＿＿＿＿＿和＿＿＿＿＿＿＿＿组成。溶质溶解在溶剂中形成溶液。

3."相似相溶"原理是指＿＿＿＿＿＿＿＿＿＿＿＿＿＿＿＿＿＿＿＿＿。

二、判断题（下列说法正确的在括号内画"√"，错误的画"×"）

1.5g 食盐溶解在 100g 水中，溶液的质量是 105g。（　　）

2.2mL 乙醇溶解在 100mL 水中，其溶液的体积是 102mL。（　　）

3.硝酸铵溶于水，吸收热量，使溶液温度显著降低。（　　）

4.浓硫酸、氢氧化钠固体溶于水放出热量，使溶液温度显著升高。（　　）

5.食盐、白糖溶于水放出热量，使溶液温度显著升高。（　　）

三、选择题

1.溶液的基本特征是（　　）。

A.无色透明　　　　B.无色均一　　　　C.均一、稳定　　　　D.纯净的液体

2.下列液体不属于溶液的是（　　）。

A 氯化钠投入水中　B.冰投入水中　　　C.碘酒　　　　　　D.二氧化碳通入水中

3.溶液是一种（　　）。

A.化合物　　　　　B.混合物　　　　　C.纯净物　　　　　D.无色透明液体

4.20℃时从 200 克氯化钠溶液中取出 20 克溶液，剩下的溶液中不变的是（　　）。

A.溶液质量　　　　B.溶剂质量　　　　C.溶质质量　　　　D.溶液的密度

5.各种洗涤剂广泛进入人们的生活中，下列洗涤中所用洗涤剂具有乳化功能的是（　　）。

A.用汽油除去衣服上的油污　　　　　　B.用餐具洗洁精清洗餐具上的油污

C.用水洗去盘子中的水果渣　　　　　　　D.用盐酸洗去水壶的水垢（含 $CaCO_3$）

四、简答题

1.哪些常见溶液有颜色？

2.哪些物质可以作有机溶剂？

第二节　溶解度

一、填空题

1.饱和溶液是指＿＿＿＿＿＿＿＿＿＿＿＿＿＿＿＿＿＿＿＿＿＿＿＿＿；不饱和溶液是指＿＿＿＿＿＿＿＿＿＿＿＿＿。

2.不饱和溶液通过＿＿＿＿＿＿、＿＿＿＿＿＿或＿＿＿＿＿＿的方法可以转变为饱和溶液；饱和溶液通过＿＿＿＿＿＿或＿＿＿＿＿＿的方法可以转变为不饱和溶液。

3.固体的溶解度表示＿＿＿＿＿＿＿，某固态物质在＿＿＿＿＿＿达到＿＿＿＿＿时所溶解的＿＿＿＿＿＿。

4.气体的溶解度是指＿＿＿。

5.当温度不变时，气体溶解度随着压强的增大而＿＿＿＿＿＿；温度对气体的溶解度也有影响，气体溶解度一般会随着温度的升高而＿＿＿＿＿＿。

二、判断题（下列说法正确的在括号内画"√"，错误的画"×"）

1.稀溶液一定是不饱和溶液。　　　　　　　　　　　　　　　　　　　　（　　）

2.饱和溶液不一定是浓溶液。　　　　　　　　　　　　　　　　　　　　（　　）

3.不溶物就是绝对不溶于水的物质。　　　　　　　　　　　　　　　　　（　　）

4.100克水中溶解了20克物质刚好达到饱和，则该物质的溶解度是20克。（　　）

5.20℃时，100g水中溶解了10g某物质，在20℃时，该物质的溶解度是10g。（　　）

6.20℃时，50g水中最多可溶解18g食盐，在20℃时食盐的溶解度是18g。（　　）

7.20℃时，31.6g硝酸钾需要100g水才能溶解，则20℃时硝酸钾的溶解度是31.6g。

　　　　　　　　　　　　　　　　　　　　　　　　　　　　　　　　（　　）

三、选择题

1.要使 KNO_3 溶解度增大，采用的方法是（　　　）。

A.增加水　　　　　B.增加 KNO_3　　　C.不断搅拌　　　　D.升高温度

2.在 10℃时，某固体物质的溶解度为 5g，在此温度下该物质饱和溶液里，下列相互之间的质量比例关系正确的是（　　）。

A. 溶液：溶质＝21：1　　　　　B. 溶剂：溶质＝19：1

C. 溶液：溶剂＝20：21　　　　　D. 溶质：溶液＝1：20

3. t℃时，把14g氯化钾饱和溶液蒸干，得到氯化钾4g，t℃时氯化钾的溶解度为（　　）。

A. 40g　　　　　B. 20g　　　　　C. 140g　　　　　D. 120g

4. 已知下列物质在20℃时的溶解度，其中属于微溶物质的是（　　）。

A. $CaCO_3$：0.0013g　　　　　　B. $NaCl$：36g

C. $Ca(OH)_2$：0.17g　　　　　　D. $KClO_3$：7.4g

5. 一定温度下，向100g硝酸钾的饱和溶液中加入10g硝酸钾，则溶液的质量是（　　）。

A. 100g　　　　　B. 110g　　　　　C. 90g　　　　　D. 无法确定

四、简答题

1. 天气闷热时，鱼儿为什么总爱在水面上进行呼吸？

2. 为什么烧水的时候可看见有很多小气泡？

五、计算题

1. 如何配制100g饱和食盐溶液？（已知20℃ $NaCl$的溶解度是36g）

2. 如何配制100g饱和 $NaOH$溶液？（已知20℃ $NaOH$的溶解度是109g）

第三节　结晶

一、填空题

1. 晶体是指＿＿＿＿＿＿＿＿＿＿＿＿＿＿＿＿＿＿＿＿＿＿＿，形成晶体的过程称为＿＿＿＿＿＿＿＿

＿＿＿＿＿＿＿＿。

2. 饱和溶液可以通过＿＿＿＿＿＿或＿＿＿＿＿＿的方法得到晶体。

3. 重结晶是指＿＿＿＿＿＿＿＿＿＿＿＿＿＿＿＿＿＿＿＿＿＿＿＿＿＿＿＿＿。

4.写出下列结晶水合物的化学式及颜色

	胆矾（蓝矾）	生石膏	绿矾	明矾
化学式				
颜色				

5.风化是指＿＿＿＿＿＿＿＿＿＿＿＿＿＿＿＿＿＿＿＿＿＿＿＿＿＿＿＿＿＿＿＿＿＿＿。

6.潮解是指＿＿＿＿＿＿＿＿＿＿＿＿＿＿＿＿＿＿＿＿＿＿＿＿＿＿＿＿＿＿＿＿＿。

二、判断题（下列说法正确的在括号内画"√"，错误的画"×"）

1.我国西部地区的盐碱湖旁人们可以冬天捞碱、夏天晒盐。　　　　　　（　　）

2.氯化钙、氯化镁、氢氧化钠在空气中很容易潮解。　　　　　　　　（　　）

3.碳酸钠晶体在空气中很容易失去结晶水，发生潮解。　　　　　　　（　　）

三、选择题

1.晶体（　　　）。

A.一定含有结晶水　　　　　　　　　　　　B.不一定都含有结晶水

C.不含有结晶水

2.下列物质长期暴露在空气中，质量减轻的物质是（　　　）。

A.食盐　　　　　　　　B.无水氯化钙　　　　　C.碳酸钠晶体（$Na_2CO_3 \cdot 10H_2O$）

3.利用海水晒盐的原理是（　　　）。

A.海水分解

B.由于日晒，氯化钠蒸发

C.利用阳光、风力使水分蒸发，食盐成晶体析出

四、计算题

1.在20℃时，把30g硝酸钠溶解在60g水里，所得溶液为不饱和溶液。为了使它成为饱和溶液，需要增加多少克硝酸钠？

2.已知20℃时，氯化钠的溶解度是36g，若该饱和溶液蒸发掉50g水，会析出多少氯化钠固体？

第四节　溶质的质量分数

一、填空题

1.溶质的质量分数计算公式是＿＿＿＿＿＿＿＿＿＿＿＿＿＿＿＿＿。其中，m（溶液）＝＿＿＿＿＿＿＿＿＿＿＋
＿＿＿＿＿＿＿＿＿＿。

2.ppm 浓度是指＿＿＿＿＿＿＿＿＿＿＿＿＿＿＿＿＿＿＿。

3.配制 1∶4 的硫酸溶液（或表示为 1＋4 硫酸溶液），就是指＿＿＿＿＿＿体积硫酸（一般指
98％、密度为 1.84g/mL 的硫酸）和＿＿＿＿＿＿＿＿＿体积水配成的溶液。

二、判断题（下列说法正确的在括号内画"√"，错误的画"×"）

1.在 20℃时，100g 水溶解 21g $CuSO_4$，这种 $CuSO_4$ 溶液的质量分数是 21％。　　（　　　）

2.50g 10％$NaCl$ 溶液与 50g 20％$NaCl$ 溶液混合，得到 100g 30％$NaCl$ 溶液。　　（　　　）

3.100mL 98％的 H_2SO_4 溶液（密度为 1.84g/mL）中含有 H_2SO_4 溶质 184g。　　（　　　）

三、选择题

1.98％的硫酸密度是（　　　）g/mL。

A.1.01　　　　　　　B.1.07　　　　　　　C.1.14　　　　　　　D.1.84

2.将 200g 10％的蔗糖溶液倒掉一半，剩余蔗糖溶液的浓度是（　　　）。

A.10％　　　　　　　B.5％　　　　　　　C.2.5％　　　　　　　D.20％

3.现有 100g 10％的食盐溶液，欲使其浓度增加一倍，下列操作正确的是（　　　）。

A.加入食盐 10g　　　　　　　　　　　B.加入水 50g

C.蒸发掉一半的水　　　　　　　　　　D.加入 100g 30％的食盐溶液

四、计算题

1.实验室要配制 10％的盐酸 500g，需要 38％的盐酸多少毫升？（38％的盐酸的密度为
1.19g/mL）

2.现有 40g 40％的 NaOH 溶液，欲将其稀释为 20％的 NaOH 溶液，需要加水多少
毫升？

第五节　物质的量浓度

一、填空题

1. 物质的量浓度计算公式是＿＿＿＿＿＿＿＿。其中，V 是指＿＿＿＿＿＿＿＿。

2. 溶液稀释前后，虽其体积发生了变化，但溶液中溶质的＿＿＿＿和＿＿＿＿不变。

3. 计算溶液稀释问题的常用公式有＿＿＿＿＿＿＿＿。

4. 用 5mol NaOH 配成 500mL 溶液，其浓度是＿＿＿＿＿＿＿＿mol/L，取 5mL 该溶液，其浓度为＿＿＿＿＿＿＿＿mol/L。

二、判断题（下列说法正确的在括号内画"√"，错误的画"×"）

1. 将 1mol 的氨气充分溶解在 1L 的水中，得到溶液的浓度为 1mol/L。　　　（　　　）

2. 将 25g 胆矾（$CuSO_4 \cdot 5H_2O$）配成 1L 溶液，该溶液的浓度为 0.1mol/L。　（　　　）

3. 0.1mol/L 的 Na_2SO_4 溶液中 Na^+ 的浓度是 0.1mol/L。　　　　　　　（　　　）

三、选择题

1. 下列关于 0.1mol/L 硝酸钾溶液配制的说法中，错误的是（　　　）。

A. 0.1g KNO_3 溶于 1L 水配制而成

B. 0.1mol KNO_3 溶于水配制成 1L 水溶液

C. 0.2mol/L KNO_3 100mL 稀释成 200mL

D. 0.1mol KNO_3 溶于 1L 水配制而成

2. 将 1L 0.5mol/L NaOH 溶液浓度增大一倍，可采取的合理措施是（　　　）。

A. 加入 20g 固体 NaOH，搅拌、溶解

B. 将溶液加热浓缩为 0.6L

C. 加入 0.1L 10mol/L NaOH 溶液，再稀释至 1.5L

D. 加入 1L 1.5mol/L NaOH 溶液混合均匀

3. 容量瓶是用来配制准确浓度的溶液或准确地稀释溶液的精密量器。其瓶外壁的标识不会有（　　　）。

A. 瓶颈的刻度环线　B. 温度　　　　　　C. 浓度　　　　　　D. 体积

四、思考题

1. 将 342g $C_{12}H_{22}O_{11}$（蔗糖，相对分子质量为 342）溶解在 1 L 水中，所得的溶液中溶质的物质的量浓度是否为 1mol/L？为什么？

2. 从 1L 1mol/L 的 $C_{12}H_{22}O_{11}$ 溶液中取出 100mL，取出的溶液中 $C_{12}H_{22}O_{11}$ 的物质的量浓度是多少？

课堂笔记

第五章　溶液　章节测验

一、填空题（30分，每空3分）

1. 现有 0.5mol/L H_2SO_4 溶液，则溶液中 H^+ 的物质的量浓度为＿＿＿＿＿＿，SO_4^{2-} 的物质的量浓度为＿＿＿＿＿＿。

2. 将 30mL 0.5mol/L NaOH 溶液加水稀释到 500mL，稀释后溶液中 NaOH 的物质的量浓度为＿＿＿＿＿＿。

3. 0.16g NaOH 与 20mL 的 HCl 完全反应，则 HCl 的物质的量浓度为＿＿＿＿ mol/L。

4. 生活中医用生理盐水的浓度是＿＿＿＿，医用葡萄糖水的浓度是＿＿＿＿。

5. 食醋是烹饪美食的调味品，有效成分主要为醋酸（用 HAc 表示），欲配制 250mL 0.1mol/L 的醋酸溶液，需要 5mol/L 的醋酸溶液＿＿＿＿mL。

6. 配制 50g 6% 的氯化钠溶液需要固体氯化钠＿＿＿＿g，水＿＿＿＿g。

7. 1L 浓度为 4mol/L 的 NaOH 溶液中含有＿＿＿＿g NaOH。

二、判断题（下列说法正确的在括号内画"√"，错误的画"×"）（10分，每题2分）

1. 凡是无色、透明的液体都是溶液。　　　　　　　　　　　　　　（　　）

2. 溶液都是均一、稳定、无色透明的液体。　　　　　　　　　　　（　　）

3. 食盐水和蔗糖水混合后仍为溶液。　　　　　　　　　　　　　　（　　）

4. 所有的溶液都是由一种溶质和一种溶剂组成的。　　　　　　　　（　　）

5. 98% 的硫酸溶液中水作溶质，硫酸作溶剂。　　　　　　　　　　（　　）

三、单选题（26分，每题2分）

1. 下列说法不正确的是（　　）。

A. 将 NaOH 固体溶于水，所得溶液的温度会明显升高

B. 稀释浓硫酸时，应先加水再在冷却条件下缓慢加入浓硫酸

C. 将生石灰溶于水，会得到生石灰溶液

D. 利用洗涤剂的乳化作用，可以去除衣物或餐具上的油污

2. 下列溶液中 Cl^- 浓度与 50mL 1 mol/L 的 $AlCl_3$ 溶液中 Cl^- 浓度相等的是（　　）。

A. 150mL 1mol/L 的 NaCl

B. 75mL 3mol/L 的 NH_4Cl

C. 150mL 2mol/L 的 KCl

D. 75mL 2mol/L 的 $CaCl_2$

3. 物质在相互反应时（　　）。

A. 它们的质量一定相等

B. 它们的物质的量一定相等

C. 它们的质量比等于方程式中化学计量数之比

D. 它们物质的量的比等于方程式中化学计量数之比

4. 下列生活中的常见物质不属于溶液的是（　　　）。

　　A. 生理盐水　　　　B. "雪碧"汽水　　　C. 碘酒　　　　　　D. 冰、水混合物

5. 小琪往烧杯中加入一种物质，搅拌后，发现烧杯底部与塑料片之间的水结了冰。她加入的物质是（　　　）。

　　A. 食盐　　　　　　B. 硝酸铵　　　　　C. 生石灰　　　　　D. 氢氧化钠固体

6. 在家中，小明取少量的下列物质分别放入水中，充分搅拌，其中能形成溶液的是（　　　）。

　　A. 面粉　　　　　　B. 蔗糖　　　　　　C. 芝麻糊　　　　　D. 植物油

7. 下列各组物质混合形成的溶液中，前者是溶剂，后者是溶质的一组是（　　　）。

　　A. 糖、水　　　　　B. 硫酸铜、水　　　C. 酒精、碘　　　　D. 氢氧化钠、水

8. 下列各种溶液的溶质中，在常温下为液体的是（　　　）。

　　A. 碘酒　　　　　　B. 糖水　　　　　　C. 食盐水　　　　　D. 酒精溶液

9. 在一定条件下，将 5g 食盐放入盛有 10g 水的烧杯中，充分溶解后，烧杯底部沉积有 1.4g 食盐，则此时溶液的质量为（　　　）。

　　A. 15g　　　　　　B. 16.4g　　　　　C. 11.4g　　　　　D. 13.6g

10. 关于饱和溶液的说法正确的是（　　　）。

　　A. 饱和溶液加热时会变成不饱和溶液

　　B. 饱和溶液加热时仍然是饱和溶液

　　C. 大多数物质的饱和溶液加热时会变成不饱和溶液

　　D. 饱和溶液降温时，会有晶体析出

11. 下列关于饱和溶液的说法中，错误的是（　　　）。

　　A. 在温度不变时，KNO_3 饱和溶液不能再溶解 KNO_3

　　B. 在温度升高时，饱和溶液一定能继续溶解溶质

　　C. 室温下与固体溶质共存的溶液是这种溶质的饱和溶液

　　D. 改变条件可以使饱和溶液变为不饱和溶液

12. 某温度下，将 3g A 物质放入 7g 水中，得到 10g 溶液，该溶液是（　　　）。

　　A. 饱和溶液　　　　　　　　　　　　B. 不饱和溶液

　　C. 浓溶液　　　　　　　　　　　　　D. 无法确定

13. 在 10℃ 时，25g 水最多可溶解 20g $NaNO_3$，另一温度下，在 50g 水中加入 40g $NaNO_3$ 没有形成饱和溶液，其原因可能是（　　　）。

　　A. 温度降低了　　　　　　　　　　　B. 温度升高了

　　C. 溶液质量相对增加了　　　　　　　D. 溶质的质量相对减少

四、综合题（34分，第 1 题 10 分，2～5 题各 6 分）

1. 在实验室欲配制 250.00mL，0.1000mol/L 的 Na_2CO_3 溶液。

①计算需要无水碳酸钠多少克？（碳酸钠摩尔质量为 106.0g/mol）

②写出配制该溶液需要的仪器，简述操作步骤。

2.配制 250mL 1.0mol/L H_2SO_4 溶液，需要 18mol/L H_2SO_4 溶液多少毫升？

3.病人在医院接受静脉注射或滴注时，常用到生理盐水即氯化钠注射液。下图是某药业公司生产的氯化钠注射液包装标签上的部分文字：

氯化钠注射液

【规格】100mL 0.9g。

【注意】使用前发现溶液中有絮状物，瓶身细微破裂等均不可使用。

【贮藏】密封保存。……

请回答：

（1）该注射液里的溶质是＿＿＿＿＿＿＿＿＿＿；

（2）常温下，一瓶合格的氯化钠注射液密封放置一段时间后，是否会出现浑浊现象？为什么？

4.把 500g 20％的 NaOH 溶液稀释到 10％，需要加水多少毫升？

5.300mL 1mol/L $BaCl_2$ 溶液和 200mL 2mol/L H_2SO_4 混合后，计算盐酸的物质的量浓度。

纠错栏

第六章　初识酸碱盐

第一节　电解质与非电解质

一、填空题

1.凡是在水溶液或熔融状态下能够导电的化合物叫作_____。在水溶液和熔融状态下都不能导电的化合物叫作_____。例如，食盐就是_____，蔗糖就是_____。

2._____是指电解质在溶解于水或受热熔化时离解出自由移动的离子的过程。

3.写出下列物质在水溶液中的电离方程式。

电解质	电离方程式	规律或结论
HCl		
H_2SO_4		
HNO_3		
CH_3COOH		
KOH		
NaOH		
$Ba(OH)_2$		
$NH_3 \cdot H_2O$		
NaCl		
K_2CO_3		
$FeSO_4$		
NH_4NO_3		

二、判断题 （下列说法正确的在括号内画"√"，错误的画"×"）

1.溶解度大的物质一定是强电解质。　　　　　　　　　　　　　　（　　　）

2.强电解质的导电性比弱电解质的强。　　　　　　　　　　　　　（　　　）

3.碳酸钠属于正盐，碳酸氢钠属于酸式盐，碱式碳酸铜属于碱式盐。（　　　）

三、选择题

1.下列电离方程式中，错误的是（　　　）。

A. $Al_2(SO_4)_3 = 2Al^{3+} + 3SO_4^{-2}$　　　　　　　B. $FeCl_3 = Fe^{3+} + 3Cl^-$

C. $HI = H^+ + I^-$　　　　　　　　　　　D. $Na_2CO_3 = 2Na^+ + CO_3^{2-}$

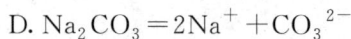

2. 下列物质能导电的是（　　）。

A. 熔融的氯化钠　　B. 硝酸钾溶液　　C. 硫酸铜晶体　　D. 无水乙醇

3. 下列物质中，导电性能最差的是（　　）。

A. 熔融氢氧化钠　　B. 石墨棒　　C. 盐酸溶液　　D. 固态氯化钾

4. 下列物质属于酸的是（　　）。

A. SO_2　　　　　B. $NaHCO_3$　　　　C. H_2CO_3　　　　D. $MgCl_2$

5. 下列物质属于碱的是（　　）。

A. 纯碱　　　　　B. 熟石灰　　　　C. 生石灰　　　　D. 石灰石

四、简答题

1. 下列物质哪些是电解质，哪些是非电解质，哪些能导电？

①金属铜　　　　②固态 NaCl　　　　③O_2　　　　④ H_2SO_4

⑤碳棒　　　　　⑥乙醇水溶液　　　　⑦KOH 水溶液

⑧熔融状态的 KNO_3　　⑨葡萄糖　　　　⑩SO_2

2. 碳酸氢钠属于酸式盐，其水溶液是酸性还是碱性的，为什么？

第二节　强酸强碱溶液 pH 计算

一、填空题

1. 通常溶液的酸碱性用＿＿＿＿＿表示；酸度是指溶液中＿＿＿＿＿的浓度。

2. pH＝＿＿＿＿＿＿，pOH＝＿＿＿＿＿＿＿＿＿＿。

3. 酸碱指示剂能够变色，是因为随着溶液＿＿＿＿＿＿的变化，在其结构变化的同时颜色也发生变化。

4. 填写表格

酸碱指示剂	本身颜色	遇酸后颜色	遇碱后颜色	变色范围
甲基橙				
酚酞				
石蕊				

二、判断题（下列说法正确的在括号内画"√"，错误的画"×"）

1. 浓度相等的盐酸与醋酸的 pH 相等。　　　　　　　　　　　　　　　　（　　）

2.含有 H^+ 的溶液一定显酸性。　　　　　　　　　　　　　　　　　（　　　）

3.生活中的紫甘蓝、红皮白心萝卜、喇叭花都可以制成酸碱指示剂。　　（　　　）

三、选择题

1.向 2mL 氨水中滴加 2 滴酚酞指示剂，充分振荡后溶液的颜色变成（　　　）。

A.红色　　　　　　B.蓝色　　　　　　C.黄色　　　　　　D.橙色

2.常温下，某同学测得一些食物的近似 pH，显碱性的是（　　　）。

A.桃汁 3.5　　　　　　　　　　　B.苹果汁 2.9～3.3

C.鸡蛋清 7.6～8.0　　　　　　　D.葡萄 3.5～4.5

3.土壤的酸碱度会影响植物的生长，某地区土壤显酸性，根据下表植物最适宜的土壤 pH 条件，则最不适宜在此地区种植的植物是（　　　）。

植物	茶	油茶	西瓜	甜菜
最适宜 pH	4.5～5.5	5.8～6.7	6.0～7.0	7.0～7.5

A.茶　　　　　　B.油茶　　　　　　C.西瓜　　　　　　D.甜菜

四、计算题

1.柠檬水溶液 pH＝3，则其中 $c(H^+)$ 是多少？

2.计算 $c(H^+)＝2.0×10^{-3}mol/L$ 的溶液 pH。

第三节　离子反应

一、填空题

1.用实际参加反应的离子的符号来表示该反应的式子叫作＿＿＿＿＿＿＿＿＿＿＿。

2.复分解反应的实质是＿＿＿＿＿＿＿＿、＿＿＿＿＿＿＿＿＿＿或者＿＿＿＿＿＿＿＿＿。

3.离子方程式与一般的化学方程式不同，它不仅可以表示某一个具体的化学反应，而且还可以表示＿＿＿＿＿＿＿＿＿＿＿＿＿＿＿的离子反应。

二、判断题（下列说法正确的在括号内画"√"，错误的画"×"）

1.氢离子和氢氧根不能在溶液中共存。　　　　　　　　　　　　　　（　　　）

2.碳酸钙难溶于水，所以无法电离。　　　　　　　　　　　　　　　（　　　）

班级______ 姓名______ 学号______ 成绩______

3. 任何酸碱中和反应都可以用同一离子反应表示。 (　　)

三、选择题

1. 下列易溶且易电离的物质为（　　）。

A. $Mg(OH)_2$　　B. $BaSO_4$　　C. HCl　　D. $NaNO_3$

2. 下列属于难溶物质的是（　　）。

A. $NH_4(SO_4)_2$　　B. K_2CO_3　　C. $Cu(OH)_2$　　D. $FeSO_4$

3. 下列离子是无色的为（　　）。

A. Fe^{2+}　　B. Fe^{3+}　　C. Cu^{2+}　　D. Na^+

四、简答题

1. 书写离子方程式的步骤是什么？

2. 难溶的碱和盐都有哪些物质？分别列举 3～4 种。

课堂笔记

第六章　初识酸碱盐　章节测验

一、填空题（30分，每空2分）

1. 工业上的"三酸两碱"中的"三酸"是指＿＿＿＿＿、＿＿＿＿＿、＿＿＿＿＿；"两碱"是指＿＿＿＿＿、＿＿＿＿＿。

2. 氨水属于＿＿＿＿＿＿＿＿（选填：强碱或弱碱），用离子方程式解释原因：＿＿＿＿＿＿
＿＿＿＿＿＿＿＿＿＿＿＿＿＿＿＿＿＿（此空6分）。

3. 用盐酸滴定氢氧化钠时，适宜的酸碱指示剂为＿＿＿＿＿，滴定至溶液颜色由＿＿＿＿＿
变为＿＿＿＿＿，并保持30秒不褪色，判定为滴定终点。

4. 用氢氧化钠滴定盐酸时，适宜的酸碱指示剂为＿＿＿＿＿＿，滴定至溶液颜色由＿＿＿＿
＿变为＿＿＿＿＿，并保持30秒不褪色，判定为滴定终点。

二、判断题（下列说法正确的在括号内画"√"，错误的画"×"）（20分，每题4分）

1. 将2滴甲基橙指示剂滴入20mL 0.1mol/L的氢氧化钠溶液中，氢氧化钠溶液颜色变为红色。　　　　　　　　　　　　　　　　　　　　　　　　　　　　　　（　　）

2. $NaHCO_3$在水中的电离方程式为：$NaHCO_3=Na^+ +H^+ +CO_3^{2-}$。　　（　　）

3. 酸和碱反应的实质是$H^+ +OH^- =H_2O$。　　　　　　　　　　　　（　　）

4. pH=3的溶液中H^+浓度是pH=5的溶液中H^+浓度的100倍。　　　（　　）

5. 柠檬水溶液pH=3，则其中$c（H^+）=0.003mol/L$。　　　　　　　　（　　）

三、单选题（20分，每题4分）

1. 下列离子方程式正确的是（　　　）。
A. 石灰石和盐酸 $CO_3^{2-} +2H^+ =CO_2\uparrow +H_2O$
B. 铜和硝酸银溶液 $Cu+Ag^+ =Cu^{2+} +Ag$
C. 澄清的石灰水和盐酸 $H^+ +OH^- =H_2O$
D. 碳酸钡和稀硫酸 $BaCO_3 +2H^+ =Ba^{2+} +CO_2\uparrow +H_2O$

2. 离子方程式$CO_3^{2-} +2H^+ =H_2O+CO_2\uparrow$中的$CO_3^{2-}$代表的物质可以是（　　　）。
A. $CaCO_3$　　　　　B. $NaHCO_3$　　　　　C. Na_2CO_3　　　　　D. $BaCO_3$

3. 某无色溶液中，可大量共存的离子组是（　　　）。
A. Na^+、Ba^{2+}、SO_4^{2-}、Cl^-　　　　　　B. Cu^{2+}、NO_3^-、Cl^-、SO_4^{2-}
C. K^+、Cl^-、Na^+、CO_3^{2-}　　　　　　D. K^+、Ba^{2+}、SO_4^{2-}、OH^-

4. 下列浓度相同的溶液中，pH值最低的是（　　　）。
A. NH_4Cl　　　　　B. $NaCl$　　　　　C. $NaOH$　　　　　D. $NaAc$

5.如果把少量 NaOH 固体加到 HAc 溶液中，则 pH 值将 （   ）。

A.增大　　　　　　　B.减小　　　　　　　C.不变　　　　　　　D.无法确定

四、计算题（30 分，每题 10 分）

1.0.01mol/L 的 NaOH 溶液中，$c(H^+)$、$c(OH^-)$ 分别是多少？

2.将 pH＝8 和 pH＝10 的 NaOH 溶液等体积混合，求混合溶液的 pH。

3.将 99mL 0.1mol/L 的盐酸与 101mL 0.05mol/L 的 $Ba(OH)_2$ 溶液混合，求混合溶液的 pH。

纠错栏

_____

_____

_____

_____

_____

_____

_____

第七章 金属及其化合物

第一节 用途广泛的金属材料

一、填空题

1.使用铁锅做饭是利用了铁金属的_____性，金属铁可以制成铁丝是利用了金属的_____性，使用铜丝作电线是利用了金属的_____性。

2.在一种金属中加热熔合其他金属或非金属而形成的具有金属特性的物质叫作_____。

二、判断题（下列说法正确的在括号内画"√"，错误的画"×"）

1.青铜是金属 Cu 和 Zn 的合金，用于制造机器零件。 （ ）

2.钢和生铁都是铁合金，但钢比生铁含碳量高。 （ ）

三、选择题

1.生铁是由铁、碳、硅和锰等加热熔合而成的一种铁的合金，所以合金是一种（ ）。

A. 混合物 B.纯净物 C.化合物 D.单质

2.下列金属材料中，最适合制造飞机外壳的是（ ）。

A. 铝合金 B. 铜合金 C.碳素钢 D. 钠钾合金

四、简答题

以下铁的用途，涉及了铁的哪些性质？

1.烧菜用的铲子是铁制的，一般都要装上木柄。

2.铁块可以制成铁丝或铁片。

3.油罐车行驶时罐内石油振荡产生静电，易发生火险，因此车尾有一条拖地的铁链。

第二节 金属的化学通性及应用

一、填空题

1.实验室的废酸液不能直接倒入下水道，是因为_____；工人师傅在切割钢板时，常用硫酸铜溶液画线是因为_____。

2.铁、铜、锌、镁四种金属的金属活动性由强到弱的顺序是_____。

二、判断题（下列说法正确的在括号内画"√"，错误的画"×"）

1.金属铜比铁活动性强，因此铜可以与稀盐酸反应生成氢气。 （ ）

2.可以通过涂刷油漆的方式来防止铁生锈。　　　　　　　　　　　　　（　　）

三、选择题

1.下列物质组合能生成氢气的是（　　　）。

A. $Ag+H_2SO_4$（浓）　　　　　　　B. $Al+H_2SO_4$（浓）

C. $Mg+HCl$（稀）　　　　　　　　　D. $Cu+H_2SO_4$（稀）

2.在以下四种金属中，有一种金属的化合物溶液与其他三种金属都能发生置换反应，这种金属是（　　　）。

A. Fe　　　　　　B. Ag　　　　　　C. Zn　　　　　　D. Cu

四、判断下列各组物质能否发生反应？如果能反应，请写出化学方程式。

1.铜和硫酸锌溶液

2.锌和硫酸铜溶液

3.金和硫酸铜溶液

4.铁和氯化银

第三节　几种重要的金属及其化合物

一、填空题

1.氢氧化钙是一种白色固体，它的化学式为＿＿＿＿＿＿，俗称＿＿＿＿＿＿，加入水后，呈上下两层，上层水溶液称作＿＿＿＿＿＿＿，下层悬浊液称作＿＿＿＿＿＿＿＿。

2.高锰酸钾具有＿＿＿＿＿性，并有较好的＿＿＿作用。在＿＿＿溶液中氧化能力最强，可以和具有还原性的物质如 $FeSO_4$ 发生氧化还原反应。

二、判断题（下列说法正确的在括号内画"√"，错误的画"×"）

1.Al 不仅能与强酸反应，而且还可以与强碱反应，因此铝是一种典型的两性金属。

（　　）

2.可以通过焰色反应区分 NaCl 和 KCl。　　　　　　　　　　　　　（　　）

三、选择题

1.氧化铝熔点很高，常用于制造耐火材料，如制作坩埚，下列操作不能在氧化铝坩埚中进行的是（　　）。

  A. 加热使 $CuSO_4 \cdot 5H_2O$ 失水　　　 B. 加热使 $KMnO_4$ 分解

  C. 加热熔化烧碱　　　 D. 加热分解碱式碳酸铜

  2. 下列物质中，既能与稀 H_2SO_4 溶液反应又能与 $NaOH$ 溶液反应的是（　　）。

①$NaHCO_3$　②Al_2O_3　③$Al(OH)_3$　④Al　⑤Na_2CO_3

  A. ③④　　　　　　　　　　B. ①②④

  C. ①③④　　　　　　　　　D. ①②③④

四、简答题

简述侯德榜制碱的方法，并写出相应的化学反应方程式。

课堂笔记

＿＿

＿＿

＿＿

＿＿

＿＿

＿＿

＿＿

＿＿

＿＿

＿＿

＿＿

＿＿

第七章　金属及其化合物　章节测验

一、填空题（20分，每空2分）

1. 写出以下化合物的名称或化学式：

$KMnO_4$：＿＿＿＿＿＿＿＿＿；$CuSO_4$：＿＿＿＿＿＿＿＿＿；生石灰：＿＿＿＿＿＿＿＿＿；

绿矾：＿＿＿＿＿＿＿＿＿；苏打：＿＿＿＿＿＿＿＿＿；　烧碱：＿＿＿＿＿＿＿＿＿。

2. 工业上"两碱"指的是 $NaOH$ 和 ＿＿＿＿＿＿＿＿＿。

3. 市场出售的某种麦片中含有微量的颗粒——细小的还原铁粉，这些铁粉在人体胃酸（主要成分是盐酸）的作用下转化成亚铁盐。此反应的离子方程式为 ＿＿＿＿＿＿＿＿＿＿＿＿＿＿＿＿＿＿＿＿＿＿＿＿＿＿＿＿＿＿＿＿＿。

4. 锅炉水垢中 $CaCO_3$ 占50％以上，可用＿＿＿＿＿＿试剂除去这种水垢，写出化学反应方程式：＿＿＿＿＿＿＿＿＿＿＿＿＿＿＿＿＿＿＿＿＿。

二、判断题（下列说法正确的在括号内画"√"，错误的画"×"）（20分，每题4分）

1. 金属钠通常保存在煤油中，金属钠着火可以用水扑灭。　　　　　　　（　　　　）

2. 氧化钙俗名熟石灰，易吸水，因此可用作干燥剂。　　　　　　　　　（　　　　）

3. 碳酸氢钠比碳酸钠稳定性强，因此碳酸氢钠受热不分解。　　　　　　（　　　　）

4. $NaOH$ 比 KOH 的碱性强，$Al(OH)_3$ 比 $Mg(OH)_2$ 的碱性强。　　　（　　　　）

5. $Al(OH)_3$ 是一种两性氢氧化物，因此 $Al(OH)_3$ 可以与氨水反应。　　（　　　　）

三、单选题（40分，每题4分）

1. 下列不属于合金的是（　　　　）。

A. 生铁　　　　　　B. 不锈钢　　　　　　C. 四氧化三铁　　　　D. 黄铜

2. 下列物质，能由金属单质与酸反应制得的是（　　　　）。

A. $ZnCl_2$　　　　　B. $CuSO_4$　　　　　C. $FeCl_3$　　　　　D. $AgCl$

3. 在 $CuSO_4$ 和 $ZnSO_4$ 的混合溶液中加入过量的铁粉，充分反应过滤，留在滤纸上的物质是（　　　　）。

A. Cu　　　　　　B. Cu 和 Zn　　　　C. Cu 和 Fe　　　　D. Fe

4. 为使以面粉为原料的面包松软可口，通常用碳酸氢钠作发泡剂，因为它（　　　　）。

①热稳定性差　②增加甜味　③产生二氧化碳　④提供钠离子

A. ①③　　　　　　B. ②③　　　　　　　C. ①④　　　　　　D. ③④

5. 铝镁合金因坚硬、轻巧、美观、洁净、易于加工而成为新型建筑装潢材料，主要用于制作窗框、卷帘门、防护栏等。下列与这些用途无关的性质是（　　　　）。

A. 不易生锈　　　　B. 导电性好　　　　　C. 密度小　　　　　D. 强度高

6. 下列化合物中，不能由单质直接化合而得到的是（ ）。

A. Fe_3O_4 B. Na_2O_2 C. $FeCl_2$ D. $FeCl_3$

7. 下列各组物质与其用途的关系不正确的是（ ）。

A. 过氧化钠：供氧剂   B. 烧碱：治疗胃酸过多的一种药剂

C. 小苏打：发酵粉主要成分   D. 明矾：净水剂

8. 下列有关钠的叙述正确的是（ ）。

①钠在空气中燃烧生成氧化钠；②金属钠可以保存在煤油中；③钠与硫酸铜溶液反应，可以置换出铜；④金属钠有强还原性；⑤钠原子的最外层上只有一个电子，所以在化合物中钠的化合价显＋1价

A. ①②④   B. ②③⑤   C. ①④⑤   D. ②④⑤

9. 现榨的苹果汁在空气中会由淡绿色变为棕黄色，其原因可能是（ ）。

A. 苹果汁中的 Fe^{2+} 变成 Fe^{3+} B. 苹果汁中含有 Cu^{2+}

C. 苹果汁含有 OH^- D. 苹果汁含有 Na^+

10. 在酸性溶液中，能大量共存的是离子组是（ ）。

A. Mg^{2+}、Fe^{3+}、NO_3^-、OH^- B. Al^{3+}、Fe^{2+}、Cl^-、SO_4^{2-}

C. K^+、Na^+、Cl^-、HCO_3^- D. Na^+、Ba^{2+}、NO_3^-、SO_4^{2-}

四、简答题（10分，每题5分）

1. 请从化学角度，说一说俗语"真金不怕火炼"的含义。

2. 有两包白色粉末，分别是 K_2CO_3 和 $NaHCO_3$，请你写出两种不同的鉴别方法。

五、计算题（10分）

1. 完全中和 500mL 0.1mol/L 的硫酸溶液需要 2mol/L 的 NaOH 溶液多少毫升？

2. 计算 6.5g 锌与 0.1mol/L 200mL 氯化亚铁溶液反应，可以置换出多少克铁。

纠错栏

第八章　非金属及其化合物

第一节　生命之源——水

一、填空题

1.在标准大气压下，水的凝固点为＿＿＿＿＿＿，沸点为＿＿＿＿＿＿。

2.硬水指的是＿＿＿＿＿＿＿＿＿＿＿＿＿＿，工业上，钙盐、镁盐的沉淀会造成＿＿＿＿＿＿，严重时还会导致锅炉＿＿＿＿＿＿＿＿＿。

二、判断题（下列说法正确的在括号内画"√"，错误的画"×"）

1.通电分解水时生成氢气和氧气，因此水是由氢气和氧气组成的。　　（　　）

2.每个水分子由 2 个氢原子和 1 个氧原子构成。　　（　　）

3.海水是无色透明的，它是一种纯净物。　　（　　）

三、选择题

1.水中氢元素和氧元素的质量比为（　　）。

A.2：1　　　　　　　B.1：2　　　　　　　C.1：16　　　　　　　D.1：8

2.过滤常用于分离（　　）。

A.两种互不相溶的液体　　　　　　B.溶于液体的固体溶质和溶剂

C.不溶于液体的固体　　　　　　　D.两种相溶的液体

四、简答题

简述使用硬水的危害。

第二节　氢气

一、填空题

1.氢气的爆炸极限为＿＿＿＿＿＿＿＿＿，在点燃氢气之前，一定要＿＿＿＿＿＿＿＿＿＿。

2.氢气具有＿＿＿＿＿性，可以与 CuO 发生＿＿＿＿＿＿＿＿反应。

二、判断题（下列说法正确的在括号内画"√"，错误的画"×"）

1.在自然界中，氢主要存在于化合物中。　　（　　）

2.任何可燃性气体或粉尘如果跟空气充分混合，遇火时都可能发生爆炸。　　（　　）

三、选择题

1.实验室制取氢气时，可选用的试剂是（　　　）。

A.氯酸钾和二氧化锰　　　　　　　　B.锌片和稀硫酸

C.空气　　　　　　　　　　　　　　D.高锰酸钾

2.下列物质中，属于纯净物的是（　　　）。

A.空气　　　　　　B.海水　　　　　　C.氢气　　　　　　D.氯化钠溶液

四、计算题

在实验室中用 6.5g 锌跟足量的盐酸反应，可制得氢气物质的量是多少？

第三节　碳、硅及其化合物

一、填空题

1.金刚石和石墨都是由碳元素组成的单质，但它们的物理性质差异很大，这是因为＿＿＿
＿＿＿＿＿＿＿＿＿＿＿＿＿＿＿＿＿＿＿＿＿。

2.水煤气是指＿＿＿＿＿＿＿和＿＿＿＿＿＿＿的混合气，水煤气是重要的工业气体燃料和化工
原料。

3.硅酸凝胶经干燥脱水就形成硅酸干胶，称为＿＿＿＿＿＿＿＿＿＿，它多孔，吸附水分能力
强，常用作＿＿＿＿＿＿＿＿＿＿和＿＿＿＿＿＿＿＿＿＿＿。

二、判断题（下列说法正确的在括号内画"√"，错误的画"×"）

1.当空气充足时，煤充分燃烧，主要生成 CO；当空气不充足时，煤燃烧不充分，主要
生成 CO_2。　　　　　　　　　　　　　　　　　　　　　　　　　（　　　）

2.H_2SiO_3 比 H_2CO_3 的酸性强。　　　　　　　　　　　　　　（　　　）

三、选择题

1.制造光导纤维的主要原料是（　　　）。

A.晶体硅　　　　　　B.二氧化硅　　　　　　C.石墨　　　　　　D.硅酸钠

2.下列物质中，不能用玻璃瓶来盛装的是（　　　）。

A.烧碱溶液　　　　　　　　　　　　B.浓硫酸

C.氢氟酸　　　　　　　　　　　　　D.碳酸钠溶液

3.CO_2通入下列各溶液中，不可能产生沉淀的是（　　　）。

A.石灰水　　　　　　　　　　　　　B.氢氧化钠溶液

C.硅酸钠溶液　　　　　　　　　　　D.氯化钙溶液

四、简答题

1.通常使用的灭火器有几种？简述泡沫灭火器的化学原理并写出化学方程式。

2.什么是碳达峰、碳中和？它的提出有什么意义？

第四节　氮、磷及其化合物

一、填空题

1.氮气通常很_____，化工装置在开车之前多用氮气_____以保证系统安全。

2.氨气分子是_____（填"极性"或"非极性"）分子，_____（填"易溶"或"难溶"）于水，其水溶液称为_____。

3.P_2O_5是白色固体，有强烈的吸水性，常用作_____。

二、判断题（下列说法正确的在括号内画"√"，错误的画"×"）

1.在工业生产中，一般采用分离液态空气的方法制得氮气。　　　　（　　）

2.N_2化学性质活泼，因此不可以代替稀有气体作保护气。　　　　（　　）

3.液氮、液氨都可用作制冷剂。　　　　（　　）

三、选择题

1.对于氨水组成叙述正确的是（　　　）。

A.只有NH_3

B.只有$NH_3 \cdot H_2O$和H_2O

C.只有NH_3、H_2O和$NH_3 \cdot H_2O$

D.有NH_3、H_2O、$NH_3 \cdot H_2O$、NH_4^+和OH^-

2.氨的喷泉实验体现了氨气的（　　　）性质。

A.还原性　　　　　　　　　　　　B.氧化性

C.不溶于水　　　　　　　　　　　D.与水反应生成碱性物质

四、简答题

在化工生产中，化工装置在开车之前为什么经常用N_2置换？

第五节　氧、硫及其化合物

一、填空题

1. H_2O_2 具有＿＿＿＿＿＿性，有很强的杀菌能力，其水溶液俗称＿＿＿＿＿＿，适用于医用伤口消毒及环境消毒和食品消毒。

2. H_2O_2 能使酸性高锰酸钾溶液褪色，说明 H_2O_2 具有＿＿＿＿＿＿性。

3. SO_2 能使品红溶液褪色是因为 SO_2 具有＿＿＿＿＿＿性。

4. 浓硝酸和浓硫酸都是强酸，具有＿＿＿＿＿＿性，可使铁、铝表面形成致密的氧化膜而＿＿＿＿＿＿，因此可以使用铁质或铝质容器盛装浓硝酸和浓硫酸。

二、判断题（下列说法正确的在括号内画"√"，错误的画"×"）

1. O_2 和 O_3 都可供给呼吸，但 O_2 比 O_3 活泼。　　　　　　　（　　）

2. 可以用浓硫酸来干燥 H_2S 气体。　　　　　　　　　　　（　　）

3. 实验室制取 SO_2，可选用碱液吸收尾气以减少对空气的污染。　（　　）

三、选择题

1. 工业上制取大量氧气的方法是（　　）。

A. 加热氯酸钾　　　　　　　　　　B. 加热高锰酸钾

C. 分离液态空气　　　　　　　　　D. 加热二氧化锰

2. 催化剂在化学反应中所起的作用是（　　）。

A. 加快化学反应速率　　　　　　　B. 使生成物质量增加

C. 改变化学反应速率　　　　　　　D. 减慢化学反应速率

四、简答题

稀释浓 H_2SO_4 时，我们应注意哪些事项？

第六节　卤　素

一、填空题

1. 写出工业上制取 Cl_2 的化学方程式：＿＿＿＿＿＿＿＿＿＿＿＿＿＿＿＿＿＿＿。

2. 新制氯水中含有 $HClO$，因此新制氯水具有＿＿＿＿＿＿性和＿＿＿＿＿＿性。

3. 碘化钾溶液与硝酸银溶液混合出现＿＿＿＿＿颜色的沉淀，这种沉淀是＿＿＿＿＿。

二、判断题（下列说法正确的在括号内画"√"，错误的画"×"）

1. 利用碘升华的特性可以分离纯化碘。　　　　　　　　　　（　　）

2. Cl_2 有毒而液溴无毒。　　　　　　　　　　　　　　　　（　　）

3. 盐酸是强酸，氢溴酸是弱酸。　　　　　　　　　　　　　（　　）

三、选择题

1.方志敏烈士生前在狱中曾用米汤（内含淀粉）给鲁迅先生写信，鲁迅先生收到后，为了看清信中的内容，使用的化学试剂是（　　　）。

A.碘化钾　　　　　B.碘酒　　　　　C.溴水　　　　　D.碘化钾淀粉试液

2.砹是核电荷数最大的卤族元素，推测砹及其化合物，最不可能具有的性质是（　　　）。

A.HAt 很不稳定　　　　　　　　　B.砹是白色固体

C.AgAt 不溶于水　　　　　　　　　D.砹易溶于某些有机溶剂

四、简答题

84 消毒液和洁厕灵能混合使用吗？请说明原因。

课堂笔记

第八章　非金属及其化合物　章节测验

一、填空题（20分，每空2分）

1.由同一种元素组成的不同单质，称为该元素的同素异形体。在各种碳的同素异形体中，铅笔芯的主要成分是_____，它是一种深灰色、有金属光泽且不透明的片状固体，质软，具有润滑性，它能够____，常用作电极。钻石的成分是_____，是无色透明的晶体，硬度____。由60个碳原子组成、形似足球的_____（写分子式）也是碳的同素异形体。

2.检验 Cl^- 、Br^- 、I^- 可用_____试剂。

3.把 SO_2 气体通入品红溶液中，现象为_____，加热溶液煮沸后，现象为_____。

4.在蔗糖上滴两滴浓硫酸，会发现浓硫酸周围的蔗糖逐渐变黑。这说明浓硫酸具有_____，过一会还会发现产生大量泡沫，好像"泡沫面包"，同时有刺激性气味的物质产生。

5.随着人们环保意识的增强，许多汽车都已经装上了尾气处理装置。在催化剂作用下，尾气中两种主要的有毒气体一氧化碳与一氧化氮反应生成两种无害气体，这两种无害气体均为空气中的成分。请写出该反应的化学方程式：_____。

二、判断题（下列说法正确的在括号内画"√"，错误的画"×"）（20分，每题4分）

1.H_3PO_4 比 HNO_3 的酸性强。　　　　　　　　　　　　　　　　（　　）

2.氨水呈酸性。　　　　　　　　　　　　　　　　　　　　　　　（　　）

3.SO_2 、NO_2 和 N_2 均可造成大气污染。　　　　　　　　　　　（　　）

4.O_2 和 O_3 互为同素异形体，它们的相互转化是物理变化。　　　（　　）

5.Br_2 氧化性比 Cl_2 强。　　　　　　　　　　　　　　　　　　（　　）

三、单选题（40分，每题4分）

1.在用氢气还原氧化铜的实验中，进行如下操作：①加热；②停止加热；③通入氢气；④停止通氢气。下列操作顺序中正确的是（　　　）。

A.③①②④　　　　B.③①④②　　　　C.①③②④　　　　D.①③④②

2.下列气体不可以用浓硫酸干燥的是（　　　）。

A.N_2　　　　　　B.NH_3　　　　　　C.HCl　　　　　　D.Cl_2

3.向含有 NaBr 和 KI 的混合溶液中加入过量的 Cl_2 充分反应，将溶液蒸干，并灼烧，最后剩余的固体是（　　　）。

A.NaCl 和 KI　　B.NaCl、KCl 和 I_2　　C.KCl 和 NaBr　　D.KCl 和 NaCl

4. 下列说法正确的是（　　）。

A. 氯气以液态形式存在时可称作氯水或液氯

B. Cl_2 有毒，但可以用来杀菌消毒，那么 Cl^- 也有毒

C. Cl_2 和 Cl^- 都是黄绿色

D. 铁在氯气中燃烧，生成的固体为 $FeCl_3$

5. 下列关于碳和硅的叙述中，不正确的是（　　）。

A. +4 价氧化物都与氢氧化钠溶液反应

B. 单质在加热时都能与氧气反应

C. 氧化物都能溶于水生成相应的酸

D. 碳和硅两种元素都有能导电的单质

6. 工业上经常使用的"三酸两碱"中的"两碱"指的是 $NaOH$ 和（　　）。

A. $NaHCO_3$　　　　　B. KOH　　　　　C. $Ca(OH)_2$　　　　　D. Na_2CO_3

7. 下列各组离子在溶液中能大量共存的是（　　）。

A. Ba^{2+}、Cu^{2+}、NO_3^-、SO_4^{2-}　　　　　B. CO_3^{2-}、H^+、Na^+、K^+

C. K^+、Na^+、SO_4^{2-}、Cl^-　　　　　D. H^+、Cl^-、NO_3^-、Ag^+

8. 1820 年德贝莱纳用 MnO_2 催化 $KClO_3$ 分解制氧气，发现制得的氧气有异常的气味，使该气体通过 KI 淀粉溶液，溶液变蓝。则该氧气中可能混有（　　）。

A. Cl_2　　　　　B. Br_2　　　　　C. HCl　　　　　D. CO_2

9. 下列物质中属于单质的是（　　）。

A. 水　　　　　B. 干冰　　　　　C. 红磷　　　　　D. 氨水

10. 同浓度下列物质的水溶液，酸性最强的是（　　）。

A. H_2SiO_3　　　　　B. H_3PO_4　　　　　C. H_2SO_4　　　　　D. H_2SO_3

四、简答题（10 分，每题 5 分）

1. 实验室制取 Cl_2 时，常用湿润的淀粉 KI 试纸来检验集气瓶中是否集满了氯气，说出其使用原理。

2. 请用化学方程式简述"雷雨发庄稼"的科学道理。

五、计算题（10 分）

用足量氢气还原 7.95 克氧化铜，可得到铜多少克？

纠错栏

第九章　化学反应速率和化学平衡

第一节　化学反应速率

一、填空题

1.对于反应 $CH_4(g)+H_2O(g)\longrightarrow CO(g)+3H_2(g)$，采取＿＿＿＿＿、＿＿＿＿＿、＿＿＿＿＿的措施可以加快其反应速率；若要加快 $C(s)+O_2(g)\longrightarrow CO_2(g)$ 的反应速率可采取＿＿＿＿＿、＿＿＿＿＿、＿＿＿＿＿的措施。

2.基元反应指的是＿＿＿＿＿＿＿＿的反应；非基元反应则是＿＿＿＿＿＿＿的反应。

二、判断题（下列说法正确的在括号内画"√"，错误的画"×"）

1.增加反应物浓度会加快反应速率。　　　　　　　　　　　　（　　）

2.使用催化剂可以加快反应速率。　　　　　　　　　　　　　（　　）

3.化学反应在低温下和高温下进行反应速率相差不大。　　　　（　　）

三、选择题

1.将大理石分别加入下列浓度的盐酸溶液中，反应速率最快的是（　　）。

A.0.1mol/L　　　　B.0.5mol/L　　　　C.0.2mol/L　　　　D.1mol/L

2.夏天食物易变质是因为（　　）。

A.气温高，反应速率慢　　　　　　　B.气温高，反应速率快

四、简答题

铁粉与稀硫酸反应时为什么气泡会逐渐减少？采取什么措施可以加快反应速率？

第二节　化学平衡

一、填空题

1.当正反应速率等于逆反应速率时，体系中反应物和产物的浓度均不再随时间改变而变化，体系所处的状态称为＿＿＿＿＿＿。

2.平衡常数与反应体系的浓度（或分压）无关，与＿＿＿＿＿＿＿＿＿＿有关。

二、判断题（下列说法正确的在括号内画"√"，错误的画"×"）

1.使用催化剂可以改变化学反应的平衡转化率。　　　　　　　（　　）

2.达到化学平衡时体系中各物质浓度保持不变，说明此时化学反应已经停止。（　　）

三、选择题

1.使用高压锅可以加快反应速率，缩短煮饭时间是因为（　　　）。

A.高压锅内温度等于100℃　　　　　　　　B.高压锅内温度低于100℃

C.高压锅内温度高于100℃

2.对可逆反应 $C(s)+H_2O(g) \Longleftrightarrow CO(g)+H_2(g)-131.4kJ$，下列说法错误的是（　　　）。

A.升高体系温度，平衡向逆反应方向移动

B.增大体系压强，平衡向逆反应方向移动

C.增加水蒸气浓度，平衡向正反应方向移动

四、简答题

简述化学平衡的特点。

课堂笔记

_____

_____

_____

_____

_____

_____

_____

_____

_____

_____

_____

_____

_____

_____

第九章　化学反应速率和化学平衡　章节测验

一、填空题（20分，每空4分）

1. 影响化学反应速率的主要因素有：＿＿＿＿、＿＿＿＿、＿＿＿＿、＿＿＿＿等。

2. 对同一类反应，在给定条件下，平衡常数值越大，表明＿＿＿＿＿＿＿＿。

二、判断题（下列说法正确的在括号内画"√"，错误的画"×"）（20分，每题4分）

对于水煤气反应 $C(s)+H_2O(g)\rightleftharpoons CO(g)+H_2(g)$，$q>0$（正向吸热），

1. 升高温度，正反应速率增大，逆反应速率减小，所以平衡向右移动。（　　）

2. 由于反应前后分子数相等，所以增大压力对平衡没有影响。（　　）

3. 达到平衡时各反应物和生成物的分压一定相等。（　　）

4. 加入催化剂，使正反应速率（$v_正$）增大，所以平衡向右移动。（　　）

5. 减小反应体系中 $CO(g)$ 的分压，可以使平衡向右移动。（　　）

三、单选题（40分，每题4分）

1. 某反应 $A(g)+B(g)\rightleftharpoons G(g)+H(g)$ 的 $K_c=10^{-12}$，这意味着（　　）。

A. 反应物的初始浓度太低

B. 正反应不能进行，生成物不存在

C. 该反应是可逆反应，且两个方向进行的机会均等

D. 正反应能进行但进行程度不大

2. 对于水煤气反应 $C(s)+H_2O(g)\rightleftharpoons CO(g)+H_2(g)$，$q>0$，下列说法正确的是（　　）。

A. 此反应为吸热反应，升温则 $v_正$ 增加，$v_逆$ 减小，所以平衡右移

B. 增大压力不利于 $H_2O(g)$ 的转化

C. 升高温度使其 K_p 减小

D. 加入催化剂可以提高产率

3. 当反应 $2Cl_2(g)+2H_2O(g)\rightleftharpoons 4HCl(g)+O_2(g)$ 达到平衡时，下列操作不能使平衡移动的是（　　）。

A. 降低温度　　　　　　　　B. 加入氧气

C. 加入催化剂　　　　　　　D. 增大压力

4. 在某温度下反应 $4HCl(g)+O_2(g)\rightleftharpoons 2Cl_2(g)+2H_2O(g)$ 的平衡常数 $K_c=1.6$，若 $c(HCl)=c(O_2)=c(H_2O)=c(Cl_2)=1.0mol/L$，预计反应将向（　　）方向进行，才能达到平衡。

A. 正反应　　　　　　　　　B. 逆反应

C. 不移动　　　　　　　　　D. 无法判断

5. 某温度时，反应 $H_2(g)+Br_2(g)\rightleftharpoons 2HBr(g)$ 的平衡常数为 K_c，则反应 $HBr(g)\rightleftharpoons 1/2H_2(g)+1/2Br_2(g)$ 的平衡常数为（　　　）。

A. K_c　　　　　　B. $K_c^{1/2}$　　　　　　C. K_c^{-1}　　　　　　D. $K_c^{-1/2}$

6. 正反应和逆反应的平衡常数之间的关系是（　　　）。

A. 总相等　　　　　B. 积等于 1　　　　　C. 和等于 1　　　　　D. 没有关系

7. 反应 $NO(g)+CO(g)\rightleftharpoons N_2(g)+CO_2(g)$ 在一定条件下的转化率为 25.7％，如加催化剂，则其转化率（　　　）。

A. 小于 25.7％　　　B. 不变　　　　　C. 大于 25.7％　　　D. 无法判断

8. 能影响速率常数 k 的因素是（　　　）。

A. 反应物的浓度　　　　　　　　　　B. 温度

C. 反应物的分压　　　　　　　　　　D. 生应物的浓度

9. 某催化剂能加快正反应速率，则它对逆反应的作用是（　　　）。

A. 加快　　　　　　　　　　　　　　B. 减慢

C. 不起作用　　　　　　　　　　　　D. 不确定

10. 合成氨反应 $N_2(g)+3H_2(g)\rightleftharpoons 2NH_3(g)$，$q<0$（正向放热），下列说法正确的是（　　　）。

A. 升高温度可使平衡向放热方向移动，有利于 NH_3 的生成

B. 减小压力可以使平衡向右移动，有利于 NH_3 的生成

C. 降低温度可使平衡向右移动，可以提高 NH_3 的产量

D. 加入催化剂可以提高 N_2 的转化率

四、计算题（20 分，第 1 题和第 2 题每题 8 分，第 3 题 4 分）

1. 可逆反应 $2SO_2(g)+O_2(g)\rightleftharpoons 2SO_3(g)$，已知 SO_2 和 O_2 起始浓度分别为 0.4mol/L 和 1.0mol/L，某温度下反应达到平衡时，SO_2 的平衡转化率为 80％。计算平衡时各物质的浓度和反应的平衡常数。

2. 已知 773K 时，合成氨反应 $N_2(g)+3H_2(g)\rightleftharpoons 2NH_3(g)$，$K_c=7.8\times10^{-5}$，计算该温度下下列反应的浓度常数：

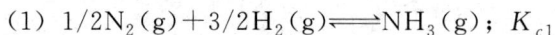

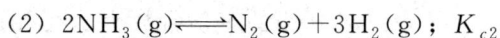

（1）$1/2N_2(g)+3/2H_2(g)\rightleftharpoons NH_3(g)$；$K_{c1}$

（2）$2NH_3(g)\rightleftharpoons N_2(g)+3H_2(g)$；$K_{c2}$

班级__________ 姓名__________ 学号__________ 成绩__________

3. 可逆反应$2SO_2(g)+O_2(g) \rightleftharpoons 2SO_3(g)$，在某温度下达到平衡时，$SO_2$、$O_2$ 和 SO_3 的浓度分别为：0.1mol/L、0.5mol/L、0.9mol/L，如果体系温度不变，将体积减小到原来的一半，试通过计算说明平衡移动的方向。

纠错栏

第十章 酸碱平衡

第一节 酸碱理论发展史

一、填空题

1.酸碱电离理论中，_____叫作酸；_____
_____叫作碱。

2.酸碱质子理论中，酸是_____的物质，碱是_____
_____的物质。

二、判断题（下列说法正确的在括号内画"√"，错误的画"×"）

1.瑞典科学家富兰克林提出了酸碱电离理论。 （   ）

2.美国化学家路易斯提出了酸碱质子理论。 （   ）

三、选择题

丹麦化学家布朗斯特与英国化学家劳莱提出了酸碱（   ）理论。

A.电离　　　　　　　B.溶剂　　　　　　　C.质子　　　　　　　D.电子

第二节 酸碱质子理论

一、填空题

下列分子或离子：HS^-、CO_3^{2-}、$H_2PO_4^-$、NH_3、H_2S、HCl、Ac^-、OH^-、H_2O，
根据酸碱质子理论，属于酸的是_____，_____是碱，既是酸又是
碱的有_____。

二、判断题（下列说法正确的在括号内画"√"，错误的画"×"）

1.酸和碱是决然对立的两种物质，它们不可以相互转化。 （   ）

2.H_2CO_3 与 CO_3^{2-} 是一对共轭酸碱对。 （   ）

三、选择题

1.下列物质中属于酸的是（   ）。

A. $NaHCO_3$　　　　　B. H_2CO_3　　　　　C. P_2O_5　　　　　D. $Ba(OH)_2$

2.下列物质的水溶液显碱性的是（   ）。

A. HAc　　　　　　　B. NH_4Cl　　　　　C. H_2CO_3　　　　　D. Na_2CO_3

第三节　水溶液中的酸碱反应及其平衡

一、填空题

1. 氨水呈_____（填"酸性"或"碱性"）。

2. 已知草酸（$H_2C_2O_4$）的 $K_{a1}=5.90\times10^{-2}$、$K_{a2}=6.40\times10^{-5}$，则 $Na_2C_2O_4$ 的 $K_{b1}=$ _____，$K_{b2}=$ _____。

二、判断题（下列说法正确的在括号内画"√"，错误的画"×"）

1. 在任何物质的水溶液中，都存在着〔OH^-〕〔H^+〕$=10^{-14}$。 （　　）

2. K_a 为弱酸的解离平衡常数，与浓度有关，K_a 随浓度的改变而改变。 （　　）

3. 弱酸的解离平衡常数 K_a 越大，该弱酸的酸性愈强。 （　　）

三、选择题

1. 已知 HAc 的 $K_a=1.76\times10^{-5}$，HF 的 $K_a=6.61\times10^{-4}$，HCN 的 $K_a=6.17\times10^{-10}$，则（　　）的酸性强。

A. HAc　　　　　　　　B. NH_4Cl　　　　　　　C. HCN

2. 25 ℃时，K_w 的数值是（　　）。

A. 1.0×10^{-12}　　　　　　　　　　B. 1.0×10^{-13}

C. 1.0×10^{-14}　　　　　　　　　　D. 1.0×10^{-15}

第四节　弱酸弱碱水溶液 pH 的计算

一、填空题

$c(H^+)=2.0\times10^{-3}$ mol/L 的溶液的 pH 为_____，溶液呈_____（填"酸性"或"碱性"）。

二、判断题（下列说法正确的在括号内画"√"，错误的画"×"）

1. 纯水加热到 100℃时，$K_w=5.8\times10^{-13}$，所以溶液呈酸性。 （　　）

2. 溶液的酸碱性与溶液的 pH 大小无关。 （　　）

三、选择题

1. 溶液的 pH 越小，说明溶液的酸性（　　）。

A. 越弱　　　　　　　　　　　　B. 越强

2. 浓度相等的酸与碱反应后，其溶液呈（　　）。

A. 酸性　　　　　　　　　　　　B. 碱性

C. 中性　　　　　　　　　　　　D. 无法判断

四、计算题

计算 0.20mol/L HAc 和 HCl 溶液的 pH，并比较它们酸性的强弱。

第五节　酸碱缓冲溶液

一、填空题

在缓冲溶液中加入少量的酸、少量的_____或少量的水稀释时，溶液能保持 pH 值相对稳定。

二、判断题（下列说法正确的在括号内画"√"，错误的画"×"）

1. 某温度下，某液体 $c(H^+)=1.0\times10^{-7}$ mol/L，则该溶液一定是纯水。　　　　（　　）

2. 在浓度均为 0.01 mol/L 的 HCl、H_2SO_4、NaOH 和 NH_4Ac 四种水溶液中，H^+ 和 OH^- 离子浓度的乘积均相等。　　　　（　　）

三、选择题

欲配制 pH＝9 的缓冲溶液，应选用下列何种弱酸或弱碱和它们的盐来配制（　　）。

A. HNO_2（$K_a=5.13\times10^{-4}$）　　　　B. NH_3（$K_b=1.79\times10^{-5}$）

C. HAc（$K_a=1.76\times10^{-5}$）　　　　D. HCOOH（$K_a=1.77\times10^{-4}$）

课堂笔记

_____

_____

_____

_____

_____

_____

_____

第十章　酸碱平衡　章节测验

一、填空题（20分，每空2分）

1.已知柠檬酸的 pK_{a_1}、pK_{a_2}、pK_{a_3} 分别为 3.13、4.76、6.40，则 $pK_{b_2}=$ ＿＿＿＿＿＿＿＿＿＿＿，$pK_{b3}=$ ＿＿＿＿＿＿＿＿＿＿＿。

2.在氨水溶液中加入少量 NaOH 溶液（忽略体积变化），则溶液的 OH^- 浓度 ＿＿＿＿＿＿＿＿，NH_4^+ 浓度 ＿＿＿＿＿＿，pH ＿＿＿＿＿＿，氨水的电离度 ＿＿＿＿＿＿，氨水的电离平衡常数 ＿＿＿＿＿＿。

3.已知：$K_a(HAc)=1.76\times10^{-5}$，$K_a(HCN)=6.2\times10^{-10}$，$K_a(HF)=6.6\times10^{-4}$，$K_b(NH_3)=1.79\times10^{-5}$。以上溶液的浓度均为 0.1mol/L，其溶液 pH 值按由大到小的顺序排列为 ＿＿＿＿＿＿＿＿＿＿＿＿＿＿＿＿＿＿＿＿＿＿。

4.根据酸碱质子理论，OH^- 的共轭酸是 ＿＿＿＿＿＿＿＿，HAc 的共轭碱是 ＿＿＿＿＿＿。

二、判断题（下列说法正确的在括号内画"√"，错误的画"×"）（20分，每题4分）

1.分别中和 pH 值相同的盐酸和醋酸溶液，所需 NaOH 的量相同。　　　　（　　　）

2.$c(H^+)=3.0mol/L$ 的醋酸溶液，其 pH＝3。　　　　（　　　）

3.pH＝5 的溶液比 pH＝3 的溶液酸性强。　　　　（　　　）

4.缓冲溶液对外加入的酸碱有缓冲作用，不管酸碱加入量是多是少。　　　　（　　　）

5.在 H_2S 溶液中，H^+ 浓度是 S^{2-} 浓度的 2 倍。　　　　（　　　）

三、单选题（20分，每题4分）

1.下列各组酸碱对中，不属于共轭酸碱对的是（　　　）。

A. HAc-Ac^- 　　　　　　　　　　B. NH_3-NH_4^+

C. HNO_3-NO_3^- 　　　　　　　　D. H_2SO_4-SO_4^{2-}

2.如果把少量 NaAc 固体加到 HAc 溶液中，则 pH 值将（　　　）。

A. 增大　　　　　B. 减小　　　　　C. 不变　　　　　D. 无法确定

3.共轭酸碱对的 K_a 和 K_b 的关系是（　　　）。

A. $K_a=K_b$ 　　　　　　　　　　B. $K_aK_b=K_w$

C. $K_a/K_b=K_w$ 　　　　　　　　D. $K_b/K_a=K_w$

4.按质子理论，下列物质中（　　　）不具有两性。

A. HCO_3^- 　　　　B. CO_3^{2-} 　　　　C. HPO_4^{2-} 　　　　D. HS^-

5.向一定浓度的 HAc 溶液中加入少量 NaAc 固体，会引起 HAc 的电离度（　　　）。

A. 不变　　　　　B. 增大　　　　　C. 减小　　　　　D. 无法确定

四、计算题（40分，每题20分）

1. 有一弱酸 HA，其电离常数 $K_a = 6.4 \times 10^{-7}$，求 $c(HA) = 0.30$ mol/L 时溶液的 pH。

2. 20.0mL 0.10mol/L 的 HAc 溶液与 10.0mL 0.10mol/L 的 NaOH 溶液混合，计算溶液的 pH。

纠错栏

_____

_____

_____

_____

_____

_____

_____

_____

_____

_____

_____

_____

_____

第十一章　氧化还原反应和电化学

第一节　氧化还原反应

一、填空题

1. "升失氧，降得还"中每个字一一对应的含义是 _____

_____。

2. 还原剂是指 _____，它被 _____（氧化或还原），发生了 _____（氧化或还原）反应，它对应的产物称为 _____（氧化或还原）产物。

3. 元素处于最高价只有 _____（氧化性或还原性），处于最低价只有 _____（氧化性或还原性），元素处于中间价态既有氧化性又有还原性。

二、判断题（下列说法正确的在括号内画"√"，错误的画"×"）

1. $FeCl_3$ 溶液能溶解铜板。　　　　　　　　　　　　　　　　　　（　　）

2. 钾的金属活动性比钠强，所以钾可以从 $NaOH$ 溶液中置换出钠来。（　　）

3. 强还原剂被氧化后得到的产物也具有还原性。　　　　　　　　　（　　）

4. 判断下列反应哪些是氧化还原反应？（是的画"√"，不是的画"×"）

(1) $2NaOH + H_2SO_4 = Na_2SO_4 + 2H_2O$　　　　　　　　　　（　　）

(2) $2Na + 2H_2O = 2NaOH + H_2\uparrow$　　　　　　　　　　　（　　）

(3) $2FeCl_3 + SnCl_2 = 2FeCl_2 + SnCl_4$　　　　　　　　　　（　　）

(4) $2KClO_3 \xrightarrow[\triangle]{MnO_2} 2KCl + 3O_2\uparrow$　　　　　　　　　　（　　）

三、选择题

1. 下列反应类型一定属于氧化还原反应的是（　　）。

A. 化合反应　　　　　　　　　　　　　B. 分解反应

C. 置换反应　　　　　　　　　　　　　D. 复分解反应

2. 为了治理废水中 $Cr_2O_7{}^{2-}$ 的污染，常先加入一种试剂使之变为 Cr^{3+}，该试剂为（　　）。

A. $NaOH$ 溶液　　　　　　　　　　　B. $FeCl_3$ 溶液

C. 明矾　　　　　　　　　　　　　　　D. Na_2SO_3 和 H_2SO_4

3. 节日燃放的烟花中含氧化剂、可燃物、显色剂和增亮剂等成分，其中可燃物主要为黑火药，其爆炸反应为：$S + 2KNO_3 + 3C = K_2S + 3CO_2\uparrow + N_2\uparrow$，此反应中的氧化剂是（　　）。

A. KNO_3　　　　　B. C　　　　　C. N_2　　　　　D. S 和 KNO_3

四、简答题

1.现有三瓶气体，它们是 HBr、HI 及 Cl_2，不用其他试剂你如何确定哪一瓶里装的是什么气体？

2.如何判断一个氧化还原反应中的氧化剂或还原剂是哪种物质？

第二节　原电池与手机电池

一、填空题

1.原电池是指＿＿＿＿＿＿＿＿＿＿＿＿＿＿＿＿＿＿＿＿＿＿＿＿。按物理学上的规定，输出电子的一方是＿＿＿＿＿＿＿，输入电子的一方是＿＿＿＿＿＿。

2.写出铜锌原电池的电池反应：＿＿＿＿＿＿＿＿＿＿＿＿＿＿＿＿；写出铜锌原电池的符号：＿＿＿＿＿＿＿＿＿＿＿＿＿＿＿＿＿＿＿＿。

二、判断题（下列说法正确的在括号内画"√"，错误的画"×"）

1.在原电池中，发生氧化反应的一极一定是正极。　　　　　　　　　　（　　）

2.Fe 和稀 H_2SO_4 反应时，加入少量 $CuSO_4$ 溶液，可加快反应速度。　　（　　）

3.其他条件均相同，带有"盐桥"的原电池比不带"盐桥"的原电池电流持续时间长。

（　　）

三、选择题

1.某金属能跟稀盐酸作用放出氢气，该金属与锌组成原电池时，锌为负极，此金属是（　　）。

A. Mg　　　　　　　B. Fe　　　　　　　C. Al　　　　　　　D. Cu

2.我们日常使用的干电池是一种锌锰电池，也叫碳锌电池。它里面包含二氧化锰、碳粉以及淀粉等填充物。若负极为锌棒，则正极为（　　）。

A. 二氧化锰　　　　B. 碳棒　　　　　　C. 淀粉　　　　　　D. 以上都不是

3.锌铜原电池产生电流时，阳离子（　　）。

A. 移向 Zn 极，阴离子移向 Cu 极　　　　B. 移向 Cu 极，阴离子移向 Zn 极

C. 和阴离子都移向 Zn 极　　　　　　　　D. 和阴离子都移向 Cu 极

四、简答题

1.在铜锌原电池中，锌为什么会自发失去电子从而形成电流？

2.原电池与蓄电池有哪些区别？

第三节　电解池与氯碱工业

一、填空题

1.＿＿＿＿＿＿＿＿＿＿＿＿＿＿＿＿＿＿＿＿＿＿叫作电解，将电能转变成化学能的装置叫＿＿＿＿＿＿＿。

2.电解质溶液的导电过程是其＿＿＿＿＿＿过程。

3.写出电解 $CuCl_2$ 溶液的化学反应方程式＿＿＿＿＿＿＿＿＿＿＿＿＿。

4.工业上将电解饱和食盐水的工业生产称为＿＿＿＿＿＿工业。工业上通过电解饱和食盐水来制＿＿＿＿＿、＿＿＿＿＿和＿＿＿＿＿。

5.＿＿＿＿＿是应用电解原理在某些金属表面上镀上一薄层其他金属或合金的方法。

6.电镀时，通常＿＿＿＿＿＿作阳极，＿＿＿＿＿＿作阴极，含有镀层金属离子的溶液作电镀液。

二、判断题 （下列说法正确的在括号内画"√"，错误的画"×"）

1.原电池和铅蓄电池均为一次电池。　　　　　　　　　　　　　　　（　　）

2.实验室电解饱和食盐水在阴极区加入酚酞，溶液变红。　　　　　　（　　）

3.电镀时镀层金属作阴极。　　　　　　　　　　　　　　　　　　　（　　）

三、选择题

1.实验室电解饱和食盐水 （　　）。

A.阳极发生还原反应　　　　　　　　　B.铁丝接电源的负极

C.电子由阴极经溶液流向阳极　　　　　D.氯气在阴极区产生

2.电解 $CuSO_4$ 和 NaCl 的混合溶液，在阴极和阳极上分别析出的物质是 （　　）。

A. H_2 和 Cl_2 　　　　　　　　　　B. Cu 和 Cl_2

C. H_2 和 O_2 　　　　　　　　　　D. Cu 和 O_2

3.食盐水溶液中存在着在 Na^+、Cl^-、H^+、OH^- 四种离子，通电时，（　　）在阳极与阴极优先放电。

A. Cl^- 和 Na^+ 　　　　　　　　　B. Cl^- 和 H^+

C. OH^- 和 H^+ 　　　　　　　　　D. OH^- 和 Na^+

四、简答题

1.选直流电源，以粗铜作阳极，纯铜作阴极，$CuSO_4$ 溶液作电解液，请写出阴阳两极的电极反应；电解完后，$CuSO_4$ 溶液的浓度有何变化？

2.工业上制金属镁是电解氧化镁还是电解熔融的氯化镁？

第四节 金属电化学腐蚀与防护

一、填空题

1.＿＿＿＿＿＿＿＿＿＿＿＿＿＿＿＿＿＿＿＿＿＿＿＿称为电化学腐蚀。

2.炒过菜的铁锅未及时洗净（残液中含 NaCl），第二天便会因腐蚀出现红褐色锈斑。请写出：

（1）铁锅的锈蚀应属于＿＿＿＿＿＿＿＿，腐蚀的原因是＿＿＿＿＿＿＿＿；

（2）铁锅锈蚀的电极反应式为：负极＿＿＿＿＿＿＿＿，正极＿＿＿＿＿＿＿＿。正负电极反应产物会继续发生反应，反应的离子方程式或化学方程式为＿＿＿＿＿＿＿＿＿＿＿＿＿＿＿＿＿＿＿＿＿＿＿＿＿＿。

二、判断题（下列说法正确的在括号内画"√"，错误的画"×"）

1.马口铁（镀锡铁）发生腐蚀首先是镀层被腐蚀。 （　　）

2.钢铁在潮湿空气中容易被腐蚀。 （　　）

3.铁遇冷浓硝酸表面钝化，可保护内部不被腐蚀。 （　　）

三、选择题

1.下列叙述的方法不正确的是（　　）。

A.金属的电化学腐蚀比化学腐蚀更普遍

B.用铝质铆钉铆接铁板，铁板易被腐蚀

C.铁在干燥空气中不易被腐蚀

D.用牺牲锌块的方法来保护船身

2.在铜制品上的铝质铆钉，在潮湿空气中容易腐蚀的原因是（　　）。

A.形成原电池时，铝作负极

B.形成原电池时，铜作负极

C.形成原电池时，电流由铝经导线流向铜

D.铝铆钉发生了电化学腐蚀

3.下列描述不正确的是（　　）。

A.目前我国流通的硬币是合金制造

B.日用铝制品表面覆盖的氧化膜，对内部起到保护作用

C.虽然生铁中含碳，但与纯铁相比不易被腐蚀

D.用锡焊接的铁质器件，焊接处易生锈

四、简答题

1.为什么钢铁在干燥的空气中不易生锈，而在潮湿的空气中容易生锈呢？

2.可以采取哪些措施进行金属的电化学防护？

课堂笔记

第十一章　氧化还原反应和电化学　章节测验

一、填空题（46分，每空2分）

1. 在化学反应中，如果反应前后元素化合价发生变化，就一定有_____转移，这类反应就属于_____反应。

2. 在铜锌原电池中

①在 $ZnSO_4$ 溶液中，锌片逐渐_____，即 Zn 被_____，锌原子____电子，形成_____进入溶液，从锌片上释放出电子，经过导线流向_____；溶液中的_____从铜片上得电子，还原成为____并沉积在铜片上。

②电子流向：从____极流向____极。

③电流方向：从____极（____）流向____极（____）。

3. 分析下列氧化还原反应中化合价的变化，指出氧化剂和还原剂

①$2Fe+3Cl_2 \xrightarrow{\text{点燃}} 2FeCl_3$，氧化剂_____；还原剂_____。

②$CuO+CO \xrightarrow{\triangle} Cu+CO_2$，氧化剂_____；还原剂_____。

③$2Al+3H_2SO_4 == Al_2(SO_4)_3+3H_2\uparrow$，氧化剂_____，还原剂_____。

④$2KClO_3 \xrightarrow[\triangle]{MnO_2} 2KCl+3O_2\uparrow$，氧化剂_____，还原剂_____。

二、单选题（22分，每题2分）

1. 下列反应不属于四种基本反应类型，但属于氧化还原反应的是（　　　）。

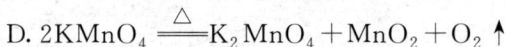

A. $Fe+CuSO_4 == FeSO_4+Cu$

B. $Fe_2O_3+3CO \xrightarrow{\text{高温}} 2Fe+3CO_2$

C. $AgNO_3+NaCl == AgCl\downarrow+NaNO_3$

D. $2KMnO_4 \xrightarrow{\triangle} K_2MnO_4+MnO_2+O_2\uparrow$

2. 下列属于氧化还原反应的是（　　　）。

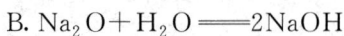

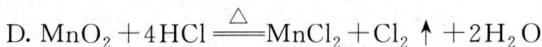

A. $CaCO_3 \xrightarrow{\text{高温}} CaO+CO_2\uparrow$

B. $Na_2O+H_2O == 2NaOH$

C. $Na_2CO_3+H_2SO_4 == Na_2SO_4+CO_2\uparrow+H_2O$

D. $MnO_2+4HCl \xrightarrow{\triangle} MnCl_2+Cl_2\uparrow+2H_2O$

3. 下列变化需要加入氧化剂才能实现的是（　　　）。

A. $NaOH \longrightarrow NaCl$　　　　　　　　B. $H_2SO_4 \longrightarrow H_2$

C. $HCl \longrightarrow Cl_2$　　　　　　　　　　D. $CaCO_3 \longrightarrow CO_2$

4. 在下列反应中，水既不作氧化剂又不作还原剂的是（　　）。

A. $2Na + 2H_2O == 2NaOH + H_2\uparrow$　　　　B. $2NaOH == Na_2O + H_2O$

C. $2H_2O \xrightarrow{通电} 2H_2\uparrow + O_2\uparrow$　　　　D. $C + H_2O \xrightarrow{高温} CO + H_2$

5. 下列变化过程一定属于还原反应的是（　　）。

A. $HCl \rightarrow MgCl_2$　　　　　　　　　　　B. $Na \rightarrow Na^+$

C. $CO \rightarrow CO_2$　　　　　　　　　　　　D. $Fe^{3+} \rightarrow Fe^{2+}$

6. 下列反应氯元素只被氧化的是（　　）。

A. $5Cl_2 + I_2 + 6H_2O = 10HCl + 2HIO_3$

B. $MnO_2 + 4HCl \xrightarrow{\triangle} MnCl_2 + Cl_2\uparrow + 2H_2O$

C. $2Cl_2 + 2Ca(OH)_2 == CaCl_2 + Ca(ClO)_2 + 2H_2O$

D. $2HClO \xrightarrow{光照} 2HCl + O_2\uparrow$

7. 人体血红蛋白中含有 Fe^{2+}，如果误食亚硝酸盐，会使人中毒，因为亚硝酸盐会使 Fe^{2+} 转化为 Fe^{3+}，生成高铁血红蛋白而丧失与 O_2 的结合的能力，服用维生素 C 可缓解亚硝酸盐的中毒，这说明维生素 C 具有（　　）。

A. 酸性　　　　　　　　　　　　　B. 碱性

C. 氧化性　　　　　　　　　　　　D. 还原性

8. 如图右所示，如果电流计偏转，a 变粗 b 变细，符合这一情况的是（　　）。

A. a 是锌，b 是铜，c 是 H_2SO_4 溶液

B. a 是铁，b 是银，c 是 $AgNO_3$ 溶液

C. a 是银，b 是铁，c 是 $AgNO_3$ 溶液

D. a 是铁，b 是碳，c 是 $CuCl_2$ 溶液

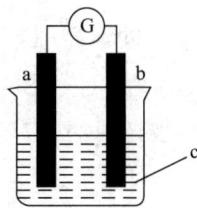

题 8 图

9. 某原电池构造如右图所示。下列有关叙述正确的是（　　）。

A. 在外电路中，电子由银电极流向铜电极

B. 取出盐桥后，电流表的指针仍发生偏转

C. 外电路中每通过 0.1mol 电子，铜的质量理论上减小 6.4g

D. 原电池的总反应式为 $Cu + 2AgNO_3 == 2Ag + Cu(NO_3)_2$

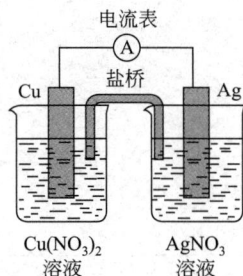

题 9 图

10. 我国第五套人民币中的一元硬币材料为钢芯镀镍，依据你所掌握的电镀原理，你认为在硬币制作时，钢芯应作（　　）。

A. 阴极　　　　　　　B. 阳极

C. 正极　　　　　　　D. 负极

11. 下列微粒：① Al^{3+}，② Cl^-，③ N_2，④ MnO_4^-，⑤ CO_2，⑥ H_2O_2，⑦ Fe^{2+}，⑧ MnO_4^{2-}，既具有氧化性又具有还原性的是（　　）。

A. ①④⑤⑦　　　　B. ③⑥⑦⑧

C. ④⑤⑥⑧　　　　D. ①②③⑥

三、简答题（20分，每小题5分）

1. 铜板上的铁铆钉为什么特别容易生锈？

2. 如右图所示，左边电极（连接电源正极的）用碳棒，右边电极用铁棒，电解质溶液用 $CuCl_2$ 溶液。

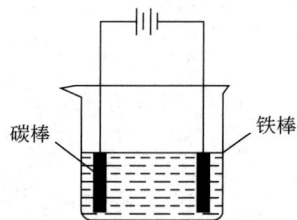

题 2 图

① 请写出电极反应、电解总反应。

② 如何检验生成的氯气？

③ 通电后，电解池中有何现象？

④ 若将碳棒改为铜棒，情况又如何？

四、计算题（12分）

在 $3Cu + 8HNO_3(稀) = 3Cu(NO_3)_2 + 2NO\uparrow + 4H_2O$ 反应中，若有 64g Cu 被氧化，则被还原的 HNO_3 的质量是多少？

纠错栏

_____

_____

_____

_____

_____

第十二章　配位化合物和配位平衡

第一节　配位化合物的基本概念

一、填空题

1. 凡含有配离子的化合物称为＿＿＿＿＿＿＿，简称＿＿＿＿＿＿。习惯上＿＿＿也称为配合物。

2. 配合物的最本质的特点是存在着＿＿＿＿＿＿＿。

3. 配合物由＿＿＿＿＿和＿＿＿＿＿＿＿两部分组成：以配位键相结合且能稳定存在的配离子部分称为＿＿＿＿＿＿，又叫配位个体；配离子之外的其他离子称为＿＿＿＿＿＿，写在方括号的外面。

4. 配离子由＿＿＿＿＿和＿＿＿＿＿＿＿结合而成。配离子是配合物的特征部分，写成化学式时，用方括号括起来。

5. 填写下表

配合物	中心离子	配位体	配位原子	配位数	名称
$Cu[SiF_6]$					
$[Ag(NH_3)_2]OH$					
$[CoCl_2(NH_3)_3(H_2O)]Cl$					
$[PtCl_2(en)]$					

二、判断题（下列说法正确的在括号内画"√"，错误的画"×"）

1. 任何配合物的配位数都等于配体的总数。　　　　　　　　　　　（　　）

2. 乙二胺四乙酸（EDTA）是六齿配体。　　　　　　　　　　　　（　　）

3. NH_3 中 N 原子，CN^- 中的 N 原子为配位原子。　　　　　　　（　　）

三、选择题

1. 下列不能作为配位体的物质是（　　　）。

A. $C_6H_5NH_2$　　　　B. CH_3NH_2　　　　C. NH_4^+　　　　D. NH_3

2. 下列关于螯合物的叙述不正确的是（　　　）。

A. 螯合物的配位体是多齿配体，与中心原子形成环状结构

B. 螯合物中环越多越稳定

C. 螯合物属于稳定的配合物

D. 螯合剂中配位原子相隔越远形成的环越大，螯合物的稳定性就越强

3. 下列配合物中，形成体的配位数与配体总数相等的是（　　　）。

A. $[Fe(en)_3]Cl_3$ B. $[Fe(OH)_2(H_2O)_4]$

C. $[ZnCl_2(en)]$ D. $[CoCl_2(en)_2]Cl$

四、简答题

1. 为什么多齿配体比较稳定？

2. 配合物的命名原则是什么？

第二节　配合物在水溶液中的解离平衡

一、填空题

1. $K_稳$ 或 $\lg K_稳$ 越大，表示配离子越易生成，即配离子越＿＿＿＿＿＿。

2. 稳定常数 $K_稳$ 和不稳定常数 $K_{不稳}$ 的关系是＿＿＿＿＿＿＿＿。

二、判断题

1. 在 $[Zn(NH_3)_4]SO_4$ 溶液中，存在下列平衡：$[Zn(NH_3)_4]^{2+} \rightleftharpoons Zn^{2+} + 4NH_3$，分别向溶液中加入少量下列物质，请判断上述平衡移动的方向。

（1）稀 H_2SO_4 溶液；（2）$NH_3 \cdot H_2O$；（3）Na_2S 溶液；（4）KCN 溶液；（5）$CuSO_4$ 溶液。

2. 判断下列反应进行的方向，并说明理由：

(1) $[Ag(NH_3)_2]^+ + 2CN^- \rightleftharpoons [Ag(CN)_2]^- + 2NH_3$

已知：$K_稳[Ag(NH_3)_2]^+ = 2.5 \times 10^7$，$K_稳[Ag(CN)_2]^- = 1.26 \times 10^{21}$。

(2) $[HgCl_4]^{2-} + 4CN^- \rightleftharpoons [Hg(CN)_4]^{2-} + 4Cl^-$

已知：$K_稳[HgCl_4]^{2-} = 1.4 \times 10^{15}$，$K_稳[Hg(CN)_4]^{2-} = 1.0 \times 10^{12}$。

三、简答题

1.影响配位平衡的因素有哪些？

2.什么是置换配位？

课堂笔记

第十二章　配位化合物和配位平衡　章节测验

一、填空题（24分，每空3分）

1.配合物 $K_2[HgI_4]$ 在溶液中可能解离出来的阳离子有_____，阴离子有_____。配合物 $[Ag(NH_3)_2]NO_3$ 在溶液中可能解离出来的阳离子有_____，阴离子有_____。

2.在 $[Co(NH_3)_6]Cl_2$ 溶液中，存在下列平衡：$[Co(NH_3)_6]^{2+} \rightleftharpoons Co^{2+} + 6NH_3$；若加入 HCl 溶液，由于_____，平衡向_____移动；若加入氨水，由于_____，平衡向_____移动。

二、判断题（下列说法正确的在括号内画"√"，错误的画"×"）（20分，每题4分）

1.只有金属离子才能作为配合物的形成体。　　　　　　　　　（　　）

2.配位体的数目就是形成体的配位数。　　　　　　　　　　（　　）

3.配离子的电荷数等于中心离子的电荷数。　　　　　　　　（　　）

4.在某些金属难溶化合物中，加入配位剂，可使其溶解度增大。（　　）

5.在 Fe^{3+} 溶液中加入 F^- 后，Fe^{3+} 的氧化性降低。　　（　　）

三、单选题（16分，每题4分）

1.在 0.10mol/L 的 $[Ag(NH_3)_2]Cl$ 溶液中，各种组分浓度大小的关系是（　　）。

A. $c(NH_3) > c(Cl^-) > c([Ag(NH_3)_2]^+) > c(Ag^+)$

B. $c(Cl^-) > c([Ag(NH_3)_2]^+) > c(Ag^+) > c(NH_3)$

C. $c(Cl^-) > c([Ag(NH_3)_2]^+) > c(NH_3) > c(Ag^+)$

D. $c(NH_3) > c(Cl^-) > c(Ag^+) > c([Ag(NH_3)_2]^+)$

2.当溶液中存在两种配体，并且都能与中心离子形成配合物时，在两种配体浓度相同的条件下，中心离子形成配合物的倾向是（　　）。

A. 两种配合物形成都很少　　　　　　B. 两种配合物形成都很多

C. 主要形成 $K_稳$ 较大的配合物　　　D. 主要形成 $K_稳$ 较小的配合物

3.下列物质中在氨水中溶解度最大的是（　　）。

A. AgCl　　　　　B. AgBr　　　　　C. AgI　　　　　D. Ag_2S

4.下列配合物中，形成体的配位数与配体总数相等的是（　　）。

A. $[Fe(en)_3]Cl_3$　　　　　　　　B. $[CoCl_2(en)_2]Cl$

C. $[ZnCl_2(en)]$　　　　　　　　D. $[Fe(OH)_2(H_2O)_4]$

四、判断下列反应进行的方向（20分，每题10分）

1.$[HgCl_4]^{2-} + 4CN^- \rightleftharpoons [Hg(CN)_4]^{2-} + 4Cl^-$

班级______ 姓名______ 学号______ 成绩______

($K_{稳}[HgCl_4]^{2-}=1.4\times10^{15}$, $K_{稳}[Hg(CN)_4]^{2-}=1.0\times10^{12}$)

2. $[Cu(NH_3)_4]^{2+}+Zn^{2+} \rightleftharpoons [Zn(NH_3)_4]^{2+}+Cu^{2+}$

($K_{稳}[Cu(NH_3)_4]^{2+}=4.8\times10^{12}$, $K_{稳}[Zn(NH_3)_4]^{2+}=2.9\times10^{9}$)

五、计算题（20分）

10mL 0.10mol/L 的 $CuSO_4$ 溶液与 10mL 6.0mol/L 的氨水混合达到平衡后，溶液中 Cu^{2+}、$[Cu(NH_3)_4]^{2+}$ 以及 NH_3 的浓度各是多少？若向此溶液中加入 0.01mol 的 NaOH 固体，是否有 $Cu(OH)_2$ 沉淀生成？($K_{稳}[Cu(NH_3)_4]^{2+}=4.8\times10^{12}$)

纠错栏

第十三章　沉淀溶解平衡

第一节　难溶电解质的溶解平衡

一、填空题

1. 通常把溶解度大于 $0.1g/100g\ H_2O$ 的物质称为＿＿＿＿＿＿＿＿，溶解度小于 $0.01g/100g\ H_2O$ 的物质称为＿＿＿＿＿＿＿＿。

2. 难溶电解质的沉淀溶解平衡的平衡常数，反映了难溶电解质溶解能力的相对强弱，故称溶度积常数，简称溶度积，用＿＿＿＿＿＿＿＿表示；它是指难溶电解质的溶解平衡中，离子浓度幂的＿＿＿＿＿＿＿＿。

3. 写出在一定温度下，下列难溶电解质的沉淀溶解平衡表达式及溶度积常数表达式。

难溶电解质	沉淀溶解平衡表达式	溶度积常数表达式
$BaSO_4$		
$Fe(OH)_3$		
$AgCrO_4$		
CaF_2		

二、判断题（下列说法正确的在括号内画"√"，错误的画"×"）

1. 任何难溶电解质其 K_{sp} 越小，则其溶解度也越小。　　　　　　　　　（　　）

2. K_{sp} 表示难溶强电解质在溶液中溶解趋势的大小，也表示生成该难溶电解质沉淀的难易。　　　　　　　　　　　　　　　　　　　　　　　　　　　　　　　　（　　）

3. K_{sp} 与溶解度相似，它们都受离子浓度的影响。　　　　　　　　　　　（　　）

三、选择题

1. 石灰乳中存在下列平衡：$Ca(OH)_2(s) \rightleftharpoons Ca^{2+}(aq) + 2OH^-(aq)$，加入下列溶液，可使 $Ca(OH)_2$ 减少的是（　　）。

A. Na_2CO_3 溶液　　　B. $AlCl_3$ 溶液　　　C. $NaOH$ 溶液　　　D. $CaCl_2$ 溶液

2. 下列关于溶度积的叙述不正确的是（　　）。

A. K_{sp} 越大，表明该难溶电解质的溶解能力越强，要生成该沉淀越难

B. K_{sp} 越小，表明该难溶电解质的溶解度越小，要生成该沉淀越容易

C. K_{sp} 只与难溶电解质的本性和温度有关

D. K_{sp} 与沉淀的量多少以及溶液中离子浓度的变化量有关

四、计算题

1. 已知 $K_{sp}(Ag_2CrO_4)=1.12\times10^{-12}$，计算 25℃时，$Ag_2CrO_4$ 在水中的溶解度。（用物质的量浓度表示）

2. 已知 AgBr 的溶解度为 7.1×10^{-7} mol/L，计算室温时相应的溶度积。

第二节　溶度积规则及应用

一、填空题

1. 在一定温度下，难溶电解质的溶解速率与沉淀速率相等时的状态，称为＿＿＿＿＿＿＿＿＿＿＿＿＿，用符号＿＿＿＿＿＿表示。

2. 当溶液的离子积 $Q_i>K_{sp}$ 时，溶液＿＿＿＿＿＿，＿＿＿＿＿＿沉淀析出；当溶液的离子积 $Q_i<K_{sp}$ 时，溶液＿＿＿＿＿＿，＿＿＿＿＿＿沉淀析出；当 $Q_i=K_{sp}$，达到平衡状态，溶液＿＿＿＿＿＿，＿＿＿＿＿＿沉淀析出。

二、判断题（下列说法正确的在括号内画"√"，错误的画"×"）

1. 硬水中的 Ca^{2+} 可通过加入 $CO_3{}^{2-}$ 的方法除去。　　　　　　（　　）

2. CaC_2O_4 不溶于 HAc，而溶于 HCl。　　　　　　　　　　　（　　）

3. AgCl 可溶于弱碱氨水，不溶于强碱 NaOH。　　　　　　　　（　　）

三、简答题

1. 在含有相同浓度 Cl^- 和 I^- 的混合溶液中，逐滴加入硝酸银溶液，先出现白色氯化银沉淀还是先出现黄色的碘化银沉淀？

2. 某溶液中含有 Fe^{3+} 和 Fe^{2+}，浓度均为 0.050mol/L，若要使 $Fe(OH)_3$ 沉淀完全，而 Fe^{2+} 不沉淀，那么溶液 pH 的范围是多少？

课堂笔记

第十三章　沉淀溶解平衡　章节测验

一、填空题（24 分，每空 4 分）

1. 根据溶度积规则，在难溶电解质中，生成沉淀的必要条件是＿＿＿＿＿。

2. 在混合溶液中加入某种沉淀剂时，离子发生先后沉淀的现象，称为＿＿＿＿＿＿。

3. 对于同一类型的难溶电解质，在离子浓度＿＿＿＿＿的情况下，溶解度＿＿＿＿＿的首先沉淀析出，然后才是溶解度＿＿＿＿＿的沉淀析出。

4. 如果误食可溶性钡盐，造成钡中毒，应尽快用 5.0％的硫酸钠溶液给患者洗胃，目的是＿＿＿＿＿＿＿＿＿＿＿＿＿＿＿＿＿＿＿＿＿＿＿＿＿＿＿＿。

二、判断题（下列说法正确的在括号内画"√"，错误的画"×"）（20 分，每题 4 分）

1. 在常温下，Ag_2CrO_4 和 $BaCrO_4$ 的溶度积分别为 2.0×10^{-12} 和 1.6×10^{-10}，前者小于后者，因此 Ag_2CrO_4 要比 $BaCrO_4$ 难溶于水。　　　　（　　）

2. 向 $BaCO_3$ 饱和溶液中加入 Na_2CO_3 固体，会使 $BaCO_3$ 溶解度降低，溶度积减小。　　　　（　　）

3. 用水稀释 AgCl 的饱和溶液后，AgCl 的溶度积和溶解度都不变。　　　　（　　）

4. 为使沉淀损失减小，洗涤 $BaSO_4$ 沉淀时不用蒸馏水，而用稀 H_2SO_4。　　　　（　　）

5. 某离子沉淀完全，是指其完全变成了沉淀。　　　　（　　）

三、单选题（16 分，每题 4 分）

1. 下列说法正确的是（　　）。

A. 硫酸钡放入水中不导电，则硫酸钡是非电解质

B. 物质溶于水达到饱和时，溶解过程就停止了

C. 绝对不溶解的物质是不存在的

D. 某离子被沉淀完全是指该离子在溶液中浓度为 0mol/L

2. 下列难溶盐的饱和溶液中，Ag^+ 浓度最大的是（　　）。

A. AgCl（$K_{sp} = 1.8 \times 10^{-10}$）　　　　　　B. Ag_2CO_3（$K_{sp} = 8.45 \times 10^{-12}$）

C. Ag_2CrO_4（$K_{sp} = 1.12 \times 10^{-12}$）　　　D. AgBr（$K_{sp} = 5.0 \times 10^{-13}$）

3. 欲使 $CaCO_3$ 溶解，应加入（　　）。

A. HCl　　　　　　B. Na_2CO_3　　　　　　C. Na_2SO_4　　　　　　D. $CaCl_2$

4. 某溶液中加入一种沉淀剂，发现有沉淀生成，其原因是（　　）。

A. 离子积＜溶度积　　　　　　　　B. 离子积＞溶度积

C. 离子积＝溶度积　　　　　　　　D. 无法判断

四、计算题（40分，每题20分）

1. 若将 $10mL$ $0.01mol/L$ $BaCl_2$ 溶液和 $30mL$ $0.005mol/L$ Na_2SO_4 溶液相混合，是否会产生沉淀？已知溶度积 K_{sp}（$BaSO_4$）$=1.1×10^{-10}$。

2. 某溶液中含有 Pb^{2+} 和 Ba^{2+}，已知 $c(Pb^{2+})=0.01mol/L$，$c(Ba^{2+})=0.1mol/L$，通过计算说明在滴加铬酸钾溶液后，哪一种离子先沉淀？

纠错栏

_____

_____

_____

_____

_____

_____

_____

_____

_____

_____

实验报告

实验名称	仪器认知、洗涤及粗食盐的提纯	实验日期	
粗食盐提纯的实验步骤			
粗食盐质量/g		精制食盐质量/g	
收率计算			
思考题	1.固液分离，可以采用哪些操作？哪种操作效率高？ 2.食盐由溶液转变成固体，为什么不能降温处理？ 3.玻璃仪器洗涤干净的标准是什么？ 4.无机化学实验中哪些常用玻璃仪器不能加热？ 5.烧杯可以用来量取液体吗？为什么？ 6.无机化学实验中常用的加热器具有哪些？		

实验报告

实验名称	配制 250mL 0.015mol/L 的碳酸钠溶液	实验日期	
溶质（　　）质量的计算	计算过程： c（碳酸钠溶液）＝　　　　　　；V（碳酸钠溶液）＝ n（碳酸钠）＝ m（碳酸钠）＝		
药品名称及化学式		药品质量	
主要仪器			
配制方法及步骤			

实验报告

班级＿＿＿＿＿＿　　组号＿＿＿＿＿＿　　实验小组成员＿＿＿＿＿＿＿＿＿＿＿＿＿＿＿＿＿

实验名称	**配制 250mL 0.3mol/L 的硫酸溶液**	实验日期	
粗配所需的药品	6mol/L 的硫酸溶液	溶质及溶剂的名称及化学式	溶质： 溶剂：
粗配主要仪器			
6mol/L 的硫酸溶液稀释成 3mol/L 硫酸溶液的相关计算	粗配计算过程： c_1（硫酸浓溶液）＝6mol/L；V_1（硫酸浓溶液）＝　　　　L＝　　　　mL c_2（硫酸较浓溶液）＝3mol/L；V_2（硫酸较浓溶液）＝80mL＝　　　　L 根据 $c_1V_1＝c_2V_2$ 计算出所需 6mol/L 的硫酸溶液的体积 V_1：		
准确配制所需的药品	3mol/L 的硫酸溶液	溶质及溶剂的名称及化学式	溶质： 溶剂：
准确配制主要仪器			
3mol/L 的硫酸溶液稀释成 0.3mol/L 硫酸溶液的相关计算	准确配制计算过程： c_2（硫酸较浓溶液）＝3mol/L；V_2（硫酸较浓溶液）＝　　　　L＝　　　　mL c_3（硫酸稀溶液）＝0.3mol/L；V_3（硫酸稀溶液）＝250mL＝　　　　L 根据 $c_2V_2＝c_3V_3$ 计算出所需 3mol/L 的硫酸溶液的体积 V_3：		
准确配制溶液的方法及步骤	步骤：		

实验报告

班级_____ 组号_____ 实验小组成员_____

实验名称	**酸碱滴定基本操作**	实验日期	

实验原理	

实验步骤	1. 酸滴碱

	1	2
消耗 HCl 的体积/mL		
代入公式计算 $c(\mathrm{HCl})=\dfrac{c(\mathrm{NaOH})V(\mathrm{NaOH})}{V(\mathrm{HCl})}$ 计算结果 保留至小数点后四位		
c 平均值/(mol/L)		
终点颜色变化		

2. 碱滴酸

	1	2
消耗 NaOH 的体积/mL		
带入公式计算 $c(\mathrm{NaOH})=\dfrac{c(\mathrm{HCl})V(\mathrm{HCl})}{V(\mathrm{NaOH})}$ 计算结果 保留至小数点后四位		
c 平均值/(mol/L)		
终点颜色变化		

实验报告

班级_____ 组号_____ 实验小组成员_____

实验名称	常见金属重要化合物的性质	实验日期	
常见金属重要化合物的性质	1. $Al(OH)_3$ 的生成与两性 2. $Cu(OH)_2$ 的生成 3. $Fe(OH)_3$ 的生成 4. $CaCO_3$、$BaCO_3$、$BaSO_4$ 的生成与性质 5. $KMnO_4$ 的强氧化性		
思考题	1. 金属钠为什么保存在煤油里？ 2. 碳酸钙与硫酸钡哪个不溶于盐酸？ 3. 高锰酸钾的还原产物与酸、中、碱性介质有什么关系？		

实验报告

班级＿＿＿＿＿＿＿＿　组号＿＿＿＿＿＿＿＿　实验小组成员＿＿＿＿＿＿＿＿＿＿＿＿＿＿＿

实验名称	常见非金属重要化合物的性质	实验日期	
常见非金属重要化合物的性质	1. 卤离子的检验 2. H_2O_2 的氧化性与还原性 3. 喷泉实验		
思考题	1. 今有 KI、KBr、KCl 三种固体，你怎样进行检验？依据什么进行判断？ 2. 应该用什么方法收集氨气？氨水显酸性还是碱性，为什么？ 3. 举例说明为什么 H_2O_2 既有氧化性又有还原性。		

实验报告

班级＿＿＿＿＿＿　　组号＿＿＿＿＿＿　　实验小组成员＿＿＿＿＿＿＿＿＿＿＿＿＿＿

实验名称	使用分析天平称量 0.2000～0.2200g Na_2CO_3	实验日期	
测定原理	电子天平是采用电磁力平衡的原理，应用现代电子技术设计而成。电子天平精确度较高，实验室常用的有百分之一天平（能称至 0.01g），万分之一天平（能称至 0.0001g）。 　　差减法称量：将加试样后的称量瓶放入天平后，按"去皮"键。再将称量瓶从天平上取出，在接收容器的上方倾斜瓶身，用称量瓶盖轻敲瓶口上部使试样慢慢落入容器中，瓶盖始终不要离开接收器上方。当倾出的试样接近所需量（可从体积上估计或试重得知）时，一边继续用瓶盖轻敲瓶口，一边逐渐将瓶身竖直，使黏附在瓶口上的试样落回称量瓶，然后盖好瓶盖，准确称其质量。天平显示"－"值，去掉负号，即为试样的质量。		
测定步骤	1.称取称量瓶＋试样质量（倾出前）记作 m_1； 2.按"去皮"键； 3.从称量瓶向烧杯或锥形瓶中倾出试样； 4.称取称量瓶＋试样质量（倾出后）看是否到达要求范围； 5.若未达到要求范围，继续倾出试样，再称取称量瓶＋试样质量（倾出后）记作 m_2（倾入样品次数≤3次）； 6.读取天平显示的读数（即试样质量）。		

测定样品质量	第一次倾出	第二次倾出	第三次倾出	样品质量
试样1质量/g				
试样2质量/g				
试样3质量/g				

思考题	1.什么情况下使用差减法称量？ 2.使用分析天平采用差减法称量物质时应注意哪些事项？

实验报告

班级＿＿＿＿＿＿＿　组号＿＿＿＿＿＿＿　实验小组成员＿＿＿＿＿＿＿＿＿＿＿＿＿

实验名称	**制备硫酸亚铁铵**		实验日期	
实验原理				
原料名称 及化学式	原料1：	原料2：	原料3：	
原料规格				
原料用量				
产品外观				
产品理论产量		产品实际产量		
产率计算				
思考题	1.制备硫酸亚铁时，通过计算说明哪种物质过量。 2.制备硫酸亚铁铵时，为什么溶液必须呈酸性？			

实验报告

班级＿＿＿＿＿＿　　组号＿＿＿＿＿＿　　实验小组成员＿＿＿＿＿＿＿＿＿＿＿＿＿＿

实验名称	**碳酸钠的制备**		实验日期	
实验原理				
原料名称 及化学式	原料1名称： 原料1化学式：		原料2名称： 原料2化学式：	
原料规格				
原料用量				
产品外观				
理论产量			实际产量	
产率计算				
思考题	1.制备碳酸钠时，为什么分四次加入碳酸氢铵？ 2.制备中间产物碳酸氢钠时，为什么反应温度控制在 $30\sim35℃$ 之间？			

实验报告

班级_____ 组号_____ 实验小组成员_____

实验名称	三草酸根合铁（Ⅲ）酸钾的制备			实验日期	
实验原理					
原料名称	原料 1	原料 2	原料 3	原料 4	原料 5
原料化学式					
原料规格					
原料用量					
产品外观					
思考题	1.制备步骤中，向最后的溶液中加乙醇的作用是什么？ 2.能否用蒸发浓缩或蒸干溶液的方法来提高产率？				